즐거운 현대대수학 시리즈

즐거운

현대대수 I

김주필 · 최은미 지음

KyoWooSa
教友社

머 리 말

대학에서 수학을 오래 강의하다 보면 학생들로부터 자주 듣는 질문 중 하나가 자기는 고등학교 때 수학을 잘 하고 흥미가 있어서 수학과에 들어 왔는데 막상 수학을 공부해 보니 자기가 지금까지 생각한 수학과는 너무나 틀려서 매우 실망하고 공부하기가 힘들다고 하는 것이다. 또 어떻게 하면 수학을 잘 할 수 있는지를 묻는 학생도 많다.

요즈음 서점에 가보면 수학과 관련하여 수학을 쉽게 풀어 설명해놓은 책들이 굉장히 많다. 그럼에도 불구하고 지금 학생들의 수학 실력이 옛날보다 월등히 뛰어나지 않는 것을 보면 수학을 쉽게 잘 할 수 있는 방법이 없는 것은 확실하다. 꾸준히 쉬운 것부터 시작해서 하다보면 알게 되고, 알면 재미있고, 재미있어서 또 하고 그러다 보면 자연적으로 도가 터지게 된다.

사실 고등학교까지의 수학은 주로 문제풀이 위주의 수학이다. 수능점수를 잘 받기 위해서는 어쩔 수 없는 일면도 있으나 이것은 이해나 논리적 추론보다는 빠르고 정확한 계산능력과 유형별 문제풀이법의 기계적인 암기 등에 의존한다.

이렇게 해서 어느 정도 목적을 달성할 수는 있겠으나 대부분의 학생들은 그만 수학에 흥미를 잃어버린다. 그러나 수학과에 와서 배우는 수학은 그렇지 않다. 한 마디로 고등학교의 수학은 고전대수이고 수학과의 수학은 현대대수이다.

수학과에서 배우는 수학, 특히 현대대수는 복잡한 계산은 그렇게 많지 않다. 대부분이 다섯줄 이내로 끝나며 어떤 것은 한 줄로 풀 수 있는 것도 많다. 그래도 못하는 것은 기초 실력의 부족, 문제 전체의 의미파악과 추론능력의 부족 탓이다. 현대대수를 배우는 과정에서 우리는 잘 알려진 사실로부터 새로운 사실을 계속해서 조사해 나간다.

이러한 과정은 우리가 처음 가정한 구조를 잘 이해해야만 가능하다. 따라서 수학을 잘 하기 위해서는 앞에서 배운 내용과 정의 등 여러 가지 성질을 잘 이해해야 하고 기억해야만 한다. 어떠한 성질들이 필요한지를 판단할 수 있는 직관도 필요하다. 물론 어느 정도의 계산능력과 사고력은 기본이다.

특히 계산을 등한시 하는 경향이 있는데 그렇지 않다. 아무리 풀이과정이 다 맞아도 계산이 틀리면 정확한 답이 나오지 않는다. 최근에는 간단한 계산은 컴퓨터로 할 수 있으므로 지루한 계산을 싫어하여 잘 안하려고 하는데 그래도 귀찮고 힘들어도 꼼꼼하고 정확하게 계산할 수 있어야 한다. 계산은 영어의 단어와 같이 수학의 가장 기본이다. 수학을 잘 하는 사람은 모두 계산을 잘 한다. 그러나 계산 못 하는 사람치고 수학 잘 하는 사람은 없다.

또 몰라도 끝가지 될 때까지 붙들고 늘어지는 끈기와 참을성도 있어야 한다. 끈기는 수학을 하는데 절대적으로 필요하다. 조금 하다가 어렵다고 포기하는 사람은 절대로 수학을 잘 할 수 없다. 이런 사람은 수학뿐만 아니라 아무 것도 잘 할 수 없다. 과거 몇몇 천재적인 수학자를 제외하고 처음부터 수학을 잘 하는 사람은 없다.

사람들은 흔히 수학은 특별히 머리가 좋고 수학에 재능이 있어야 하는 것으로 생각하는데 절대 그렇지 않다. 물론 특별한 재능이 있으면 좋지만 대부분의 유명한 수학자도 수많은 실수와 시행착오를 거쳐 해답을 찾아낸다. 사원수로 유명한 아일랜드의 수학자 해밀턴은 한 문제에 13년을 매달려 결국 해결하였다. 대부분의 사람들은 조금 하다가는 금방 포기한다. 중학생이 초등학교 수학 교과서를 보면 너무 쉬울 것이다. 고등학생이 중학교 교과서를 봐도 마찬가지로 쉽다. 그 이유는 수학공부를 그만큼 더 많이 했기 때문이다.

수학은 한 마디로 머리만 가지고는 되지 않고 투자한 시간만큼 정확하게 비례하여 성과가 나타난다. 일반인의 생각과는 달리 머리만 믿고 노는 학생보다는 열심히 노력하는 학생이 대체로 수학을 잘한다. 그래서 수학을 잘 하는 학생은 다른 것도 잘하고 인간성도 좋다.

결국 결론적으로 수학을 잘 하기 위해서는 1.정확한 계산능력, 2.끈기와 인내심, 3.앞에서 배운 내용을 잘 이해하고 기억하기, 4.연습문제를 많이 풀어보기이다. 이것으로 충분하나 여기에 덧붙여 직관(intuitive)과 감(feel)이 있으면 금상첨화이다.

본 교재는 과거 본인이 저술한 대수학 책으로 공부한 학생들의 요청에 의해서 미진한 부분들을 보충하고 어려운 부분들을 개편하여 개정판을 내려고 시도했으나 그러다보니 전체적으로 분량이 너무 많아졌다. 그래서 두 부분으로 나누어 현대대수의 기초적인 부분만 추려서 즐거운 현대대수 I로 하고, 보다 어렵고 수준이 높은 부분은 즐거운 현대대수 II로 나누어 두 권으로 만든 것이다.

이 책은 사실 즐거운 현대대수를 두 부분으로 나눈 1권 2권 중 **1권**에 해당한다. 본 저술의 특징으로는

1. 되도록 많은 예제를 수록하여 정의나 정리를 이해하기 쉽게 하였다. 특히 정의 다음에는 반드시 그 정의에 해당하는 예와 그렇지 않은 예를 들어서 정의의 구체적 의미를 쉽게 이해하게 하였다.
2. 각 장의 끝에 다양한 많은 문제를 수록하여 초보자부터 대학원생까지 자기 수준에 알맞은 문제를 선택하여 풀 수 있도록 하였다.
3. 다양한 독자의 구미에 맞게 가능하면 많은 내용을 수록하도록 노력하였다. 그러다 보니 어떤 것은 너무 어려운 것도 있고 너무 쉬운 것도 있고 불필요하다고 생각되는 것도 있을 수 있을 것이다. 읽는 사람이 잘 판단하여 자기의 수준에 맞게 취사선택하기 바란다. 너무 어렵고 이해가 잘 안 되는 부분은 그냥 넘어가면 된다. 나중에 대학원에 가거나 이 책을 다 읽고 난 후에 다시 보면 그때는 이해가 될 것이다. 어디까지나 학부 학생 수준으로 이해 못할 내용은 없다. 수학 전공자가 아닌 비전공자도 고등학교 수학 정도의 실력과 이 책의 부록에 있는 기초적인 집합지식만 있으면 혼자서도 충분히 독학할 수 있을 정도로 쉽게 설명하였다.
4. 이 책은 단원 1 군, 단원 2 환의 두 단원으로 구성하였다. 각 단원은 한 학기 학습용으로 편성하여 단계별로 공부하기 쉽게 하였다. 시간이 있으면 즐거운 **현대대수** II의 체의 앞부분 26장까지 공부하면 기초적인 현대대수는 모두 이해할 수 있도록 하였다. 학부수준의 기초적인 현대대수는 이 책의 내용만 완전히 이해하면 충분할 것으로 생각한다. 보다 심화된 내용은 즐거운 **현대대수** II를 읽기 바란다.
5. 문제풀이는 이 책 뒤에 풀어놓으려고 했으나 양이 너무 많고 또 한 두 번 풀다가 안 되면 바로 풀이를 보고 싶은 유혹에 넘어가서 결국 스스로 풀기를 포기하는 폐단을 막기 위하여 따로 **연습문제 풀이집**을 만들었다. 그러나 가능하면 풀이는 본인이 직접 한 후 풀이집으로 확인하는 정도로 하는 것이 좋다. 중요한 것은 틀려도 본인이 스스로 풀려고 노력하는 가운데 실력이 향상된다는 것이다. 가능하면 풀이 전에 요점과 힌트를 적어 놓았다. 특히 약간의 변형은 있으나 대부분의 문제는 정리의 증명 과정이 바로 풀이법과 같다는 사실이다. 문제를 잘 풀기 위해서는 해당되는 정리와 그 증명법을 잘 알아야 한다.

대학교재를 보면 강의하는 사람들 위주로 쓴 책도 있고 순수하게 학생들을 위한 책도 있는데 이 책은 가능하면 강의자 중심이 아닌 배우는 학생의 입장에서 저술하고자 최대한 노력하였다. 그래도 이해가 안 되는 부분도 있고 어려운 부분도 있을 것이다.

이 책을 읽고 의문점이 있으면 jpkim@hnu.ac.kr로 연락하거나 또는 한남대학교 수학과 홈페이지로 접속하면 된다. 이 책으로 공부하여 수학에 흥미를 가지고 대수학을 좀 더 쉽게 배울 수 있다면 저자로서 더 이상 바랄 것이 없겠다.

앞으로 여건이 허락한다면 응용대수 부분을 추가하여 현대대수의 완결본을 만들고자 한다. 여러 가지로 도와주신 동료 교수, 조교, 가족, 출판사 여러분께 감사말씀 드린다.

2010년 3월, 오정골에서

저 자

차 례

서론

현대대수가 어떤 과목인지 생소한 학생이 많을 것이다. 수학 과목은 크게 대수, 기하, 해석 또는 미적 등으로 분류된다. 우리나라 수학교과목 중 대수에 해당하는 내용은 고등학교 1학년 공통계열부분 전부와 고등학교 2, 3학년 인문계열 수학 중 미적분과 통계를 뺀 나머지, 고등학교 2, 3학년 자연계열 부분 중 적분, 기하를 제외한 대부분이 여기에 해당한다. 대수(Algebra)란 말은 9세기 바그다드의 수학자 모하메드(Mohammed of Kharizm)가 처음 사용한 아랍어 al-jebr에서 유래한다. 이 단어는 원래 간추린다 또는 방정식을 풀기 위하여 항을 묶는다는 뜻인데 유럽에 소개될 때는 엉뚱하게도 다른 뜻으로 변형되어 이발사를 Algebrist라고 하였다. 그 이유는 그 당시에는 이발사들이 면도를 하다가 베이면 피를 지혈시키고 심하면 벤 자리를 꿰메고 하다 보니 반 의사가 되어 부업으로 의료행위를 했는데 뼈가 부러지거나 하면 모두 이발사에게 데리고 가서 고쳤는데 원래의 간추린다는 뜻이 뼈를 맞춘다는 뜻으로 변형되어 버렸기 때문이다. Algebra는 우리말로 대수라 하는데 수를 대입한다 또는 수를 대신한다 이런 뜻인데 원래의 의미와는 잘 맞지 않는다, 원래의 뜻대로 하면 간추림학 또는 整列學이라고 해야 한다.

과거의 고전대수는 주로 방정식의 해법을 다루었는데 15세기 Cardano, Ferrari 등이 3차, 4차 방정식의 풀이법을 발견하고 괄목할 발전을 이룩하였고 수학의 주된 관심분야가 되었다. 그 후 5차 방정식의 해를 구하기 위하여 이후 300년간 수많은 수학자가 이 문제에 매달렸으나 아무도 성공하지 못하였다. 이 과정에서 대수학과 관련한 해석기하, 수론 등 수학의 여러 분야에서 많은 발전이 있었다. 결국 1824년 노르웨이의 젊은 수학자 Abel이 5차 방정식의 해를 구하는 공식이 없다는 사실을 밝힘으로써 고전 대수는 막을 내리게 되고 그 이후 현대대수학(Modern Algebra)의 시대가 시작된다. 고전대수와 구별하여 현대대수를 한마디로 정의한다면 연산을 가진 추상적인 집합을 대수적 구조(Algebraic Structure)라고 하고 이 대수적 구조를 연구하는 것이라고 할 수 있다.

모든 학문이 그러하겠지만 실생활의 필요성에 의하여 만들어지기도 하고 사라지기도 한다. 수학의 근본은 실생활에 관련한 문제를 식으로 표현하고 이 식의 풀이를 구하는 것이다. 실제로 1, 2차식의 풀이는 그리스시대에 벌써 발견되었다. 대수는 처음 미지수를 포함한 방정식의 풀이에서 시작하여 여러 가지 방법으로 이 방정식의 해를 구하는 기법으로 발전하였다. 그러다가 방정식은 어떤 공식에 의하여 풀 수 있다는 사실에 착안하여 특별한 형식의 일반적인 해법을 찾는 식으로 진화하였다. 즉 여러 가지 문제를 풀이하는 과정에서 하나하나의 식의 해를 구하는 대신 같은 모양의 문제에는 모두 적용할 수 있는 일반적인 풀이법이 만들어졌고 결국 개개의 문제를 넘어서 전체 문제를 포함하는 하나의 일반적인 풀이개념이 도입되었다.

이러한 과정을 거쳐 결국 대수는 단순한 문제풀이(problem solving)를 넘어서 수학에 도입된 철학적, 논리적 사고방식의 덕분으로 직관과 일반법칙으로 된 하나의 이론체계로 발전하였다.

이리하여 추상대수(Abstract Algebra)란 말이 생기게 되었다. 수학 자체가 추상적인 학문이므로 수학지식은 실험이나 관찰이 아닌 논리적 사고와 추론에 의해서 얻어진다. 자연에는 힘, 가속도, 전자기 등 많은 성질들이 있다. 그러나 물리학자들은 여기서 한 가지만을 분리하여 그 성질만 따로 집중적으로 연구하여 추상화시킨 법칙들을 발견한다.

수학도 이와 마찬가지이다. 예를 들면 정수는 여러 가지 성질들을 가지고 있다. 즉, +, − 등의 연산이 있고, 순서가 있으며 양을 측정하는 도구가 되기도 하고 유한과 무한을 구별하는 기준이 되기도 한다. 과거에는 이와 같이 한 대상의 여러 가지 성질을 조사하였는데 지금은 이러한 방식이 많이 바뀌었다. 즉, 정수만이 아니라 복소수, 행렬, 함수, 도형 등 여러 가지 대상에서 공통적으로 성립하는 성질들을 택하여 하나의 공리적 체계(Axiomatic System)를 만들고 이 추상적 체계의 성질을 찾아내는 것이 근대 수학의 조류이다. 이러한 추세는 1830년경부터 시작되어 100여 년 동안 계속되었다. 처음 대수학에서 시작된 이러한 방법은 곧 수학의 다른 분야에도 급속도로 퍼져나갔고 지금도 계속되고 있다.

대수는 지금도 다른 인접 학문과 연결되어 지금까지의 대수와는 매우 다른 특이한 행렬(matrix), 집합, 부울대수 등의 연구에 의해서 새로운 형태로 발전하고 있다. 현대대수는 현재 필요성이나 응용과 관련하여 약 200여 분야로 분류되어 하나의 대수적 체계를 이루고 있으며 특히, 전자회로(electral network), Computer system, Codes, 암호와 같은 분야에서 집중적으로 응용되고 있다.

단원 1.

군

대수란 간단히 말해서 대수적 구조를 가진 집합의 성질을 연구하는 것이다. 대수, 해석학, 위상수학, 기타 수리논리 등을 공부하다보면 그들 모든 과목에서 공통된 어떤 개념을 볼 수 있다. 그 중 하나가 군이다. 군은 거의 모든 곳에서 나타난다. 또한 군은 수학을 도구로 하는 화학, 양자역학, 입자물리학 등에서도 매우 중요한 역할을 한다.

본 단원에서는 대수적 구조 중 가장 기본인 군을 배운다. 군은 구조가 비교적 간단해서 계산하기가 쉽고 다른 여러 대수적 구조의 기본이 된다. 군의 예로는 수, 함수, 벡터, 다항식 등 수없이 많다. 군에서 증명되는 모든 대수적 법칙은 이러한 여러 가지 예에서 물론 성립한다. 따라서 똑같은 성질을 수에서, 행렬에서, 다항식에서 반복해서 구하는 대신 군이라는 추상적 대상에서 구하는 것이 훨씬 효과적이다. 군에서 성립하는 모든 성질은 군의 여러 가지 서로 다른 구체적인 예에서도 항상 성립하는 것이다. 여러 기하학적 도형이나 수학적 대상도 군을 이용하여 계산하는 경우가 많다.

당연한 이야기지만 추상적인 정의보다는 구체적인 예가 항상 먼저 나타난다. 역사적으로 수학자들이 접하는 여러 대상에서 공통적인 어떤 특성을 발견하게 되었다. 그래서 각 경우마다 따로따로 다루던 이 공통된 성질들을 일반화시킴으로써 노력을 절감할 생각을 하게 되었고 이 결과로 군이라는 추상적 개념이 생겨나게 된 것이다.

1 연산
(Operations)

우리는 지금까지 연산이라는 말을 많이 사용했다. 수들을 더하고(addition), 빼고(subtraction), 곱하고(multiplication), 나누고(division) 하는 것은 모두 수에서 연산이다. 특히 이것들은 기호로 각각 $+, -, \times, \div$로 표시하는데 이 네 연산을 사칙연산이라고 부른다. 또 집합들의 합집합(union), 교집합(intersection)도 역시 집합들에서 연산이다. 이 외에도 두 정수의 최대공약수(the greatest common divisor), 최소공배수(the least common multiple) 등도 연산이다. 이와 같이 우리의 주변에는 많은 연산이 있다. 우리는 여러 가지 연산을 사용하여 방정식을 풀고 집합의 원소들을 계산하고 간단히 한다. **집합 A에서의 연산이란 간단히 말해서 A의 두 개의 원소를 결합하여 한 개의 새로운 원소를 만들어 내는 것을 말한다.**

연산을 정식으로 수학적으로 정의하면 아래와 같다.

정의 1.1 A는 공집합이 아닌 집합이다. A에서의 **연산**(operation)이란 $A \times A$에서 A로의 함수를 말한다.

일반적으로 연산의 표시는 $*$, $\circ$ 또는 $\cdot$로 표시한다. 위의 정의에 의해서 A에서의 연산 $*$는 함수

$$*:A\times A\to A$$

이다. 임의의 원소 $(a, b)\in A\times A$의 함수값 $*(a, b)$를 보통 $a*b$로 나타낸다.

【예제 1】 정수집합 $\mathbb{Z}$에서 $a*b=a+b$라고 하면 $*$는 연산이다. 그러나 $a*b=\dfrac{a}{b}$는 연산이 아니다. 왜냐하면 $a, b\in\mathbb{Z}$이나 $\dfrac{a}{b}\notin\mathbb{Z}$인 경우가 있으므로 $*$는 $\mathbb{Z}\times\mathbb{Z}$에서 $\mathbb{Z}$로의 함수가 될 수 없다.

【예제 2】 정수집합 $\mathbb{Z}$에서

$$a*b=\gcd(a, b),\ a\cdot b=\operatorname{lcm}(a, b)$$

라고 하면 $*$, $\cdot$는 모두 연산이다.

【예제 3】 실수집합 $\mathbb{R}$에서

$$x*y=x+y+1,\ x\circ y=x+2y-xy$$

는 모두 연산이다.

【예제 4】 유리수집합 $\mathbb{Q}$에서 $a*b=\dfrac{a+b}{ab}$는 연산이 아니다. $0*3$의 값은 없다.

【예제 5】 A는 집합, $\mathscr{P}(A)=\{X\mid X\subset A\}$를 A의 멱집합이라고 하면 $\cup$, $\cap$는 $\mathscr{P}(A)$에서 연산이다. 즉

$$\cup,\ \cap:\mathscr{P}(A)\times\mathscr{P}(A)\to\mathscr{P}(A)$$

이다. 이 연산을 특히 **집합연산**(set operation)이라고 부른다.

【예제 6】 A는 집합,

$$A^A = \{f \mid f : A \to A\}$$

라고 할 때 $f, g \in A^A$에 대해서 f와 g의 합성(composition) $f \circ g$는 A^A에서 연산이다.

【예제 7】 정수집합 $\mathbb{Z}$에서 $a * b = a$는 연산이다.

참고 연산은 함수이므로 함수의 모든 성질을 만족시켜야 한다. 특히 함수의 다음 세 가지 사실을 잘 기억하자.

(1) A의 모든(all) 원소 a, b에 대해서 $a * b$의 값이 항상 존재해야 한다. 언뜻 보면 항상 참인 것 같으나 실제로는 이 사실에 위배되는 경우가 종종 있다. 예를 들면 실수집합 $\mathbb{R}$에서의 나누기는 연산이 아니다. $(3, 0)$에 대응하는 값 $\frac{3}{0}$은 정의되지 않는다. 나누기가 $\mathbb{R}$에서 연산이 되기 위해서는 $\mathbb{R}$의 모든 원소 a, b에 대해서 실수 $\frac{a}{b}$가 대응되어야 한다. 예외는 없다.

(2) A의 임의의 두 원소 a, b에 대해서 $a * b$의 값은 **단 한** 개(unique) 존재해야 한다. 예를 들어 유리수집합 $\mathbb{Q}$에서 $\frac{b}{a} * \frac{d}{c} = \frac{b+d}{ac}$라고 하면 $*$는 연산이 아니다. 왜냐하면 $\frac{1}{2} = \frac{2}{4}$, $\frac{1}{3} = \frac{3}{9}$이지만 $\frac{1}{2} * \frac{1}{3} = \frac{2}{6}$, $\frac{2}{4} * \frac{3}{9} = \frac{5}{36}$가 되어 연산한 값이 단 한 개만 정해지지 않으므로 연산이 아니다.

(3) A의 임의의 두 원소 a, b에 대해서 $a * b$의 값은 반드시 A의 원소라야 한다. 즉 **닫혀** 있어야 한다(closed). 예를 들어 $A = \{1, 2, 3, -2, -4\}$에서 $a * b = |b|$라고 하면 $3 * (-4) \notin A$이므로 $*$는 닫혀 있지 않다. 따라서 $*$는 A에서 연산이 아니다. 그러나 정수집합에서는 $*$는 연산이 된다.

앞 예제에서 우리는 여러 가지 연산을 정의했는데 이 연산은 각각 다른 여러 성질들을 가지고 있다. 그중 중요한 몇 가지 성질들을 정의한다.

정의 1.2 집합 A의 연산 $*$가 모든 $a, b \in A$에 대해서

$$a * b = b * a$$

를 만족시킬 때 $*$를 **가환**(commutative)이라고 한다.

【예제 8】 정수집합 $\mathbb{Z}$에서 $x \circ y = x^2 + y^2$은 가환이다. 그러나 $x * y = x^2 + y$는 가환이 아니다.

정의 1.3 집합 A의 연산 $*$가 모든 $a, b, c \in A$에 대해서

$$(a * b) * c = a * (b * c)$$

를 만족시킬 때 $*$를 **결합적**(associative)이라고 한다.

【예제 9】 실수집합 $\mathbb{R}$에서 더하기는 결합적이다. 그러나 $(2-3)-4 \neq 2-(3-4)$이므로 빼기는 결합적이 아니다.

【예제 10】 정수집합 $\mathbb{Z}$에서 $a * b = 2(a+b)$는 가환이다. 그러나 결합적은 아니다.

【예제 11】 정수집합 $\mathbb{Z}$에서 $x * y = x^2 + y$는 결합적이 아니다. 그러나 $x \circ y = x$는 결합적이다. 또 두 연산 모두 가환이 아니다.

연산이 가환이면 우리는 두 원소를 연산할 때 순서를 바꾸어도 상관없다. 보통 연산이 가환일 때 **교환법칙**이 성립한다고 한다고 하고 결합적일 때 **결합법칙**이 성립한다고 한다.

연산은 항상 두 원소끼리 하는 것이므로 세 개의 원소 a, b, c를 순서를 바꾸지 않고 연산한다고 하면 두 가지 방법으로 할 수 있다. 즉, a, b를 먼저 한 후 이 값과 c를 연산하는 $(a * b) * c$와 같은 경우와 a와 b, c를 연산한 $b * c$를 하는 $a * (b * c)$와 같은 경우이다. 만일 결합법칙이

성립하지 않으면 이 값은 서로 다르다. 따라서 결합법칙이 성립하면 이 두 값이 같으므로 괄호를 생략하고 $(a*b)*c$나 $a*(b*c)$나 모두 $a*b*c$로 적는다. 그러나 순서를 바꾸면 안된다.

연산이 결합적이고 교환법칙도 성립하면 우리는 마음대로 원소를 이동시키고 괄호를 적당히 쳐서 계산을 쉽게 할 수 있다.

【예제 12】 $1+2+3+\cdots+100=(1+99)+(2+98)+\cdots(49+51)+100+50$
$=5050$

【예제 13】 앞 예제 3의 연산 $*$는 가환이고 결합적이다. 그러나 $\circ$는 가환도 결합적도 아니다. 또 예제 6의 함수의 합성은 결합적이나 가환은 아니다.

【예제 14】 $M=\{A|A$는 2×2 행렬$\}$이라고 하면 M에서 일반적으로 $AB\neq BA$이다. 그러나 $(AB)C=A(BC)$는 성립한다.

우리는 지금까지 수학적 대상을 계산할 때 결합법칙, 교환법칙은 당연히 성립하는 것으로 생각했다. 또 연산도 아무 생각 없이 그냥 사용했다. 그러나 계산하기 전에 연산이 되는지 교환, 결합법칙이 성립하는지 잘 살펴볼 필요가 있다.

보통 우리가 사용하는 수나 다항식의 덧셈, 곱셈은 모두 가환이며 결합적이다. 그러나 그렇지 않는 것도 많이 있다. 특히 행렬의 곱 AB는 가환이 아니므로 원소를 교환하면 안된다. 함수의 합성도 마찬가지이다. 또 벡터의 외적 $A\times B$는 결합법칙이 성립하지 않으므로 세 개의 벡터를 외적할 때는 괄호에 유의해야 한다. 물론 교환법칙도 성립하지 않는다. 순서를 바꾸면 벡터방향이 반대로 된다.

만일 집합 A가 유한집합이면 A의 연산을 표로 나타낼 수 있다.

$$A=\{x_1,\ x_2,\ \cdots,\ x_n\}$$

라고 하자. $x_1, \cdots, x_n$을 가로, 세로로 차례로 적은 후 위에서 i번째의 원소 x_i와 왼쪽에서 j번째의 원소 x_j를 연산한 x_i*x_j를 (i, j)항에 다음과 같이 표시한다.

$*$	x_1	$\cdots$	x_j	$\cdots$	x_n
x_1			$\vdots$		
$\vdots$			$\vdots$		
x_i	$\cdots$	$\cdots$	$x_i * x_j$		
$\vdots$					
x_n					

[표 1.1]

예를 들어 $A=\{a, b, c, d\}$ 이고 연산표가

$*$	a	b	c	d
a	a	c	d	a
b	b	c	a	d
c	c	a	b	d
d	d	b	a	c

[표 1.2]

라고 하면 $a * c = d$, $b * b = c$이다.

이와 같이 만든 표를 **연산표**(operation table)라고 부른다.

【예제 15】 $A=\{1, 2, 3\}$ 이다. 연산 $*$ 와 $\circ$ 는 다음 표와 같다.

$*$	1	2	3
1	2	1	3
2	3	2	1
3	1	3	2

$\circ$	1	2	3
1	1	2	3
2	2	3	1
3	3	1	2

[표 1.3]

여기서 $3 * 2 = 3$, $1 * 3 = 3$, $3 * 1 = 1$이므로 $*$ 는 가환은 되지 않는다. 그러나 $\circ$ 는 가환이다.

문제 1 $A=\{r, s, t\}$ 이다. A에서 연산 $*$ 이 가환일 때 아래 표의 빈 곳을 채워라.

$*$	r	s	t
r	r	s	□
s	□	s	s
t	r	□	t

[표 1.4]

풀이

$$r*t=t*r=r$$
$$t*s=s*t=s$$
$$s*r=r*s=s$$

■

위의 예제 15와 문제 1 풀이에서 짐작했겠지만 만일 유한집합 A의 연산이 가환이면 연산표를 만들었을 때 이 표는 대각선으로 대칭이 됨을 쉽게 알 수 있다. 그러나 연산이 결합적이냐 하는 것은 연산표로 금방 알 수는 없다. 예제 15의 연산은 결합법칙이 성립하는지 안하는지 금방 봐서는 알 수 없다. 실제로 결합법칙의 성립 여부를 조사하는 데는 여러 가지 방법과 복잡한 기교가 필요하다. 제일 확실한 방법은 모든 원소에 대해서 하나하나 해보는 것이다. 그러나 일일이 원소마다 결합법칙이 성립되나 안되나를 계산하는 것은 매우 귀찮고 힘든 작업이다. 만일 한 개라도 안되는 것이 있으면 이 연산은 결합법칙이 성립하지 않는다.

예제 15에서 $*$는 결합법칙이 성립하지 않는다. 그러나 연산 $\circ$는 결합법칙이 성립한다. 연산표로 보다 쉽게 결합법칙이 성립하는지 않는지를 알 수 있는 비교적 쉬운 방법으로 Light의 방법이 있다(단원 4 부록 33장 참조).

집합 A에 어떤 연산이나 관계가 있을 때 우리는 A가 **대수적 구조**(algebraic structure)를 가졌다고 하고 바탕집합(underlying set) A와 구조를 괄호로 묶어서 함께 표시한다. 예를 들어 $(\mathbb{R}, +, -, \times, \leq)$은 실수집합 $\mathbb{R}$과 연산 $+, -, \times$, 부등식 $\leq$를 함께 생각한 구조이다. 연산 $*$를 가진 집합 A를 $(A, *)$로 표시한다.

다음 집합은 앞으로 자주 나타나는 집합이므로 잘 기억하기 바란다.

$$\mathbb{Z}=\{x|x\text{는 정수}\}=\{-2, -1, 0, 1, 2, \cdots\}$$

$$\mathbb{Z}^+=\{x\in\mathbb{Z}\mid x>0\}=\{1,\ 2,\ 3,\ \cdots\}$$

$$\mathbb{Q}=\{x\mid x\text{는 유리수}\}=\left\{\frac{b}{a}\,\middle|\,a,\ b\in\mathbb{Z},\ a\neq 0\right\}$$

$$\mathbb{Q}^+=\{x\in\mathbb{Q}\mid x>0\}$$

$$\mathbb{R}=\{x\mid x\text{는 실수}\}$$

$$\mathbb{Q}^*=\mathbb{Q}-\{0\},\ \mathbb{R}^*=\mathbb{R}-\{0\}.$$

연습문제(1)

1. 다음 중 연산인 것을 고르고 만일 연산이 되면 가환인지, 결합적인지도 조사하여라.

(1) $\mathbb{Q}$ 에서 $x \circ y = \dfrac{xy}{2}$

(2) $\mathbb{R}$ 에서 $x \circ y = x + \pi$

(3) $\mathbb{R}$ 에서 $x \circ y = y^2$

(4) $\mathbb{Z}$ 에서 $a * b = b$

(5) $\mathbb{Z}$ 에서 $x \circ y = \begin{cases} x & x\text{가 짝수일 경우} \\ x+1 & x\text{가 홀수일 경우} \end{cases}$

(6) $\mathbb{Q}$ 에서 $x \circ y = \dfrac{1}{x+y}$

(7) $\mathbb{Q}^+$에서 $x \circ y = \dfrac{1}{x+y}$

(8) $\mathbb{R}$ 에서 $x \circ y = \dfrac{x}{x^3 + y^3}$

(9) $\mathbb{Z}$ 에서 $a * b = a + b^2$

(10) $\mathbb{Z}$ 에서 $a * b = a^2 b^3$

(11) $\mathbb{Z}$ 에서 $a * b = 2^{ab}$

(12) $\mathbb{Z}$ 에서 $a * b = 2b$

(13) $\mathbb{Q}^+$에서 $a * b = \dfrac{a+b}{ab}$

(14) 2×2 행렬에서 $\begin{pmatrix} a_1 & a_2 \\ a_3 & a_4 \end{pmatrix} * \begin{pmatrix} b_1 & b_2 \\ b_3 & b_4 \end{pmatrix} = \begin{pmatrix} a_1 + b_1 & a_2 + b_2 \\ a_3 + b_3 & a_4 + b_4 \end{pmatrix}$, 단, $a_i, b_i \in \mathbb{R}$

(15) $\mathbb{Q}^+$에서 $\dfrac{b}{a} * \dfrac{d}{c} = \dfrac{b+d}{a+c}$, 단 $a, b, c, d \in \mathbb{Z}^+$

2. 연산 $*$ 는 결합법칙이 성립한다. 빈칸을 채워라. 또 이 연산은 교환법칙이 성립하는가?

(1)

$*$	p	q	r	s
p	p	q	r	s
q	q	r	s	p
r			p	
s	s		q	r

(2)

$*$	p	q	r	s
p	p	q	r	s
q	q	p	r	s
r	r	s	r	s
s				

(3)

$*$	a	b	c
a			b
b			c
c			a

B (4)

$*$	a	b	c
a	a	c	
b		b	c
c	a	c	

3. $*$ 는 $\mathbb{R}$ 에서 다음과 같은 연산이다. 다음을 증명하여라.

$$a * b = a + b + ab$$

(1) 모든 $a, b, c \in \mathbb{R}$ 에 대해서 $(a * b) * c = a * (b * c)$이다.

(2) 모든 $a, b \in \mathbb{R}$ 에 대해서 $a * b = b * a$이다.

(3) $a \neq -1$이면 $a * b = a * c$일 필요충분조건은 $b = c$이다.

4. 자연수집합 $\mathbb{N}$에서 다음을 만족시키는 연산의 예를 들어라.

(1) 가환이나 결합적이 아닌 것

(2) 결합적이나 가환이 아닌 것

(3) 결합적도 가환도 아닌 것

(4) 결합적이고 가환인 것

5. 아래와 같은 이유로 연산이 될 수 없는 집합 A와 연산의 예를 들어라.

(1) A는 닫혀 있지 않다.

(2) 어떤 $a, b \in A$에서 $a \circ b$가 정의되지 않는다.

(3) 어떤 $a, b \in A$에서 $a \circ b$가 단 1개가 아니다.

6. $S = \{a, b\}$이다.

(1) S의 연산은 모두 몇 개인가?

(2) 가환인 것은 몇 개인가?

7. 원소가 3개인 집합에서 모두 몇 가지의 연산을 만들 수 있는가? 또 가환인 것은 몇 개인가?

8. A의 원소는 n개다.

(1) A에는 연산이 모두 몇 개인가?

(2) 가환인 연산은 모두 몇 개인가?

9. 다음 연산은 결합법칙이 성립하는가?

$*$	1	2	3	4
1	1	2	3	4
2	2	4	2	4
3	3	2	1	4
4	4	4	4	4

2 군의 정의와 예 (Definitions and Examples of Groups)

만일 어떤 수의 3배에 2를 더하면 7이 되는 어떤 수를 구하라고 하면 방정식 $3x+2=7$을 풀면 된다. 여러분은 금방 $x=\frac{5}{3}$라는 값을 찾을 것이다. 그러나 이 값은 속셈으로 구했지만 어떤 경우든 머릿속에서 순간적으로 몇 가지 단계를 거쳤을 것이다. 즉 먼저 좌변의 상수항 2를 없애기 위해서 2를 오른편으로 이항하여

$$3x=5$$

를 얻고 다시 x의 계수 3을 없애기 위해서 양변을 3으로 나누어 $x=\frac{5}{3}$를 얻는 두 단계를 밟아야 한다. 복잡한 방정식은 이러한 과정을 여러 번 반복하여야 한다. 그러나 사실은 위의 풀이과정을 좀 더 자세히 살펴보면 우리는 알게 모르게 수의 여러 가지 성질을 이용하고 있음을 알 수 있다. 한 번 자세히 적어보자. 먼저

$$3x+2=7$$

에서 양변에 -2를 합하면

$$(3x+2)+(-2)=7+(-2)$$

이고 더하기의 결합법칙을 이용하여

$$3x+(2-2)=5$$
$$3x+0=5$$

0의 성질에 의해서

$$3x=5$$

이다. 여기까지가 사실 이항하는 과정이다. 다시 양변에 $\frac{1}{3}$을 곱하면

$$\frac{1}{3}\times(3x)=\frac{1}{3}\times5$$

곱셈에 대한 결합법칙을 이용해서

$$\left(\frac{1}{3}\times3\right)\times x=\frac{5}{3}$$
$$1\times x=\frac{5}{3}$$

이고 다시 1의 성질에 의해서 $1\times x=x$이므로 결국 $x=\frac{5}{3}$라는 값을 얻게 된다.

우리는 수의 성질을 잘 알고 있으므로 그냥 이항과 곱하기, 나누기, 결합법칙 등을 기계적으로 반복하여 계산하는데 만일 수가 아닌 어떤 집합에서 계산할 때는 이런 식으로 간단히 할 수 없다. 예를 들어 2×2 행렬 A가 다음 식

$$\begin{pmatrix}1 & 2\\3 & 4\end{pmatrix}A+\begin{pmatrix}5 & 6\\7 & 8\end{pmatrix}=\begin{pmatrix}-1 & 0\\2 & 3\end{pmatrix}$$

를 만족시킬 때 A를 구하라고 했을 때 우리는 수와는 다른 행렬의 성질들을 이용해야 한다. 또 다음과 같은 예를 살펴보자. 어떤 수의 4배에서 2를 뺀 후 7로 나누면 나머지가 1이 되는 어떤 수를 구하라고 하면 우선 우리는 다음과 같은 식

$$4x-2=7k+1\ (k\text{는 정수})$$

을 만들 수는 있다. 여기서

$$x=\frac{7k+1}{4}\,(k\text{는 정수})$$

라고 하면 답이 될까? 이 문제의 답은 실제로 $x=7k+6$(k는 모든 정수) 꼴의 수이다.

이런 경우에도 기계적인 이항이나 나누기만 가지고는 쉽게 풀 수 없다. 그러나 앞의 일차방정식의 풀이과정을 잘 살펴보면 위의 두 가지 경우에도 그 해를 구할 수 있는 단서를 찾을 수 있다. 즉 행렬방정식에서도 수에서의 0 또는 1과 같은 역할을 하는 행렬을 구하고 또 3의 역수 $\frac{1}{3}$의 성질 등을 잘 이해하면 이 식도 이와 같은 방법으로 풀 수 있다.

어떤 식을 풀 때는 항상 그 식을 포함하는 집합과 연산의 성질을 잘 이해해야 한다. 즉 수집합이냐 행렬이냐 또는 함수집합이냐에 따라서, 또 연산이 어떤 것이냐에 따라서 그 풀이방법도 틀리다. 그러나 이와 같은 여러 가지 집합에서도 어떤 공통된 성질이 있을 수 있고 이 공통된 성질을 잘 알면 풀이방법도 비슷하게 응용하여 이용할 수 있다. 먼저 연산에 대한 원소의 특수한 성질에 대해서 생각해보자.

정의 2.1 A는 집합이고 $*$는 A에서 연산이다.

(1) A의 모든 원소 a에 대해서

$$a*e=e*a=a$$

를 만족시키는 원소 e가 A에 존재할 때 이 원소 e를 연산 $*$에 대한 A의 **항등원**(identity)이라고 부른다.

(2) e가 연산 $*$에 대한 A의 항등원일 때 A의 원소 a에 대해서

$$a*x=x*a=e$$

를 만족시키는 x가 A에 존재할 때 이 x를 연산 $*$에 대한 a의 **역원**(inverse)이라고 부른다.

참고 (1)의 항등원은 집합의 모든 원소에 대해서 식이 성립해야 하지만 (2)의 a의 역원 x는 한 원소 a에 대해서만 성립하면 된다.

【예제 1】 정수집합 $\mathbb{Z}$에서 $+$에 대한 항등원은 0이고 곱하기에 대한 항등원은 1이다. 또 $+$에 대한 3의 역원은 -3이다. 그러나 곱에 대한 3의 역원은 $\frac{1}{3}$이나 이것은 $\mathbb{Z}$에 속하지 않으므로 곱에 대한 역원은 존재하지 않는다. 즉 $3\times x = x\times 3 = 1$이 되는 $x\in\mathbb{Z}$는 없다. 실제로 $\mathbb{Z}$에서는 1과 -1만이 곱에 대한 역원이 존재한다.

【예제 2】 실수집합 $\mathbb{R}$에서 $\times$에 대한 3의 역원은 $\frac{1}{3}$이고 $\frac{1}{3}\in\mathbb{R}$이므로 역원이 존재한다. 그러나 $0\times x = x\times 0 = 1$이 되는 x는 존재하지 않으므로 곱에 대한 0의 역원은 없다. 실제로 0 이외의 모든 수는 곱에 대해서 역원이 존재한다.

문제 1 정수집합 $\mathbb{Z}$에서

$$a * b = a + b + 1$$

이다. $*$에 대한 항등원이 존재하는지 조사하고 또 2의 역원을 구하라.

참고 역원을 구할 때는 먼저 항등원을 구해야 한다. 항등원이 존재하지 않으면 역원도 존재하지 않는다.

풀이 먼저 $*$는 가환이 됨을 알 수 있다. 따라서 한쪽, 즉 모든 $a\in\mathbb{Z}$에 대해서 $a*e=a$가 되는 e만 찾으면 된다.

(1) $a*e=a$에서 $a+e+1=a$. 따라서 $e=-1$이다.

(2) $2*x=e$에서 $2+x+1=-1$. 따라서 $x=-4$ ■

문제 2 정수집합 $\mathbb{Z}$에서

$$x * y = 2xy + x + y$$

이다. 결합법칙, 교환법칙, 항등원, 역원을 조사하라.

풀이 우선 $x, y\in\mathbb{Z}$면 $2xy+x+y\in\mathbb{Z}$이므로 $*$는 연산이 됨을 알 수 있다.

(1) 임의의 $a, b, c\in\mathbb{Z}$에 대해서

$$\begin{aligned}(a*b)*c &= (2ab+a+b)*c \\ &= 4ab+2ac+2bc+2ab+a+b+c\end{aligned}$$

$$a * (b * c) = a * (2bc + b + c)$$
$$= 4abc + 2ab + 2ac + a + 2bc + b + c$$

따라서 결합법칙이 성립한다.

(2)
$$a * b = 2ab + a + b = 2ba + b + a = b * a$$

따라서 교환법칙이 성립한다.

(3) $a * e = a$에서

$$2ae + a + e = a$$
$$e(2a+1) = 0$$

위의 식이 임의의 정수 a에 대해서 성립해야 하므로

$$e = 0$$

이 항등원이다.

(4) $a * x = e$에서

$$2ax + a + x = 0$$

에서 $x = \dfrac{-a}{2a+1}$이고 이 값은 $a \neq -1$, $a \neq 0$이면 $x \notin \mathbb{Z}$이므로 -1, 0만 역원이 존재한다. 실제로 -1의 역원은 -1, 0의 역원은 0이다. ■

정의 2.2 G는 집합이고 $*$는 G에서의 연산이다. $*$가 다음 (1), (2), (3)을 만족시킬 때 G를 군(Group)이라 부르고 $(G, *)$로 표시한다.
(1) 모든 $a, b, c \in G$에 대해서 $a * (b * c) = (a * b) * c$이다.
(2) 모든 $a \in G$에 대해서 $a * e = e * a = a$인 원소 $e \in G$가 존재한다.
(3) 임의의 $a \in G$에 대해서 $a * x = x * a = e$인 원소 $x \in G$가 존재한다.

정의에서 $(G, *)$가 군이 될 필요충분조건은 연산 $*$가 결합적이고 항등원이 존재하며 모든 원소가 역원을 가질 때이다.

군의 모든 성질은 위의 세 가지 성질로부터 나온다고 볼 수 있다.

【예제 3】 $(\mathbb{Z}, +)$는 군이다. 항등원은 0이고 $a + (-a) = (-a) + a = 0$이므로 a의 역원은 $-a$이다. 물론 $+$는 $\mathbb{Z}$에서 결합적인 연산임은 당연하다. 마찬

가지로 $(\mathbb{Q}, +)$, $(\mathbb{R}, +)$도 군이다.

【예제 4】 $(\mathbb{Z}, \times)$는 군이 되지 않는다. $\times$는 $\mathbb{Z}$에서 결합적인 연산이고 항등원도 존재한다. 그러나 역원의 존재성을 만족시키지 않는다.

【예제 5】 $(\mathbb{Q}, \times)$는 군이 되지 않는다. 0의 역원이 존재하지 않는다. 그러나 $\mathbb{Q}^*=\mathbb{Q}-\{0\}$이라고 두면 $(\mathbb{Q}^*, \times)$는 군이 된다. 마찬가지로 $(\mathbb{R}-\{0\}, \times)$도 군이 된다.

【예제 6】 $\mathbb{R}^n=\{(a_1, a_2, \cdots, a_n)|a_i\in\mathbb{R}\}$이라고 하고 $\mathbb{R}^n$에서의 연산 $*$를

$$(a_1, a_2, \cdots, a_n)*(b_1, b_2, \cdots, b_n)=(a_1+b_1, a_2+b_2, \cdots, a_n+b_n)$$

라고 하면 $(\mathbb{R}^n, *)$는 군이 된다. 항등원은 $(0, 0, \cdots, 0)$이고 $(a_1, a_2, \cdots, a_n)$의 역원은 $(-a_1, -a_2, \cdots, -a_n)$이다. 또 $*$의 결합법칙은 실수에서의 $+$의 결합법칙에서 쉽게 유도할 수 있다.

【예제 7】 $\mathbb{R}$에서 $a*b=2(a+b)$라고 하면 $(\mathbb{R}, *)$는 군이 되지 않는다. 그 이유는 첫째 결합법칙이 성립하지 않고 둘째 항등원도 없다.

【예제 8】 $\mathbb{R}^*=\mathbb{R}-\{0\}$에서 $a\circ b=2ab$라고 하면 $(\mathbb{R}^*, \circ)$는 군이 된다. 우선 $\circ$는 결합적이고 임의의 $a\in\mathbb{R}^*$에 대해서

$$a\circ\frac{1}{2}=2a\left(\frac{1}{2}\right)=a, \quad \frac{1}{2}\circ a=2\left(\frac{1}{2}\right)a=a$$

이므로 항등원 $\frac{1}{2}$이 존재한다. 또 a의 역원을 구해보면
$a\circ x=\frac{1}{2}=x\circ a$로부터

$$2ax=\frac{1}{2}=2xa$$

따라서 $x=\frac{1}{4a}$이 a의 역원이 됨을 알 수 있다.

【예제 9】 $\mathbb{R}$ 에서 $a*b=a+b-2$라고 하면 $(\mathbb{R}, *)$는 군이 된다. 우선

(1)
$$(a*b)*c=(a+b-2)*c=a+b-2+c-2$$
$$a*(b*c)=a*(b+c-2)=a+b+c-2-2$$

이므로 결합법칙이 성립한다.

(2) 임의의 $a\in\mathbb{R}$ 에 대해서 $a*e=a$라 두면 $a+e-2=a$로부터 $e=2$이다. 실제로

$$a*2=a+2-2=a,\quad 2*a=2+a-2=a$$

이므로 2가 항등원이다.

(3) $a*x=2$를 x에 관해서 풀면 $a+x-2=2$로부터 $x=-a+4$를 얻는다. 실제로

$$a*(-a+4)=a+(-a+4)-2=2$$
$$(-a+4)*a=(-a+4)+a-2=2$$

가 되어 a의 역원은 $-a+4$이다.

정의 2.3 $(G, *)$가 군이고 모든 $a, b\in G$에 대해서 $a*b=b*a$일 때 $(G, *)$를 아벨군(abelian group)이라고 부른다.

군 $(G, *)$가 아벨군이 될 필요충분조건은 군 G의 연산 $*$가 가환일 경우임은 자명하다. 가환군이라고 부르지 않고 아벨군이라고 부르는 이유는 군 이론에 공이 많은 노르웨이의 수학자 아벨(Niels Abel, 1802~1829)의 업적을 기리기 위해서이다. 앞에서 예로 든 많은 군은 모두 아벨군이다. 그러나 아벨군이 아닌 군도 많이 있다. 다음 예제를 살펴보자.

【예제 10】 $S_A=\{f\,|\,f$는 A에서 A로의 전단사함수$\}$라고 하면 임의의 $f, g\in S_A$에 대해서 f, g의 합성 $f\circ g$도 A에서 A로의 전단사함수이다. 따라서 $f\circ g\in S_A$이고 함수의 성질에서 결합법칙이 성립한다. 또 A의 항등함수 1_A는 모든 $f\in S_A$에 대해서

$$1_A \circ f = f \circ 1_A = f$$

이므로 S_A의 항등원이 된다. 또 $f \in S_A$의 역함수 f^{-1}는

$$f \circ f^{-1} = f^{-1} \circ f = 1_A$$

를 만족시키므로 f의 역원이 됨을 알 수 있다. 따라서 $(S_A, \circ)$는 군이 된다. 그러나 함수에서는 일반적으로 $f \circ g \neq g \circ f$이므로 가환이 되지 않는다. 따라서 $(S_A, \circ)$는 아벨군이 아니다(non-abelian group).

【예제 11】 $GL(2, \mathbb{R}) = \{A | A$는 $2 \times 2-$정칙행렬$\}$라고 하면 $GL(2, \mathbb{R})$은 행렬의 곱에 대하여 군이 된다. 여기서 행렬 $A = \begin{pmatrix} a & b \\ c & d \end{pmatrix}$가 정칙(nonsingular)이라는 말은 A의 행렬식 $|A| = ad - bc \neq 0$일 때를 말한다. 선형대수에서 배운 행렬의 성질에서 $A, B \in GL(2, \mathbb{R})$이면 AB도 역시 $GL(2, \mathbb{R})$의 원소이다. 또 임의의 $A, B, C \in GL(2, \mathbb{R})$에 대해서

(1) 결합법칙 $(AB)C = A(BC)$가 성립함을 잘 알고 있다.

(2) 임의의 $A \in GL(2, \mathbb{R})$에 대해서 $I = \begin{pmatrix} 1 & 0 \\ 0 & 1 \end{pmatrix}$은 정칙이고 $AI = IA = A$이므로 I는 $GL(2, \mathbb{R})$의 항등원이다. 마지막으로

(3) $A = \begin{pmatrix} a & b \\ c & d \end{pmatrix}$가 정칙이면 A의 역행렬 $A^{-1} = \dfrac{1}{ad-bc}\begin{pmatrix} d & -b \\ -c & a \end{pmatrix}$도 정칙이고

$$AA^{-1} = AA^{-1} = I$$

를 만족하므로 A의 역행렬 A^{-1}는 A의 역원이 된다. 따라서 $(GL(2, \mathbb{R}), \cdot)$는 군이 된다.

그러나 일반적으로 행렬에서는 $AB = BA$가 성립하지 않으므로 이 군은 비아벨군이다. 이 군을 보통 $\mathbb{R}$ 상에서의 2차 일반선형군(general linear group of degree 2 over $\mathbb{R}$)이라고 부른다.

참고 $M = \{A | A$는 $2 \times 2-$행렬$\}$이라고 하면 M은 행렬의 곱에 대해서 군이 되지 않는다. 정칙이 아닌 행렬은 역행렬이 없다. 즉, A가 정칙이 아니면 $AB = I$가 되는 행렬 B가 존재하지 않는다([15] p. 291 참조).

다음은 앞으로 가장 많이 나타나는 예인 n을 법으로 하는 정수군에

대해서 공부하자.

n을 임의의 정수라 하자. n으로 나누어 나머지가 i가 되는 정수집합을 $\overline{i}$라고 하자.

$$\overline{0}=\{\cdots, -2n, -n, 0, n, 2n, 3n, \cdots\} \text{는 } n\text{의 배수}$$
$$\overline{1}=\{\cdots, -2n+1, -n+1, 1, n+1, 2n+1, 3n+1, \cdots\}=\overline{0}+1$$
$$\overline{2}=\{\cdots, -2n+2, -n+2, 2, n+2, 2n+2, 3n+2, \cdots\}=\overline{0}+2$$
$$\cdots$$
$$\overline{i}=\{\cdots, -2n+i, -n+i, i, n+i, 2n+i, 3n+i, \cdots\}=\overline{0}+i$$

와 같은 집합을 표시한다. 이와 같이 집합을 만들면 우리는 다음과 같은 법칙이 성립함을 쉽게 알 수 있다.

1) $\overline{0}=\overline{n}=\overline{2n}=\cdots=\overline{-n}=\overline{-2n}=\cdots$
   $\overline{1}=\overline{n+1}=\overline{2n+1}=\cdots=\overline{-n+1}=\overline{-2n+1}=\cdots$
   $\overline{i}=\overline{n+i}=\overline{2n+i}=\cdots=\overline{-n+i}=\overline{-2n+i}=\cdots$
2) $\bigcup_{i=0}^{n-1}\overline{i}=\mathbb{Z}$
3) $0\leq i\neq j\leq n-1$이면 $\overline{i}\cap\overline{j}=\phi$
4) $\overline{i}=\overline{j}$일 필요충분조건은 $i-j$가 n의 배수

위와 같은 성질에 의해서 집합 $\mathbb{Z}_n=\{\overline{i}\,|\,0\leq i\leq n-1\}$은 $\mathbb{Z}$의 분할이 된다. 이때 집합 $\overline{i}$를 n을 법으로 하는 i의 합동류(congruence classes of i modulo n)라고 하고 합동류들의 집합 $\mathbb{Z}_n$을 n을 법으로 하는 합동류의 집합(set of congruence classes modulo n)이라고 부른다.

보다 더 자세한 사항은 32장 정의 32.11을 참조하기 바란다.

【예제 12】 $n=5$인 합동류들의 집합 $\mathbb{Z}_5$를 구해보면

$$\overline{0}=\{\cdots, -10, -5, 0, 5, 10, 15, \cdots\}$$
$$\overline{1}=\{\cdots, -9, -4, 1, 6, 11, 16, \cdots\}$$
$$\overline{2}=\{\cdots, -8, -3, 2, 7, 12, 17, \cdots\}$$

$$\bar{3} = \{\cdots, -7, -2, 3, 8, 13, 18, \cdots\}$$
$$\bar{4} = \{\cdots, -6, -1, 4, 9, 14, 19, \cdots\}$$
$$\bar{5} = \{\cdots, -5, 0, 5, 10, 15, 20, \cdots\} = \bar{0}$$
$$\bar{6} = \{\cdots, -4, 1, 6, 11, 16, 21, \cdots\} = \bar{1}$$

이고 $\mathbb{Z}_5 = \{\bar{0}, \bar{1}, \bar{2}, \bar{3}, \bar{4}\}$이다.

정리 2.1 $\mathbb{Z}_n = \{\bar{0}, \bar{1}, \bar{2}, \cdots, \overline{n-1}\}$는 n을 법으로 하는 모든 합동류들의 집합이다. 임의의 $\bar{a}, \bar{b} \in \mathbb{Z}_n$에 대해서 $\bar{a} \oplus \bar{b} = \overline{a+b}$라고 하면 $(\mathbb{Z}_n, \oplus)$는 아벨군이다.

증명 먼저 $\oplus$가 $\mathbb{Z}_n$에서 연산이 됨을 보여야 한다. 임의의 $\bar{a}, \bar{b} \in \mathbb{Z}_n$에 대해서 $a+b$를 n로 나눈 나머지를 r라고 하면 $\overline{a+b} = \bar{r}$이고 $\overline{a+b} = \bar{a} \oplus \bar{b}$이므로

$$\bar{a} \oplus \bar{b} = \bar{r}, \ 0 \le r \le n-1$$

이므로 $\bar{a} \oplus \bar{b} \in \mathbb{Z}_n$이다.

또 만일 $\bar{a} = \bar{b}$, $\bar{c} = \bar{d}$면 $\bar{a} \oplus \bar{c} = \bar{b} \oplus \bar{d}$가 됨을 보여야 한다. 물론 a, b, c, d는 모두 정수이고 서로 다를 수도 있다. $\bar{a} = \bar{b}$이므로 $a-b = nk$, $\bar{c} = \bar{d}$이므로 $c-d = nt$로 표시할 수 있다(k, t는 정수). $\oplus$의 정의에서

$$\bar{a} \oplus \bar{c} = \overline{a+c}, \quad \bar{b} \oplus \bar{d} = \overline{b+d}$$

이므로 $\overline{a+c} = \overline{b+d}$임을 보이자.

$$\begin{aligned}(a+c)-(b+d) &= (a-b)+(c-d)\\ &= nk+nt = n(k+t)\end{aligned}$$

따라서 $\bar{a} \oplus \bar{c} = \overline{a+c} = \overline{b+d} = \bar{b} \oplus \bar{d}$가 되어 연산한 값은 단 한 개 정해진다. 위의 사실에서 $\oplus$는 $\mathbb{Z}_n \times \mathbb{Z}_n$에서 $\mathbb{Z}_n$으로의 잘 정의된(well-defined) 함수가 됨을 알 수 있다.

(1) 임의의 $\bar{a}, \bar{b}, \bar{c} \in \mathbb{Z}_n$에 대해서

$$\bar{a} \oplus (\bar{b} \oplus \bar{c}) = \bar{a} \oplus (\overline{b+c}) = \overline{a+(b+c)}$$

이고 정수의 성질에서

$$a+(b+c) = (a+b)+c$$

이다. 따라서

$$\overline{a+(b+c)} = \overline{(a+b)+c} = \overline{a+b} \oplus \bar{c} = (\bar{a} \oplus \bar{b}) \oplus \bar{c}$$

가 되어 결합법칙이 성립한다.

(2) 임의의 $\bar{a} \in \mathbb{Z}_n$에 대해서

$$\bar{a} \oplus \bar{0} = \overline{a+0} = \bar{a} = \overline{0+a} = \bar{0} \oplus \bar{a}$$

따라서 항등원 $\bar{0}$가 존재한다.

(3) $\bar{a} \in \mathbb{Z}_n$라고 하면

$$\bar{a} \oplus \overline{n-a} = \overline{a+(n-a)} = \bar{n} = \bar{0}$$
$$\overline{n-a} \oplus \bar{a} = \overline{(n-a)+a} = \bar{n} = \bar{0}$$

이므로 $\bar{a}$의 역원 $\overline{n-a}$가 존재한다(물론 $\bar{n} = \bar{0}$이다).

(4) 임의의 $\bar{a}, \bar{b} \in \mathbb{Z}_n$에 대해서

$$\bar{a} \oplus \bar{b} = \overline{a+b} = \overline{b+a} = \bar{b} \oplus \bar{a}$$

따라서 $\oplus$는 가환이다.

위의 사실에 의해서 $(\mathbb{Z}_n, \oplus)$는 아벨군이 됨을 알 수 있다. □

정의 2.4 n은 양의 정수이고 $\mathbb{Z}_n = \{\bar{0}, \bar{1}, \bar{2}, \cdots, \overline{n-1}\}$이다. 임의의 $\bar{a}, \bar{b} \in \mathbb{Z}_n$에 대해서 $\bar{a} \oplus \bar{b} = \overline{a+b}$라 정의했을 때 군 $(\mathbb{Z}_n, \oplus)$를 n을 법으로 하는 정수군(group of integers modulo n)이라고 부른다.

【예제 12】 $\mathbb{Z}_7 = \{\bar{0}, \bar{1}, \bar{2}, \cdots, \bar{6}\}$에서 $\bar{3} \oplus \bar{2} = \bar{5}$, $\bar{3} \oplus \bar{4} = \bar{7} = \bar{0}$, $\bar{6} \oplus \bar{3} = \bar{9} = \bar{2}$이다. $\bar{3}$의 역원은 $\bar{4}$가 된다. $\bar{1}$의 역원은 $\bar{6}$이다. 물론 $\bar{0}$의 역원은 $\bar{0}$이다.

아벨(Niels Henrik Abel, 1802~1829)

수학자로서 가장 비참한 사람으로 아벨과 갈루아를 꼽는다. 이 두 사람은 서로 닮은 점이 많은데 동시대인으로서 일찍이 천재성을 꽃피우고 나서 미래 수학자에게 많은 영향을 남기고 요절하였다. 아벨은 26세에 결핵과 영양실조로 죽었고, 갈루아는 21세 때 연적과 결투하다가 총에 맞아 죽었다. 둘 다 생전에 그들의 천재성을 아무도 알아주지 않았다. 아벨은 1802년 노르웨이의 핀되에서 가난한 시골 목사의 아들로 태어났다. 그는 노르웨이의 수도 오슬로에 있는 학교에 다닐 때인 22살에 당대 미해결문제로 남아있던 5차방정식의 연구에 매진하여 5차방정식은 1, 2, 3, 4차 방정식과는 달리 대수적으로 풀리지 않는다는 것을 증명했는데 이것은 과거 300년 동안 많은 수학자를 괴롭힌 어려운 문제였다. 간신히 논문을 완성하여 당시 수학계 제1인자인 가우스에게 보냈으나, 가우스는 그것을 읽지도 않고 버렸다고 한다. 어쨌든 이 논문의 결과로 아벨은 장학금을 받게 되었고 독일, 이태리, 프랑스 등 여러 나라를 여행하였다. 1825년 독일로 유학할 수 있게 되었는데, 가우스가 있던 괴팅겐을 피해 베를린으로 갔고 거기에서 평생의 후원자이자 친구인 크렐레를 만났다. 거기서 크렐레가 창간한 수학 전문지 "순수수학 및 응용수학잡지"에 무한급수의 수렴, 아벨적분, 타원함수 등 여러 분야의 수학 논문을 발표하였다. '아벨의 정리' 등을 포함한 논문을 프랑스 학사원에 제출하였으나 인정을 받지 못했다. 폐병에 걸려 1827년 고국에 돌아온 그는 여전히 취직이 되지 않았고 이 대 천재는 수학학원에서 기초 수학을 가르치며 그날 그날 연명하였다. 그러던 어느 날 수학 잡지에 실린 야코비의 논문을 보고는 그만 졸도하고 말았다. 그가 전에 파리 여행 중에 쓴 논문이 있었는데, 그 발표가 지연되고 있는 가운데 같은 내용의 결과가 야코비에 의해 먼저 발표된 것이었다. 아벨의 논문은 야코비의 것보다 1년이나 먼저인데도 발표되지 않고 있었는데, 그 논문을 심사하던 프랑스의 대 수학자 코시가 그만 논문을 분실한 것이다. 그러한 때에 야코비의 논문을 보았으니 기절도 무리는 아니다. 아벨의 논문이 제대로 발표되어 그 능력을 빨리 인정받았더라면 가난도 없었을 것이고, 병에 걸리지 않았을지도 모를 일이다. 7남매의 장남인 그는 18세 때 아버지가 돌아가신 후부터 가족들을 부양해야 했으며 평생 가난에 시달렸고 폐병으로 고생하였다. 1829년 건강이 극도로 악화된 상태에서 아벨의 정리를 증명한 유명한 논문을 써서 크렐레에게 보냈다. 이 무렵에야 그의 업적이 수학계에 조금씩 알려지게 되었다. 그는 평생동안 안정적인 직장에서 연구를 한 적이 없는데 절친한 친구였던 크렐레가 애써서 베를린 대학에 교수직을 마련했고 드디어 베를린 대학에서 그를 교수로 초대하기에 이르렀다. 그러나 그 초대장이 도착되기 이틀 전에 아벨은 26세의 젊은 나이로 한 많은 생애를 마쳤다. 아벨은 생전에 그의 창작성을 인정받지 못했다. 그러나 후세 수학자들은 많은 정리와 이론에 아벨의 이름을 붙임으로써 그에게 명예를 부여하였다. 노벨상에는 수학상이 없는데 노벨상에 버금가는 수학자에게만 주는 아벨상(Abel prize)도 있다. 에르미트는 아벨에 관하여 다음과 같이 말하였다.

"그는 수학자를 500년 동안 바쁘게 만든 문제들을 남겼다."

연습문제(2)

1. 실수 집합 $\mathbb{R}$에서 다음 연산이 결합적인지, 가환인지 조사하고 또 항등원과 역원도 존재하면 구하여라.

(1) $x*y=x+2y+4$
(2) $x*y=x+2y-xy$
(3) $x*y=|x+y|$
(4) $x*y=|x-y|$
(5) $x*y=xy+1$
(6) $x*y=\dfrac{xy}{|x|+|y|+1}$

2. 다음 집합은 $*$연산에 의해서 군이 되느냐?

(1) $\mathbb{R}$에서 $x*y=x+y+5$
(2) $\mathbb{R}$에서 $x*y=\dfrac{xy}{2}$
(3) $\mathbb{R}-\{-1\}$에서 $x*y=x+y+xy$
(4) $I=(-1,\ 1)$에서 $x*y=\dfrac{xy}{xy+1}$

3. 다음 중 군이 되는 것을 찾아라.

(1) $(\mathbb{R}^+,\ +)$
(2) $(3\mathbb{Z},\ +)$
(3) $\mathbb{R}-\{0\}$에서 $a*b=|ab|$
(4) $(\{1,\ -1\},\ \times)$
(5) $\mathbb{R}\times\mathbb{R}$에서 $(a,\ b)*(c,\ d)=(a+c,\ b-d)$
(6) $\mathbb{R}\times\mathbb{R}^*$에서 $(a,\ b)*(c,\ d)=(a+c,\ bd)$
(7) $(\mathbb{Z},\ *)$에서 $a*b=a+b-1$
(8) $(\mathbb{R},\ *)$에서 $a*b=a+b-ab$
(9) $\mathbb{R}^*$에서 $a*b=|a|b$
(10) $(\mathbb{R}^*,\ \times)$
(11) $(\mathbb{Z},\ -)$
(12) $(\mathbb{R}\times\mathbb{R}^*,\ *)$, 단, $(a,\ b)*(c,\ d)=(ad+bc,\ bd)$
(13) $(\mathscr{P}(X),\ \triangle)$, 단, $A\triangle B=(A-B)\cup(B-A)$, $\mathscr{P}(X)=\{A\mid A\subset X\}$는 X의 멱집합이다.

4. $\mathbb{R}^*\times\mathbb{R}$에서 $(a,\ b)*(c,\ d)=(ac,\ bc+d)$이다. 군이 됨을 보여라.

5. $\mathbb{R}^*$에서 $a * b = \begin{cases} ab & a>0\text{일 경우} \\ \dfrac{a}{b} & a<0\text{일 경우} \end{cases}$

이다. 군이 됨을 보여라.

6. 위의 3번 문제 중 군이 되는 것 중 아벨군인 것은?

7. $\mathscr{P}(X) = \{A | A \subset X\}$는 X의 멱집합이다. $(\mathscr{P}(X), \cap)$, $(\mathscr{P}(X), \cup)$은 각각 군이 되는가?

8. $G = \{f | f : \mathbb{R} \to \mathbb{R}$, 모든 $x \in \mathbb{R}$에 대해서 $f(x) \neq 0\}$이다. $(f * g)(x) = f(x)g(x)$라고 하면 $(G, *)$는 군이 되는가?

9. $S = \{a, b, c\}$, 연산 $*$는 다음과 같다.

$*$	a	b	c
a	a	b	c
b	b	b	c
c	c	c	c

$(S, *)$는 군이 되는가?

10. $G = \{z \in \mathbb{C} \mid z^n = 1\}$라면 $(G, \times)$는 군이 됨을 보여라.

11. $G = \mathbb{R} - \{1\}$, $a * b = a + b - ab$이다.
(1) $(G, *)$는 군이 됨을 보여라.
(2) 항등원을 구하여라.
(3) $2 * x * 3 = -1$을 만족시키는 x를 구하여라.

3 군의 기본적인 성질
(Elementary Properties of Groups)

군에 관한 모든 복잡한 이론도 사실은 아주 간단하고 단순한 군의 기본적인 몇 가지 사실로부터 출발한다. 물론 이 기본적인 사실은 군의 정의에서부터 유도할 수 있다. 따라서 우리의 첫 번째 작업은 군의 정의를 써서 군의 원소들을 보다 쉽게 계산할 수 있는 몇 가지 기본법칙(basic rules)을 찾는 것이다.

정리 3.1 $(G, *)$는 군, a는 G의 임의의 원소이다.
(1) 항등원은 단 한 개이다.
(2) a는 단 한 개의 역원을 가진다.

증명 (1) G는 군이므로 정의에서 적어도 한 개의 항등원을 가진다. e와 f를 G의 항등원이라고 하자. 항등원의 정의에 의해서 모든 $a \in G$에 대해서

$$a * e = e * a = a, \quad a * f = f * a = a$$

가 성립한다. a는 G의 임의의 원소이므로 윗 식의 왼편 식에서 $a=f$로 두면

$$f * e = e * f = f$$

이다. 또 오른편 식에서 $a=e$로 두면

$$e*f=f*e=e$$

따라서

$$f=f*e=e$$

가 되어서 단 한 개의 항등원만 존재한다.

(2) 군의 정의에 의해서 a의 역원이 존재함은 당연하다. a의 역원이 단 한 개임을 보이기 위해서 $x, y \in G$를 a의 역원이라고 하자. x, y는 a의 역원이므로 역원의 정의에 의해서

$$a*x=x*a=e, \quad a*y=y*a=e \tag{■}$$

가 된다. 이 식으로부터 $x=y$를 유도해 보자.

우선 주어진 두 식으로부터 $a*x$와 $a*y$는 모두 e와 같으므로

$$a*x=a*y$$

라는 식을 얻을 수 있다. 이 식에서 a만 소거시키면 우리가 원하는 결론 $x=y$를 얻을 수 있다. 군의 맨 처음에 소개했듯이 $5x=3$과 같은 식에서 x를 구하는 것은 5의 역수를 양변에 곱해서 $1\times x$를 찾는 것이라는 사실을 기억한다면 이 식에서 a를 소거시킬 수 있을 것이다. $x*a=e$이므로

$$a*x=a*y$$

의 왼편에 x를 곱하면

$$x*(a*x)=x*(a*y)$$

를 얻게 되고 결합법칙을 써서

$$(x*a)*x=(x*a)*y$$
$$e*x=e*y$$

따라서 $x=y$가 되어 증명되었다. □

일단 증명은 끝이 났지만 처음으로 하는 증명이기 때문에 좀 더 설명하겠다. 아마도 어떤 사람은 너무 지루하고 자세해서 신경질나는 사람도 있을 것이다. 그런 사람은 이 설명을 건너뛰어서 다음 증명으로 바로 가면 된다.

우선 이 증명을 하는데 군의 정의를 모두 사용했다는 것을 주목하기 바란다. 즉 결합법칙, 항등원의 성질, 역원의 성질을 모두 사용했다. 사

실 정의는 간단하면 간단할수록 좋다. 따라서 정의는 가능하면 간단하게 하려고 노력한다. 일단 정의에 포함된 사실은 성질을 밝히는데 꼭 필요하고 하나라도 없으면 안 되는 필요하고도 충분한 성질들만 모아놓은 것이다. 그러므로 우리가 어떤 사실을 밝힐 때 만일 주어진 조건 중에서 어느 것을 사용하지 않고 증명하였다면 그 증명은 99% 잘못된 증명으로 봐야 한다. 만약 어떤 조건이 증명에 필요가 없으면 구태여 조건으로 넣을 필요가 없는 것이다. 다시 위의 증명 (2)에서 $a*x=a*y$라는 사실이 눈에 금방 안 띄면 어떻게 할 것인가?

우선 식 (■)에서 두 식은 비슷하므로 단지 $a*x=e$만 가지고는 안될까? 물론 이때도 된다. 즉 우리의 목적은 위 식 (■)에서 x라는 미지수와 y라는 미지수의 값을 구해서 그 값이 같다는 것을 보이면 되는 것이다. 따라서 식 $a*x=e$에서 x를 구하기 위해서 우선 왼편에 x를 곱하면

$$x*(a*x)=x*e$$

가 되어 $x=x$꼴이 되므로 이때는 안 된다. 그러나 또 있다. 왼편에 y를 곱하면

$$y*(a*x)=y*e$$

가 되어

$$(y*a)*x=y$$
$$e*x=y$$

가 되어 이때는 된다. 즉 $x=y$가 되는 것이다. 얼마나 쉬운가! 이것을 좀 더 세련되게 표시하면

$$x=e*x=(y*a)*x=y*(a*x)=y*e=y$$

와 같다.

이 증명을 하면서 여러분들은 계속 연산표시 $*$를 붙이는데 싫증이 났을 것이다. 군 $(G, *)$에서 연산할 때마다 $*$를 적는 것은 사실 매우 비효율적이다. 따라서 임의의 군을 대상으로 할 때 꼭 연산 $*$을 쓰지 않더라도 아무런 불편이 없으면 $a*b$에서 $*$를 생략하고 그냥 ab로 표시한다. 물론 군 $(G, *)$도 그냥 G로 나타낸다. 우리는 G 속에 연산이

생략되어 있다고 생략하는 것이다. 그러나 만일 연산을 생략해서 혼동이 생길 경우에는 연산을 나타내 주어야 한다. 예를 들어 $\mathbb{R}^*$에서 $a * b = \dfrac{ab}{2}$ 인 연산 $*$일 경우와 $a \circ b = |a|b$일 경우는 다 같이 군이 된다. 이럴 경우 그냥 $\mathbb{R}^*$만 쓰면 어느 경우인지 알 수 없으므로 이럴 때는 구체적으로 $(\mathbb{R}^*, *)$ 또는 $(\mathbb{R}^*, \circ)$와 같이 연산도 표시해준다. 그러나 보통 일반적인 군에 관한 정리에서는 연산을 생략해도 아무 문제가 없다.

문제 1 A는 $2\times 2-$행렬이다.

$$\begin{pmatrix} 3 & 2 \\ 7 & 5 \end{pmatrix} A = \begin{pmatrix} 1 & 2 \\ 0 & -1 \end{pmatrix}$$

인 행렬 A를 구하라.

풀이

$$\begin{pmatrix} 5 & -2 \\ -7 & 3 \end{pmatrix}\begin{pmatrix} 3 & 2 \\ 7 & 5 \end{pmatrix} = \begin{pmatrix} 1 & 0 \\ 0 & 1 \end{pmatrix}$$

이므로 위 식의 왼편(오른 편에 곱하면 안됨)에 $\begin{pmatrix} 5 & -2 \\ -7 & 3 \end{pmatrix}$을 곱하면

$$\begin{pmatrix} 5 & -2 \\ -7 & 3 \end{pmatrix}\left[\begin{pmatrix} 3 & 2 \\ 7 & 5 \end{pmatrix} A\right] = \begin{pmatrix} 5 & -2 \\ -7 & 3 \end{pmatrix}\begin{pmatrix} 1 & 2 \\ 0 & -1 \end{pmatrix}$$

이고 $\begin{pmatrix} 1 & 0 \\ 0 & 1 \end{pmatrix} A = A$이므로 결국 $A = \begin{pmatrix} 5 & 12 \\ -7 & -17 \end{pmatrix}$이다. ■

앞으로 특별한 언급이 없는 한 일반적으로 군의 항등원은 e로 표시하고 a의 역원은 a^{-1}로 표시한다. 그러나 특별한 경우에는 다르게 표시할 수도 있다. 만일 군 G의 연산을 $+$로 나타낼 경우에는 항등원은 0, a의 역원은 $-a$로 나타내는 것이 보통이다.

특히 전통적으로 G가 아벨군일 때는 연산을 $+$로 표시한다. 구체적인 군의 예에서는 그때그때 항등원과 역원이 결정된다.

【예제 1】 (1) 군 $(\mathbb{Z}, +)$에서 항등원은 0, 5의 역원은 -5이다.

(2) 군 $(\mathbb{Q}^*, \times)$에서 항등원은 1, 5의 역원은 $\dfrac{1}{5}$이다.

참고 (1) e는 군 G의 항등원, a의 역원은 a^{-1}로 표시

(2) $a, b \in (G, *)$에서 $a * b$는 연산을 생략하고 ab로 표시하고 $(G, *)$는 G로 표시

정리 3.2 (좌우소거법칙) G는 군, $a, b, c \in G$이다.

(1) $ab = ac$면 $b = c$이다(좌소거법칙).

(2) $ba = ca$면 $b = c$이다(우소거법칙).

증명 (1) $ab = ac$의 왼편에 a^{-1}를 곱하면

$$a^{-1}(ab) = a^{-1}(ac)$$

이고 결합법칙에 의해서

$$(a^{-1}a)b = (a^{-1}a)c$$

이다. 따라서

$$eb = ec$$

이고 $b = c$이다.

(2)도 마찬가지이다. □

군 G의 원소 a, b, c에서 $ab = ca$일 때 a를 소거시켜서 $b = c$라고 하면 안된다. 그 이유는 아벨군이 아닐 때는 $b \neq c$이나 $ab = ca$일 경우도 있다.

【 예제 2 】

$$\begin{pmatrix} 1 & 2 \\ 0 & 1 \end{pmatrix}\begin{pmatrix} 2 & 3 \\ 1 & -1 \end{pmatrix} = \begin{pmatrix} 4 & -7 \\ 1 & -3 \end{pmatrix}\begin{pmatrix} 1 & 2 \\ 0 & 1 \end{pmatrix} = \begin{pmatrix} 4 & 1 \\ 1 & -1 \end{pmatrix}$$

이나

$$\begin{pmatrix} 2 & 3 \\ 1 & -1 \end{pmatrix} \neq \begin{pmatrix} 4 & -7 \\ 1 & -3 \end{pmatrix}$$

이다.

따름정리 3.3 G는 군, $a, b \in G$이다. 만일 $ab=e$이면 $a=b^{-1}$, $a^{-1}=b$이다.

증명 $ab=e=aa^{-1}$, $ab=e=b^{-1}b$에서 소거법칙을 쓰면 된다. □

위의 따름정리 3.3은 군에서 두 원소의 곱이 e이면 이것들은 서로 역이라는 것을 보여준다. 즉 정의에서 $ax=xa=e$이라야 x는 a의 역원이지만 실제로 군에서는 $ax=e$ 한 개만 성립해도 된다는 뜻이다.

아래 정리는 역원을 계산하는 데 매우 유용하게 쓰이는 성질이다.

정리 3.4 G는 군, $a, b \in G$이면 다음이 성립한다.

(1) $(ab)^{-1}=b^{-1}a^{-1}$ (2) $(a^{-1})^{-1}=a$

증명 (1)

$$\begin{aligned}(ab)(b^{-1}a^{-1}) &= a(b(b^{-1}a^{-1}))\\ &= a((bb^{-1})a^{-1})\\ &= a(ea^{-1})\\ &= aa^{-1}\\ &= e\end{aligned}$$

따름정리 3.3에 의해서

$$(ab)^{-1}=b^{-1}a^{-1}$$

가 된다.

(2)

$$(a^{-1})^{-1}(a^{-1})=e=aa^{-1}$$

이므로 소거법칙에 의해서

$$(a^{-1})^{-1}=a$$

혹은 좀 더 세련되게

$$\begin{aligned}(a^{-1})^{-1} &= (a^{-1})^{-1}e\\ &= (a^{-1})^{-1}(a^{-1}a)\\ &= [(a^{-1})^{-1}a^{-1}]a\end{aligned}$$

$$= ea$$
$$= a$$

로 해도 된다. □

성질 $(ab)^{-1} = b^{-1}a^{-1}$를 반복적으로 사용하면 우리는 다음과 같은 따름정리를 얻을 수 있다.

따름정리 3.5 G는 군, $a_1, a_2, \cdots, a_n \in G$이면 다음이 성립한다.

$$(a_1 a_2 \cdots a_n)^{-1} = a_n^{-1} \cdots a_2^{-1} a_1^{-1}$$

위 정리 3.4의 (2)번 세련된 증명은 보고 알 수는 있지만 초보자는 잘 할 수 없다. 한 개의 문자를 항등원을 곱해서 몇 개의 곱으로 표시하고 다시 결합법칙을 사용해서 간단하게 한 개의 문자로 만들었는데 우리는 긴 식을 간단히 하는 것은 쉽지만 짧은 식을 적당히 길게 만드는 것은 상당한 기술이 필요하다. 이 증명의 기본은 결합법칙에 있다. 결국 증명은 다시 말하면

$$(x^{-1})^{-1}(x^{-1}x) = (x^{-1})^{-1}e$$

에서 왼편 식을 결합법칙을 쓰고 고치면

$$((x^{-1})^{-1}x^{-1})x = (x^{-1})^{-1}$$

가 되고 따라서

$$ex = (x^{-1})^{-1}$$

가 되어

$$x = (x^{-1})^{-1}$$

가 되는데 이 식들을 밑에서 거꾸로 써서 등식을 중심으로 ↲ 모양으로 쓴 것이다.

주의 흔히 이런 실수를 하는 경우가 많은데 군 G의 원소 a, b에서 G가 아벨군이 아니면

$$(ab)^{-1}=a^{-1}b^{-1}$$

라고 하면 안된다.

【예제 3】 $A=\begin{pmatrix}1 & 2\\0 & 1\end{pmatrix}$, $B=\begin{pmatrix}2 & -1\\2 & 0\end{pmatrix}$라고 하면 $AB=\begin{pmatrix}6 & -1\\2 & 0\end{pmatrix}$이므로

$$(AB)^{-1}=\begin{pmatrix}0 & \frac{1}{2}\\-1 & 3\end{pmatrix}$$

$$A^{-1}B^{-1}=\begin{pmatrix}1 & -2\\0 & 1\end{pmatrix}\begin{pmatrix}0 & \frac{1}{2}\\-1 & 1\end{pmatrix}=\begin{pmatrix}2 & -\frac{3}{2}\\-1 & 1\end{pmatrix}$$

이므로 $(AB)^{-1}\neq A^{-1}B^{-1}$이다.

G가 아벨군이면 $a^{-1}b^{-1}=b^{-1}a^{-1}$이므로

$$(ab)^{-1}=b^{-1}a^{-1}=a^{-1}b^{-1}$$

이다. 또 거꾸로 모든 $a, b\in G$에 대해서 $(ab)^{-1}=a^{-1}b^{-1}$이면 G는 아벨군이 된다(연습문제).

【예제 4】 $G=(\mathbb{Z}, +)$이면 모든 정수 n에 대해서

$$-(-n)=n \text{이고 } -(a+b)=-a-b$$

이다.

일반적으로 군 G에서 ab^{-1}로 표시된 원소는 만일 연산이 $+$일 경우는 $a+(-b)$로 표시되는데 이 식은 간단히 $a-b$로 적는다.

【예제 5】 $(\mathbb{Q}^*, \times)$에서 $\frac{5}{2}$는 $5\times\frac{1}{2}=5\times(2$의 역원$)$이다.

$(\mathbb{Z}, +)$에서 $5-2$는 $5+(-2)=5+(2$의 역원$)$이다.

앞으로 뺄셈은 덧셈의 역원, 나눗셈은 곱셈의 역원으로 생각한다. 사실 우리가 말하는 사칙은 이칙인 덧셈과 곱셈에서 역원을 생각한 것이다.

정리 3.6 G는 군이고 $a, b \in G$이다. G에서 식 $ax=b$는 단 하나의 해를 가진다.

증명 $x=a^{-1}b$를 위 식에 대입하면

$$a(a^{-1}b)=(aa^{-1})b=eb=b$$

가 성립하므로 $x=a^{-1}b$는 일차식 $ax=b$의 해가 된다.

이번에는 $x_1, x_2 \in G$가 $ax=b$의 해라고 가정하면

$$ax_1=b, \quad ax_2=b$$

가 되고 소거법칙에 의해서 $x_1=x_2$가 된다. 따라서 $ax=b$의 해는 단 한 개 존재한다. □

마찬가지로 일차식 $xa=b$를 만족시키는 x도 단 한 개 존재한다. 그러면 $ax=b$와 $xa=b$를 동시에 만족시키는 x가 존재할까 하는 의문이 생기는데 일반적으로 이 두 식을 만족시키는 해는 반드시 존재한다고 말할 수 없다. 왜냐하면 $ax=b$를 만족시키는 단 한 개의 해는 $a^{-1}b$이고 $xa=b$를 만족시키는 해는 ba^{-1}인데 이 두 값이 같지 않을 경우도 있기 때문이다. 물론 아벨군일 경우는 당연히 같게 된다.

【예제 6】 $G=(GL(2, \mathbb{R}), \cdot)$를 $\mathbb{R}$ 상에서의 2차 일반선형군이라고 하자. $A=\begin{pmatrix}1 & 2\\0 & 1\end{pmatrix}$, $B=\begin{pmatrix}4 & 1\\1 & -1\end{pmatrix}$, $C=\begin{pmatrix}2 & 3\\1 & -1\end{pmatrix}$, $D=\begin{pmatrix}4 & -7\\1 & -3\end{pmatrix}$이라고 하면 $AC=B$, $DA=B$가 됨을 알 수 있다. 따라서 C는 $AX=B$의 해이고 D는 $XA=B$의 해이다. 즉 $C=A^{-1}B$, $D=BA^{-1}$이다. 그러나 $C \neq D$이다.

문제 2 G는 군이고 $b, x \in G$이다. $x^2=b$, $x^5=e$를 동시에 만족시키는 x를 구하라.

풀이 $x^2=b$에서 양변을 제곱해서 $x^4=b^2$를 얻을 수 있다. 다시 이 식의 왼편에 x를 곱하면

$$x^5=xb^2$$

이다. 또 $x^5=e$이므로 결국 $xb^2=e$이다. 다시 이 식의 오른쪽에 $(b^2)^{-1}$를 곱하면

$$x=(b^2)^{-1}$$

를 얻는다. ■

우리는 앞에서 유한집합의 연산을 표로 표시할 수가 있었다. 마찬가지로 군 G가 유한집합일 경우 G의 연산 $*$를 표로 만들어보면 쉽게 알 수 있다. 이렇게 군의 연산을 표로 만든 것을 **군표**(group table)라고 부른다. 군표에서는 다음과 같은 재미있는 성질이 있다.

정리 3.7 유한군표에서는 어떠한 행(열)에 대해서도 군의 동일한 원소가 두 번 나타날 수 없다.

증명 $G=\{a_1, a_2, \cdots, a_n\}$이라고 하자. 만일 어떤 행 a_k에 G의 원소 x가 두 번 나타났다고 하면

$*$	$a_1\cdots$	a_i	$\cdots$	a_j	$\cdots$
$\vdots$	$\vdots$	$\vdots$	$\vdots$	$\vdots$	$\vdots$
a_k	$\cdots$	x	$\cdots$	x	$\cdots$

[표 3.1]

위의 표와 같이 $a_k * a_i=x$, $a_k * a_j=x$가 될 것이다. 군의 소거법칙에 의해서 $a_i=a_j$가 되어 모순이다. 따라서 G의 어떤 원소로 임의의 행에 두 번 나타날 수가 없다. □

원소가 n개인 군의 군표에서 임의의 행에 들어갈 수 있는 값은 G의 원소이므로 n개가 있다. 또 임의의 행의 성분(entry)도 n개다. 즉 n개의 원소를 n개의 칸에 채우는데 위의 정리 3.7로부터 중복해서 들어갈 수

가 없으므로 각 원소는 1번만 사용해야 한다. 결국 G의 모든 원소가 칸에 들어가게 된다. 따라서 군표에서는 어떠한 행에 대해서도 G의 원소가 빠짐없이 골고루 나타나게 된다. 물론 열에 대해서도 마찬가지이다.

정의 3.1 군 G의 원소가 유한개일 때 G를 **유한군**(finite group)이라고 하고 또 G의 원소가 무한개일 때 G를 **무한군**(infinite group)이라고 한다. G의 원소의 개수를 G의 **위수**(order)라고 한다. 보통 G의 위수는 $|G|$로 표시한다. G가 무한군일 때 G는 **무한위수**(infinite order)를 가진다고 한다.

【예제 7】 $(\mathbb{Z}, +)$의 위수는 무한이고 $(\mathbb{Z}_n, \oplus)$의 위수는 n이다.

【예제 8】 $S_3 = \{f \mid f : \{1, 2, 3\} \to \{1, 2, 3\}$인 전단사함수$\}$라고 하면 $(S_3, \circ)$는 군이고 $|S_3| = 3! = 6$이다.

임의의 양의 정수 n에 대해서 $\mathbb{Z}_n = \{\overline{0}, \overline{1}, \overline{2}, \cdots, \overline{n-1}\}$의 위수는 n이므로 우리는 다음과 같은 정리를 만들 수 있다.

정리 3.8 임의의 양의 정수 n에 대해서 위수가 n인 군은 항상 존재한다.

그러면 위수가 n인 군은 모두 몇 개일까? n이 비교적 작은 수일 때는 군의 종류가 알려져 있다. 예를 들어 위수가 16인 군은 모두 14개의 서로 다른 군이 있고 위수가 32인 서로 다른 군은 51가지가 있다.

여기서 다른 군이란 연산이 다른 경우를 말한다. 즉 원소의 개수가 같고 대응하는 원소끼리의 연산값이 같으면 같은군(정확하게는 동형)으로 생각한다. 그러나 일반적으로 위수가 n인 군이 몇 개인지는 아직까지 알려져 있지 않다.

위의 정리 3.7을 이용하여 원소의 개수가 비교적 작은 군의 성질을 알아보자. 여기서 e는 항등원을 나타낸다.

(1) 원소가 1개인 군은 $G=\{e\}$, $ee=e$이므로 한 가지뿐이다.

(2) 원소가 2개인 군은 $G=\{e, a\}$라고 하고 연산표를 만들어 보면

	e	a
e	e	a
a	a	ⓔ

[표 3.2]

이다. 여기서 $aa=a$가 될 수 없으므로 $aa=e$이다.

따라서 이때도 연산은 한 가지 밖에 없으므로 원소가 2개인 군은 한 종류 밖에 없다.

(3) 원소가 3개인 군은 $G=\{e, a, b\}$라고 하면 연산표는

	e	a	b
e	e	a	b
a	a	ⓑ	e
b	b	e	a

[표 3.3]

이다. 만일 $aa=e$이면 $ba=b$가 되는데 마지막 열에 b가 두 번 $(be=b)$ 나오므로 될 수 없다.

따라서 $aa=b$이고 결국 나머지는 자동으로 결정된다. 즉 연산표는 한 가지이므로 원소가 3개인 군도 역시 한 종류이다.

(4) 원소가 4개인 군은 $G=\{e, a, b, c\}$라고 하면 연산표는 아래와 같이

*	e	a	b	c
e	e	a	b	c
a	a	ⓔ	c	b
b	b	c		
c	c	b		

(a)

*	e	a	b	c
e	e	a	b	c
a	a	ⓑ	c	e
b	b	c	e	a
c	c	e	a	b

(b)

*	e	a	b	c
e	e	a	b	c
a	a	ⓒ	e	b
b	b	e	c	a
c	c	b	a	e

(c)

[표 3.4]

여러 개 있다. 여기서 $aa=e$ 또는 b 또는 c이고 (a)의 경우 다시

*	e	a	b	c
e	e	a	b	c
a	a	e	c	b
b	b	c	a	e
c	c	b	e	a

(d)

와

*	e	a	b	c
e	e	a	b	c
a	a	e	c	b
b	b	c	e	a
c	c	b	a	e

(e)

[표 3.5]

로 나누어진다. 얼핏보면 4가지일 것 같으나

군표 (b)에서 $e=\overline{0}$, $a=\overline{1}$, $b=\overline{2}$, $c=\overline{3}$으로 생각하고

(c)에서 $e=\overline{0}$, $a=\overline{1}$, $b=\overline{3}$, $c=\overline{2}$로 바꾸면

(b)와 (c)는 모두 $(\mathbb{Z}_4, \oplus)$의 연산과 같은 표가 된다. 즉, 군표 (b), (c)의 연산은 같게 된다. 마찬가지로 (d)도 (b), (c)와 같다.

이와 같이 보기는 다른 것 같으나 원소의 이름을 바꾸고 행과 열을 재배치하면 같은 모양이 될 때 이 두 군은 동형이라고 부른다. 즉 (b)와 (c)는 모두 $(\mathbb{Z}_4, \oplus)$와 동형이 된다. 동형인 군은 연산이 같으므로 원소가 4개인 군은 연산이 2종류라고 생각할 수 있다. 특히 군표 (e)와 같은 연산을 가지는 군을 Klein 4-군이라고 한다. 이 군은 모든 원소가 자신이 자신의 역원이 된다($x=x^{-1}$).

(5) 원소가 5개인 군 $G=\{e, a, b, c, d\}$로 군표를 만들면 결국 모든 연산이 같게 되어 한 종류밖에 없다. 즉 모두 $(\mathbb{Z}_5, \oplus)$와 동형이 된다. 다시 말하면 원소를 적당히 $\mathbb{Z}_5$의 원소로 대치시키면 $(\mathbb{Z}_5, \oplus)$와 동일한 연산이 된다. 물론 항등원 e는 $\overline{0}$와 대치되는 것은 당연하다.

위수가 5 이하인 군은 군표가 모두 대각선에 대칭이므로 가환이 됨을 알 수 있다.

위에서 살펴본 바와 같이 군에서는 원소의 이름은 중요하지 않다. 즉 원소가 {ㄱ, ㄴ, ㄷ, …}로 나타나든 $\{a, b, c, \cdots\}$로 표시되든 중요한 것은 원소끼리 연산한 값이 무엇이냐가 중요하다.

원소는 다르더라도(즉, 집합으로는 다르다 해도) 연산한 값이 동일한 경우는 같은 군으로 생각해도 좋다. 자세한 내용은 뒤에서 다

시 다루겠다. 두 군 G와 G'가 다른 군이라는 말은 집합으로가 아니라 G에서의 연산값과 G'에서의 연산값이 다른 경우를 말한다. 연산이 다르면 성질도 달라진다. 보다 엄격히 말하면 두 군 G, G'에서 $G=G'$는 집합과 연산이 모두 같은 경우를 말하고, $G \cong G'$는 집합의 개수가 같고 ($|G|=|G'|$) 연산이 같을 경우를 말한다. $G=G'$일 때는 동일한 군, $G \cong G'$일 때는 동형인 군이라고 부른다. Klein 4-군의 Klein은 독일의 수학자 Felix Klein(1849~1925)의 이름에서 따온 것이다. 또 4는 독일어로 Vier이므로 Klein 4-군을 V-군이라고도 한다.

클라인 페릭스(Felix Klein, 1849~1925)

클라인은 19세기 후반 독일의 수학을 주도한 사람 중 한 명이다.

뒤셀도르프에서 태어나 본 대학을 졸업한 그는 그곳에서 잠시 조교생활을 한 후 파리로 유학을 떠났다. 그후 23세 때인 1872년 에르랑겐대학 철학과 교수가 되었고 1886년 괴팅겐대학 교수로 부임하여 평생토록 그 대학에서 근무하였다. 그가 이 대학교 수학과장으로 재직하고 있을 동안 이곳은 전세계 수학도의 메카가 되었다. 소위 괴팅겐학파로서 프랑스의 부르바키학파와 더불어 현대의 수학자 중에는 힐베르트, 민코우스키, 제르멜로, 유명한 여성 수학자 뇌더, 데데킨트를 위시한 많은 수학자가 이 대학에서 공부했거나 이들의 이론을 계승하였다. 그는 수학 전반에 걸쳐서 광범위하게 연구하였는데 특히 기하부분에 관심이 많았다. 그는 그의 강의에서 기하문제를 군론 이론에 입각하여 해결할 것을 강조하였는데 이후 이러한 방법을 "에르랑겐 프로그램"이라고 부른다. 현재의 대수적 위상, 위상군론, 리군론 등은 모두 이와 관련된 수학과목이다. 그는 이 프로그램에서 모든 유클리드, 비유클리드 기하학은 결국 사영기하에 포함된다고 하였다. 그는 말년에 자동사상에 대해서 많은 연구를 하였는데 이 분야는 19세기 수학의 발전에 매우 중요한 위치를 차지하였다. 또 그는 독일 수학교육의 개혁을 주도하였다. 클라인의 병은 그의 이름을 딴 안밖이 없는 유명한 공간도형이다.

연습문제(3)

1. 군에서 $x^2=x$를 만족시키는 원소는 단 한 개밖에 없음을 보여라.

2. 군 G의 모든 원소 x가 $x^2=e$를 만족시키면 G는 아벨군임을 보여라.

3. 군에서
   (1) $x^2=b$, $x^5=e$이다. x를 구하여라.
   (2) $x^2a=bxc^{-1}$, $acx=xac$이다. x를 a, b, c로 표시하여라.
   (3) $(xax)^3=bx$, $x^2a=(xa)^{-1}$이다. x를 구하여라.

4. 군 $(G, *)$에서 모든 $a, b\in G$에 대해서 $(a*b)^2=a^2*b^2$이면 $(G, *)$는 아벨군임을 증명하여라.

5. 군 $(\mathbb{Z}_{12}, \oplus)$에서 $\bar{2}\oplus\bar{x}\oplus\bar{7}=\bar{1}$를 계산하여라.

6. $(G, *)$는 군이다. $x, y\in G$, $x^{-1}=y^{-1}$면 $x=y$임을 보여라.

7. $(G, *)$는 군이다. $g\in G$일 때 $g*G=\{g*x|x\in G\}$라고 하면 $G=g*G$임을 보여라.

8. $(G, *)$는 군이고 $x, y\in G$이다. 만일 $x*y=e$이면 $y*x=e$임을 보여라.

9. 군 G에서 $ab=ba$이면 $ab^{-1}=b^{-1}a$임을 보여라.

10. G는 유한군이다.
    $S_1=\{x\in G|x\neq x^{-1}\}$, $S_2=\{x\in G|x=x^{-1}\}$일 때 다음이 성립함을 보여라.
    (1) $|S_1|$은 짝수이다.
    (2) $|G|$가 짝수면 $|S_2|$도 짝수이고 $|G|$가 홀수이면 $|S_2|$도 홀수이다.
    (3) $|G|$가 짝수면 $|S_2|\geq 2$이다.

11. $G=\{e, a_1, \cdots, a_n\}$은 유한아벨군이다. S_1, S_2를 10번과 같은 집합이라고 하면 다음이 성립함을 보여라.

(1) $(a_1 a_2 \cdots a_n)^2 = e$

(2) $|S_2| = 1$이면 $a_1 a_2 \cdots a_n = e$

(3) $S_2 = \{e, x\}$이면 $a_1 a_2 \cdots a_n = x$

12. 군 G에서 $|G| = 2n$이면 $a^2 = e$, $a \neq e$인 원소가 존재함을 보여라. (일반적으로 $|G| = pn$, p는 소수이면 $a^p = e$, $a \neq e$인 원소가 존재한다(코시정리)).

13. G는 유한군이다. 모든 $x \in G$에 대해서 $x^n = e$가 되는 정수 n이 존재함을 보여라.

14. G는 유한집합, $\cdot$는 연산이다.

(1) G는 연산 $\cdot$에 대해서 닫혀있고 결합법칙이 성립한다.

(2) 좌우소거법칙이 성립한다.

(1), (2)가 성립하면 $(G, \cdot)$가 군이 됨을 보여라.

15. G가 무한집합일 때는 14번의 (1), (2)가 성립하더라도 $(G, \cdot)$가 군이 되지 않음을 보여라.

16. 14번 문제에서 (2)를 우소거법칙이 성립한다로 고치면 $(G, \cdot)$는 군이 되는가?

17. 군 G의 모든 원소에 대해서 자신이 자신의 역원이면 아벨군이 됨을 보여라.

18. $\mathbb{Z}_p^* = Z_p - \{\overline{0}\}$, $\overline{i} \cdot \overline{j} = \overline{ij}$ ($\overline{i}, \overline{j} \in \mathbb{Z}_p^*$)이다. (1) p가 소수이면 $(\mathbb{Z}_p^*, \cdot)$는 군이 됨을 보여라. (2) p가 소수가 아니면 $(\mathbb{Z}_p^*, \cdot)$는 군이 되지 않음을 보여라.

19. 군 G의 모든 원소 a, b에 대해서 연속된 세 정수 i가 존재하여 $(ab)^i = a^i b^i$가 성립한다. G는 아벨군이 됨을 보여라.

20. 군 G의 모든 a, b에 대해서 $(ab)^2 = (ba)^2$이 성립한다. G는 아벨군인가? 되면 증명하고 안되면 안되는 예를 보여라.

4 부분군
(Subgroups)

지금까지는 한 개의 군에 대한 성질을 조사했는데 지금부터는 두 군 사이의 관계에 대해서 생각해보자.

앞 절에 나온 여러 종류의 군을 자세히 살펴보면 두 군 사이에 집합으로서 한 군이 다른 군의 부분집합이 될 경우가 있다. 예를 들어 $(\mathbb{Z}, +)$와 $(\mathbb{Q}, +)$는 모두 군이 되면서 $\mathbb{Z}$는 $\mathbb{Q}$의 부분집합이다. 또 $(\mathbb{Q}, +)$는 $(\mathbb{R}, +)$의 부분집합이다. 실제로 군 G 속에 어떤 군이 포함되어 있는가 하는 것이 군 G의 특성을 결정하는 귀중한 단서가 될 경우가 많다. 따라서 우리는 다음과 같은 정의를 한다.

정의 4.1 $(G, *)$는 군이다. $H \subset G$이고 H 자신이 연산 $*$에 대해서 군이 될 때 H를 G의 **부분군**(subgroup)이라고 부른다.

【예제 1】 $(\mathbb{Q}, +)$는 $(\mathbb{R}, +)$의 부분군이다.

【예제 2】 $(\mathbb{Q}^*, \times)$는 $(\mathbb{R}^*, \times)$의 부분군이다.

【예제 3】 군 $(\mathbb{Z}, +)$에서

$$\begin{aligned}3\mathbb{Z} &= \{x \in \mathbb{Z} \mid x\text{는 3의 배수}\}\\ &= \{\cdots, -6, -3, 0, 3, 6, 9, 12, \cdots\}\end{aligned}$$

라고 하면 $3\mathbb{Z} \subset \mathbb{Z}$이다. 또 3의 배수인 두 수의 합도 3의 배수이므로 $3\mathbb{Z}$는 $+$에 대해서 닫혀 있다. $3\mathbb{Z}$는 $\mathbb{Z}$의 부분집합이고 모든 정수는 덧셈에서 결합법칙이 성립하므로 따라서 $3\mathbb{Z}$의 원소들도 $+$에서 결합법칙이 성립한다. 당연히 $0 \in 3\mathbb{Z}$이고 마지막으로 $x \in 3\mathbb{Z}$이면 $-x \in 3\mathbb{Z}$이므로 $3\mathbb{Z}$의 모든 원소의 역원도 $3\mathbb{Z}$에 존재한다. 따라서 $(3\mathbb{Z}, +)$는 군이 되므로 정의에서 $(3\mathbb{Z}, +)$는 $(\mathbb{Z}, +)$의 부분군이다.

또 H가 G의 부분군이고 K가 H의 부분군이면 K는 G의 부분군이 됨은 너무나 당연하다.

여기서 한 가지 짚고 넘어가야 할 것이 있다. H가 G의 부분군이면 H의 연산은 반드시 G의 연산과 같아야 한다는 점이다. 다시 말하면 $a, b \in H$이면 H에서의 연산 ab는 G에서의 연산 ab와 같아야 한다는 말이다. 그래서 정의에서도 연산표시를 해 놓았다. 예를 들어 $(\mathbb{Q}^*, \times)$는 $(\mathbb{R}, +)$의 부분군이 아니다. 집합으로는 $\mathbb{Q}^* \subset \mathbb{R}$이지만 이 두 군에서의 연산이 다르기 때문이다.

【예제 4】 $(\mathbb{Q}^*, \times)$, $(\mathbb{Q}, +)$는 모두 군이고 $\mathbb{Q}^* \subset \mathbb{Q}$이다. 그러나 연산이 다르므로 $(\mathbb{Q}^*, \times)$는 $(\mathbb{Q}, +)$의 부분군이 아니다. 그러나 $(\mathbb{Z}, +)$는 $(\mathbb{Q}, +)$의 부분군이다.

【예제 5】 $(\mathbb{Z}, +)$는 $(\mathbb{Q}, +)$의 부분군이고 동시에 $(\mathbb{R}, +)$의 부분군도 된다.

H가 G의 부분군이면 H는 항등원을 가지므로 H는 공집합이 아니다. 또 H의 항등원은 G의 항등원과 동일하다. 왜냐하면 만일 G의 항등원을 e, H의 항등원을 f라고 하면 $ff=f$이고 또 e, f는 모두 G의 원소이므로 $ef=f$이다. 따라서 소거법칙에서 $e=f$가 된다.

【예제 6】 $G=(\mathbb{Z}_6, \oplus)$, $H=\{\overline{0}, \overline{2}, \overline{4}\}$라고 하면 H는 G의 부분군이다. 왜냐하면 H가 $\oplus$ 연산에 대해서 군이 되고 $H \subset G$이기 때문이다.

주의 $(\mathbb{Z}_3, \oplus)$는 $(\mathbb{Z}_6, \oplus)$의 부분군이 아니다. 사실 집합으로 표시하면 $\mathbb{Z}_3=\{\bar{0}, \bar{1}, \bar{2}\}$, $\mathbb{Z}_6=\{\bar{0}, \bar{1}, \bar{2}, \bar{3}, \bar{4}, \bar{5}\}$가 되어서 $\mathbb{Z}_3 \subset \mathbb{Z}_6$이 되는 것같이 착각하기 쉽다. 그러나 표시는 같은 모양으로 되어 있지만 실제로는 아무런 관련이 없다. $\mathbb{Z}_3$의 $\bar{0}$는 동치류 집합 $\{\cdots, -3, 0, 3, 6, \cdots\}$이고 $\mathbb{Z}_6$의 $\bar{0}$는 동치류로 $\{\cdots, -6, 0, 6, 12, \cdots\}$을 나타낸다. 또 연산도 $\mathbb{Z}_3$에서는 $\bar{1}\oplus\bar{2}=\bar{0}$이지만 $\mathbb{Z}_6$에서 $\bar{1}\oplus\bar{2}=\bar{3}$이다. 즉 $\mathbb{Z}_3$에서 $\bar{1}$의 역원은 $\bar{2}$이지만 $\mathbb{Z}_6$에서는 $\bar{1}$의 역원은 $\bar{5}$이다. 두 군은 완전히 별개의 군이다.

군 G의 부분집합 H가 G의 부분군임을 보이기 위해서는 H가 G의 연산에 대해서 군의 정의를 모두 만족시켜야 한다. 그러나 보다 쉬운 방법으로 부분군이 됨을 보일 수 있다.

실제로 군의 부분집합이 부분군이 됨을 보이는데 결합법칙이 성립하는지를 확인할 필요는 없다. 결합법칙은 군의 모든 원소에서 성립하므로 부분집합의 원소에서도 당연히 성립한다.

다음 정리는 부분군이 됨을 보일 때 자주 쓰이는 정리이므로 꼭 기억해야 한다.

정리 4.1 군 G의 공집합이 아닌 부분집합 H가 다음 두 조건을 만족시키면 H는 G의 부분군이다.

(1) 임의의 $a, b\in H$에 대해서 $ab\in H$이다.

(2) $a\in H$면 $a^{-1}\in H$이다.

증명 위의 조건 (1)은 H가 연산에 대해서 닫혀있고 (2)는 역원에 대해서 닫혀있다는 뜻이다. 그러므로 H에서 결합법칙과 항등원의 존재성만 보이면 된다. 임의의 $a, b, c\in H$에 대해서 $H\subset G$이므로 $a, b, c\in G$이다. G에서는 결합법칙이 성립하므로 $(ab)c=a(bc)$가 된다. 즉 H의 원소 a, b, c를 G의 원소로 생각하면 결합법칙은 자동으로 성립한다.

마지막으로 $e\in H$를 증명하자. $H\neq\varnothing$이므로 적어도 한 원소 x가 H에 존재한다. 따라서 조건 (2)에 의해서 $x^{-1}\in H$이고 다시 조건 (1)에 의해서 $xx^{-1}=e\in H$이다. 따라서 H는 군의 모든 조건을 만족시키므로 H는 G의 부분군이다. □

【예제 7】 $G=GL(2, \mathbb{R})$, $H=\left\{A \,\middle|\, A=\begin{pmatrix}1 & a\\0 & 1\end{pmatrix}, a\in\mathbb{R}\text{ 꼴의 행렬}\right\}$이라고 하자. 임의의 $A\in H$에 대해서 A의 행렬식 $|A|=1$이므로 $A\subset G$이고 $H\neq\varnothing$이다. 임의의 $A, B\in H$에 대해서 $A=\begin{pmatrix}1 & a\\0 & 1\end{pmatrix}$, $B=\begin{pmatrix}1 & b\\0 & 1\end{pmatrix}$이라고 하면

$$AB=\begin{pmatrix}1 & a\\0 & 1\end{pmatrix}\begin{pmatrix}1 & b\\0 & 1\end{pmatrix}=\begin{pmatrix}1 & a+b\\0 & 1\end{pmatrix}\in H$$

이다. 또

$$A^{-1}=\begin{pmatrix}1 & a\\0 & 1\end{pmatrix}=\begin{pmatrix}1 & -a\\0 & 1\end{pmatrix}\in H$$

이므로 H는 G의 부분군이다.

【예제 8】 $G=\{f:\mathbb{R}\to\mathbb{R}\mid f\text{는 전단사함수}\}$라고 하면 함수합성 $(f\circ g)(x)=f(g(x))$에 대해서 $(G, \circ)$는 군이다. 한 점 $a\in\mathbb{R}$에 대해서 a를 고정시키는 함수들의 집합, 즉 $H(a)=\{f\in G\mid f(a)=a\}$라고 하면 임의의 $f, g\in H(a)$에 대해서

$$(f\circ g)(a)=a,\quad f^{-1}(a)=a$$

이므로 $H(a)$는 G의 부분군이 된다.

【예제 9】 $\mathbb{C}^*=\{a+bi|a, b\in\mathbb{R}\}-\{0\}$는 보통의 복소수의 곱에 대해서 군이다. $H=\{a+bi\in\mathbb{C}\mid a^2+b^2=1\}$이라고 하면 임의의 $z_1=a+bi$, $z_2=c+di\in H$에 대해서 $z_1\cdot z_2=(ac-bd)+(ad+bc)i$이므로

$$\begin{aligned}(ac-bd)^2+(ad+bc)^2&=a^2c^2+b^2d^2+a^2d^2+b^2c^2\\&=a^2(c^2+d^2)+b^2(c^2+d^2)\\&=(a^2+b^2)(c^2+d^2)\\&=1\end{aligned}$$

$$\frac{1}{z_1}=\frac{1}{a^2+b^2}(a-bi)$$

이므로

$$\left|\frac{1}{z_1}\right|^2 = \frac{a^2+b^2}{(a^2+b^2)^2} = 1$$

이다. 따라서 H는 $(\mathbb{C}^*, \times)$의 부분군이다. 실제로 H는 복소수평면에서 단위원이다.

【예제 10】 $F(\mathbb{R}) = \{f \mid f : \mathbb{R} \to \mathbb{R}\}$은 실함수들의 집합이다. 임의의 $f, g \in F(\mathbb{R})$에 대해서

$$[f+g](x) = f(x) + g(x)$$

라고 하면 $(F(\mathbb{R}), +)$는 군이 된다. 이때 항등원은 모든 $x \in \mathbb{R}$에 대해서 $e(x) = 0$인 함수이고 f의 역원 g는 모든 $x \in R$에 대해서 $g(x) = -f(x)$인 함수이다.

$C(\mathbb{R}) = \{f \in F(\mathbb{R}) \mid f$는 연속함수$\}$라고 하면 f, g가 연속이면 $f+g$도 연속이고 $-f$도 연속이므로 $C(\mathbb{R})$은 $(F(\mathbb{R}), +)$의 부분군이다.

다음 정리도 부분군을 보이는데 많이 이용된다.

정리 4.2 $H \neq \varnothing$, $H \subset G$이다. H의 임의의 원소 a, b에 대해서 $ab^{-1} \in H$면 H는 G의 부분군이다.

증명 $H \neq \varnothing$이므로 x를 H의 한 원소라 하자. $a = b = x$로 생각하면

$$xx^{-1} \in H$$

이므로 $e \in H$이다. 또 $x^{-1} = ex^{-1}$이므로 역시 $x^{-1} \in H$이다. 마지막으로 $a, b \in H$라고 하면 $b^{-1} \in H$이므로 $ab = a(b^{-1})^{-1} \in H$가 되어 H는 연산에 대해서 닫혀있다. 따라서 H는 G의 부분군이다. □

【예제 11】 임의의 정수 $n \in \mathbb{Z}$에 대해서 집합

$$n\mathbb{Z} = \{\cdots, -n, 0, n, 2n, \cdots\}$$

는 n의 배수들의 집합이다. 군 $(\mathbb{Z}, +)$에서 $n\mathbb{Z}$는 $\mathbb{Z}$의 부분집합이고 임의의 $a, b \in n\mathbb{Z}$에 대해서 $a=nt$, $b=nk$꼴이므로

$$a-b=nt-nk=n(t-k)\in n\mathbb{Z}$$

따라서 $n\mathbb{Z}$는 $\mathbb{Z}$의 부분군이다.

만일 $n=2$이면 $n\mathbb{Z}$는 짝수집합이다. 또 $n=0$이면 $n\mathbb{Z}=\{0\}$이 되고 $n=1$이면 $n\mathbb{Z}=\mathbb{Z}$가 된다. 즉 항등원 $\{0\}$과 $\mathbb{Z}$ 자신도 $\mathbb{Z}$의 부분군이 된다.

임의의 군 G에 대해서 $H=\{e\}$라고 하면 $ee=e$, $e^{-1}=e$이므로 H는 G의 부분군이다. 또 $H=G$라고 하면 당연히 $G\subset G$이므로 H는 G의 부분군이다. 모든 군은 최소한 2개의 부분군 $\{e\}$와 자기 자신을 가진다. 그 외의 부분군을 **진부분군**(proper subgroups)이라고 부른다. 즉 군 G에서 $\{e\}$와 G 이외의 G의 부분군이 진부분군이다.

【예제 12】 $3\mathbb{Z}$는 $(\mathbb{Z}, +)$의 진부분군이다.

만일 군 G의 부분집합 H가 유한집합이면 더욱 쉽게 H가 G의 부분군이 될지 안될지를 알 수 있다. 즉 위의 정리 4.1의 부분군의 조건 (1), (2) 중 (2)는 필요없고 (1)만으로도 충분하다.

정리 4.3 H는 군 G의 공집합이 아닌 유한부분집합이다. 만일 H가 G의 연산에 대해서 닫혀 있으면 H는 G의 부분군이다.

증명 앞 정리에 의해서 $a\in H$면 $a^{-1}\in H$만 보이면 된다. H의 원소가 n개라고 하자. $a\in H$라고 하면 집합 $S=\{a, a^2, a^3, \cdots, a^{n+1}\}$는 H가 연산에 대해서 닫혀 있으므로

$$S\subset H$$

이다. 그런데 H는 원소가 n개 뿐이므로 S의 원소가 모두 다를 수는 없다. 이

중 어느 두 개는 같을 것이므로

$$a^i = a^j \quad (1 \le i < j \le n+1)$$

라고 하자. 소거법칙을 사용하면

$$a^{j-i} = e \quad (j-i > 0)$$

가 된다. 만일 $j-i=1$이면 $a=e$가 되어 $a^{-1}=e\in H$이다. 또 만일 $j-i>1$이면 $j-i-1>0$이고

$$e = a^{j-i} = a^{j-i-1}a$$

이므로 $a^{-1}=a^{j-i-1}\in H$가 된다. □

【예제 13】 $G=(\mathbb{Z}_6, \oplus)$, $H=\{\overline{0}, \overline{3}\}$라고 하면 H는 $\oplus$에 대해서 닫혀 있다. 따라서 H는 G의 부분군이다. 마찬가지로 $K=\{\overline{0}, \overline{2}, \overline{4}\}$라고 하면 K도 역시 G의 부분군이다.

정리 4.4 G는 군이고 H, K가 G의 부분군이면 $H\cap K$도 G의 부분군이다.

증명 $a, b\in H\cap K$라고 하면 $ab\in H\cap K$이므로 연산에 대해서 닫혀있다. 또 $a^{-1}\in H\cap K$이다. 따라서 $H\cap K$는 G의 부분군이다. □

【예제 14】 $3\mathbb{Z}$, $2\mathbb{Z}$는 모두 $(\mathbb{Z}, +)$의 부분군이다. $x\in 3\mathbb{Z}\cap 2\mathbb{Z}$라고 하면 x는 3과 2의 공배수이므로 x는 6의 배수이다. 따라서 $x\in 6\mathbb{Z}$이다. 역으로 x가 6의 배수면 당연히 $x\in 3\mathbb{Z}$, $x\in 2\mathbb{Z}$이다. 따라서 $3\mathbb{Z}\cap 2\mathbb{Z}=6\mathbb{Z}$도 $(\mathbb{Z}, +)$의 부분군이다.

【예제 15】

$$G=\{f : \mathbb{R}\to\mathbb{R} \mid f\text{는 전단사함수}\},\ H(a)=\{f\in G \mid f(a)=a\}$$

라고 하면 $H(a)$는 G의 부분군이다(예제 8 참조). $a\neq b$일 때 $K=H(a)\cap H(b)$도 역시 G의 부분군이다. K는 두 점 (a, a), (b, b)를 지나는 전단사함수집합이다.

주의 H, K가 G의 부분군이면 $H \cap K$는 G의 부분군이다. 그러나 $H \cup K$는 일반적으로 G의 부분군이 되지 않는다. 예를 들어 $2\mathbb{Z}$, $3\mathbb{Z}$는 $(\mathbb{Z}, +)$의 부분군이다. $2 \in 2\mathbb{Z}$, $3 \in 3\mathbb{Z}$ 이지만 $2+3=5$는 2의 배수도, 3의 배수도 아니므로

$$5 \notin 2\mathbb{Z} \cup 3\mathbb{Z}$$

이다. 따라서 $2\mathbb{Z} \cup 3\mathbb{Z}$는 $+$에 대해서 닫혀 있지 않으므로 $2\mathbb{Z} \cup 3\mathbb{Z}$는 $(\mathbb{Z}, +)$의 부분군이 아니다. 그러나 군 G의 두 부분군 H, K의 합 $H \cup K$는 역원에 관해서는 닫혀있다.

H가 군 G의 부분군일 때 그림으로 G 아래에 H를 적고 선으로 이어서

$$\begin{array}{c} G \\ | \\ H \end{array}$$

[표 4.1]

와 같이 표시한다.

【예제 16】 $G=(\mathbb{Z}_8, \oplus)$라고 하면 $H=\{\overline{0}, \overline{4}\}$, $K=\{\overline{0}, \overline{2}, \overline{4}, \overline{6}\}$는 모두 G의 부분군이다. 또 $H \subset K$이므로 그림으로

$$\begin{array}{c} G \\ | \\ K \\ | \\ H \\ | \\ \{\overline{0}\} \end{array}$$

[표 4.2]

와 같이 나타낼 수 있다.

【예제 17】 $G=(\mathbb{Z}, +)$, $H=2\mathbb{Z}$, $K=3\mathbb{Z}$ 라고 하면

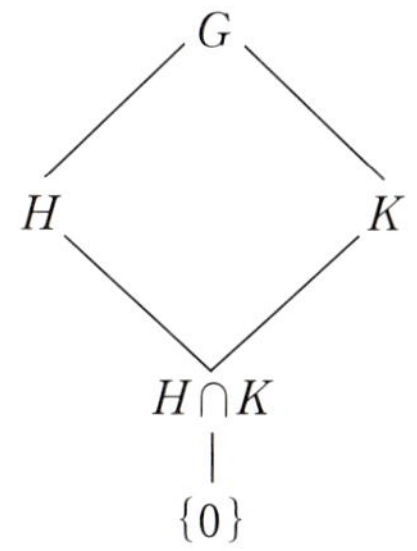

[표 4.3]

와 같이 표시할 수 있다.

【예제 18】 $G=(\mathbb{Z}_{12}, \oplus)$, $H=\{\bar{0}, \bar{3}, \bar{6}, \bar{9}\}$, $K=\{\bar{0}, \bar{2}, \bar{4}, \bar{6}, \bar{8}, \overline{10}\}$

라고 하면

$$H\cap K=\{\bar{0}, \bar{6}\}, \quad J=\{\bar{0}, \bar{4}, \bar{8}\}$$

는 모두 G의 부분군이다. 따라서

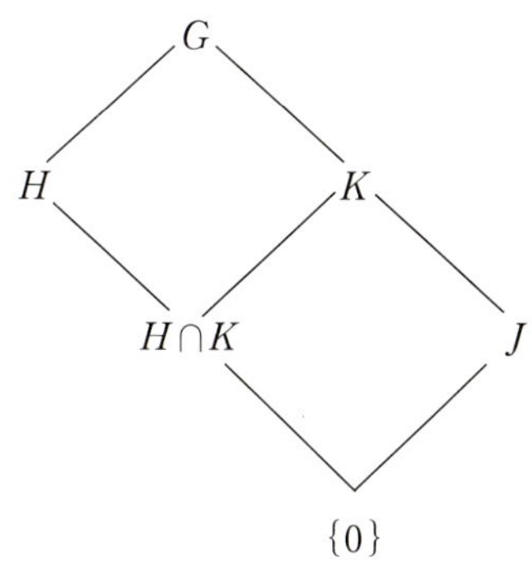

[표 4.4]

와 같이 표시할 수 있다.

정의 4.2 군 G에서 집합

$$Z(G)=\{a\in G \mid \text{모든 } g\in G\text{에 대해서 } ag=ga\}$$

를 G의 **중심**(center)이라고 한다.

다시 말하면 중심이란 G의 모든 원소와 가환인 원소들의 집합이다. 여기서 Z는 독일어 “Zentrum”에서 나온 단어이다. 책에 따라서는 $C(G)$ 또는 그냥 C, Z로 적기도 한다.

G가 아벨군이면 당연히 $Z(G)=G$이다. 또 그 역도 성립한다. 따라서 G가 아벨군이 아니면 당연히 $Z(G)\neq G$이다.

【예제 19】 $G=GL(2, \mathbb{R})$이라고 하면 G는 행렬의 곱에 대하여 군이고 G는 아벨군이 아니다(예제 참조). $Z(G)$를 구해보자. $A=\begin{pmatrix} a & b \\ c & d \end{pmatrix}\in Z(G)$라고 하면 모든 $B\in G$에 대해서 $AB=BA$이며 특히

$$\begin{pmatrix} a & b \\ c & d \end{pmatrix}\begin{pmatrix} 0 & 1 \\ 1 & 0 \end{pmatrix}=\begin{pmatrix} 0 & 1 \\ 1 & 0 \end{pmatrix}\begin{pmatrix} a & b \\ c & d \end{pmatrix}$$

이다. 따라서

$$\begin{pmatrix} b & a \\ d & c \end{pmatrix}=\begin{pmatrix} c & d \\ a & b \end{pmatrix}$$

로부터 $a=d$, $b=c$가 된다. 즉 $A=\begin{pmatrix} a & b \\ b & a \end{pmatrix}$꼴이다.

또한 $\begin{pmatrix} a & b \\ b & a \end{pmatrix}\begin{pmatrix} 1 & 1 \\ 0 & 1 \end{pmatrix}=\begin{pmatrix} 1 & 1 \\ 0 & 1 \end{pmatrix}\begin{pmatrix} a & b \\ b & a \end{pmatrix}$로부터 $b=0$을 얻을 수 있다. 따라서 $A=\begin{pmatrix} a & 0 \\ 0 & a \end{pmatrix}$꼴이 된다(단, $a\neq 0$). 이런 모양의 행렬은 모든 $B\in G$에 대해서 $AB=BA$가 되므로 따라서 $Z(G)=\left\{\begin{pmatrix} a & 0 \\ 0 & a \end{pmatrix}\middle| a\neq 0\right\}$가 된다.

> **정리 4.5** 임의의 군 G에서 중심 $Z(G)$는 G의 부분군이다.

증명 $a, b\in Z(G)$라고 하자. 임의의 $g\in G$에 대해서

$$(ab)g=a(bg)=a(gb)=(ag)b=g(ab)$$

따라서 $ab\in Z(G)$이다. $ag=ga$이므로 이 식의 왼편과 오른편에 a^{-1}를 각각 곱하면

$$a^{-1}(ag)a^{-1}=a^{-1}(ga)a^{-1}$$

따라서 $ga^{-1}=a^{-1}g$이므로 $a^{-1}\in Z(G)$이다. 정리 4.1에 의해서 $Z(G)$는 G의 부분군이다. □

군의 성질을 밝히는데 항등원의 성질을 잘 이용해야 한다. 항등원 e는 아무 원소나 마음대로 붙였다 떼었다 할 수 있으므로 적당히 e를 붙이고 또 임의의 원소 x도 $xx^{-1}=e$이므로 e 대신에 적당히 필요한 원소 x를 찾아서 xx^{-1}로 대치시켜주면 된다.

문제 1 $x^2a=bxc^{-1}$, $acx=xac$이다. 이 식에서 x를 구하라.

풀이 우선 x는 ac와 가환이므로

$$x^2ac=(bxc^{-1})c=bx$$

꼴로 만든다. x를 한쪽으로 모으기 위해서

$$x^2ac=x(xac)=x(acx)=(xac)x=acx^2$$

따라서 $acx^2=bx$로부터

$$acx=b$$

즉

$$x=(ac)^{-1}b$$

이다. ■

문제 2 $x^2ax=a^{-1}$면 $ax=xa$임을 보여라.

풀이 $x^2ax=a^{-1}$이므로 $xax=x^{-1}a^{-1}$이다. 따라서

$$xa=xae=xa(xx^{-1})=(xax)x^{-1}=(x^{-1}a^{-1}x^{-1})=(xax)^{-1}=(x^{-1}a^{-1})^{-1}=ax$$ ■

정의 4.3 G는 군, $X\subset G$일 때 X를 포함하는 G의 최소의 부분군(the smallest subgroup of G containing X)을 X에 의해서 생성되는 G의 부분군(subgroup of G generated by X)이라고 부르고 $\langle X\rangle$로 표시한다. 또 이때 X의 원소를 $H=\langle X\rangle$의 생성원(generator)이라고 부른다.

만일 $G=\langle X\rangle$일 때 X는 G를 **생성한다**(generates)라고 하고 X가 유한집합이고 $G=\langle X\rangle$일때 G는 **유한생성**(finitely generated)이라고 부른다.

정의에서 알 수 있듯이 $X=\{a\}$와 같이 단집합이면 $H=\langle a\rangle$는 순환 부분군이다(순환군은 6장에서 배운다). 또 $X\neq Y$라도 $\langle X\rangle=\langle Y\rangle$가 될 수도 있다.

$S(X)=\{H_i|H_i$는 X를 포함하는 G의 부분군$\}$이라고 하면 $G\in S(X)$이므로 $S(X)\neq\varnothing$이고 $\langle X\rangle=\cap H_i$가 됨을 쉽게 알 수 있다.

정리 4.6 G는 군, $X\subset G$이다. $X^{-1}=\{a^{-1}|a\in X\}$라고 하면

$$\langle X\rangle=\{a_1a_2\cdots a_n|a_i\in X\cup X^{-1},\ n\in\mathbb{Z}\}$$

이다.

증명 H를 $X\cup X^{-1}$의 원소의 유한개의 곱, 즉 위의 오른편 집합을 H라고 하면 $H\in S(X)$가 됨을 쉽게 알 수 있다. 따라서 $H=\langle X\rangle$가 된다.

【예제 20】 $G=\mathbb{Z}\times\mathbb{Z}_2$는 $X=\{(1,\ \overline{0}),\ (0,\ \overline{1})\}$에 의해서 생성된다. 물론 $Y=\{(1,\ \overline{0}),\ (1,\ \overline{1})\}$도 역시 G를 생성한다.

보다 자세한 내용은 38장 자유아벨군에서 다시 다루겠다.

연습문제(4)

1. H는 G의 부분군이 되는가?
   (1) $G=(\mathbb{R}, +)$, $H=\mathbb{Q}$
   (2) $G=(\mathbb{R}, +)$, $H=\mathbb{Z}$
   (3) $G=(\mathbb{Z}, +)$, $H=\mathbb{Z}^+$
   (4) $G=(\mathbb{Q}-\{0\}, \times)$, $H=\mathbb{Q}^+$
   (5) $G=\mathbb{Z}_8$, $H=\{\overline{0}, \overline{2}, \overline{4}\}$

2. $m\mathbb{Z}$, $n\mathbb{Z}$는 $(\mathbb{Z}, +)$의 부분군이다.
   (1) $m\mathbb{Z} \subset n\mathbb{Z}$일 동치조건을 구하여라.
   (2) $m\mathbb{Z} \cup n\mathbb{Z}$가 $(\mathbb{Z}, +)$의 부분군이 될 동치조건을 구하라.

3. 군 G의 부분집합으로서 연산에 관해서 닫혀 있으나 부분군이 안되는 예를 찾아라.

4. $n>2$이다. 위수가 $2n$인 아벨이 아닌 군을 만들어라.

5. (1) 군은 결코 두 진부분군의 합집합으로 표시할 수 없음을 증명하라.
   (2) 3개의 진부분군의 합집합으로 표시되는 아벨군과 아벨이 아닌 군의 예를 각각 들어라.

6. $a \in G$이다.
   (1) $Z(a)=\{x \in G \mid xa=ax\}$는 G의 부분군이 됨을 보여라.
   (2) $x^2ax=a^{-1}$면 $x \in Z(a)$임을 보여라.

7. $H=\{x \in G \mid$ 모든 $g \in G$에 대해서 $g^2x=xg^2\}$는 G의 부분군임을 보여라.

8. 아벨군의 부분군은 아벨군임을 증명하라.

9. H, K가 G의 부분군이면 $H \cup K$는 역원에 관해서 닫혀 있음을 보여라.

10. H는 군 G의 유한부분집합이다. H가 역원에 관해서 닫혀 있으면 G의 부분군이 되

는가? 되면 증명하고 안되면 그 예를 보여라.

11. H는 G의 부분군이다. $a \in G$일때 $aH = \{ax \mid x \in H\}$, $Ha = \{xa \mid x \in H\}$이다. $N(H) = \{g \in G \mid gH = Hg\}$는 H를 포함하는 G의 부분군이 됨을 보여라.

12. H는 G의 부분군이다. $Ha \neq Hb$이면 $aH \neq bH$이다. 모든 $g \in G$에 대해서 $gHg^{-1} \subset H$임을 보여라.

13. G는 아벨군이다. 다음을 증명하라.
(1) $H = \{a \in G \mid a = a^{-1}\}$는 G의 부분군이다.
(2) $n \in \mathbb{Z}$, $H = \{a \in G \mid a^n = e\}$는 G의 부분군이다.
(3) $H = \{a \in G \mid a = g^2$꼴, $g \in G\}$는 G의 부분군이다.
(4) K는 G의 부분군이다. $H = \{a \in G \mid a^2 \in K\}$는 G의 부분군이다.
(5) K는 G의 부분군이다. $H = \{a \in G \mid a^n \in K$, n은 양의 정수$\}$는 G의 부분군이다.
(6) H, K는 G의 부분군이다. $M = \{ab \mid a \in H, b \in K\}$는 G의 부분군이다.
(7) $H = \{a \in G \mid$ 모든 $g \in G$에 대해서 $(ag)^2 = (ga)^2\}$은 G의 부분군이다.

14. $(\mathbb{Z}_{10}, \oplus)$의 모든 부분군을 구하여라.

15. G는 군, $f : G \to G$이다. $H(f) = \{a \in G \mid$ 모든 $g \in G$에 대해서 $f(g) = f(ag)\}$는 G의 부분군임을 보여라.

16. $G = \left\{ \begin{pmatrix} a & b \\ c & d \end{pmatrix} \middle| a, b, c, d \in \mathbb{R}, ad - bc \neq 0 \right\}$이다. G에서의 연산은 행렬의 곱이다.
(1) $H = \left\{ \begin{pmatrix} a & b \\ 0 & d \end{pmatrix} \in G \middle| ad \neq 0 \right\}$는 G의 부분군이 됨을 보여라.
(2) $N(H) = \{g \in G \mid gH = Hg\}$를 구하여라.
(3) H는 아벨군인가?

5 원소의 위수
(Order of Element)

군 G의 한 원소를 반복해서 연산할 때는 지수표시(exponential notation)를 사용하면 편하다. 즉 a를 G의 한 원소라고 할 때 a^5은 a 자신을 5번 연산한 것을 뜻한다. 또 a^{-5}은 a의 역원 a^{-1}를 5번 연산한 것으로 생각한다. 또 a^0은 군의 항등원을 나타내는 것으로 생각한다.

정의 5.1 $(G, *)$는 군이고 $a \in G$, $n \in \mathbb{Z}$이다. $n \geq 0$이다.

$$a^n = \underbrace{a * a * \cdots * a}_{n\text{개}}$$

$$a^{-n} = \underbrace{a^{-1} * a^{-1} * \cdots * a^{-1}}_{n\text{개}}$$

$$a^0 = e$$

【예제 1】 G는 군, $a, b \in G$이다.

$$a^2 = aa, \quad a^3 = aaa, \quad a^{-2} = a^{-1}a^{-1}, \quad (ab)^3 = ababab$$

$$(aba^{-1})^4 = (aba^{-1})(aba^{-1})(aba^{-1})(aba^{-1}) = ab^4a^{-1}$$

두 원소의 곱에서 $(ab)^n = a^n b^n$이라고 하기 쉬운데 아벨군이 아닐 때는 $(ab)^n \neq a^n b^n$이다.

주의 a를 거듭제곱 a^n으로 표시한 것은 사실 a의 연산을 곱(multiplication)으로 생각해서 한 것이다. 만일 G가 $(\mathbb{R}, +)$나 $(\mathbb{Z}, +)$와 같이 G의 연산이 합(addition)으로 표시되어 있을 때는 조금 혼동이 생긴다. 즉 $(\mathbb{R}, +)$에서 지수표시법을 쓰면 $3^2 = 3 * 3 = 3+3$이 된다. 실제로 $(\mathbb{R}, +)$에서 3^5은 3을 5번 연산한 것이므로 15가 된다.

앞에서 우리는 군의 연산을 덧셈으로 쓸 때는 항등원은 e 대신 0으로, a의 역원은 a^{-1} 대신 $-a$로 쓰기로 하였다. 따라서 이때는 즉 군 $(G, +)$에서는 a^n의 정의가 사실 a를 n번 연산한 것이므로 $a+a+\cdots+a$가 된다. 이러한 혼동을 피하기 위해서 이때는 $a^n = a \cdots a$ 대신에 $na = a+\cdots+a$와 같이 표시한다. 마찬가지로 a^{-n}은 $(-n)a$로 표시한다. 즉, $+$연산에서는 a^n 대신 na를 사용한다.

다음 정리는 지수의 정의에서 쉽게 증명할 수 있다.

정리 5.1 (지수법칙) G는 군, $a \in G$, $m, n \in \mathbb{Z}$이다.

(1) $a^m a^n = a^{m+n}$ (2) $(a^m)^n = a^{mn}$

(3) $a^{-n} = (a^{-1})^n = (a^n)^{-1}$

증명 이 법칙은 m, n이 양수일 경우는 쉽게 증명할 수 있다. 또 정의에서

$$a^{-n} = a^{-1} \cdots a^{-1} = (a^{-1})^n$$

이고 또 $(ab)^{-1} = b^{-1}a^{-1}$라는 성질을 이용하면

$$(a^n)^{-1} = (a \cdots a)^{-1} = a^{-1} \cdots a^{-1} = a^{-n}$$

도 쉽게 알 수 있다. 만일 $m<0$, $n>0$면 $m = -r$로 두면 $r>0$이다. 따라서

$$\begin{aligned} a^m a^n &= (a^{-1})^r a^n = (a^{-1})^r (a^{-1})^{-n} = (a^{-1})^{r-n} \\ &= a^{-(r-n)} = a^{-r+n} = a^{m+n} \end{aligned}$$

이다. 그 외에 m, n이 0이거나 음수일 경우는 각 경우마다 나누어서 증명하면 된다. 연습문제로 남겨둔다. □

위의 지수법칙도 연산이 $+$이면

(1)은 $ma+na=(m+n)a$
(2)는 $n(ma)=(nm)a$
(3)은 $(-n)a=n(-a)=-(na)$

와 같이 바뀌어진다.

【예제 2】 $(\mathbb{Z}_{15}, \oplus)$에서 $(\overline{2})^3=\overline{2}\oplus\overline{2}\oplus\overline{2}=\overline{6}$, $(\overline{2})^{-1}=\overline{13}$이다.

여기서 $(\overline{2})^3=\overline{8}$라고 하기 쉬운데 이런 혼동을 피하기 위해서 $(\overline{2})^3$은 $3(\overline{2})$로 표시한다. 즉 $\oplus$도 $+$연산과 같이 생각하면 된다. 앞으로는 이와 같이 표시한다. 따라서

$$(\overline{2})^3\oplus(\overline{3})^3=(\overline{2}\oplus\overline{2}\oplus\overline{2})\oplus(\overline{3}\oplus\overline{3}\oplus\overline{3})=\overline{6}\oplus\overline{9}=\overline{0}$$

도 $3(\overline{2})\oplus 3(\overline{3})=\overline{6}\oplus\overline{9}=\overline{0}$와 같이 쓴다. 또 $3(\overline{2}\oplus\overline{3})=3(\overline{5})=\overline{0}$가 된다. 일반적으로 $(\mathbb{Z}_n, \oplus)$에서 $t(\overline{a})=\overline{ta}$가 됨을 알 수 있다.

정의 5.2 G는 군, $a\in G$이다.
(1) $a^n=e$가 되는 양의 정수 n이 존재할 때 a는 유한위수(finite order)라고 한다. 이 경우 $a^n=e$가 되는 최소의 양의 정수를 a의 위수(order)라고 한다.
(2) 어떠한 양수 n에 대해서도 $a^n\neq e$일 때 a는 무한위수(infinite order)라고 한다.
a의 위수는 $|a|$ 또는 $\text{ord}(a)$로 표시한다.

【예제 3】 (1) $(\mathbb{Z}_{12}, \oplus)$에서 $\overline{8}\oplus\overline{8}=\overline{4}$, $\overline{8}\oplus\overline{8}\oplus\overline{8}=\overline{0}$으로 $\overline{8}$의 위수는 3이다.
(2) $(\mathbb{Z}_4, \oplus)$에서 $|\overline{1}|=4$, $|\overline{2}|=2$이다.
(3) $(\mathbb{Z}_6, \oplus)$에서 $|\overline{2}|=3$, $|\overline{3}|=2$, $|\overline{4}|=3$, $|\overline{5}|=6$이다.

【예제 4】 $(\mathbb{Z}, +)$, $(\mathbb{Q}^*, \times)$에서는 항등원 외에 모든 원소의 위수는 무한이다.

【예제 5】 $G=GL(2, \mathbb{R})$이면 $\begin{pmatrix} -1 & 0 \\ 0 & -1 \end{pmatrix}^2=\begin{pmatrix} 1 & 0 \\ 0 & 1 \end{pmatrix}$이므로 $\begin{pmatrix} -1 & 0 \\ 0 & -1 \end{pmatrix}$의 위수는 2이다.

정리 5.2 G는 군, $a\in G$이다. a가 유한위수일 필요충분조건은 $r\neq s$, $a^r=a^s$인 정수 r, s가 존재한다.

증명 $(\Rightarrow)$ $|a|=n$이라고 하면 $a^n=e$이다. $n\neq 0$. 따라서 $a^{n+1}=a$, $n+1\neq 1$이다.
$(\Leftarrow)$ 편의상 $r<s$라 하자. $a^r=a^s$의 양변에 $(a^r)^{-1}$를 곱하면 $a^{s-r}=e$, $s-r>0$이다. 따라서 a는 유한위수이다. □

【예제 6】 $(\mathbb{Q}^*, \times)$에서 $\{2^n | n\in Z\}=\left\{-\frac{1}{4}, \frac{1}{2}, 1, 2, 4, 8, \cdots\right\}$은 모두 다른 원소들이다. 그러나 $(\mathbb{Z}_8, \oplus)$에서 $|\bar{6}|=4$이고 $6(\bar{6})=4(\bar{6})\oplus 2(\bar{6})=2(\bar{6})=\bar{4}$이다.

따름정리 5.3 G가 유한군이면 G의 모든 원소는 유한위수이다.

증명 $|G|=n$이라 하자. 임의의 $a\in G$에 대해서 $S=\{a, a^2, a^3, \cdots, a^{n+1}\}\subset G$라고 하면 얼뜻 보기에는 S의 원소는 $n+1$개처럼 보인다. 그러나 $S\subset G$이고 $|G|=n$이므로 $n+1$개의 서로 다른 원소가 G속에 포함될 수는 없다. 따라서 S의 원소 중 겹치는 것이 반드시 존재한다. $r\neq s$, $a^r=a^s$인 정수 r, s가 존재하므로 정리 5.2에 의해서 a는 유한위수이다. □

다음 정리는 많이 이용되므로 꼭 기억하여야 한다.

정리 5.4 G는 군, $a\in G$, $|a|=n$이라고 하면

(1) $|a^{-1}|=n$이다.

(2) $a^m=e$일 필요충분조건은 m은 n의 배수이다.

(3) $|a^m|=\dfrac{n}{d}$이다. 단, $d=\gcd(m, n)$

증명 (1) $(a^{-1})^n=(a^n)^{-1}=e$. 만일 $(a^{-1})^m=e$, $0<m$이면 $(a^m)^{-1}=e$로부터 $a^m=e$이다. 위수의 정의에서 $n\leq m$이고 따라서 $|a^{-1}|=n$이다.

(2) 만일 m이 n의 배수가 아니면 m을 n으로 나눈 몫을 q, 나머지를 r라고 하면 $m=nq+r(0<r<n,\ r\neq 0)$으로 쓸 수 있다.

$$e=a^m=a^{nq+r}=a^{nq}a^r=(a^n)^q a^r=e^q a^r=ea^r=a^r$$

위수의 정의에서 n은 $a^n=e$가 되는 최소의 양의 정수이다. 그런데 $r<n$, $a^r=e$이므로 a의 위수가 n이라는 사실에 모순이다. 따라서 m은 n의 배수가 된다. 역은 당연하다.

(3) $\gcd(m,\ n)=d$이므로 $dx=m$, $dy=n$인 정수 x, y가 존재한다. 또 x, y는 서로소, 즉 공약수가 1 밖에 없다. $y=\dfrac{n}{d}$이 a^m의 위수가 됨을 보이자. 먼저

$$(a^m)^y=a^{my}=a^{(dx)y}=a^{(dy)x}=a^{nx}=(a^n)^x=e^x=e$$

이다.

만일 $(a^m)^t=e$라고 하면 mt는 (2)에서 n의 배수가 되므로 $mt=ni$로 둘 수 있다.

$$dxt=dyi$$

가 되므로 $xt=yi$이다. 따라서 y는 xt의 약수가 된다. 그런데 x, y는 서로소이므로 y는 t의 약수가 된다. 결국 $y\leq t$가 되어 $\dfrac{n}{d}$은 a^m의 위수가 된다. □

따름정리 5.5 G는 군, $a\in G$, $|a|=n$이다.

(1) $n=xy\ (x>0)$이면 $|a^x|=y$이다.

(2) $a^i=a^j$일 필요충분조건은 $i-j$가 n의 배수이다.

증명 (1) $|a^x|=\dfrac{n}{\gcd(x,\ n)}=\dfrac{n}{\gcd(x,\ xd)}=\dfrac{n}{x}=y$

(2) $a^i=a^j$면 $a^{i-j}=e$이고 따라서 $i-j$는 n의 배수이다. 역으로 $i-j$가 n의 배수이면 $i-j=nt$로 둘 수 있으므로

$$a^{i-j}=a^{nt}=(a^n)^t=e^t=e$$

따라서 $a^i=a^j$가 성립한다. □

【예제 7】 $G=(\mathbb{Z}_{120}, \oplus)$이면 $|\overline{1}|=120$이다. 따라서

$$|\overline{45}|=\frac{120}{\gcd(45,\ 120)}=\frac{120}{15}=8$$

혹은 $|\overline{5}|=24$, $\overline{45}=9(\overline{5})$이므로 $a=\overline{5}$로 생각해서

$$|\overline{45}|=\frac{24}{\gcd(9,\ 24)}=\frac{24}{3}=8$$

등으로 해도 된다. 그러나 $(\mathbb{Z}_n, \oplus)$에서 $|\overline{1}|$는 항상 n이고 $\overline{a}=a(\overline{1})$이므로 처음 것이 편하다.

문제 1 임의의 $a, b\in G$에서 $|aba^{-1}|=|b|$임을 보여라.

풀이 $|aba^{-1}|=m$, $|b|=n$라고 하면 $(aba^{-1})^m=e$, $b^n=e$이다. 그런데

$$\begin{aligned}(aba^{-1})^m&=(aba^{-1})(aba^{-1})\cdots(aba^{-1})\\&=ab^ma^{-1}\end{aligned}$$

이므로 $ab^ma^{-1}=e$로부터 $b^m=e$가 된다. $|b|=n$이므로 따라서 $n\le m$이다. 또 $b^n=e$이므로

$$(aba^{-1})^n=ab^na^{-1}=aa^{-1}=e$$

이고 $|aba^{-1}|=m$이므로 $m\le n$이 된다. 따라서 $m=n$. ■

군에서 일반적으로 a, b는 유한위수이나 ab는 무한위수가 되는 경우가 있다. 물론 아벨군에서는 이런 일이 일어나지 않는다.

【예제 8】 $G=GL(2, \mathbb{R})$, $A=\begin{pmatrix}0 & 1\\-1 & -1\end{pmatrix}$, $B=\begin{pmatrix}0 & -1\\1 & 0\end{pmatrix}$라고 하면 $|A|=3$, $|B|=4$이고 $AB=\begin{pmatrix}1 & 0\\-1 & 1\end{pmatrix}$이다. 그런데 $\begin{pmatrix}1 & 0\\-n & 1\end{pmatrix}\begin{pmatrix}1 & 0\\-1 & 1\end{pmatrix}=\begin{pmatrix}1 & 0\\-n-1 & 1\end{pmatrix}$ 이므로 $n\neq0$이면 $(AB)^n\neq\begin{pmatrix}1 & 0\\0 & 1\end{pmatrix}$이다. 따라서 AB의 위수는 무한이다.

연습문제(5)

1. $ab=ba$이다. $|a|$, $|b|$가 서로소이면 $|ab|=|a||b|$임을 보여라.

2. $|a|=5$, $b\neq e$, $aba^{-1}=b^2$이다. $|b|$를 구하여라.

3. $b^6=e$, $ab=b^4a$이다. $b^3=e$, $ab=ba$임을 보여라.

4. $x\in G$, $|x|=18$이다. $|x^4|$, $|x^{12}|$를 구하여라.

5. $|a|=2$, $aba^{-1}=b^2$이다. $|b|$를 구하여라.

6. $|x|=144$이다. $|x^{20}|$을 구하여라.

7. $\mathbb{Z}_{24}$에서 위수가 6인 원소는 모두 몇 개인가?

8. $\mathbb{Z}_{42}$에서 $|\overline{30}|$, $|\overline{12}|$, $|\overline{8}|$를 각각 구하여라.

9. (1) $\mathbb{Z}_{30}$에서 위수가 6인 원소를 모두 구하여라.
   (2) $\mathbb{Z}_{45}$에서 위수가 15인 원소를 모두 구하여라.

10. $|a|=n$이면 $|a^t|$는 n의 약수임을 보여라.

11. $|a|=mn$이면 $|a^m|=n$임을 보여라.

12. $|a|=n$이고 n은 홀수이면 $|a^2|=n$임을 보여라.

13. 위수가 n인 원소는 a뿐이다. $a\in Z(G)$임을 보여라.

14. $|a|=mk$, $a^{nk}=e$이면 n은 m의 배수임을 보여라.

15. $|a|=12$이다. $|a^8|$, $|a^9|$, $|a^{10}|$, $|a^5|$를 구하여라.

16. $|a|=n$이다. $\gcd(m, n)=1$일 필요충분조건은 $|a^m|=n$임을 보여라.

17. $|a|=n$, $\mathrm{lcm}(m, n)=l$, $k=\dfrac{l}{m}$이면 $(a^m)^k=e$임을 보여라.

18. $|a|=12$. $b^3=a$이면 $|b|=36$임을 보여라.

19. $|a|=6$. $a=b^4$일 때 $|b|$를 구하여라.

20. $a^k=e$. k는 홀수이면 $|a|$는 홀수임을 보여라.

21. $|ab|=|ba|$임을 보여라.

22. $|abc|=|cab|=|bca|$임을 보여라.

23. $|a|=m$. $|b|=n$, $ab=ba$이다. $|x|=\mathrm{lcm}(m, n)$인 x를 구하여라.

24. $|a|=12$이다.

(1) $a^{8k}=e$가 되는 최소의 양의 정수 k를 구하여라.

(2) $|a^n|=12$가 되는 모든 n을 찾아라.

25. $|a|=m$이다. $|a^k|=m$인 모든 k를 찾아라.

26. G는 유한군이다. G의 모든 원소는 유한위수임을 보여라.

27. 모든 원소의 위수가 유한한 무한군의 예를 들어라.

28. G는 아벨군, x, y는 유한위수이다. $|xy|$는 $|x||y|$의 약수임을 보여라.

29. G는 아벨군이고 $|a|=m$, $|b|=n$이다. ab의 위수는 $\mathrm{lcm}(m, n)$의 약수임을 보여라.

30. G는 아벨군이다. 집합 $H=\{g\in G\,|\,|g|\leq 2\}$는 G의 부분군임을 보여라.

31. G는 아벨군이다. 집합 $H=\{g\in G\,|\,|g|=3\}\cup\{e\}$는 G의 부분군이 되는가?

32. 문제 30번에서 G가 아벨군이 아니면 H는 부분군이 될 수 없음을 예로 들어라.

33. $x=a_1a_2\cdots a_n$, $y=a_ka_{k+1}\cdots a_na_1\cdots a_{k-1}$이면 $|x|=|y|$임을 보여라.

34. $a^p=e$, $a\neq e$, p는 소수이면 $|a|=p$임을 보여라.

35. G는 유한군, p는 소수이다. $X=\{a\in G\,|\,|a|=p\}$라고 하면 $|X|$는 $p-1$의 배수가 됨을 보여라.

36. $|a|=n$, $a=b^k$이다.

(1) $|b|=\dfrac{n}{m}k$, $\gcd(d(m, n)=1$꼴임을 보여라.

(2) 소수 p가 만일 $p|k$면 $p|n$이 된다면 $|b|$는 nk가 됨을 보여라.

37. $|a|=10$, $a=b^6$이다. $|b|$를 구하라.

6 순환군
(Cyclic Groups)

정수군 $(\mathbb{Z}, +)$는 1을 계속 연산함으로써 모든 원소를 만들 수 있다. 또 $(\mathbb{Z}_n, \oplus)$도 $\overline{1}$만으로 모든 원소를 만들 수 있다. 이와 같이 한 원소로 군의 모든 원소를 표시할 수 있을 때 이러한 군을 순환군이라고 한다. 앞 절에서 배운 원소의 위수에 관한 여러 가지 성질은 순환군을 공부하는데 여러 가지로 편리하게 이용된다.

정리 6.1 G는 군, $a \in G$이다. 집합

$$H = \{\cdots, a^{-3}, a^{-2}, a^{-1}, a^0, a^1, a^2, \cdots\} = \{a^n \mid n \in \mathbb{Z}\}$$

는 G의 부분군이다. 또 H는 a를 포함하는 G의 부분군 중 가장 작은 부분군이다.

증명 H의 임의의 원소 $x = a^i$, $y = a^j$에 대해서 $xy = a^i a^j = a^{i+j} \in H$이다. 또 a^k의 역원 $(a^k)^{-1} = a^{-k} \in H$이므로 정리 4.1에 의해서 H는 G의 부분군이다.

또 K를 a를 포함하는 G의 임의의 부분군이라고 하면 임의의 $n \in \mathbb{Z}$에 대해서 $a^n \in K$이므로 당연히 $H \subset K$이다. 따라서 a를 포함하는 G의 임의의 부분군은 H를 포함하므로 H는 a를 포함하는 G의 최소의 부분군이다. □

정의 6.1 G는 군, $a \in G$이다. 집합 $H = \{a^n \mid n \in \mathbb{Z}\}$를 a에 의해서 생성되는 G의 순환부분군(cyclic subgroup generated by a)이라고 부르고 $H = \langle a \rangle$로 표시한다. 만

일 G의 어떤 원소 a가 있어서 $G=\langle a\rangle$가 될 때 G를 **순환군**(cyclic group)이라고 한다. 이때 a를 G의 생성원(generator)이라고 부른다.

G가 순환군이면 $a^ia^j=a^{i+j}=a^ja^i$이므로 당연히 아벨군이다. 그러나 그 역은 성립하지 않는다. 예를 들어 $(\mathbb{R}^*, \times)$는 아벨군이지만 순환군은 아니다.

참고 1) 순환군에서 생성원은 여러 개일 수도 있다.
2) 만일 군 G의 연산이 $+$이면 a를 계속 연산하면

$$0a=0,\ a,\ a+a,\ a+a+a,\ -a,\ -a-a=-2a,\ \cdots$$

이므로 $\langle a\rangle$는 $\{na|n\in\mathbb{Z}\}$꼴이 된다.

【예제 1】 군 $(\mathbb{Z}, +)$에서 $3\in\mathbb{Z}$로 생성되는 순환부분군은

$$\langle 3\rangle=\{\cdots,\ -6,\ -3,\ 0,\ 3,\ 6,\ 9,\ \cdots\}=3\mathbb{Z}$$

가 된다. 또 $\langle 1\rangle=\{\cdots,\ -2,\ -1,\ 0,\ 1,\ 2,\ \cdots\}$이므로 $(\mathbb{Z}, +)$는 1에 의해서 생성되는 순환군이다.

【예제 2】 $(\mathbb{Z}_8, \oplus)$에서 $\bar{2}\in\mathbb{Z}_8$를 생각하면

$$\langle\bar{2}\rangle=\{n\bar{2}|n\in\mathbb{Z}\}=\{\bar{0},\ \bar{2},\ \bar{4},\ \bar{6}\}$$

가 된다. $\langle\bar{6}\rangle=\{\bar{6},\ \bar{4},\ \bar{2},\ \bar{0}\}$이므로 $\langle\bar{2}\rangle=\langle\bar{6}\rangle$이다. 또 $\langle\bar{1}\rangle=\{\bar{1},\ \bar{2},\ \cdots,\ \bar{7},\ \bar{0}\}=\mathbb{Z}_8$이므로 $\mathbb{Z}_8$은 순환군이다.

【예제 3】 $G=(\mathbb{R}-\{1\},\ *)$, $a*b=a+b-ab$에서

$$4^2=4*4=-8,\quad 4^3=4*(-8)=28,\ 4^0=0,\ 4^{-1}=\frac{4}{3},\ 4^{-2}=\frac{8}{9},\ \cdots$$

이므로 $\langle 4\rangle=\left\{\cdots,\ \frac{8}{9},\ \frac{4}{3},\ 0,\ 4,\ -8,\ 28,\ \cdots\right\}$이다.

【예제 4】 $(\mathbb{Q}, +)$는 순환군이 아니다. 그 이유는 만일 순환군이라면 $\mathbb{Q} = \langle a \rangle$인 유리수 a가 존재할 것이다. 물론 $a \neq 0$이다. 그러나 어떠한 정수 $n \in \mathbb{Z}$에 대해서도 $na = \frac{a}{2}$가 될 수 없다.

정리 6.2 G는 군, $a \in G$이다.
(1) a의 위수가 무한이면 $\langle a \rangle$의 원소의 개수는 무한이다.
(2) a의 위수가 n이면 $\langle a \rangle$의 원소의 개수도 n이고 $\langle a \rangle = \{e = a^0, a^1, a^2, \cdots, a^{n-1}\}$이다.

증명 (1) 앞 정리 5.2에서 $\langle a \rangle = \{a^k | k \in \mathbb{Z}\}$의 임의의 두 원소에서 $i \neq j$면 a^i와 a^j는 서로 다르다. 따라서 $\langle a \rangle$의 개수는 무한이다.

(2) 임의의 $a^m \in \langle a \rangle$에 대해서 m을 n으로 나누어 몫을 q, 나머지를 r라고 하면 $m = nq + r \ (0 \leq r < n)$이다. 따라서

$$a^m = a^{nq+r} = (a^n)^q a^r = ea^r = a^r$$

이고 $0 \leq r < n$이므로 $a^m \in \{a^0, a^1, a^2, \cdots, a^{n-1}\}$이다. 또 이 집합의 어느 두 원소도 같지 않음을 보이자. 만일 $a^i = a^j \ 0 \leq i < j < n$라고 하면 $a^{j-i} = e$이고 $0 < j - i < n$가 되어 a의 위수가 n이라는 사실에 모순이다. 따라서 $\langle a \rangle = \{e, a, a^2, \cdots, a^{n-1}\}$은 개수가 n개다. □

위의 정리 6.2에 의해서 순환군 $G = \langle a \rangle$에서 a의 위수는 군 G의 원소의 수와 일치한다. 또 위의 정리로부터 다음 사실을 알 수 있다.

정리 6.3 G는 군, $a \in G$이다. $H = \langle a \rangle$라고 하면 $|H| = |a|$ 즉, $|\langle a \rangle| = |a|$이다.

군 G의 임의의 원소 a에 대해서 우리는 a에 의해서 생성되는 순환부분군 $\langle a \rangle$를 생각할 수 있다. 그러나 물론 부분군 중에는 순환부분군이 아닌 부분군도 있다. 예를 들면 군 $(\mathbb{R}^*, \times)$에서 2에 의해서 생성되는 부분군은

$$\langle 2 \rangle = \{2^k | k \in \mathbb{Z}\} = \left\{\cdots, \frac{1}{4}, \frac{1}{2}, 1, 2, 4, 8, \cdots\right\}$$

이다. 그러나 $(\mathbb{Q}^*, \times)$는 $(\mathbb{R}^*, \times)$의 부분군이지만 순환부분군은 아니다. 이와 같이 한 군에서도 순환부분군도 있고 아닌 그냥 부분군도 있다. 그러나 순환군의 모든 부분군은 항상 순환군이다.

정리 6.4 순환군의 모든 부분군은 역시 순환군이다.

증명 $G=\langle a\rangle$라고 하고 H를 G의 부분군이라고 하자. 만일 $H=\{e\}$이면 H는 e에 의해서 생성되는 순환부분군이다. 만일 $H\neq\{e\}$라면 항등원이 아닌 어떤 a^i, $i\neq 0$가 H에 있다. H는 G의 부분군이므로 $a^{-i}\in H$이다. i와 $-i$중 한 개는 양수이므로 결국 $k>0$이고 $a^k\in H$인 정수 k가 존재한다.

$a^i\in H$인 정수 i중 최소의 양의 정수를 n이라고 하자. 즉 $0<k<n$면 $a^k\notin H$이다. $H=\langle a^n\rangle$임을 보이자. 우선 $a^n\in H$이므로

$$\langle a^n\rangle=\{\cdots, (a^n)^{-1}, (a^n)^0, (a^n), (a^n)^2, \cdots\}\subset H$$

이다. 이번에는 H의 모든 원소는 $(a^n)^t$꼴임을 보이자. 임의의 $h\in H$에 대해서 $h\in G$이므로 $h=a^m$이다.

$$m=nq+r \quad (0\leq r<n)$$

라고 하면 $r=m-nq$이므로

$$a^r=a^{m-nq}=a^m a^{-nq}=a^m(a^n)^{-q}$$

이다. 그런데 $a^m=h\in H$, $a^n\in H$이므로 $a^r\in H$이다. $r<n$이고 n은 $a^n\in H$인 최소의 양의 정수이므로 r은 양수가 될 수 없다. 따라서 $r=0$이고 결국 $m=nq$가 되어

$$h=a^m=a^{nq}=(a^n)^q\in\langle a^n\rangle$$

이고 결론은 $H=\langle a^n\rangle$이다. □

우리가 군에 관해서 어떤 사실을 증명했을 때 그 증명에는 사실 증명 외에도 많은 정보를 포함하고 있다. 예를 들어 위의 정리의 증명에서 자세히 살펴보면 순환군의 모든 부분군은 순환군임을 보였지만 또 한편 부분군의 생성원을 찾는 방법도 발견할 수 있다. 이런 것은 문제로도 나올 수 있다. $(\mathbb{Z}_n, \oplus)$의 부분군은 $\langle\bar{a}\rangle$ 꼴이므로 n개의 부분군을 만들

수 있다. 그렇다면 과연 $(\mathbb{Z}_n, \oplus)$은 서로 다른 n개의 부분군을 가질까? 만일 아니라면 서로 다른 부분군은 몇 개나 될까? 위의 정리의 증명을 잘 살펴보면 대략 짐작할 수 있다. 이 문제는 잠시 후에 다루기로 한다.

정리 6.5 G는 군, $a \in G$, a의 위수는 n이다. 임의의 $m \in \mathbb{Z}$에 대해서 $\gcd(m, n) = d$라고 하면 $\langle a^m \rangle = \langle a^d \rangle$이다.

증명 우선 d는 m의 약수이므로 임의의 $(a^m)^k \in \langle a^m \rangle$에 대해서 mk는 d의 배수이다. 따라서 $(a^m)^k \in \langle a^d \rangle$가 되어

$$\langle a^m \rangle \subset \langle a^d \rangle$$

가 된다. 그런데

$$|\langle a^m \rangle| = |a^m| = \frac{n}{d}, \quad |\langle a^d \rangle| = |a^d| = \frac{n}{\gcd(d, n)} = \frac{n}{d}$$

이다. $\langle a^m \rangle$은 $\langle a^d \rangle$의 부분집합인데 위수가 같으므로 결국 $\langle a^m \rangle = \langle a^d \rangle$이다. □

따름정리 6.6 G는 군, $a \in G$, a의 위수는 n이다. $\langle a^i \rangle = \langle a^j \rangle$일 필요충분조건은 $\gcd(i, n) = \gcd(j, n)$이다.

증명 $(\Leftarrow)$ $\gcd(i, n) = \gcd(j, n) = d$라고 하면 $\langle a^i \rangle = \langle a^d \rangle = \langle a^j \rangle$이다.
$(\Rightarrow)$ $|a^i| = |\langle a^i \rangle| = |\langle a^j \rangle| = |a^j|$이므로 정리 5.4의 (3)에서 바로 구할 수 있다. □

따름정리 6.7 G는 군, $a \in G$이다. $\langle a \rangle = H$, H의 위수가 n이면 a^m이 H의 생성원이 될 필요충분조건은 $\gcd(m, n) = 1$이다.

증명 $(\Rightarrow)$ a^m이 H의 생성원이면 $\langle a^m \rangle = H$이다. 따라서 $\langle a^m \rangle = \langle a \rangle$에서 따름정리 6.6을 이용하면 $\gcd(m, n) = \gcd(1, n) = 1$이다.
$(\Leftarrow)$ $\gcd(m, n) = 1$이면 $\langle a^m \rangle = \langle a^1 \rangle = H$. □

【예제 5】 $G=(\mathbb{Z}_{24}, \oplus)$이다. $H=\langle\overline{15}\rangle$라고 했을 때 H의 생성원을 구해보자. $H=\langle\bar{i}\rangle$라고 하면 $\langle\bar{i}\rangle=\langle\overline{15}\rangle$일 필요충분조건은

$$\gcd(i,\ 24)=\gcd(15,\ 24)=3$$

따라서 $i=3,\ 9,\ 15,\ 21$이 된다. 또 G의 생성원을 구해보면 $G=\langle\bar{1}\rangle$로 생각하면 $G=\langle\bar{i}\rangle$일 필요충분조건은 $\gcd(i,\ 24)=1$인 i를 구하면 되므로

$$i=1,\ 5,\ 7,\ 11,\ 13,\ 17,\ 19,\ 23$$

이다. 또 $\langle\bar{2}\rangle$와 같은 부분군을 구해보면 $\gcd(2,\ 24)=2$이므로 $i=2,\ 10,\ 14,\ 22$인 $\langle\bar{i}\rangle$가 된다.

군 $(\mathbb{Z}_n, \oplus)$는 $\bar{1}$에 의해서 생성되는 순환군이다. 따라서 $\bar{a}$가 $\mathbb{Z}_n$의 생성원이 될 필요충분조건은 $\bar{a}=a\bar{1}$이므로 $\gcd(a,\ n)=1$이 됨을 알 수 있다. 즉 $\mathbb{Z}_n=\langle\bar{1}\rangle$, $|\bar{1}|=n$이므로 $\langle\bar{a}\rangle=\langle\bar{1}\rangle$일 필요충분조건은 $\gcd(a,\ n)=1$이 된다.

【예제 6】 $G=(\mathbb{Z}_{12}, \oplus)$에서 G의 생성원은 12와 서로소인 $\bar{a}\in\mathbb{Z}_{12}$를 구하면 된다. 따라서 $\bar{1},\ \bar{5},\ \bar{7},\ \overline{11}$가 $\mathbb{Z}_{12}$의 생성원이다. $(\mathbb{Z}_7, \oplus)$의 $\bar{0}$ 이외의 모든 원소는 7과 서로소이므로 $\bar{0}$를 제외한 $\bar{1},\ \bar{2},\ \bar{3},\ \bar{4},\ \bar{5},\ \bar{6}$가 $\mathbb{Z}_7$의 생성원이다.

일반적으로 p가 소수이면 $(\mathbb{Z}_p, \oplus)$의 생성원은 $\bar{1},\ \bar{2},\ \cdots,\ \overline{p-1}$의 $p-1$개의 원소가 생성원이다. 우리가 다음과 같은 정리를 만들 수 있다.

정리 6.8 군 $(\mathbb{Z}_n, \oplus)$의 생성원의 집합을 A라고 하면

$$A=\{\bar{x}\in\mathbb{Z}_n \mid \langle\bar{x}\rangle=\mathbb{Z}_n\}=\{x\in\mathbb{Z} \mid 1\le x\le n,\ \gcd(x,\ n)=1\}$$

이다.

특히 위의 집합 A의 개수를 $\varphi(n)$이라고 적고 n의 **오일러수**(Euler number)라고 한다. 간단한 수의 오일러수를 구해보면 $\varphi(1)=1$, $\varphi(2)=1$, $\varphi(3)=2$, $\varphi(4)=2$, $\varphi(5)=4$, $\varphi(6)=2$, $\cdots$ 등이다. n을 소인수분해하여 $n=p_1^{t_1}p_2^{t_2}\cdots p_k^{t_k}$라고 하면

$$\begin{aligned}\varphi(n)&=n\left(1-\frac{1}{p_1}\right)\left(1-\frac{1}{p_2}\right)\cdots\left(1-\frac{1}{p_k}\right)\\&=p_1^{t_1-1}(p_1-1)p_2^{t_2-1}(p_2-1)\cdots p_k^{t_k-1}(p_k-1)\end{aligned}$$

이다.

순환군은 군 중에서도 비교적 그 구조가 간단하고 이해하기가 쉽다. 그래서 순환군을 완전히 이해함으로써 우리는 군을 보다 잘 알 수 있다. 물론 순환군은 군 중에서 아주 특수한 군이므로 다른 군에는 없는 특수한 성질들도 많이 있다. 또 일반적인 군에서는 아주 어려운 증명도 순환군에서는 쉽게 증명되는 것이 많다. 사실 순환군은 군 중에서 가장 먼저 생긴 군이며 정수집합 $\mathbb{Z}$와 합동류집합 $\mathbb{Z}_n$의 성질들을 추상화시킨 최초의 군이다. 정수론(number theory)의 거의 대부분의 성질들은 순환군의 이론으로 쉽게 유도할 수 있다. 순환군을 모르고서는 군을 안다고 할 수 없다. 그래서 시간이 걸리고 귀찮지만 순환군에 관한 모든 사실들을 하나하나 따져나가도록 한다.

정리 6.9 G는 위수가 n인 순환군이다.
(1) H가 G의 부분군이면 H의 위수는 n의 약수이다.
(2) m이 n의 약수면 G는 위수 m인 부분군을 단 하나만 가진다.

증명 (1) $G=\langle a\rangle$라 하자. 순환군의 부분군은 순환군이므로 $H=\langle a^t\rangle$로 둘 수 있다. $|H|=|a^t|$이고 앞 정리 5.4에서

$$|a^t|=\frac{n}{\gcd(t,\ n)}$$

이므로 $n=|H|\times\gcd(t,\ n)$이다. 따라서 H의 위수는 n의 약수이다.
(2) $n=mq$, $H=\langle a^q\rangle$이라고 하면 H는 G의 부분군이다.

$$|H| = |a^q| = \frac{n}{\gcd(q,\ n)} = \frac{n}{\gcd(q,\ mq)} = \frac{n}{q} = m$$

따라서 G는 위수가 m인 부분군을 가진다. 이번에는 위수가 m인 부분군은 단 1개뿐임을 보이자.

$$|H_1| = |H_2| = m,\ H_1 = \langle a^i \rangle,\ H_2 = \langle a^j \rangle$$

이라고 하자. $|H_1| = |H_2|$이므로 $\dfrac{n}{\gcd(i,\ n)} = \dfrac{n}{\gcd(j,\ n)}$에서

$$\gcd(i,\ n) = \gcd(j,\ n)$$

이다. 이 값을 d라고 두면 앞 정리 6.5에서 $\langle a^i \rangle = \langle a^d \rangle$이고 $\langle a^j \rangle = \langle a^d \rangle$가 된다. 따라서 $H_1 = H_2$가 되어 위수가 같은 부분군은 단 1개 뿐이다. □

위의 정리에서 위수가 n인 순환군의 부분군의 개수는 n의 약수 개만큼 있음을 알게 된다. 순환군 G에서는 m이 $|G|$의 약수면 반드시 위수가 m인 부분군이 존재했지만 일반적인 군에서는 그렇지 못하다. 또 임의의 유한군 G의 원소 a에 대해서 a를 G의 위수만큼 곱하면 항상 항등원이 된다. 일반적인 증명은 매우 어렵다. 그러나 순환군에서는 이 증명은 간단히 할 수 있다.

정리 6.10 $G = \langle a \rangle$, $|G| = n$이면 임의의 $g \in G$에 대해서 $g^n = e$이다.

증명 우선 $|a| = n$이므로 $a^n = e$이다. $g \in G$이므로 $g = a^t$로 쓸 수 있다. 따라서

$$g^n = (a^t)^n = a^{tn} = (a^n)^t = e^t = e$$ □

【예제 7】 $G = (\mathbb{Z}_{12},\ \oplus)$의 부분군을 모두 구해보자. 우선 12의 약수는 1, 2, 3, 4, 6, 12이므로 부분군은 모두 6개 있다. H_i를 위수가 i인 G의 부분군이라고 하면 $H_1 = \{\overline{0}\}$, ⋯, H_4는 위수가 4인 $\mathbb{Z}_{12}$의 부분군, ⋯으로 되어 부분군은 H_1, ⋯, H_{12}까지이다. 위의 정리에 따라 각각의 H_i를 구해보면 $\dfrac{12}{i} = k$라고 하면 H_i의 생성원은 $\overline{k}$이다. 따라서

$$H_1 = \langle \overline{12} \rangle = \{\bar{0}\}$$
$$H_2 = \langle \bar{6} \rangle = \{\bar{0},\ \bar{6}\}$$
$$H_3 = \langle \bar{4} \rangle = \{\bar{0},\ \bar{4},\ \bar{8}\}$$
$$H_4 = \langle \bar{3} \rangle = \{\bar{0},\ \bar{3},\ \bar{6},\ \bar{9}\}$$
$$H_6 = \langle \bar{2} \rangle = \{\bar{0},\ \bar{2},\ \bar{4},\ \bar{6},\ \bar{8},\ \overline{10}\}$$
$$H_{12} = \langle \bar{1} \rangle = \mathbb{Z}_{12}$$

이다. 여기서 실제로 모든 $\bar{i} \in \mathbb{Z}_{12}$에 대해서 $\langle \bar{i} \rangle$를 구해보면 $\langle \bar{0} \rangle = H_1$, 1, 5, 7, 11은 모두 생성원이므로 $\langle \bar{5} \rangle = \langle \bar{7} \rangle = \langle \overline{11} \rangle = \langle \bar{1} \rangle = \mathbb{Z}_{12}$이다. $|\bar{8}| = \dfrac{12}{\gcd(8,\ 12)} = 3$이므로 결국 $\langle \bar{8} \rangle = H_3$이 된다. 또 $|\bar{9}| = \dfrac{12}{\gcd(9,\ 12)} = 4$이므로 $\langle \bar{9} \rangle = H_4$, $|\overline{10}| = \dfrac{12}{\gcd(10,\ 12)} = 6$이므로 $\langle \overline{10} \rangle = H_6$이 된다. 그림으로 표시하면

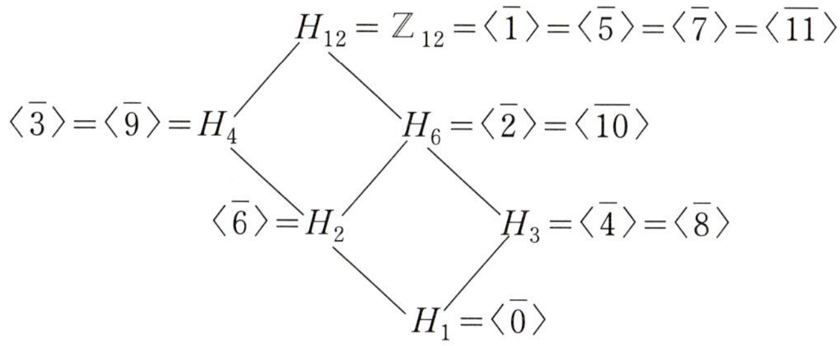

[그림 6.1]

문제 1 $(\mathbb{Z}_{24},\ \oplus)$의 모든 부분군을 구하고 분류하라.

풀이 우선 부분군이 몇 개인지 구해보자. 24의 약수는 1, 2, 3, 4, 6, 8, 12, 24이므로 진부분군은 6개이다. 앞의 예제와 같이 H_i를 위수 i인 부분군이라고 하면

$$H_1 = \langle \bar{0} \rangle = \{\bar{0}\}$$
$$H_2 = \langle \overline{12} \rangle = \{\bar{0},\ \overline{12}\}$$
$$H_3 = \langle \bar{8} \rangle = \{\bar{0},\ \bar{8},\ \overline{16}\}$$
$$H_4 = \langle \bar{6} \rangle = \{\bar{0},\ \bar{6},\ \overline{12},\ \overline{18}\}$$
$$H_6 = \langle \bar{4} \rangle = \{\bar{0},\ \bar{4},\ \bar{8},\ \overline{12},\ \overline{16},\ \overline{20}\}$$
$$H_8 = \langle \bar{3} \rangle = \{\bar{0},\ \bar{3},\ \bar{6},\ \bar{9},\ \overline{12},\ \overline{15},\ \overline{18},\ \overline{21}\}$$
$$H_{12} = \langle \bar{2} \rangle = \{\bar{0},\ \bar{2},\ \bar{4},\ \cdots,\ \overline{20},\ \overline{22}\}$$
$$H_{24} = \langle \bar{1} \rangle = \{\bar{0},\ \bar{1},\ \bar{2},\ \cdots,\ \overline{23}\}$$

이다. 다시 모든 원소로 부분군을 만들어보면 우선 5, 7, 11, 13, 17, 19, 23은 모두 24와 서로소이므로 $\mathbb{Z}_{24}$의 생성원이다. 나머지 원소를 계산하면

$$|\bar{9}| = \frac{24}{\gcd(9,\ 24)} = 8$$

이므로 $\langle \bar{9} \rangle = H_8$

$$|\overline{10}| = \frac{24}{\gcd(10,\ 24)} = 12\text{이므로 } \langle \overline{10} \rangle = H_{12}$$

$$|\overline{14}| = \frac{24}{\gcd(14,\ 24)} = 12\text{이므로 } \langle \overline{14} \rangle = H_{12}$$

$$|\overline{15}| = \frac{24}{\gcd(15,\ 24)} = 8\text{이므로 } \langle \overline{15} \rangle = H_8$$

$$|\overline{16}| = \frac{24}{\gcd(16,\ 24)} = 3\text{이므로 } \langle \overline{16} \rangle = H_3$$

$$|\overline{18}| = \frac{24}{\gcd(18,\ 24)} = 4\text{이므로 } \langle \overline{18} \rangle = H_4$$

$$|\overline{20}| = \frac{24}{\gcd(20,\ 24)} = 6\text{이므로 } \langle \overline{20} \rangle = H_6$$

$$|\overline{21}| = \frac{24}{\gcd(21,\ 24)} = 8\text{이므로 } \langle \overline{21} \rangle = H_8$$

$$|\overline{22}| = \frac{24}{\gcd(22,\ 24)} = 12\text{이므로 } \langle \overline{22} \rangle = H_{12}$$

이 모두이다. 이것들을 그림으로 표시하면 다음과 같다.

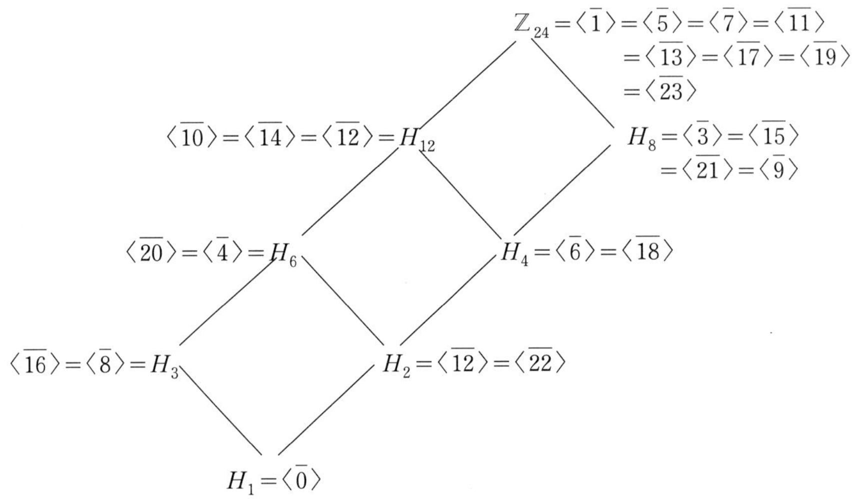

[그림 6.2]

■

오일러(Leonhard Euler, 1707~1783)

오일러는 1707년 스위스 바젤에서 태어났다. 칼뱅교 목사였던 아버지는 오일러가 수학에 재능을 가진 것을 알고는 그에게 기초적인 수학을 가르쳐 주었다. 그는 20세 때인 1727년 표트르 대제가 설립한 러시아 성 페테르부르그 학술원에서 근무했다.

그곳에서 그는 14년 동안 근무한 후 프레데릭 황제의 초청으로 베를린의 프로이센 학술원에서 25년 동안 근무했다. 그러나 이곳에서는 다른 사람들과 잘 사귀지를 못하고 오해도 받았다. 1766년 캐서린 황제가 다시 성 페테르부르그 학술원으로 돌아와달라는 부탁을 하자 그는 기꺼이 그곳으로 돌아가 나머지 생애 17년을 보내고 1783년 76세의 일기로 세상을 떠났다.

오일러는 수학자 중에서 가장 많은 저술을 남겼고 수학의 각 분야에 그가 관여하지 않은 것이 거의 없다. 그는 성 페테르부르그의 학술원으로 돌아온 직후 완전히 장님이 되었으나 그의 수학능력은 조금도 퇴보되지 않았다. 베토벤이 청각을 잃고서도 훌륭한 작품을 남긴 것과 마찬가지로 오일러도 그의 시력 상실은 그의 창작활동을 결코 방해하지 못했다. 그는 비상한 기억력과 집중력으로 구술하면 그의 비서가 받아쓰는 형식으로 창작활동을 계속하였다. 오일러는 평생 530편의 책과 논문을 발표하였고 그의 유고는 1909년 스위스 자연과학회에서 만들었는데 886절의 책과 논문을 포함하여 총 73권의 책으로 출판되었다. 그는 수학뿐만 아니라 물리, 천문, 약학, 화학, 신학 등 모든 학문 분야에서 광범위한 지식을 가지고 있었다. 그는 13명의 자녀를 두었는데 그 자녀들은 그렇게 뛰어난 학문적 업적을 남기지 못했다. 오일러의 업적은 너무 많아 일일이 열거할 수 없으나 다면체의 꼭지점, 변, 면의 개수에 관한 정리 $v-e+f=2$, 한붓 그리기 문제, $e^{ix}=\cos x+i\sin x$ 등은 모두 오일러가 만들었다.

연습문제(6)

1. $\mathbb{Z}_{10}$에서 $\langle \overline{3} \rangle$, $\langle \overline{4} \rangle$를 각각 구하여라.

2. $(\mathbb{Q}^+, \times)$는 순환군이 아님을 증명하여라.

3. $\mathbb{Z}_7^* = \{\overline{1}, \overline{2}, \overline{3}, \overline{4}, \overline{5}, \overline{6}\}$, $\overline{a} * \overline{b} = \overline{ab}$이다.
   (1) $(\mathbb{Z}_7^*, *)$는 군이 됨을 보여라.
   (2) $(\mathbb{Z}_7^*, *)$는 순환군인가?

4. $(\mathbb{Z}, *)$는 순환군인가? 단, $a * b = a + b - 1$이다.

5. G는 아벨군, $|G| = mn$, $\gcd(m, n) = 1$이다. $|a| = m$, $|b| = n$인 a, b가 존재하면 G는 순환군임을 보여라.

6. $G = \langle a \rangle$, G는 무한집합이다. G의 생성원은 a, a^{-1}뿐임을 보여라.

7. (1) $\mathbb{Z}_{16}$의 모든 부분군을 구하여라.
   (2) $\mathbb{Z}_{36}$의 모든 부분군을 구하여라.

8. $G = \langle x \rangle$, $|x| = n$이다.
   x^m이 G의 생성원일 필요충분조건은 $\gcd(m, n) = 1$임을 알고 있다. 이 G의 생성원의 수는 n과 서로소인 $\{0, 1, \cdots, n-1\}$의 원소의 개수가 된다. 이 값은 $\varphi(n)$이 됨은 당연하다.
   (1) $\varphi(24)$를 구하여라.
   (2) $\mathbb{Z}_{24}$의 생성원을 구하여라.

9. $G = \langle x \rangle$, $|x| = 143$, $H = \langle x^{26} \rangle$이다. $|H|$를 구하여라.

10. G는 유한아벨군이다. "G가 순환군이면 임의의 양의 정수 n에 대해서 $x^n = e$를 만족시키는 G의 원소는 n개 이하"임을 증명하여라.

11. $\mathbb{Z}_{60}$, $\mathbb{Z}_8$의 생성원의 개수를 각각 구하여라.

12. 다음 순환군 H의 위수를 구하여라.

(1) $G=\mathbb{Z}_{30}$, $H=\langle\overline{25}\rangle$ (2) $G=\mathbb{Z}_{42}$, $H=\langle\overline{30}\rangle$

13. 모든 진부분군은 순환군이지만 자신은 순환군이 아닌 예를 들어라.

14. p, q가 소수일 때 $\mathbb{Z}_{pq}$의 생성원의 개수를 구하여라.

15. p는 소수, $r\geq 1$인 정수이다. $\mathbb{Z}_{p^r}$의 생성원의 개수를 구하여라.

16. p가 소수면 $\mathbb{Z}_p$는 진부분군이 없음을 보여라.

17. G는 아벨군이고 H, K는 $|H|=r$, $|K|=s$인 G의 유한순환부분군이다.

(1) r, s가 서로소이면 위수가 rs인 순환부분군이 존재함을 보여라.

(2) 일반적으로 $\{r, s\}$의 최소공배수를 위수로 가지는 순환부분군이 존재함을 보여라.

18. 다음 군의 원소를 구체적으로 적어라.

(1) $25\mathbb{Z}$ (2) $\{\pi n \mid n\in\mathbb{Z}\}$

(3) $\pi\mathbb{Q}$

19. 생성원이 한 개뿐인 순환군의 위수는 2임을 보여라.

20. G는 부분군이 e와 G 자신뿐인 유한군이다.

그러면 $G=\{e\}$이거나 또는 G는 위수가 소수인 순환군임을 보여라.

21. $G=\langle a\rangle$, $|a|=n$이다. r, s가 정수일 때 $\langle a^r\rangle\subset\langle a^s\rangle$일 필요충분조건을 구하여라.

22. G는 위수 n인 순환군이다. "$m|n$일 필요충분조건은 위수가 m인 원소가 G에 존재"할 때임을 보여라.

23. 부분군이 유한개인 군은 유한군임을 보여라.

24. G는 위수가 n인 순환군이다. $\gcd(m, n)=1$, $x^m=y^m$이면 $x=y$임을 보여라.

25. 위수가 6인 군의 진부분군은 순환군임을 보여라.

26. G의 부분군이 $\{e\}$와 G 자신뿐이면 G는 위수가 소수인 순환군임을 보여라.

27. H는 G의 부분군이고 $g \in G$이다.
   (1) $S=\{ghg^{-1} \mid h \in H\}$는 G의 부분군임을 보여라.
   (2) K가 H와 S를 모두 포함하는 G의 유한순환부분군이면 $H=S$임을 보여라.

28. G는 위수 n인 순환군이다. $m \mid n$일 때 $x^m=e$를 만족시키는 G의 원소는 꼭 m개 있음을 보여라.

7 군의 직적
(Direct Product of Groups)

추상적인 개념을 다룰 때 구체적인 예를 자주 접하는 것은 매우 효과적인 방법이다. 이러한 방법은 추상적이고 모호한 개념을 실제로 우리 가까이 끌어내려서 우리와 친숙하게 하고 또 직접 계산해 볼 수도 있고 눈으로 확인할 수 있어서 여러모로 도움이 된다. 집합에서 두 집합이 있을 때 이 두 집합을 카르테시안 곱하여 새로운 집합을 만들고 동치관계, 함수, 순서 등을 이 새로운 집합에서 만들어내었다. 또 이 집합의 원소들을 평면에 나타내어서 여러 가지로 도형적으로도 이용하였다. 이와 같이 몇 개의 군이 있을 때 이 군들을 카르테시안 곱한 집합을 이용하여 새로운 군을 만들 수 있다. 이 방법은 매우 간단하지만 매우 효과적이고 군의 여러 가지 성질들을 많이 찾아낼 수 있다. 이와 같은 방법은 군에서 뿐만 아니라 대수에서 다루는 거의 모든 대상에 대해서도 적용할 수 있다.

정리 7.1 G, H는 군이다. G와 H의 카르테시안곱, 즉

$$G \times H = \{(a, b) \mid a \in G,\ b \in H\}$$

에 다음과 같은 연산을 도입한다. 임의의 $(a, b), (c, d) \in G \times H$에 대해서

$$(a, b)\cdot(c, d)=(ac, bd)$$

물론 여기서 ac는 G에서 연산한 것이고 bd는 H에서 연산한 것이다. 이 연산에 의해서 $(G\times H, \cdot)$는 군이 된다.

증명 우선 이 연산은 $G\times H$에서 잘 정의됨을 알 수 있다. 각 G, H는 군이므로 $G\times H$에서도 결합법칙이 잘 성립한다. 실제로 구체적으로 계산해보면 임의의

$$(a_1, b_1), (a_2, b_2), (a_3, b_3)\in G\times H$$

에 대해서

$$\begin{aligned}[(a_1, b_1)\cdot(a_2, b_2)]\cdot(a_3, b_3) &= (a_1a_2, b_1b_2)\cdot(a_3, b_3)\\ &= [(a_1a_2)a_3, (b_1b_2)b_3]\\ &= [(a_1(a_2a_3), b_1(b_2b_3))]\\ &= (a_1, b_1)\cdot[(a_2a_3), (b_2b_3)]\\ &= (a_1, b_1)\cdot[(a_2, b_2)\cdot(a_3, b_3)]\end{aligned}$$

이다. G와 H의 항등원을 각각 e, f라고 하면 $(e, f)\in G\times H$가 항등원이 됨은 쉽게 알 수 있다. 마지막으로 (a, b)의 역원은 (a^{-1}, b^{-1})가 된다. 즉

$$(a, b)\cdot(a^{-1}, b^{-1})=(aa^{-1}, bb^{-1})=(e, f)=(a^{-1}, b^{-1})\cdot(a, b)$$

이므로 $(a, b)^{-1}=(a^{-1}, b^{-1})$이다. □

【예제 1】 $\mathbb{Z}_2\times\mathbb{Z}_3=\{(\bar{0}, \bar{0}), (\bar{0}, \bar{1}), (\bar{0}, \bar{2}), (\bar{1}, \bar{0}), (\bar{1}, \bar{1}), (\bar{1}, \bar{2})\}$이다. 이 집합에서

$$(\bar{1}, \bar{0})\cdot(\bar{1}, \bar{2})=(\bar{1}\oplus\bar{1}, \bar{0}\oplus\bar{2})=(\bar{0}, \bar{2})$$

이다.

【예제 2】 $(\mathbb{R}, +)\times(\mathbb{R}, +)=\{(a, b)\,|\,a, b\in\mathbb{R}\}$은 평면상의 점의 집합이고 $(a, b)\cdot(c, d)=(a+c, b+d)$이다. 이 집합은 $\mathbb{R}^2$로 표시하고 2차원 유클리드 공간이라고 부른다.

정의 7.1 G, H가 군일 때 위의 정리 7.1과 같이 $G\times H=\{(a, b)|a\in G, b\in H\}$에 연산은 $(a, b)\cdot(c, d)=(ac, bd)$와 같이 하여 만든 군 $(G\times H, \cdot)$를 G와 H의 **직적**(direct product)이라고 부른다.

주의 두 군의 직적 $G\times H$에서 G와 H의 연산이 다를 경우가 많다. 이럴 때는 각각의 군에서의 연산을 해 주어야 한다. 특별히 연산을 안써도 혼동이 안생기면 직적에서의 연산 $\cdot$는 생략해도 된다. 앞으로는 특별한 경우 이외에는 생략한다.

【예제 3】 $(\mathbb{R}^*, \times)$와 $(\mathbb{Z}, +)$의 직적에서 $(2, 2)\cdot(5, 3)$의 값은 $(2\times 5, 2+3)=(10, 6)$이다. 앞의 연산은 $\mathbb{R}^*$에서, 뒤의 연산은 $\mathbb{Z}$에서 계산해야 한다.

【예제 4】 $\mathbb{Z}_4\times\mathbb{Z}_5$에서

$$(\bar{3}, \bar{3})(\bar{2}, \bar{2})=(\bar{3}\oplus\bar{2}, \bar{3}\oplus\bar{2})=(\bar{5}, \bar{5})=(\bar{1}, \bar{0})$$

이다.

두 개의 군의 직적과 마찬가지로 생각해서 n개의 군 $G_1, G_2, \cdots, G_n$이 있을 때

$$G_1\times G_2\times\cdots\times G_n=(G_1\times G_2\times\cdots\times G_{n-1})\times G_n$$

과 같이 차례대로 생각하면 n개의 군의 직적도 생각할 수 있다. $G=G_1\times G_2\times\cdots\times G_n$의 원소는 $(a_1, a_2, \cdots, a_n)$, $a_i\in G_i$이고 두 원소의 곱은 각 성분끼리 연산하면 된다. 이때 이 직적을 구성하는 G_i를 G의 인자(factor)라고 부른다. 특히 이렇게 만든 직적을 **외직적**(external direct product)이라고 부른다. 내직적은 따로 있다.

두 군 $G\times H$의 위수는 $|G||H|$가 됨은 순서쌍의 성질에서 너무나 당연하다.

【예제 5】 $(\mathbb{Z}_5, \oplus)\times(\mathbb{R}^*, \times)$에서 $(\bar{3}, 2)(\bar{4}, 4)=(\bar{7}, 8)=(\bar{2}, 8)$이다. 원소의 개수는 $5\times\infty=\infty$이다.

그러면 이 정도로 직적의 정의를 마치고 지금부터 직적의 성질을 조사해 보도록 하자. 우선 간단한 예로 $\mathbb{Z}_2 \times \mathbb{Z}_2$와 $\mathbb{Z}_2 \times \mathbb{Z}_3$을 보면 둘 다 같을 것 같이 보이지만 실제로는 그렇지 않다. $\mathbb{Z}_2 \times \mathbb{Z}_2$는 순환군이 아니나 $\mathbb{Z}_2 \times \mathbb{Z}_3$은 순환군이다. 직적의 성질은 각 인자의 성질과 인자의 위수에 따라서 달라진다. 우선 $G = \mathbb{Z}_2 \times \mathbb{Z}_2$를 살펴보면 위수는 4이다. 또 $\mathbb{Z}_2 \times \mathbb{Z}_2$의 원소는 $(\bar{0}, \bar{0})$, $(\bar{0}, \bar{1})$, $(\bar{1}, \bar{0})$, $(\bar{1}, \bar{1})$로 모두 4개이고 각각의 위수는 $|(\bar{0}, \bar{0})| = 1$, $|(\bar{0}, \bar{1})| = |(\bar{1}, \bar{0})| = |(\bar{1}, \bar{1})| = 2$이다. 따라서 $G = \langle a \rangle$가 되는 원소 a가 존재하지 않으므로 순환군이 될 수 없다. 그러나 앞 예제 1의 군 $G = \mathbb{Z}_2 \times \mathbb{Z}_3$에 대해서 생각해보면 우선 $|G| = 6$이다. 각 원소의 위수를 구해보면

$$|(\bar{0}, \bar{0})| = 1, \quad |(\bar{0}, \bar{1})| = |(\bar{0}, \bar{2})| = 3$$
$$|(\bar{1}, \bar{0})| = 2, \quad |(\bar{1}, \bar{1})| = |(\bar{1}, \bar{2})| = 6$$

이다. 따라서 $G = \langle (\bar{1}, \bar{1}) \rangle$가 되어 순환군이다.

그러면 군의 직적이 어떤 경우에 순환군이 되는지 한 번 살펴보자. 유한군이 순환군이 되기 위해서는 $|G| = |a|$인 원소 $a \in G$가 존재하면 된다. 따라서 우선 직적한 군의 원소들의 위수를 구해보자.

정리 7.2 $G = G_1 \times G_2 \times \cdots \times G_n$, 모든 $1 \le i \le n$에 대해서 $a_i \in G_i$가 모두 유한위수면

$$|(a_1, a_2, \cdots, a_n)| = \mathrm{lcm}(|a_1|, |a_2|, \cdots, |a_n|)$$

이다.

증명 $|(a_1, a_2, \cdots, a_n)| = t$, $\mathrm{lcm}(|a_1|, |a_2|, \cdots, |a_n|) = k$라고 하자. 우선

$$(a_1, a_2, \cdots, a_n)^t = (a_1^t, a_2^t, \cdots, a_n^t) = (e_1, e_2, \cdots, e_n)$$

는 G의 항등원이므로 $a_i^t = e_i (1 \le i \le n)$에서 t는 모든 i에 대해서 $|a_i|$의 배수이다. 즉 t는 모든 $|a_1|, \cdots, |a_n|$의 공배수이다. 따라서 $t \ge k$이다. 한편 k는 모든 $|a_i|$의 배수이므로

$$(a_i)^k = e_i \quad (1 \le i \le n)$$

이다. 따라서 $(a_1, a_2, \cdots, a_n)^k = (e_1, e_2, \cdots, e_n)$이 되어 $t \le k$이다. 따라서 $t = k$이다. □

【예제 6】 $\mathbb{Z}_6 \times \mathbb{Z}_{10}$에서 $(\overline{4}, \overline{6})$의 위수를 구해보면 우선 $\mathbb{Z}_6$에서 $\overline{4}$의 위수는 $\mathbb{Z}_6 = \langle \overline{1} \rangle$, $\overline{4} = 4(\overline{1})$이므로 $|\overline{4}| = \dfrac{6}{\gcd(4, 6)} = 3$이다. 마찬가지로 $\mathbb{Z}_{10}$에서 $\overline{6}$의 위수는

$$|\overline{6}| = \frac{10}{\gcd(6, 10)} = 5$$

따라서 $|(\overline{4}, \overline{6})| = \operatorname{lcm}(3, 5) = 15$이다.

【예제 7】 $\mathbb{Z}_{12} \times \mathbb{Z}_{18}$에서 $(\overline{8}, \overline{15})$의 위수는

$$\begin{aligned} |(\overline{8}, \overline{15})| &= \operatorname{lcm}\left(\frac{12}{\gcd(8, 12)}, \frac{18}{\gcd(15, 18)}\right) \\ &= \operatorname{lcm}(3, 6) = 6 \end{aligned}$$

이다. 물론 이 군은 순환군이 아니다.

$\mathbb{Z} \times \mathbb{Z}_n$에서 $(0, \overline{1})$의 위수는 n이다. 그러나 $(1, \overline{0})$의 위수는 무한이다. 이와 같이 한 군에서 위수가 무한인 것도 있고, 유한인 것도 있다.

정리 7.3 $G = G_1 \times G_2 \times \cdots \times G_n$가 순환군이면 모든 $1 \le i \le n$에 대해서 각 인자 G_i는 모두 순환군이다.

증명 $G = \langle (a_1, a_2, \cdots, a_n) \rangle$으로 둘 수 있다. 여기서 $G_i = \langle a_i \rangle$가 됨을 보이자$(i = 1, 2, \cdots, n)$. $a_i \in G_i$이므로 $\langle a_i \rangle \subset G_i$는 당연하다. 다시 임의의 $g_i \in G_i$에 대해서 $(e_1, e_2, \cdots g_i, \cdots, e_n) \in G$이므로

$$(a_1, a_2, \cdots, a_n)^t = (e_1, e_2, \cdots g_i, \cdots, e_n)$$

가 되는 정수 t가 존재할 것이다. 따라서 $a_i^t = g_i$가 되어 $G_i \subset \langle a_i \rangle$이다. 따라서

$G_i=\langle a_i\rangle$이므로 G_i는 순환군이다. □

위의 정리의 대우를 취하면 군의 직적 $G=G_1\times G_2\times\cdots\times G_n$에서 어느 한 인자라도 순환군이 아니면 G는 순환군이 못된다. 또 $G_1\times G_2\times\cdots\times G_n$이 $a=(a_1, a_2, \cdots, a_n)$에 의해서 생성되는 순환군이면 a의 각 성분 a_i는 각 인자 G_i의 생성원이 됨을 알 수 있다.

위의 정리의 역은 성립되지 않음을 우리는 앞에서 살펴보았다. 그러면 어떤 경우에 역이 성립하는지 알아보자. 두 정수 a, b가 $\gcd(a, b)=1$일 필요충분조건은 $\mathrm{lcm}(a, b)=ab$임을 명심하자.

정리 7.4 모든 $G_i(1\le i\le n)$는 유한순환군이고 $G=G_1\times G_2\times\cdots\times G_n$이다. 임의의 $i\neq j$에 대해서 $|G_i|$와 $|G_j|$가 서로소이면 G는 순환군이다.

증명 $G_i=\langle a_i\rangle$라고 하면

$$G=G_1\times G_2\times\cdots\times G_n=\langle(a_1, a_2, \cdots, a_n)\rangle$$

임을 보이자. 가정에 의해서

$$\mathrm{lcm}(|G_1|, |G_2|, \cdots, |G_n|)=|G_1||G_2|\cdots|G_n|=|G|$$

가 된다. 각 G_i는 순환군이므로 $G_i=\langle a_i\rangle$라고 하면 $|G_i|=|a_i|$이다. 따라서 $\mathrm{lcm}(|a_1|, |a_2|, \cdots, |a_n|)=|G|$이고 앞 정리 7.2에서

$$|(a_1, a_2, \cdots, a_n)|=\mathrm{lcm}(|a_1|, |a_2|, \cdots, |a_n|)$$

이므로 $|G|=|(a_1, a_2, \cdots, a_n)|$이다. 유한집합 A, B에서 $A\subset B$, $|A|=|B|$이면 $A=B$이므로 결국 $G=\langle(a_1, a_2, \cdots, a_n)\rangle$이 되어 G는 순환군이 됨을 알 수 있다. □

사실 위의 정리 7.4의 역도 성립한다. 앞 정리 7.3에서 $G=G_1\times G_2\times\cdots\times G_n$이 순환군이면 각 G_i도 순환군이 됨을 보였다. $|G|=|G_1||G_2|\cdots|G_n|$이고 또 만일 $G=\langle(a_1, a_2, \cdots, a_n)\rangle$이면 정리 7.3에서 $G_i=\langle a_i\rangle$이고

$$\begin{aligned}|G| &= |(a_1, a_2, \cdots, a_n)| \\ &= \mathrm{lcm}(|a_1|, |a_2|, \cdots, |a_n|) \\ &= \mathrm{lcm}(|G_1|, |G_2|, \cdots, |G_n|)\end{aligned}$$

이므로 결국 $i \neq j$면 $|G_i|$, $|G_j|$는 서로소가 됨을 알 수 있다. 따라서 정리 7.4의 역도 성립하고 또 다음과 같은 따름정리를 얻을 수 있다.

따름정리 7.5 $G = G_1 \times G_2 \times \cdots \times G_n$이 순환군이면 각 G_i도 순환군이고 a_i를 G_i의 생성원이라고 하면 $(a_1, a_2, \cdots, a_n)$이 G의 생성원이 된다.

따름정리 7.6 $\mathbb{Z}_{m_1} \times \mathbb{Z}_{m_2} \times \cdots \times \mathbb{Z}_{m_t}$가 순환군이 될 필요충분조건은 임의의 $i \neq j$에 대해서 m_i, m_j가 서로소이다.

【 예제 8 】 (1) $G = \mathbb{Z}_{12} \times \mathbb{Z}_8$은 순환군이 아니다.
(2) $G = \mathbb{Z}_9 \times \mathbb{Z}_{17} \times \mathbb{Z}_{10}$은 순환군이다.
(3) $G = \mathbb{Z}_9 \times \mathbb{Z}_{16} \times \mathbb{Z}_{21}$은 순환군이 아니다.

또 모든 $\mathbb{Z}_n$은 생성원이 $\bar{1}$이므로 $\mathbb{Z}_n \times \mathbb{Z}_m$이 순환군이면 $(\bar{1}, \bar{1})$가 생성원이 됨은 당연하다.

【 예제 9 】 $G = \mathbb{Z}_{12} \times \mathbb{Z}_8$에서 $(\bar{1}, \bar{1})$의 위수는 각각 12와 8이다. 따라서 앞 정리 7.2에 의해서 $(\bar{1}, \bar{1}) = \mathrm{lcm}(12, 8) = 24$이다. 또 $(\bar{9}, \bar{4})$의 위수를 구해보면

$$|\bar{9}| = \frac{12}{\gcd(9, 12)} = 4$$

$$|\bar{4}| = \frac{8}{\gcd(4, 8)} = 2$$

이므로 결국 $|(\bar{9}, \bar{4})| = \mathrm{lcm}(4, 2) = 4$이다.

문제 1 $G=\mathbb{Z}_9\times\mathbb{Z}_{16}\times\mathbb{Z}_{21}$에서 $(\bar{6},\ \bar{6},\ \bar{6})$의 위수를 구하라.

풀이 우선 같은 $\bar{6}$이지만 차례로 각 위수를 구하면

$$\mathbb{Z}_9\text{에서 } |\bar{6}|=\frac{9}{\gcd(6,\ 9)}=3$$

$$\mathbb{Z}_{16}\text{에서 } |\bar{6}|=\frac{16}{\gcd(6,\ 16)}=8$$

$$\mathbb{Z}_{21}\text{에서 } |\bar{6}|=\frac{21}{\gcd(6,\ 21)}=7$$

따라서 $|(\bar{6},\ \bar{6},\ \bar{6})|=\mathrm{lcm}(3,\ 8,\ 7)=168$이다. ■

일반적으로 두 군 G, H에서 A가 G의 부분군이고, B가 H의 부분군이면 $A\times B$는 $G\times H$의 부분군이 됨을 쉽게 증명할 수 있다. 그러면 두 군의 직적 $G\times H$의 모든 부분군은 항상 G의 부분군과 H의 부분군의 직적으로 표시될까? 이것은 그렇지 않다. 아래 예를 살펴보자.

【예제 10】 $G=(\mathbb{Z},+)\times(\mathbb{Z},+)$에서 $H=\{(n,\ n)|n\in\mathbb{Z}\}$라고 하면 H는 G의 부분군이 됨을 알 수 있다. 그러나 H는 두 집합의 직적으로 표시할 수 없다. 실제로 H는 평면상의 대각선 $y=x$ 위의 정수점들이다.

문제 2 $\mathbb{Z}_3\times\mathbb{Z}_4$의 모든 부분군을 구하라.

풀이 $\mathbb{Z}_3\times\mathbb{Z}_4$는 위수가 12인 순환군이다. 따라서 부분군은 12의 약수만큼 있다. 12의 약수를 구해보면 1, 2, 3, 4, 6, 12이다. 또 $\mathbb{Z}_3$, $\mathbb{Z}_4$의 부분군은 각각 2개, 3개이므로 결국 각 부분군의 직적은 6개이므로 위수가 i인 부분군을 H_i라고 하면

$$H_1=\{(\bar{0},\ \bar{0})\}$$
$$H_2=\{\bar{0}\}\times\{\bar{0},\ \bar{2}\}=\{(\bar{0},\ \bar{0}),\ (\bar{0},\ \bar{2})\}$$
$$H_3=\mathbb{Z}_3\times\{\bar{0}\}$$
$$H_4=\{\bar{0}\}\times\mathbb{Z}_4$$
$$H_6=\mathbb{Z}_3\times\{\bar{0},\ \bar{2}\}$$
$$H_{12}=\mathbb{Z}_3\times\mathbb{Z}_4$$

이다. ■

그러나 $\mathbb{Z}_2 \times \mathbb{Z}_4$의 부분군은 위와 같이 구하면 안된다. $\mathbb{Z}_2$의 부분군은 2개, $\mathbb{Z}_4$의 부분군은 3개로써 최소한 6개의 부분군을 가진다. 또 이외에도

$$\{(\bar{0}, \bar{0}), (\bar{1}, \bar{1}), (\bar{0}, \bar{2}), (\bar{1}, \bar{3})\} = \langle(\bar{1}, \bar{1})\rangle$$
$$\{(\bar{0}, \bar{0}), (\bar{1}, \bar{2})\} = \langle(\bar{1}, \bar{2})\rangle$$

등의 부분군이 있다.

사실 두 순환군 G, H의 직적 $G \times H$의 모든 부분군이 G의 부분군 A와 H의 부분군 B의 직적 $A \times B$로 표시되면 $G \times H$는 순환군이다. 물론 역도 성립한다. 즉 $G \times H$가 순환군이면 $G \times H$의 모든 부분군은 G의 부분군 A와 H의 부분군 B의 직적 $A \times B$로 표시된다.

지금까지 직적의 여러 가지 성질을 조사했는데 사실 직적은 그렇게 중요하지 않다. 단지 뒤에 나오는 유한아벨군을 분류할 때 쓰이고 여러 가지 예를 들때 많이 이용된다. 그러나 정수론에서는 다양하게 이용된다.

직적의 보다 자세한 내용은 유한아벨군에서 다시 배운다.

연습문제(7)

1. 다음에서 x의 위수를 구하여라.

(1) $x=(\bar{4},\ \bar{9})\in\mathbb{Z}_{18}\times\mathbb{Z}_{18}$

(2) $x=(\bar{8},\ \bar{6},\ \bar{4})\in\mathbb{Z}_{18}\times\mathbb{Z}_{9}\times\mathbb{Z}_{8}$

(3) $x=(\bar{8},\ \bar{6},\ \bar{4})\in\mathbb{Z}_{9}\times\mathbb{Z}_{17}\times\mathbb{Z}_{10}$

2. 다음 중 순환군을 구하여라.

(1) $\mathbb{Z}_{12}\times\mathbb{Z}_{9}$

(2) $\mathbb{Z}_{4}\times\mathbb{Z}_{25}\times\mathbb{Z}_{6}$

(3) $\mathbb{Z}_{10}\times\mathbb{Z}_{85}$

(4) $\mathbb{Z}_{22}\times\mathbb{Z}_{21}\times\mathbb{Z}_{65}$

3. $\mathbb{Z}\times\mathbb{Z}$는 순환군인가?

4. 위수가 각각 16, 24인 비아벨군(non abelian group)을 구하여라.

5. 항등원이 아닌 모든 원소의 위수가 3이고 위수가 81인 군을 만들어라.

6. (1) $\mathbb{Z}_{2}\times\mathbb{Z}_{4}$의 모든 부분군을 구하여라.

(2) $\mathbb{Z}_{2}\times\mathbb{Z}_{2}\times\mathbb{Z}_{2}$의 모든 부분군을 구하여라.

7. G, H는 유한군이다. 만일 $G\times H$가 순환군이면

(1) G와 H는 각각 순환군임을 보여라.

(2) $G\times H$의 모든 부분군은 G의 부분군 A와 H의 부분군 B의 직적 $A\times B$로 표시됨을 보여라.

8. A는 G의 부분군, B는 H의 부분군이면 $A\times B$는 $G\times H$의 부분군임을 보여라.

9. $Z(G_1\times\cdots\times G_n)=Z(G_1)\times\cdots\times Z(G_n)$임을 보여라.

10. (중국인의 나머지 정리)

$m_1, \cdots, m_n$은 양의 정수로서 $i \neq j$면 $\gcd(m_i, m_j) = 1$이다. 임의의 정수 $k_1, \cdots, k_n$에 대해서 $m_i | x - k_i$ $(1 \leq i \leq n)$이 되는 정수 x가 존재함을 증명하여라.

11. $\mathbb{Z}_2 \times \mathbb{Z}_4$에서 위수가 4인 원소를 모두 구하여라.

12. $\mathbb{Z}_6 \times \mathbb{Z}_8$에서 원소의 위수가 가장 큰 것은 얼마인가?

13. $\mathbb{Z}_{12} \times \mathbb{Z}_{15}$의 순환부분군 중 위수가 최대인 것을 구하여라.

14. $\mathbb{Z}_2 \times \mathbb{Z}_2$의 모든 부분군을 구하여라.

15. $\overline{18}$에 의해서 생성되는 $\mathbb{Z}_{24}$의 부분군을 구하라.

16. $\mathbb{Z}_2 \times \mathbb{Z} \times \mathbb{Z}_4$의 원소 중 유한 위수인 것은 몇 개인가?

17. 5로 나누면 3이 남고 8로 나누면 나머지가 7인 수를 구하여라.

18. 정수 x는 다음과 같은 성질이 있다. $2x$를 8로 나누면 나머지가 4, $3x$를 5로 나누면 나머지는 1이다. 이러한 정수 x는 존재하는가?

8 치환

(Permutations)

앞에서 공부한 순환군을 포함한 대부분의 군은 아벨군이었다. 이번에는 아벨이 아닌 군을 공부해 보자. 지금까지 나온 아벨이 아닌 군은 행렬의 곱을 연산으로 하는 군과 함수의 합성을 연산으로 하는 군이었다.

보통 대부분의 군은 아벨군이다. 아벨군이 아닌 군 중 $\mathbb{R}$ 상에서의 n 차 일반선형군은 원소가 무한개이다. 그러나 유한집합에서 유한집합으로의 전단사함수들의 집합은 함수합성에 대하여 유한 비아벨군이 되므로 지금부터 이 군에 대해서 중점적으로 공부하도록 한다. 이 군은 예로 자주 나타나므로 그 성질을 잘 알아야 한다.

우리는 앞으로 전단사함수를 치환이라고 부른다. 특히 유한집합의 치환은 수학의 전 분야에서 광범위하게 사용되고 있다. 기하, 통계, 대수뿐만 아니라 이를 응용한 과학과 공학분야에서도 널리 쓰인다.

함수는 사실 수학의 가장 기본적인 도구이고 또 가장 많이 사용하므로 집합론에서 함수의 여러 성질을 자세히 배운다. 여기서는 집합에서 배우지 않은 유한집합에서의 치환의 여러 성질들을 조사하고자 한다. 사실 군이라는 구조도 치환에서부터 시작했다고 해도 과언이 아니다. 치환의 여러 성질들을 일반화시킨 것이 군이다. 항등함수를 항등원, 역함수를 역원, 함수의 합성을 연산으로 바꾼 것이 군이다. 보통 군이라는 구조에서는 구체적인 모양이 떠오르지 않는다. 말 그대로 추상적이다. 그래서 대수를 흔히 추상대수(abstract algebra)라고 부른다.

그러나 치환은 그 성질들도 잘 알려져 있고 많이 연구되어 있으므로 치환을 공부함으로써 군을 보다 쉽게 잘 이해할 수 있다. 본 절에서는 치환의 여러 성질과 그 원소들의 구조를 알아보고 치환을 이용한 다양한 군을 공부하도록 한다. 다 잘 알고 있겠지만 간단히 함수의 중요한 성질을 적어보면 f, g, h를 A에서 A로의 임의의 전단사함수라고 하면

(1) 두 함수의 합성 $[f \circ g](x) = f(g(x))$도 A에서 A로의 함수이다.

(2) $f \circ (g \circ h) = (f \circ g) \circ h$이다.

(3) A에서 A로의 항등함수 1_A는

$$1_A \circ f = f \circ 1_A = f$$

를 만족한다.

(4) f의 역함수 f^{-1}는

$$f \circ f^{-1} = f^{-1} \circ f = 1_A$$

를 만족시킨다.

따라서 우리는 다음과 같은 정리를 얻을 수 있다.

정리 8.1 A는 $\varnothing$가 아닌 집합이다.

$$S_A = \{f : A \to A \mid f\text{는 전단사함수}\}$$

라고 하면 S_A는 함수의 합성 $\circ$에 의해서 군이 된다.

정의 8.1 $A \neq \varnothing$, $S_A = \{f : A \to A \mid f$는 전단사함수$\}$일 때 군 $(S_A, \circ)$를 A에서의 **대칭군**(symmetric group)이라고 한다. 또 S_A의 원소, 즉 집합 A에서 A로의 전단사함수를 A의 **치환**(permutation)이라고 부른다. 또 S_A의 부분군을 **치환군**이라고 부른다. 즉 치환군은 원소가 치환들인 군을 말한다.

【예제 1】

$$A=\{1,\ 2,\ 3,\ 4,\ 5\}$$

$$f: A \to A,\ f(1)=3,\ f(2)=2,\ f(3)=1,\ f(4)=5,\ f(5)=4$$

라고 하면 f는 A의 치환이다.

우리는 고등학교 때 순열이라는 것을 배웠다. 순열은 어떤 집합의 원소를 재배열(rearrangement)하는 것을 말하는데 위의 예제 8.1의 치환 f는 (1, 2, 3, 4, 5)를 (3, 2, 1, 5, 4)와 같이 재배열하는 것으로 생각할 수 있다. 즉 치환 f는 x의 값을 $f(x)$로 자리바꿈하는 것으로 생각한 것과 동일하다. 순열도 영어로 permutation이다.

> **정의 8.2** n이 양의 정수일 때 집합 $A=\{1,\ 2,\ \cdots,\ n\}$에서의 대칭군을 특히 n-차의 대칭군(symmetric group of degree n)이라고 부르고 S_n으로 표시한다.

【예제 2】

$$A=\{1,\ 2,\ 3,\ 4,\ 5,\ 6\}$$

$$f: A \to A,\ f(1)=4,\ f(2)=6,\ f(3)=2,\ f(4)=3,\ f(5)=5,\ f(6)=1$$

은 6차의 대칭군 S_6의 원소이다.

f가 S_n의 원소일 때 f를 다음과 같이 정의역을 순서대로 차례로 적고 그 바로 밑에 함수값을 적어서 표시한다.

$$f=\begin{pmatrix} 1 & 2 & 3 & \cdots & n \\ f(1) & f(2) & f(3) & \cdots & f(n) \end{pmatrix}$$

위의 예제 1의 f는 $\begin{pmatrix} 1 & 2 & 3 & 4 & 5 \\ 3 & 2 & 1 & 5 & 4 \end{pmatrix}$가 되고 예제 2의 f는 $\begin{pmatrix} 1 & 2 & 3 & 4 & 5 & 6 \\ 4 & 6 & 2 & 3 & 5 & 1 \end{pmatrix}$과 같이 표시한다.

【예제 3】 $e=\begin{pmatrix} 1 & 2 & 3 & \cdots & n \\ 1 & 2 & 3 & \cdots & n \end{pmatrix}$은 S_n의 항등원이다.

$f=\begin{pmatrix} 1 & 2 & 3 & 4 & 5 \\ 4 & 5 & 2 & 3 & 1 \end{pmatrix}$, $g=\begin{pmatrix} 1 & 2 & 3 & 4 & 5 \\ 4 & 1 & 5 & 3 & 2 \end{pmatrix} \in S_5$일 때 f와 g의 합성 $f \circ g$는

$$f \circ g = \begin{pmatrix} 1 & 2 & 3 & 4 & 5 \\ & & & \downarrow & \\ 4 & 5 & 2 & 3 & 1 \end{pmatrix} \circ \begin{pmatrix} 1 & 2 & 3 & 4 & 5 \\ \downarrow & & & & \\ 4 & 1 & 5 & 3 & 2 \end{pmatrix} = \begin{pmatrix} 1 & 2 & 3 & 4 & 5 \\ 3 & 4 & 1 & 2 & 5 \end{pmatrix}$$

이다.

대칭군은 기하학적 도형을 대칭시킬 때 자주 나타나기 때문에 이름을 대칭군이라고 하였다. 대칭군은 예술, 건축, 과학, 특히 전자구조나 입자물리학, DNA의 나선구조 등은 모두 대칭성 없이는 생각할 수 없다. 소립자의 존재성도 이론적으로 대칭군을 이용하여 증명된 후 나중에 실험적으로 실제로 발견할 수 있었다.

양자역학이나 세포분열, 꿀벌의 운동, 음악 등 자연 속에는 많은 대칭성과 그들의 대칭군의 성질들이 숨어 있다.

우리는 정수의 성질을 조사할 때 소인수분해하면 보다 쉽게 그 성질을 알 수 있고 또 여러 복잡한 정수들을 단순한 성분으로 분해하여 비교할 수 있다. 치환에서도 이와 같은 방법을 사용하는데 순환이라고 부르는 가장 기초적인 치환을 이용하여 모든 치환을 간단하게 재구성할 수 있다. 물론 여기서 말하는 순환은 순환군과는 아무 연관이 없다. 먼저 예를 들어보자. f를 $\begin{pmatrix} 1 & 2 & 3 & 4 & 5 & 6 & 7 & 8 & 9 \\ 3 & 1 & 6 & 9 & 8 & 2 & 4 & 5 & 7 \end{pmatrix}$이라는 치환이라고 하면 이 치환은 다음과 같이 3개의 성분으로 구성된 루프의 합성으로 생각할 수 있다.

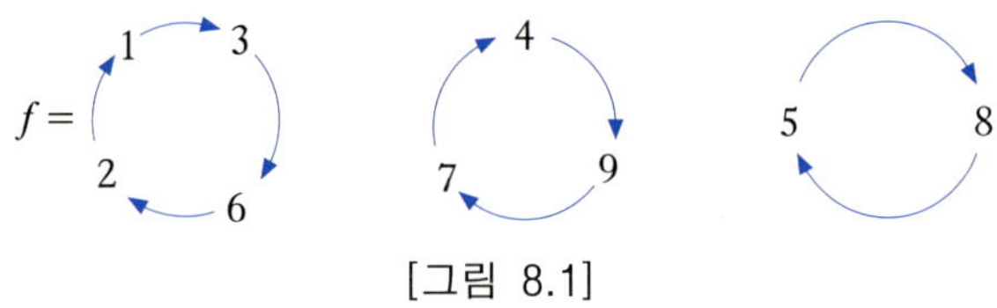

[그림 8.1]

f를 구성하는 이 루프들을 순환이라고 부른다. 모든 치환은 이와 같이 서로 분리된 순환들로 분해할 수 있다. 그러면 순환을 먼저 확실하게 정의하자.

정의 8.3 $a_1, a_2, \cdots, a_k$는 집합 $\{1, 2, \cdots, n\}$의 서로 다른 원소들이다. 이때 f는 S_n의 치환인데

$$f(a_1)=a_2, f(a_2)=a_3, \cdots, f(a_{k-1})=a_k, f(a_k)=a_1$$

이고 $\{1, 2, \cdots, n\}$의 나머지 원소는 자기 자신으로 보내는 치환이라고 할 때 이 치환 f를 길이가 k인 순환(cycle of length k) 또는 k-순환(k-cycle)이라고 부르고

$$f=(a_1\ a_2\ \cdots\ a_k)$$

로 표시한다.

【예제 4】 $f\in S_4$, $f=(1\ 4\ 3)$이라고 하면 f는

$$f(1)=4,\ f(4)=3,\ f(3)=1,\ f(2)=2$$

인 길이가 3인 순환이다. f를 치환으로 $\begin{pmatrix}1 & 2 & 3 & 4\\ 4 & 2 & 1 & 3\end{pmatrix}$으로 표시할 수도 있다. 또

$$f=(1\ 4\ 3)=(4\ 3\ 1)=(3\ 1\ 4)$$

이다. 왜냐하면 이것은 모두 1은 4로, 4는 3으로, 3은 1로, 2는 2로 보내는 같은 함수이다.

S_n의 길이 1인 순환 (3)을 생각하면 이것은 정의에서 3은 3으로, 나머지는 자신으로 가는 함수이다. 다시 말하면 (3)은 S_n의 항등함수가 된다. 마찬가지로 (1), (2), $\cdots$, (n)도 모두 항등함수이다. 따라서 임의의 $k\in\{1, 2, \cdots, n\}$에 대해서 1-순환 (k)는 항등함수이다.

위의 순환의 정의를 보다 자세하게 나타내면 S_n의 순환 $(a_1\ a_2\ \cdots\ a_k)$는 $\{1, 2, \cdots, n\}$에서 $\{1, 2, \cdots, n\}$으로의 함수로서

$$(a_1\ a_2\ \cdots\ a_k)(x)=\begin{cases} a_{i+1} & x=a_i\text{일 경우 } (1\le i<k\le n) \\ a_i & x=a_k\text{일 경우} \\ x & \text{기타일 경우} \end{cases}$$

로 표시할 수 있다. 순환의 표시는 카르테시안 곱의 원소와 모양이 같은데 혼동하지 않도록 주의하여야 한다. 순환 $(1\ 2\ 3)$은 $\mathbb{Z}\times\mathbb{Z}\times\mathbb{Z}$의 원소가 아니다.

길이가 k인 순환의 위수는 k가 됨은 정의에서 자명하다. 또 순환 $(a_1\ a_2\ \cdots\ a_k)$의 역원

$$(a_1\ a_2\ \cdots\ a_k)^{-1}=(a_k\ a_{k-1}\ \cdots\ a_2\ a_1)$$

이 됨도 쉽게 알 수 있다.

【예제 5】 (1) S_6에서 순환 $(1\ 4\ 2\ 6)$은 $\begin{pmatrix}1 & 2 & 3 & 4 & 5 & 6\\ 4 & 6 & 3 & 2 & 5 & 1\end{pmatrix}$이다.

(2) S_5에서 순환 $(2\ 5\ 4)$는 $\begin{pmatrix}1 & 2 & 3 & 4 & 5\\ 1 & 5 & 3 & 2 & 4\end{pmatrix}$이다.

$(1\ 4\ 2\ 6)$의 위수는 4, $(2\ 5\ 4)$의 위수는 3이다.

【예제 6】 S_5에서 $(2\ 4\ 5)\circ(1\ 2\ 4)$는

$$\begin{pmatrix}1 & 2 & 3 & 4 & 5\\ 1 & 4 & 3 & 5 & 2\end{pmatrix}\circ\begin{pmatrix}1 & 2 & 3 & 4 & 5\\ 2 & 4 & 3 & 1 & 5\end{pmatrix}=\begin{pmatrix}1 & 2 & 3 & 4 & 5\\ 4 & 5 & 3 & 1 & 2\end{pmatrix}\text{이다.}$$

순환을 나타낼 때는 원래의 대칭군을 말하지 않으면 애매한 경우가 있다. 예를 들어 $(1\ 5\ 4)$는 S_6의 순환인지 S_9의 순환인지 말 안하면 알 수 없다. 따라서 순환을 말할 때는 어디에서의 순환인지 명확히 하여야 한다. 또 순환도 함수이므로 위의 예제 6과 같이 두 순환을 합성할 수 있다. 앞으로 순환의 합성은 함수의 합성기호 $\circ$는 생략하고 그냥 곱으로 표시한다.

순환의 곱은 함수의 합성을 생략한 것이므로 항상 오른편부터 먼저 실행한다.

【예제 7】 S_8에서 $(2\ 4\ 3)(1\ 2\ 4\ 3)=(1\ 4\ 2\ 3)$이다.

【예제 8】 S_7에서 다음을 구해보자.

$$(1\ 4\ 5\ 6)(2\ 1\ 5)=\begin{pmatrix}1&2&3&4&5&6&7\\6&4&3&5&2&1&7\end{pmatrix}$$

$$(2\ 1\ 5)(1\ 4\ 5\ 6)=\begin{pmatrix}1&2&3&4&5&6&7\\4&1&3&2&6&5&7\end{pmatrix}$$

$$(1\ 5\ 4\ 2)(3\ 7)=\begin{pmatrix}1&2&3&4&5&6&7\\5&1&7&2&4&6&3\end{pmatrix}$$

$$(3\ 7)(1\ 5\ 4\ 2)=\begin{pmatrix}1&2&3&4&5&6&7\\5&1&7&2&4&6&3\end{pmatrix}$$

위의 예제 8에서 두 순환 (1 5 4 2)와 (3 7)은 순서를 바꾸어도 같은 치환이 되었다. 그 이유를 자세히 살펴보면 두 순환에 공통부분이 없기 때문에 어느 원소도 합성해 봐야 한 번만 움직이고 끝이다. 따라서 순서를 바꾸어도 어느 한쪽 순환에서만 나타나므로 기껏해야 한 번만 움직인다. 이와 같이 두 순환에 공통부분이 없으면 합성을 쉽게 계산할 수 있다.

정의 8.4 S_n의 두 순환 $(a_1 \cdots a_k)$와 $(b_1 \cdots b_t)$가 서로 공통되는 원소가 없을 때, 즉

$$\{a_1, \cdots, a_k\} \cap \{b_1, \cdots, b_t\} = \varnothing$$

일 때 두 순환은 **서로소**(disjoint)라고 부른다.

【예제 9】 S_8에서 (2 4 5), (1 2 4)는 서로소가 아니다. 그러나 (1 2 3), (4 7 5 8)은 서로소이다.

위의 예제 8에서도 나왔지만 순환의 곱에서는 일반적으로 순서를 바꿀 수 없다. 즉 교환법칙이 성립하지 않는다. 그러나 서로소인 순환은

합성에 대해서 교환법칙이 성립한다.

정리 8.2 f, g가 S_n에서 서로소인 순환이면 $fg=gf$이다.

증명 $f=(a_1\ a_2 \cdots\ a_k)$, $g=(b_1\ b_2 \cdots\ b_t)$라고 하자. 임의의 $x \in \{1, 2, \cdots, n\}$에 대해서 $x \in \{a_1, \cdots, a_k\}$ 또는 $x \in \{b_1, \cdots, b_t\}$ 또는 $x \notin \{a_1, \cdots, a_k, b_1, \cdots, b_t\}$이다. 만일 $x \in \{a_1, \cdots, a_k\}$이면

$$g(x)=x,\ f(x) \in \{a_1,\ \cdots,\ a_k\}$$

이므로

$$[fg](x)=f(g(x))=f(x),\ [gf](x)=g(f(x))=f(x)$$

이다. 만일 $x \in \{b_1, \cdots, b_t\}$이면

$$f(x)=x,\ g(x) \in \{b_1, \cdots, b_t\}$$

이므로 역시 $[fg](x)=[gf](x)$. 또 마지막으로

$$x \notin \{a_1, \cdots, a_k, b_1, \cdots, b_t\}$$

이면 $f(x)=g(x)=x$이므로 역시 $[fg](x)=[gf](x)$이다. 따라서 f와 g는 가환이다. □

S_n의 순환들의 집합 $\{f_1, f_2, \cdots, f_k\}$의 어느 두 순환도 서로소일 때 이 집합을 **서로소인 순환집합**(set of disjoint cycles)이라고 말한다.

정수 중에는 소수도 있고 합성수도 있다. 그러나 모든 수는 소수의 곱으로 표시할 수 있다. 치환도 이와 마찬가지다. 치환 중에는 순환도 있고 순환이 아닌 것도 있다. 그러나 처음에 말한 것과 같이 모든 치환은 서로소인 순환들의 곱으로 표시할 수 있다.

정리 8.3 모든 치환은 서로소인 순환들의 곱으로 표시할 수 있다.

증명 만일 치환 $f \in S_n$가 항등함수이면 $f=(1)$로 쓸 수 있으므로 할 것도 없다. $f(a_1) \neq a_1$인 $a_1 \in \{1, 2, \cdots, n\}$을 잡자. $f(a_1)=a_2$, $f(a_2)=a_3$, $\cdots$ 이와 같이 하여 집합 $\{a_1, a_2, a_3, \cdots\}$를 만들어나가면 이 집합은 유한집합, $\{1, 2, \cdots, n\}$의 부분집합이므로 $a_k=a_i(i<k)$인 원소 a_i, a_k가 존재할 것이다. 즉 $f(a_{k-1})=a_i$이다.

$$a_1 \xrightarrow{f} a_2 \xrightarrow{f} \cdots \longrightarrow a_{i-1} \xrightarrow{f} a_i \longrightarrow \cdots a_{k-1}$$

$a_i=a_1$이 됨을 보이자. 만일 $a_i \neq a_1$이면 $i>1$이므로

$$f(a_{i-1})=a_i=f(a_{k-1})$$

가 되어 f가 단사라는 사실에 모순이다. 따라서 $f(a_{k-1})=a_1$되므로 한 개의 길이가 $k-1$인 순환 $f_1=(a_1\ a_2\ \cdots\ a_{k-1})$을 얻었다. 편의상 집합 $\{a_1, a_2, \cdots, a_{k-1}\}=A_1$이라고 하면 순환 f_1은

$$x \in A_1 \text{이면 } f_1(x)=f(x) \in A_1 \text{이고}$$
$$x \notin A_1 \text{이면 } f_1(x)=x \text{이다.}$$

이다. $A_1=\{1, 2, \cdots, n\}$이면 $f=f_1$이므로 증명이 끝난다. 만일 $A_1 \neq \{1, 2, \cdots, n\}$이면 $b_1 \notin A_1$인 원소가 있을 것이다. 위의 방법으로 $f_2=(b_1\ b_2\ \cdots\ b_{t-1})$인 순환을 얻게 된다. 다시 $A_2=\{b_1, b_2, \cdots, b_{t-1}\}$라고 하자. $A_1 \cup A_2 \neq \{1, 2, \cdots, n\}$이면 다시 $c_1 \notin A_1 \cup A_2$를 잡고 $f_3=(c_1\ c_2\ \cdots\ c_{s-1})$인 순환을 얻게 된다. 이와 같은 방법을 계속해서 순환 $f_1, f_2, \cdots, f_m$을 얻게 되고 $\bigcup_{i=1}^{m} A_i=\{1, 2, \cdots, n\}$이 된다. 다음으로 $f=f_1 f_2 \cdots f_m$이고 $B=\{f_1, f_2, \cdots, f_m\}$은 서로소인 순환집합임을 보이자. B의 임의의 두 순환 $f_i, f_j (i<j)$에 대해서

$$f_i=(x_1\ x_2\ \cdots\ x_{l-1}), \quad A_i=\{x_1, x_2, \cdots, x_{l-1}\}$$
$$f_j=(y_1\ y_2\ \cdots\ y_{r-1}), \quad A_j=\{y_1, y_2, \cdots, y_{r-1}\}$$

라고 하면 $y_1 \notin A_i$이다. 만일 $A_i \cap A_j \neq \varnothing$이면 어떤 $x \in A_i \cap A_j$이 존재할 것이다. $x \in A_j$이므로 x에 적당한 f의 값을 취해주면 $[f \cdots](x)=y_1$이 될 것이다. 그런데 한편 $x \in A_i$이므로 순환의 성질에 의해서

$$y_1=[f \cdots](x) \in A_i$$

가 되어 모순이다. 따라서 B는 서로소인 순환집합이다. 임의의 $x \in \{1, 2, \cdots, n\}$에 대해서 $\bigcup_{i=1}^{m} A_i=\{1, 2, \cdots, n\}$이므로 $x \in A_h$, $1 \le h \le m$이 될 것이다. 물론 B는

서로소이므로 A_h 이외에는 x가 나타나지 않는다. 따라서

$$(f_1 \cdots f_m)(x) = f_h(x) = f(x)$$

이므로 $f = f_1 f_2 \cdots f_m$이다. □

【예제 10】 $f = \begin{pmatrix} 1 & 2 & 3 & 4 & 5 & 6 \\ 3 & 4 & 5 & 2 & 1 & 6 \end{pmatrix} \in S_6$이라고 하면 1부터 시작하면

$$1 \to 3 \to 5 \to 1$$

따라서 $f_1 = (1\ 3\ 5)$인 순환을 얻는다. 다시 $\{1, 3, 5\}$ 이외의 원소 2에 대해서 생각하면

$$2 \to 4 \to 2$$

이므로 $f_2 = (2\ 4)$이고

$$\{1, 3, 5\} \cup \{2, 4\} = \{1, 2, 3, 4, 5\}$$

이므로 6부터 시작하면

$$6 \to 6$$

이므로 $f_3 = (6)$인데 사실 f_3는 항등함수이므로 $f = f_1 f_2 f_3 = f_1 f_2$가 된다.

【예제 11】 $f = \begin{pmatrix} 1 & 2 & 3 & 4 & 5 & 6 & 7 & 8 & 9 \\ 5 & 4 & 1 & 2 & 7 & 8 & 3 & 9 & 6 \end{pmatrix} \in S_9$에서 $f_1 = (1\ 5\ 7\ 3)$을 얻고

$$2 \notin \{1, 5, 7, 3\}$$

이므로 $f_2 = (2\ 4)$이다. 다시

$$6 \notin \{1, 5, 7, 3\} \cup \{2, 4\}$$

이므로 $f_3 = (6\ 8\ 9)$이고 모든 수가 다 나왔으므로 이 치환은 $f_1 f_2 f_3$로 쓸 수 있다. 물론 이 f_1, f_2, f_3는 서로소인 순환이므로 순서를 바꾸어 $f_2 f_1 f_3$, $f_3 f_2 f_1$ 등으로 적어도 된다.

임의의 $f \in S_n$에 대해서 f의 위수를 구해보자. 우선 $f^m = e$인 정수 m이 존재할까 하는 것이다. 만일 이런 정수가 존재하지 않으면 f는 무한위수가 된다. 그러나 모든 $f \in S_n$의 위수는 항상 유한이다. 그 이유를 알아보고 실제로 f의 위수를 구하는 방법을 찾아보자. 정수의 성질을 알기 위해서 정수를 소인수분해 하듯이 치환도 서로소인 순환의 곱으로 표시하는 것이 여러 가지로 편리하다.

다음 정리는 보기에는 어려울 것 같으나 사실은 별로인 정리이다.

정리 8.4 $f \in S_n$이다. f를 서로소인 순환으로 분해하여 $f = f_1 f_2 \cdots f_k$, $\{f_1, f_2, \cdots, f_k\}$은 서로소인 순환이 되었다.

(1) $f^m = e$이면 $(f_1)^m = (f_2)^m = \cdots = (f_k)^m = e$이다.

(2) $|f| = \text{lcm}(|f_1|, |f_2|, \cdots, |f_k|)$이다.

증명 여기서 e는 항등함수를 뜻한다.

(1) 임의의 순환 f_i $(1 \le i \le k)$에 대해서 모든 $x \in \{1, \cdots, n\}$에 대해서 $(f_i)^m(x) = x$가 됨을 보이자.

우선 x가 f_i에 있으면 나머지 순환 f_j $(i \ne j)$와는 서로소이므로 $(f_j)^m(x) = x$이다. 따라서

$$\begin{aligned} x &= f^m(x) \\ &= (f_1^m f_2^m \cdots f_k^m)(x) \\ &= (f_i)^m(x) \end{aligned}$$

x가 f_i에 없으면 당연히 $(f_i)^m(x) = x$이다. 따라서 $(f_i)^m$은 항등함수이다.

(2)
$$\text{lcm}(|f_1|, |f_2|, \cdots, |f_k|) = l$$

이라고 하자. l은 모든 $1 \le i \le k$에 대해서 $|f_i|$의 배수이므로 $(f_i)^l = e$이다. 따라서

$$f^l = (f_1 \cdots f_k)^l = e$$

이므로 $|f| \le l$이다. 한편 (1)에서 모든 $1 \le i \le k$에 대해서 $|f|$는 모든 $|f_i|$의 배수이므로 $l \le |f|$이 되어 결국 $|f| = l$이 된다. □

【예제 12】 앞 예제 11의 $f \in S_9$에서 $f = f_1 f_2 f_3$

$$f_1 = (1\ 5\ 7\ 3),\quad f_2 = (2\ 4),\quad f_3 = (6\ 8\ 9)$$

이고 $|f_1| = 4$, $|f_2| = 2$, $|f_3| = 3$이므로 결국 $|f| = \mathrm{lcm}(4,\ 2,\ 3) = 12$, 즉 f를 12번 합성하면 항등함수가 된다.

위의 정리 8.4의 결과로 유한집합에서 유한집합으로의 임의의 전단사함수는 유한번 합성하면 항등함수가 됨을 알 수 있다. 이렇게 서로소인 순환들로 분해하는 정도로 치환의 대부분의 성질들을 구할 수 있다. 사실 이 정도로도 충분하지만 그래도 더 간단히 하고 싶은 욕심으로 다시 순환들을 분해하는 방법을 생각해 내었다. 그것이 바로 호환이다. 그러나 어떻게 보면 이 호환은 오히려 더 혼동이 되는 수도 있다. 어쨌든 호환은 선형대수 등에도 쓰이고 여러 가지로 이용되므로 소개하고 넘어가자.

정의 8.5 길이가 2인 순환을 **호환**(transposition)이라고 한다.

정의에 따라 $f \in S_n$가 호환이면 $f = (a\ b)$꼴로 쓸 수 있다. 호환은 말 그대로 위치를 바꾼다는 뜻인데 a와 b의 위치만 바꾸는 함수이다. 또 호환의 위수는 2이므로

$$(a\ b)(a\ b) = e$$

는 항등함수이다. 따라서 $(a\ b)^{-1} = (a\ b)$가 되어 자신이 자신의 역원이 된다.

【예제 13】 S_9에서 $(1\ 2)$, $(5\ 4)$, $(3\ 8)\cdots$ 등은 모두 호환이다. 호환은 모두 ${}_9C_2 = 36$개 있다.

정리 8.5 모든 순환은 호환의 곱으로 표시할 수 있다.

증명 $f=(a_1\ a_2\ \cdots\ a_k)\in S_n$을 순환이라고 하면 $f=(a_1\ a_k)(a_1\ a_{k-1})\cdots(a_1\ a_3)(a_1\ a_2)$로 표시할 수 있다. □

모든 치환은 서로소인 순환의 곱으로 표시할 때 순서를 무시하면 한 가지 방법으로 표시되었다. 즉 치환 f를 서로소인 순환의 집합으로 표시하면 이 집합은 하나밖에 없다. 그러나 위의 정리의 순환을 호환의 곱으로 표시하는 방법은 여러 가지 방법이 있고 또 곱하는 개수도 다양하다.

【예제 14】 $(1\ 2\ 3\ 5)=(1\ 5)(1\ 3)(1\ 2)$

$=(1\ 3)(2\ 4)(3\ 5)(1\ 4)(2\ 4)$

$(1\ 2\ 3\ 4\ 5)=(5\ 4)(5\ 3)(5\ 2)(5\ 1)$

$=(1\ 5)(1\ 4)(1\ 3)(1\ 2)$

$=(5\ 4)(5\ 2)(5\ 1)(1\ 4)(3\ 2)(4\ 1)$

모든 치환은 순환의 곱으로 표시되고 또 순환은 호환의 곱으로 표시되므로 우리는 다음과 같은 정리를 얻을 수 있다.

정리 8.6 모든 치환은 순환의 곱으로 표시할 수 있다.

【예제 15】 $f=\begin{pmatrix}1&2&3&4&5&6&7&8&9\\5&4&1&2&7&8&3&9&6\end{pmatrix}\in S_9$를 호환의 곱으로 표시해보자. 우선 순환의 곱으로 나타내면

$$f=(1\ 5\ 7\ 3)(2\ 4)(6\ 8\ 9)$$

이고 이 각각을 호환으로 표시하면 결국

$$f=(1\ 3)(1\ 7)(1\ 5)(2\ 4)(6\ 9)(6\ 8)$$

이 된다. 물론 f는 다른 방법으로도 표시할 수 있다.

문제 3 치환 $f=(1\ 2\ 7\ 6)(3\ 2\ 4\ 1)(7\ 8\ 1\ 2)\in S_8$의 위수를 구하라.

풀이 단순히 각 순환의 위수는 4이므로

$$\mathrm{lcm}(4,\ 4,\ 4)=4$$

이므로 $|f|=4$라고 하면 안된다. 순환이 서로소가 아니면 정리 8.4를 쓸 수 없다. 따라서 일단 f를 서로소인 순환의 곱으로 고치자. 오른편에서부터 차례대로 $f(a)$의 값을 구해 나가면

$$f=(1\ 4\ 2\ 6)(3\ 7\ 8)(5)$$

이다. 따라서 $|f|=\mathrm{lcm}(4,\ 3)=12$이다. ■

【예제 16】 S_n의 항등원 e는 $e=(1)$ 또는 $e=(1\ 2)(1\ 2)$, … 등 여러 가지로 표시할 수 있다. 그러나 호환의 곱은 항상 짝수 개이다.

위의 예제 14에서 본 바와 같이 같은 순환도 여러 가지 모양으로 호환의 곱으로 나타난다. 또 이 호환들은 서로소가 아니므로 곱하는 순서를 바꾸면 다른 순환이 되므로 순서를 바꾸면 안된다. 그러나 호환의 곱으로 표시할 때 한 가지 특색이 있다. 즉 순환을 호환의 곱으로 표시했을 때 어떻게 표시되던 곱해지는 호환의 개수는 항상 짝수이거나 아니면 항상 홀수이다. 다음은 1971년 William I. Miller의 증명법이다. 이외에도 유사한 증명법이 많이 있으나 이 방법이 그래도 좀 쉬운 방법이다.

정리 8.7 S_n의 항등치환 e는 호환의 곱으로 어떻게 표시하던 항상 짝수개의 호환의 곱으로 표시된다.

증명 e를 S_n의 항등원이라고 하고 $e=t_1t_2\cdots t_m$으로 m개 호환의 곱으로 표시되었다고 하자. m이 짝수임을 보이자. $t_m=(x\ a)$인 호환이라고 하고 숫자 a에 대해서 앞의 호환 t_{m-1}의 모든 경우를 생각하면

$$(1)\ t_{m-1}=(x\ a),\quad (2)\ t_{m-1}=(y\ a),\quad (3)\ t_{m-1}=(x\ b),\quad (4)\ t_{m-1}=(y\ b)$$

의 모두 4가지 경우로 생각할 수 있다. 우선

(1)의 경우 $t_{m-1}t_m=(x\ a)(x\ a)=e$

(2)의 경우 $t_{m-1}t_m=(y\ a)(x\ a)=(x\ a)(x\ y)$

(3)의 경우 $t_{m-1}t_m=(x\ b)(x\ a)=(b\ a)(x\ b)$

(4)의 경우 $t_{m-1}t_m=(y\ b)(x\ a)=(x\ a)(y\ b)$

이다. (1)의 경우는 2개의 호환이 없어지고 나머지 (2), (3), (4)의 경우는 a가 앞 호환으로 한 칸 나아가고 뒤에 있던 호환에서는 a가 없어졌다. 물론 호환은 다른 호환으로 바뀌었다. 지금은 단지 a의 위치만 생각한 것이다. 따라서 (1)의 경우는

$$e=t_1t_2\cdots t_{m-2}$$

꼴로 쓸 수 있고 나머지 경우는

$$e=t_1t_2\cdots t_{m-2}(z\ a)(b\ c)$$

꼴로 쓸 수 있다. 다시 (2), (3), (4)의 경우 $(z\ a)$에 대해서 다시 그 앞의 호환 $t_{m-2}(z\ a)$를 가지고 위와 같이 생각하면 이들은 항등원이 되어 없어지거나 아니면 a가 다시 앞으로 한 칸 이동하게 된다. 계속해서 이 방법을 반복하면 언젠가는 (1)의 경우가 되어 a가 포함된 호환은 그 앞의 호환과 같아져서 두 개의 호환은 사라져야 한다. 왜냐하면 끝까지 (1)의 경우가 나타나지 않으면 a는 계속 앞으로 나아가서 결국

$$e=(a\ k)s_2s_3\cdots s_m$$

이고 뒤의 호환 $s_2, s_3, \cdots, s_m$에는 a가 나타나지 않는다. 그러면 $e(a)=a$인데

$$[(a\ k)s_2s_3\cdots s_m](a)=k$$

가 되어 e가 항등원이라는 사실에 모순이다. 물론 여기서 항등원은 항등함수를 뜻한다. 결국 $e=t_1t_2\cdots t_m$에서 언젠가는 두개의 호환은 사라져서 $e=s_1s_2\cdots s_{m-2}$ 꼴이 된다. 만일 여기서 m이 홀수라면 이 과정을 반복하여 수행하면 두 개씩 계속해서 없어져서 마지막에는 $e=(i, j)$, $1\le i\ne j\le n$꼴이 되는데 항등원이 이런 호환이 될 수 없다. 따라서 m은 짝수이다. □

정리 8.8 만일 f가 S_n의 치환이면 f는 홀수개의 호환의 곱으로 표시되거나 또는 짝수개의 호환의 곱으로 표시되거나 둘 중 하나이다. 즉, 어떤 때는 홀수개로 또 어떤 때는 짝수개로 표시되는 일은 절대로 없다.

증명 만일 $f=t_1t_2\cdots t_m=s_1s_2\cdots s_k$, m은 짝수, k는 홀수와 같이 f가 짝수개의 호환 t_i의 곱으로 표시되고 또 동시에 홀수개의 호환 s_j의 곱으로 표시되었다고 하자.

$$\begin{aligned} e&=ff^{-1}\\ &=(t_1t_2\cdots t_m)(s_1s_2\cdots s_k)^{-1} \end{aligned}$$

로 쓸 수 있고 s_j는 호환이므로 $s_j^{-1}=s_j$이다. 따라서

$$\begin{aligned} e&=(t_1t_2\cdots t_m)(s_k^{-1}s_{k-1}^{-1}\cdots s_2^{-1}s_1^{-1})\\ &=(t_1t_2\cdots t_m)(s_ks_{k-1}\cdots s_2s_1) \end{aligned}$$

의 꼴이 되는데 오른쪽은 호환이 $m+k$=홀수개가 되어 위의 정리 8.7에 모순이다. 따라서 이런 일은 있을 수 없고 결국 임의의 치환은 동시에 짝수와 홀수개의 호환의 곱으로 표시할 수 없다. □

정의 8.6 S_n의 치환 f가 짝수개의 호환의 곱으로 표시될 때 **우치환**(even permutation)이라고 하고 홀수개의 호환의 곱으로 표시될 때 **기치환**(odd permutation)이라고 한다.

【예제 17】 (1 2 3)=(1 3)(1 2)이므로 우치환이다.
(1 2)(2 5 4 3)(1 3)=(1 2)(2 3)(2 4)(2 5)(1 3)이므로 기치환이다.

기치환, 우치환은 별것 아닌 것 같이 보이지만 우리가 생각하는 것 이상으로 수학의 많은 분야에서 이용되고 있다.

문제 4 $f=\begin{pmatrix}1&2&3&4&5&6&7&8\\3&1&4&2&8&7&6&5\end{pmatrix}$는 기치환인가 우치환인가?

풀이 f를 서로소인 순환의 곱으로 일단 고치면

$$f=(1\ 3\ 4\ 2)(5\ 8)(6\ 7)$$

이고 다시 호환의 곱으로 고치면

$$f=(1\ 2)(1\ 4)(1\ 3)(5\ 8)(6\ 7)$$

이다. 따라서 f는 기치환이다. ■

정리 8.9 $A_n=\{f\in S_n \mid f\text{는 우치환}\}$이라고 하면 A_n은 S_n의 부분군이고 $|A_n|=\frac{1}{2}|S_n|$이다.

증명 우선 $|S_n|=n!$이므로 유한이다. 따라서 A_n은 연산에 닫혀 있으면 부분군이 된다. 임의의 $f, g\in A_n$에 대해서 f가 s개의 호환의 곱, g가 t개의 호환의 곱이라고 하면 s, t는 모두 짝수이다. 따라서 fg는 $s+t$개의 호환의 곱이고 $s+t$는 짝수이므로 $fg\in A_n$이다.

다음으로 A_n의 위수는 S_n의 위수의 절반이 됨을 보이자. B_n을 S_n의 기치환의 집합이라고 하면

$$S_n=A_n\cup B_n,\quad A_n\cap B_n=\phi$$

이다. A_n과 B_n의 개수가 같음을 보이면 된다. $n\leq 2$이면 할 것도 없으므로 $n\geq 2$라고 하자. A_n에서 B_n으로의 함수 π를

$$\pi : A_n\to B_n,\quad \pi(f)=f(1\ 2)$$

라고 하면 f가 우치환이므로 $f(1\ 2)$는 기치환이 되어 π는 잘 정의된다. π가 전단사임을 보이자. 우선 만일 $\pi(f)=\pi(g)$이면

$$f(1\ 2)=g(1\ 2)$$

이므로

$$[f(1\ 2)](1\ 2)=[g(1\ 2)](1\ 2)$$

따라서 $f=g$가 되어 π는 단사이다. 또 임의의 기치환 $h\in B_n$에 대해서 $h(1\ 2)$는 우치환이므로 $h(1\ 2)\in A_n$이고

$$\pi[h(1\ 2)] = [h(1\ 2)](1\ 2) \\ = h$$

가 되어 π는 전사이다. 따라서 $|A_n| = |B_n|$이므로

$$|A_n| = \frac{1}{2}|S_n| = \frac{1}{2}n!$$

이다. □

정의 8.7 S_n의 부분군 $A_n = \{f \in S_n \mid f\text{는 우치환}\}$을 n차의 교대군(alternating group of degree n)이라고 부른다.

나중에 체와 갈루아 정의를 이용하면 5차의 교대군은 일반 5차 방정식의 대수적 해가 존재하지 않음을 증명하는데 이용된다.

치환군 $S_1 = \{e\}$, $S_2 = \{e, (1\ 2)\}$는 너무 간단하다. 그러면 여기서 지금까지 배운 치환의 여러 성질을 이용하여 S_3의 모든 원소를 찾아보자. 우선 $|S_3| = 3! = 6$이므로 원소는 6개이다. 모두 적어보면

$$\begin{pmatrix}1 & 2 & 3\\1 & 2 & 3\end{pmatrix} = e, \quad \begin{pmatrix}1 & 2 & 3\\1 & 3 & 2\end{pmatrix} = (2\ 3), \quad \begin{pmatrix}1 & 2 & 3\\2 & 3 & 1\end{pmatrix} = (1\ 2\ 3)$$

$$\begin{pmatrix}1 & 2 & 3\\3 & 2 & 1\end{pmatrix} = (1\ 3), \quad \begin{pmatrix}1 & 2 & 3\\3 & 1 & 2\end{pmatrix} = (1\ 3\ 2), \quad \begin{pmatrix}1 & 2 & 3\\2 & 1 & 3\end{pmatrix} = (1\ 2)$$

이다. 여기서 기치환은 $\{(2\ 3), (1\ 3), (1\ 2)\}$이고 나머지는 우치환이다. 즉

$$A_n = \{e, (1\ 2\ 3), (1\ 3\ 2)\}$$

이다. 여기서 $(1\ 2\ 3) = f$라고 두면 $|f| = 3$이고

$$f^2 = (1\ 3\ 2), \ f^3 = e$$

이므로

$$A_n = \langle f \rangle = \{e, f, f^2\}$$

이 됨을 알 수 있다. 또 $(2\ 3)=g$라고 하면 $|g|=2$이므로 $g^2=e$이다. 따라서 $\langle g\rangle=\{e, g\}$ 이다.

$$fg=(1\ 2),\ f^2g=(1\ 3\ 2)$$

이므로 결국

$$S_n=\{e, f, f^2, g, fg, f^2g\}$$

로 쓸 수 있다. 물론 여기서

$$f^3=g^2=e$$

이고

$$gf=f^2g,\ gf^2=fg$$

이므로

$$gf^i=f^{2i}g\quad (i=1,\ 2)$$

로 나타낼 수 있다. 결국 S_n은 두 원소 f와 g로 모두 표시할 수 있다. 이와 같은 식으로

$$G=\{e, b, b^2, b^3, a, ab, ab^2, ab^3\},\ b^4=a^2=e,\quad b^ia=ab^{3i}\ (i=1, 2, 3)$$

꼴의 군을 정이면체군(Dihedral group)이라고 부르고 D_4로 적는다. D_4는 물론 S_4의 부분군이다.

연습문제(8)

1. $f=\begin{pmatrix}1&2&3&4&5&6\\6&1&3&5&4&2\end{pmatrix}$, $g=\begin{pmatrix}1&2&3&4&5&6\\2&3&1&6&5&4\end{pmatrix}$, $h=\begin{pmatrix}1&2&3&4&5&6\\3&1&6&4&5&2\end{pmatrix}$이다. 다음을 구하라.

   (1) $f^{-1}=\begin{pmatrix}1&2&3&4&5&6\\ & & & & & \end{pmatrix}$, $g^{-1}=\begin{pmatrix}1&2&3&4&5&6\\ & & & & & \end{pmatrix}$, $h^{-1}=\begin{pmatrix}1&2&3&4&5&6\\ & & & & & \end{pmatrix}$

   (2) $f\circ g=\begin{pmatrix}1&2&3&4&5&6\\ & & & & & \end{pmatrix}$, $g\circ f=\begin{pmatrix}1&2&3&4&5&6\\ & & & & & \end{pmatrix}$

   (3) $f\circ(g\circ h)$

   (4) $g\circ h^{-1}$

   (5) $h\circ g^{-1}\circ f^{-1}$

   (6) $g\circ g\circ g$

2. $f=\begin{pmatrix}1&2&3&4\\2&1&4&3\end{pmatrix}$, $g=\begin{pmatrix}1&2&3&4\\3&4&1&2\end{pmatrix}$, $h=\begin{pmatrix}1&2&3&4\\4&3&2&1\end{pmatrix}$이다.

   (1) 1번의 (1)~(6)을 마찬가지로 해서 구하여라.

   (2) 다음 표를 완성하라.

$\circ$	e	f	g	h
e				
f				
g				
h				

3. $f:\mathbb{R}\to\mathbb{R}$, $f_n(x)=x+n$이다. (단, n은 정수)

   (1) $f_n\in S_{\mathbb{R}}$ 임을 보여라.

   (2) $f_n\circ f_m=f_{n+m}$, $f_n^{-1}=f_{-n}$ 임을 보여라.

4. S_9에서 다음을 구하여라.

   (1) (1 4 5)(3 7)(6 8 2)

   (2) (7 1 8 2 5)(3 6)(4 9)

   (3) (1 4 7)(1 6 7 8)(7 4 1 3 2)

   (4) (6 1 4 8)(2 3 4 5)(1 2 4 9 3)

5. 서로소인 순환의 곱으로 쓰라.

(1) $\begin{pmatrix}1&2&3&4&5&6&7&8&9\\4&9&2&5&1&7&6&8&3\end{pmatrix}$

(2) $\begin{pmatrix}1&2&3&4&5&6&7&8&9\\7&4&9&2&3&8&1&6&5\end{pmatrix}$

(3) $\begin{pmatrix}1&2&3&4&5&6&7&8&9\\7&9&5&3&1&2&4&8&6\end{pmatrix}$

(4) $\begin{pmatrix}1&2&3&4&5&6&7&8&9\\1&2&5&4&7&6&9&3&8\end{pmatrix}$

(5) $\begin{pmatrix}1&2&3&4&5&6\\3&6&1&4&2&5\end{pmatrix}\circ\begin{pmatrix}1&2&3&4&5&6\\5&4&3&2&1&6\end{pmatrix}$

(6) $\begin{pmatrix}1&2&3&4&5&6&7&8&9&10&11&12\\6&7&5&9&8&4&11&3&1&12&2&10\end{pmatrix}$

6. S_8에서 호환의 곱으로 고쳐 쓰라.

(1) $(1\ 3\ 7\ 4\ 2\ 8)$

(2) $(1\ 2\ 3)(4\ 5\ 6)(1\ 5\ 7\ 4)$

(3) $\begin{pmatrix}1&2&3&4&5&6&7&8\\3&1&4&2&8&7&6&5\end{pmatrix}$

7. $a=(3\ 7\ 1\ 4)$, $b=(1\ 2\ 3)$, $c=(2\ 4\ 1\ 3\ 5)$이다. 다음을 구하여라.

(1) $a^{-1}b$

(2) $c^{-1}a$

(3) a^2b

(4) b^2ac

(5) c^4

(6) c^3a^{-1}

(7) $b^{-1}c$

(8) $a^{-1}b^2a$

8. 다음에서 a^{-1}, a^2, a^3, a^5을 각각 구하여라.

(1) $a=(1\ 2\ 3)$

(2) $a=(1\ 2\ 3\ 4)$

(3) $a=(1\ 2\ 3\ 4\ 5\ 6)$

9. θ는 길이가 t인 순환이다.

(1) t가 홀수면 θ^2은 순환이고 또 그 역도 성립함을 보여라.

(2) t가 홀수면 $\theta=\alpha^2$, α는 길이가 t인 순환 α를 찾아라.

(3) t가 짝수면 $\theta^2=\alpha\beta$, α, β는 길이가 $\dfrac{t}{2}$인 순환 α, β를 찾아라.

(4) t가 소수면 θ^n은 순환임을 보여라.

(5) $t=kl$면 θ^k는 길이가 l인 k개의 순환의 곱으로 표시할 수 있음을 보여라.

10. $f\in S_8$이다. 다음은 우치환인가 기치환인가?

(1) $f=\begin{pmatrix}1&2&3&4&5&6&7&8\\7&4&1&5&6&2&3&8\end{pmatrix}$

(2) $f=(7\ 1\ 8\ 6\ 4)$

(3) $f=(1\ 2)(3\ 2\ 4\ 1)(7\ 8\ 1\ 2)(1\ 2\ 7\ 6)$ (4) $f=(1\ 2\ 3)(2\ 3\ 4\ 5)(1\ 3\ 5\ 7)$

11. f, g는 서로소인 순환이다. 다음을 증명하라.
   (1) $fg=e$이면 $f=g=e$이다.
   (2) $(fg)^n=e$이면 $f^n=g^n=e$이다.
   (3) fgh가 순환인 호환 h가 존재한다.

12. $f=(a_1\ a_2\ \cdots\ a_t)\in S_n$이 순환이면 임의의 $g\in S_n$에 대해서 $gfg^{-1}=(g(a_1)\ g(a_2)\ \cdots\ g(a_t))$임을 보여라.

13. 다음 함수의 위수를 구하여라.
   (1) $f=(1\ 2)(3\ 4\ 5)\in S_9$
   (2) $f=(1\ 2)(3\ 4\ 5\ 6)\in S_9$
   (3) $f=(1\ 2\ 3\ 4)(5\ 6\ 7\ 8\ 9)\in S_9$
   (4) $f=(1\ 4\ 5\ 7)\in S_8$
   (5) $f=(4\ 5)(2\ 3\ 7)\in S_8$

14. (1) $f_1, f_2, \cdots, f_n$은 서로 다른 우치환이고 g는 기치환이다. $f_1g, f_2g, \cdots, f_ng$는 서로 다른 기치환임을 보여라.
   (2) $f_1, f_2, \cdots, f_n$은 서로 다른 기치환이면 $f_1f_1, f_1f_2, \cdots, f_1f_n$은 서로 다른 우치환임을 보여라.
   (3) (1), (2)를 써서 S_n에서 우치환의 개수와 기치환의 개수가 같음을 보여라.

15. f_1, f_2는 길이가 같은 순환이다. 또 g_1, g_2도 길이가 같은 순환이고 f_1, g_1은 서로소, f_2, g_2도 서로소이다. $f_1g_1=hf_2g_2h^{-1}$인 치환 h를 찾아라.

16. f, g가 서로소인 순환이면 임의의 $h\in S_n$에 대해서 hfh^{-1}와 hgh^{-1}는 서로소인 순환임을 보여라.

17. f, g가 길이가 같은 순환이면 $f=hgh^{-1}$인 치환 h를 찾아라.

18. f, g는 길이가 홀수인 순환이고 $f^2=g^2$이다. $f=g$임을 보여라.

19. 서로소인 순환의 곱으로 표시하여라.

(1) (1 4)(2 7)(5 2 3)(3 4)(1 4 7 2)

(2) (7 2 3 6)(8 5)(5 7 1)(1 5 3 7)(4 8 6)

(3) (1 2 3)(4 5)(1 6 7 8 9)(1 5)

20. $\theta=\begin{pmatrix}1&2&3&4&5&6&7&8&9\\3&7&8&9&4&5&2&1&6\end{pmatrix}$이다. $|\theta^{100}|$을 구하여라. 또 $\theta^{2008}(9)$를 구하여라.

21. $\theta=(1\ 2\ 3\ 4\ 5\ 6)$이다. θ^2, θ^3, θ^4, θ^5, θ^6을 각각 구하여라.

22. 다음 θ의 위수를 구하여라.

(1) $\theta=(1\ 2)(2\ 3)(3\ 4)$

(2) $\theta=(2\ 4\ 6)(1\ 4\ 7)(1\ 3\ 5)$

(3) $\theta=(1\ 2)(5\ 3\ 2\ 1\ 4)(2\ 3)$

(4) $\theta=(1\ 2\ 3\ 4)(2\ 3\ 4\ 5)$

(5) $\theta=\begin{pmatrix}1&2&3&4&5&6&7&8\\8&2&6&3&7&4&5&1\end{pmatrix}$

(6) $\theta=\begin{pmatrix}1&2&3&4&5&6&7&8\\3&1&4&7&2&5&8&6\end{pmatrix}$

23. $f\in S_5$이다. $f(1\ 2\ 3)f^{-1}=(1\ 2)(3\ 4\ 5)$인 f가 존재하는가?

24. $n\geq 3$이면 S_n은 아벨군이 아님을 보여라.

25. $x=(1\ 3\ 5)$, $y=(1\ 5\ 7\ 9)$이다. $x^{-1}yx$를 구하여라.

26. (1) $x=(1\ 2)(3\ 4)$, $y=(5\ 6)(1\ 3)$이다. $a^{-1}xa=y$인 a를 구하여라.

(2) $a^{-1}(1\ 2)a=(3\ 4)(1\ 2)$인 a는 존재하지 않음을 보여라.

27. S_8에서 다음을 계산하고 우치환인지 기치환인지 구하여라.

(1) (1 4 5)(7 8)(2 5 7)

(2) (1 2)(4 7 8)(2 1)(7 2 8 1 5)

28. θ, $\psi\in S_n$는 서로소인 순환이다. $|\theta\circ\psi|=\mathrm{lcm}(|\theta|, |\psi|)$임을 보여라.

29. $Z(S_3)$를 구하여라.

30. 아벨군 G에서는 $H=\{x \in G | x^n = e\}$은 G의 부분군이 됨을 알 수 있다. $H=\{x \in G | x^n = e\}$이 부분군이 되지 않는 군 G를 구하여라.

31. $f: A \to A$, $a \in A$이다. $f(a) \neq a$일 때 f는 a를 이동시킨다라고 부른다. 유한집합 A에서 길이 n인 순환에 의해서 이동되는 원소는 모두 몇 개인가?

32. S_3의 모든 원소를 순환으로 표시하여라. 또 A_3도 구하여라.

33. H는 S_n의 부분군이다. H의 모든 원소는 최소한 절반이 우치환임을 보여라.

34. S_n의 임의의 치환은 $n-1$개 이하의 호환의 곱으로 표시할 수 있음을 증명하여라.

35. 순환이 아닌 S_n의 치환은 $n-2$개 이하의 호환의 곱으로 표시할 수 있음을 증명하여라.

36. S_n의 임의의 치환은 $2n+3$개 또는 $2n+8$개의 호환의 곱으로 표시할 수 있음을 증명하여라.

37. $\phi \in S_n$ $(n \geq 2)$은 주어진 기치환이다. 모든 S_n의 기치환은 ϕ와 우치환의 곱(합성)으로 표시할 수 있음을 보여라.

38. f, g는 서로소인 호환이다. $f \circ g$를 길이 3인 두 개의 순환의 곱으로 표시하여라.

39. f, g는 서로소가 아닌 호환이다. $f \circ g$를 길이 3인 순환으로 표시하여라.

40. $n \geq 3$일 때 S_n의 모든 우치환은 길이 3인 순환의 곱으로 나타낼 수 있음을 보여라.

41. $x, y \in S_A$이다. 각각의 위수는 유한이나 xy의 위수는 무한이 되는 x, y를 구하여라.

42. p는 소수이다. H는 한 호환과 길이 p인 순환을 포함한 S_p의 부분군이다. $H=S_p$임을 보여라.

43. $n\geq 5$일 때 S_n의 정규부분군을 구하여라.

44. 임의의 $\theta\in S_n$은 $\{(k \;\; k+1) \mid 1\leq k\leq n-1\}$의 곱으로 표시됨을 보여라.

45. $(1 \;\; 2)$와 $(1 \;\; 2 \;\; \cdots \;\; n)$을 포함하는 S_n의 최소의 부분군을 구하여라.

46. $\theta\in S_p$, p는 소수이다. $|\theta|=p$이면 θ는 순환임을 보여라.

47. $A=\mathbb{R}-\{0, 1, 2\}$, $f, g : A \to A$, $f(x)=2-x$, $g(x)=\dfrac{2}{x}$이다. f와 g를 포함하는 S_A의 최소의 부분군을 $G=\langle f, g\rangle\subset S_A$라고 할 때 $(G, \cdot)$을 구하라.

9 잉여류 및 유한군
(Cosets and Finite Groups)

앞에서 유한 순환군의 부분군의 위수는 원래 군의 위수의 약수가 되었다. 또 만일 어떤 수가 이 순환군의 약수이면 그 약수를 위수로 하는 부분군이 반드시 존재하였다. 그러면 이러한 성질이 일반적인 군에서도 성립할까? 앞의 것은 성립하고 뒤의 것은 성립하지 않는다. 또 유한 순환군의 임의의 원소는 군의 위수만큼 곱하면 항등원이 되었는데 이 성질은 순환군이 아니라도 모든 군에서 성립한다. 이와 같이 특수한 군에서 성립하는 성질은 일반군에서 성립하는 것도 있고 하지 않는 것도 있다.

본 장에서는 일반적인 유한군의 성질과 그 원소들의 성질을 보다 자세히 살펴보자. 우리가 어떤 집합의 원소의 성질을 조사한다고 할 때 원소 하나하나 모두 조사하는 것은 매우 번거롭다. 삼각형의 성질을 조사할 때 삼각형 A와 삼각형 B가 합동이면 A에서 성립하는 성질은 거의 대부분 B에서도 성립한다. 따라서 합동인 삼각형이 여러 개일 때는 한 개만 조사하면 된다. 이와 같이 모든 삼각형을 합동인 동치관계로 분류하여 각 동치류에서 한 개씩만 대표를 골라서 계산하면 매우 편리하다.

이와 같이 어떤 집합에서 공통되는 성질을 묶어서 생각한 것이 동치관계이다. 집합에서 동치관계는 여러 용도로 매우 중요하게 쓰인다. 또 우리의 필요에 따라 집합에 여러 가지의 동치관계를 줄 수 있다. 본 장에서는 특히 군의 한 부분군을 가지고 군에 동치관계를 만들고 이 동치관계를 이용한 여러 정리들을 살펴보자. 뒤의 부록 집합부분을 다시 한

번 잘 읽고 동치관계의 여러 성질들을 잘 기억하기 바란다.

정리 9.1 G는 군이다. G의 임의의 부분군 H에 대해서 G에 다음과 같은 관계 $\equiv_H$를 정의한다.

$$a\equiv_H b \text{일 필요충분조건은 } ab^{-1}\in H \text{이다.}$$

이와 같이 $\equiv_H$를 정의하면 관계 $\equiv_H$는 G에서 동치관계가 된다.

증명 (1) 임의의 $a\in G$에 대해서 $aa^{-1}=e\in H$이므로 $a\equiv_H a$이다.

(2) 만일 $a\equiv_H b$이면 $ab^{-1}\in H$이다. H는 G의 부분군이므로

$$(ab^{-1})^{-1}=(b^{-1})^{-1}a^{-1}=ba^{-1}\in H$$

이므로 $b\equiv_H a$이다.

(3) 마지막으로 $\equiv_H$가 추이적임을 보이자. $a\equiv_H b$, $b\equiv_H c$라고 하면

$$(ab^{-1})(bc^{-1})=ac^{-1}\in H$$

이고 따라서 $a\equiv_H c$가 된다. □

$a\equiv_H b$일 때 a는 b에 법 H로 합동(a is congruent to b modulo H)이라고 한다. 여기서 잠시 다음과 같은 집합이 많이 나오므로 정의를 하고 넘어가자.

정의 9.1 H는 군 G의 부분군이다. 임의의 $a\in G$에 대해서 G의 부분집합

$$Ha=\{xa \mid x\in H\}$$

를 G에서 H의 우잉여류(right coset of H in G)라고 부른다.

주의 (1) 물론 $a=ea$이므로 당연히 $a\in Ha$이다.

(2) G의 연산이 $+$이면 이때는 우잉여류의 정의는

$$H+a=\{x+a \mid x\in H\}$$

가 된다. 마찬가지로 위의 정리 9.1의 관계 $\equiv_H$에서도

$$ab^{-1} \in H \text{는 } a+(-b)=a-b \in H$$

가 된다.

(3) 일반적으로 우잉여류 Ha는 G의 부분군이 되지 않는다.

(4) $a=e$면 $Ha=He=H$이다.

【예제 1】 군 $(\mathbb{R}, +)$에서 $\mathbb{Z}$는 $\mathbb{R}$의 부분군이다. 우잉여류

$$\mathbb{Z}+\frac{1}{2}=\left\{n+\frac{1}{2} \mid n \in \mathbb{Z}\right\}$$

을 보면 이 집합은 수직선에서 모든 정수의 중점들의 집합이 된다.

【예제 2】 군 $(\mathbb{Z}, +)$에서 $5\mathbb{Z}$는 $\mathbb{Z}$의 부분군이다. 우잉여류

$$5\mathbb{Z}+1=\{5n+1 \mid n \in \mathbb{Z}\}$$

이므로 5로 나누어 나머지가 1이 되는 집합이다. 마찬가지로 $5\mathbb{Z}+2$는 5로 나누어 나머지가 2인 집합이다. 만일 6의 우잉여류를 계산하면

$$5\mathbb{Z}+6=\{5n+6 \mid n \in \mathbb{Z}\}$$

이므로 실제로 이 집합은 $5\mathbb{Z}+1$과 같음을 알 수 있다.

정리 9.2 G는 군, H는 G의 부분군이다. 임의의 $a \in G$에 대해서 $\bar{a}$를 동치관계 $\equiv_H$에 대한 a의 동치류라고 하면

$$\bar{a}=Ha$$

이다.

증명 $x \in \bar{a}$라면 $x \equiv_H a$이고 따라서 $xa^{-1} \in H$이다. $xa^{-1}=h$라 두면 $h \in H$이고

$$x=ha \in Ha$$

이다. 반대로 $x \in Ha$라고 하면 $x = ha$, $h \in H$로 쓸 수 있다. 따라서 $xa^{-1} = h \in H$이므로 $x \equiv_H a$가 되어 $x \in \bar{a}$이다. □

【예제 3】 군 $(\mathbb{Z}, +)$에서 $6\mathbb{Z}$는 $\mathbb{Z}$의 부분군이다. $6\mathbb{Z}$의 우잉여류들은

$$6\mathbb{Z}+0 = 6\mathbb{Z} = \{\cdots, -12, -6, 0, 6, 12, \cdots\} = 6\mathbb{Z}+6 = 6\mathbb{Z}-6$$
$$6\mathbb{Z}+1 = \{\cdots, -11, -5, 1, 7, 13, \cdots\} = 6\mathbb{Z}+7 = 6\mathbb{Z}-5$$
$$6\mathbb{Z}+2 = \{\cdots, -10, -4, 2, 8, 14, \cdots\} = 6\mathbb{Z}+8 = 6\mathbb{Z}-4$$
$$\vdots$$
$$6\mathbb{Z}+5 = \{\cdots, -7, -1, 5, 11, 17, \cdots\} = 6\mathbb{Z}+11 = 6\mathbb{Z}-1$$

여기서 $\bar{a}$를 동치관계 $\equiv_H$에 대한 동치류라고 하면 $\bar{a} = 6\mathbb{Z}+a$이므로

$$\bar{0} = \bar{6} = \overline{-6},\ \bar{1} = \bar{7} = \overline{-5},\ \bar{2} = \bar{8} = \overline{-4},\ \cdots\ \bar{5} = \overline{11} = \overline{-1}$$

가 됨을 알 수 있다. 따라서 모든 동치류의 집합은 $\{\bar{0}, \bar{1}, \bar{2}, \bar{3}, \bar{4}, \bar{5}\}$이다. 이것을 다시 우잉여류로 적으면

$$\{6\mathbb{Z}, 6\mathbb{Z}+1, \cdots, 6\mathbb{Z}+5\}$$

이다.

집합에서 잘 알려져 있듯이 R이 집합 A의 동치관계일 때 이 R의 동치류들의 집합을 **상집합**이라고 하고 A/R로 표시한다. 즉

$$A/R = \{\bar{a} \mid a \in A\}$$

이다.

H가 군 G의 부분군일 때 위의 정리 9.2에 의해서 동치관계 $\equiv_H$의 동치류는 H의 우잉여류 Ha가 됨을 알 수 있다. 또 동치관계 $\equiv_H$에 의한 동치류들의 집합을 $G/\equiv_H$로 표시하는데, 즉

$$G/\equiv_H = \{\bar{a} \mid a \in G\}$$

인데 이 경우 $\equiv_H$는 H에 의해서 만들어지므로 우리는 $G/\equiv_H$를 그냥 G/H로 적는다. 따라서 위의 정리 9.2에 의해서

$$G/H = \{Ha \mid a \in G\}$$

로 적을 수 있다.

정의 9.2 H가 G의 부분군일 때 H의 서로 다른 우잉여류의 개수를 G에서 H의 지수(index of H in G)라고 하고 $[G : H]$로 표시한다. 또 우잉여류들의 집합

$$G/\equiv_H = \{Ha \mid a \in G\}$$

를 간단히 G/H로 적는다.

우잉여류에 관한 몇 가지 사실을 더 조사해 보자. 다음 정리는 뒤에 나오는 환에서 많이 쓰인다.

정리 9.3 H는 군 G의 부분군이다. 임의의 $a, b \in G$에 대해서 다음은 동치이다.

(1) $Ha = Hb$ (2) $Hab^{-1} = H$

(3) $ab^{-1} \in H$ (4) $a \in Hb$

증명 (1) ⇒ (2) 임의의 $h \in H$에 대해서 $hb \in Hb = Ha$이므로

$$h = hbb^{-1} \in (Ha)b^{-1}$$

이다. 따라서 $H \subset Hab^{-1}$이다. 또 임의의 $x \in Hab^{-1}$에 대해서 $x = hab^{-1}$, $h \in H$이므로

$$xb = ha \in Ha = Hb$$

이다. 따라서 $xb = kb$, $k \in H$로 둘 수 있으므로 소거법칙에 의해서 $x = k \in H$가 된다. 사실 $Ha = Hb$이면 이 식의 오른편에 b^{-1}를 곱하면

$$(Ha)b^{-1} = (Hb)b^{-1} = H$$

로 바로 나오지만 H는 집합이므로 자세하게 적은 것이다.

(2) ⇒ (3) $ab^{-1} = e(ab^{-1}) \in H(ab^{-1}) = H$

(3) ⇒ (4) $ab^{-1}=h\in H$라 두면 $a=hb\in Hb$이다.
(4) ⇒ (1) $a\in Hb$이므로 $a=hb$, $h\in H$로 둘 수 있다.
$x\in Ha$라고 하면 $x=ta$, $t\in H$로 쓸 수 있고 따라서

$$x=ta=t(hb)=(th)b\in Hb$$

이다. 또 역으로 $y\in Hb$라고 하면 $y=ub$, $u\in H$로 쓸 수 있고

$$y=ub=u(h^{-1}a)=(uh^{-1})a\in Ha$$

이다. 따라서 $Ha=Hb$이다. □

특히 위의 정리에서 $b=e$라 두면 다음 정리를 얻을 수 있다.

따름정리 9.4 G는 군, H는 G의 부분군이다. $Ha=H$일 필요충분조건은 $a\in H$이다.

【예제 4】 군 $(\mathbb{Z}_{12}, \oplus)$에서 $H=\langle\bar{4}\rangle=\{\bar{0}, \bar{4}, \bar{8}\}$는 부분군이다. 따라서 H의 우잉여류는

$$\begin{aligned}
H=H\oplus\bar{0}=\{\bar{0}, \bar{4}, \bar{8}\}=H\oplus\bar{4}=H+\bar{8}\\
H=H\oplus\bar{1}=\{\bar{1}, \bar{5}, \bar{9}\}=H\oplus\bar{5}=H+\bar{9}\\
H=H\oplus\bar{2}=\{\bar{2}, \bar{6}, \overline{10}\}=H\oplus\bar{6}=H+\overline{10}\\
H=H\oplus\bar{3}=\{\bar{3}, \bar{7}, \overline{11}\}=H\oplus\bar{7}=H+\overline{11}
\end{aligned}$$

이다. 따라서

$$\begin{aligned}
\mathbb{Z}/\langle\bar{4}\rangle&=\{H, H\oplus\bar{1}, H\oplus\bar{2}, H\oplus\bar{3}\}\\
&=\{\bar{\bar{0}}, \bar{\bar{1}}, \bar{\bar{2}}, \bar{\bar{3}}\}
\end{aligned}$$

이다. 여기서 각 동치류는 실제로

$$\bar{\bar{0}}=\bar{\bar{4}}=\bar{\bar{8}},\ \bar{\bar{1}}=\bar{\bar{5}}=\bar{\bar{9}},\ \bar{\bar{2}}=\bar{\bar{6}}=\overline{\overline{10}},\ \bar{\bar{3}}=\bar{\bar{7}}=\overline{\overline{11}}$$

이고 또 $[\mathbb{Z}_{12} : H]=4$이다.

【예제 5】 군 $\mathbb{Z}_4\times\mathbb{Z}$에서 $H=\{\overline{0},\ \overline{2}\}\times 5\mathbb{Z}$는 $\mathbb{Z}_4\times\mathbb{Z}$의 부분군이다. 따라서 우잉여류를 구해 보면

$$H+(\overline{0},\ 0)=(\{\overline{0},\ \overline{2}\}\times 5\mathbb{Z})+(\overline{0},\ 0)=\{\overline{0},\ \overline{2}\}\times 5\mathbb{Z}$$
$$H+(\overline{1},\ 2)=(\{\overline{0},\ \overline{2}\}\times 5\mathbb{Z})+(\overline{1},\ 2)=\{\overline{1},\ \overline{3}\}\times(5\mathbb{Z}+2)$$
$$\vdots$$

과 같다. 우잉여류의 개수는 $2\times 5=10$이다. 따라서

$$[\mathbb{Z}_4\times\mathbb{Z} : H]=10$$

이다.

【예제 6】 $\mathbb{Z}_3\times\mathbb{Z}_2$에서 $H=\{(\overline{0},\ \overline{0}),\ (\overline{0},\ \overline{1})\}$은 부분군이다. 우잉여류는

$$H=H+(\overline{0},\ \overline{0})=\{(\overline{0},\ \overline{0}),\ (\overline{0},\ \overline{1})\}=H+(\overline{0},\ \overline{1})$$
$$H+(\overline{1},\ \overline{0})=\{(\overline{1},\ \overline{0}),\ (\overline{1},\ \overline{1})\}=H+(\overline{1},\ \overline{1})$$
$$H+(\overline{2},\ \overline{0})=\{(\overline{2},\ \overline{0}),\ (\overline{2},\ \overline{1})\}=H+(\overline{2},\ \overline{1})$$

따라서

$$\overline{(\overline{0},\ \overline{0})}=\overline{(\overline{0},\ \overline{1})},\ \ \overline{(\overline{1},\ \overline{0})}=\overline{(\overline{1},\ \overline{1})},\ \ \overline{(\overline{2},\ \overline{0})}=\overline{(\overline{2},\ \overline{1})}$$

이다.

$$(\mathbb{Z}_3\times\mathbb{Z}_2)/H=\{H,\ H+(\overline{1},\ \overline{0}),\ H+(\overline{2},\ \overline{0})\}$$
$$=\{\overline{(\overline{0},\ \overline{0})},\ \overline{(\overline{1},\ \overline{0})},\ \overline{(\overline{2},\ \overline{0})}\}$$

이다.

위의 예제에서 본 바와 같이 군 $(\mathbb{Z}, +)$에서 부분군 $n\mathbb{Z}$를 생각해보면 $a\equiv_H b$일 필요충분조건은 $a-b\in n\mathbb{Z}$, 즉 $a-b$가 n의 배수인 경우이다. 또 a의 동치류 $\overline{a}$는

$$\overline{a}=H+a=n\mathbb{Z}+a=\{\cdots,\ -n+a,\ a,\ n+a,\ 2n+a,\ \cdots\}$$

즉 n으로 나누면 나머지가 a인 정수들이다. 따라서

$$\mathbb{Z}/n\mathbb{Z}=\{\bar{a}\,|\,a\in\mathbb{Z}\}=\{\bar{0},\ \bar{1},\ \bar{2},\ \cdots,\ \overline{n-1}\}$$
$$=\{n\mathbb{Z},\ n\mathbb{Z}+1,\ \cdots,\ n\mathbb{Z}+(n-1)\}$$

이고 이것은 앞에서 정의한 $\mathbb{Z}_n$과 같다. 즉 $\mathbb{Z}_n=\mathbb{Z}/n\mathbb{Z}$이고 $|\mathbb{Z}_n|=[\mathbb{Z}:n\mathbb{Z}]=n$이다.

【예제 7】 군 $(\mathbb{Z},+)$에서 $H=4\mathbb{Z}$는 $(\mathbb{Z},+)$의 부분군이다. $a\equiv_H b$일 필요충분조건은 $a-b\in 4\mathbb{Z}$, 즉 $a-b$는 4의 배수이다. 또 우잉여류 $4\mathbb{Z}+a$를 구해보면

$$\bar{0}=4\mathbb{Z}+0,\ \bar{1}=4\mathbb{Z}+1,\ \bar{2}=4\mathbb{Z}+2,\ \bar{3}=4\mathbb{Z}+3$$

이다.

$$\mathbb{Z}/4\mathbb{Z}=\{\bar{0},\ \bar{1},\ \bar{2},\ \bar{3}\}=\{4\mathbb{Z},\ 4\mathbb{Z}+1,\ 4\mathbb{Z}+2,\ 4\mathbb{Z}+3\}$$

이다.

H가 G의 부분군일 때 우잉여류와 마찬가지로 좌잉여류도 정의할 수 있다. 즉 $a\in G$에 대해서

$$aH=\{ax\,|\,x\in H\}$$

꼴의 집합을 H의 **좌잉여류**(left coset)라고 부른다. 좌잉여류의 성질은 우잉여류와 마찬가지로 생각할 수 있다. G가 아벨군이 아닌 경우에는 일반적으로 좌잉여류와 우잉여류는 같지 않다.

【예제 8】 $G=GL(2,\ \mathbb{R})$에서 $H=\left\{A\,\middle|\,A=\begin{pmatrix}1 & a\\0 & 1\end{pmatrix},\ a\in\mathbb{R}\right\}$는 G의 부분군이 되었다(4절 예제 7). 여기서 $\begin{pmatrix}0 & 1\\1 & 0\end{pmatrix}$의 우잉여류를 구해보면

$$H\begin{pmatrix}0 & 1\\1 & 0\end{pmatrix}=\begin{pmatrix}1 & a\\0 & 1\end{pmatrix}\begin{pmatrix}0 & 1\\1 & 0\end{pmatrix}=\begin{pmatrix}a & 1\\1 & 0\end{pmatrix}$$

꼴이다. 또 좌잉여류는

$$\begin{pmatrix}0 & 1\\1 & 0\end{pmatrix}H=\begin{pmatrix}0 & 1\\1 & 0\end{pmatrix}\begin{pmatrix}1 & a\\0 & 1\end{pmatrix}=\begin{pmatrix}0 & 1\\1 & a\end{pmatrix}$$

꼴이다. 여기서 $\begin{pmatrix}1 & 1\\1 & 0\end{pmatrix}\in H\begin{pmatrix}0 & 1\\1 & 0\end{pmatrix}$나, $\begin{pmatrix}1 & 1\\1 & 0\end{pmatrix}\not\in\begin{pmatrix}0 & 1\\1 & 0\end{pmatrix}H$이므로 좌잉여류$\neq$ 우잉여류임을 알 수 있다.

다음 정리는 개수를 비교할 때 많이 쓰이므로 꼭 기억하자.

정리 9.5 X는 군 G의 $\varnothing$가 아닌 부분집합이다. 임의의 $a, b\in G$에 대해서

$$Xa=\{xa\mid x\in X\},\ aX=\{ax\mid x\in X\},\ aXb=\{axb\mid x\in X\}$$

라고 하면,

$$|X|=|Xa|=|aX|=|aXb|$$

이다.

증명

$$f: X\to Xa,\ f(x)=xa$$

라고 하면 f는 잘 정의된다. 만일 $f(x_1)=f(x_2)$라고 하면 $x_1a=x_2a$이므로 $x_1=x_2$이다. 따라서 f는 단사이다. 또 임의의 $y\in Xa$에 대해서 $y=ta,\ t\in X$ 꼴이므로

$$f(t)=ta=y$$

따라서 f는 전사이다. X에서 Xa로의 전단사 함수가 존재하므로 $|X|=|Xa|$이다. 마찬가지로 하여 $|X|=|aX|$도 쉽게 증명할 수 있다. 또

$$|aXb|=|(aX)b|=|Xb|=|X|$$

도 금방 알 수 있다. □

위의 정리 9.5에서 우리는 중요한 사실을 알 수 있다. 즉 한 우잉여류의 개수는 다른 우잉여류의 개수와 같다는 사실이다. 즉 군에서 어떤 부분군 H의 한 우잉여류의 원소가 20개이면 다른 모든 우잉여류의 원소도 20개이다. 또 X가 무한일 때도 그 기수는 같으므로 한 우잉여류가 무한집합이면 나머지 모든 우잉여류도 무한이다. 특히 X가 부분군일 경우일 경우가 많으므로 따로 정리로 쓰자.

정리 9.6 H가 군 G의 부분군이면 임의의 $a, b \in G$에 대해서 $|Ha| = |Hb|$이다.

다음 정리는 군에 나오는 정리 중 가장 중요하고 많이 쓰이는 정리이다. 이 정리는 군뿐만 아니라 환, 체 등 대수 전반에 걸쳐서 가장 기본적인 정리이다.

정리 9.7 (Lagrange) H가 유한군 G의 부분군이면 H의 위수는 G의 위수의 약수이다.

증명 우선 두 집합 A, B에서 $A \cap B = \varnothing$이면 $|A \cup B| = |A| + |B|$이다. 또 동치관계에서 동치류는

$$\cup\{\bar{a} \mid a \in G\} = G \text{이고 만일 } \bar{a} \neq \bar{b} \text{면 } \bar{a} \cap \bar{b} = \varnothing$$

이다. 이 정도만 보면 벌써 눈치 빠른 사람은 이 정리의 결론을 알아 차렸을 것이다. 즉 동치관계는 분할을 만들고 각 동치류는 분할의 세포가 된다는 사실을 잘 알고 있을 것이다. H로 만든 동치관계 $\equiv_H$에 의해서 G는 동치류로 분할되고 또 이 동치류는 우잉여류이므로 H의 모든 서로 다른 우잉여류들을 $Hc_1, Hc_2, \cdots, Hc_n$이라고 하면

$$Hc_i \neq Hc_j \quad (i \neq j) \text{이고 } G = \bigcup_{i=1}^{n} Hc_i$$

이다. 따라서

$$|G| = |Hc_1| + |Hc_2| + \cdots + |Hc_n|$$

이다. 그런데 $|Hc_i| = |H|$(모든 $i = 1, \cdots, n$)이므로 결국

$$|G| = n \times |H|$$

이 되어 H의 위수는 G의 위수의 약수이다. 물론 여기서 $n = [G : H]$이다. □

라그랑즈의 정리에서 주어진 군에서 부분군이 되기 위한 조건을 알 수 있다. 예를 들어 군의 위수가 12이면 부분군의 위수는 12의 약수인

1, 2, 3, 4, 6, 12 중 1개이다. 그러나 약수가 된다고 해서 반드시 그와 같은 부분군이 존재하는 것은 아니다. 즉 n가 $|G|$의 약수라 해도 위수가 n인 부분군은 없을 수도 있다. 교대군 A_4는 위수가 12이지만 위수 6인 부분군은 존재하지 않는다.

위의 정리 9.7에 의해서 $|G|=|H|\,[G:H]$이다. 그런데 $[G:H]=|G/H|$이므로 결국

$$|G/H|=\frac{|G|}{|H|}=[G:H]$$

이다.

【예제 9】 군 $(\mathbb{R}, +)$에서 $\mathbb{Z}$는 $\mathbb{R}$의 부분군이 되었다. 동치관계 $\equiv_{\mathbb{Z}}$에서 어떤 두 실수 a, b가 같은 우잉여류가 속할 필요충분조건은 $a-b$가 정수일 때이다. 예를 들어 우잉여류 $\mathbb{Z}+\frac{1}{2}$은 각 정수의 중점들의 집합이다. 이와 같이 따지면 임의의 $0\le a<1$에 대해서 $\mathbb{Z}+a$인 우잉여류가 정해지므로 $[\mathbb{R}:\mathbb{Z}]$는 무한임을 알 수 있다. 실제로 $[\mathbb{R}:\mathbb{Z}]$는 실수 개 만큼 있다.

우리는 지금까지 우잉여류만 가지고 생각했는데 좌잉여류도 우잉여류와 꼭 같이 생각할 수 있다. 즉 H가 G의 부분군일 때 동치관계 $_H\equiv$를 $a\,{}_H\!\equiv b$일 필요충분조건은 $a^{-1}b\in H$라고 하면 $_H\equiv$는 G에서 동치관계가 되고 a의 동치류 $\bar{a}$는 aH가 된다. 물론 집합으로 aH와 Ha는 다를 수도 있다. 그러나 잉여류 하나로 보면 틀리는 집합이지만 전체 좌잉여류의 개수는 항상 우잉여류의 개수와 같다. 즉 $G/_H\equiv=\{aH|a\in G\}$의 개수는 $[G:H]$와 같다.

정리 9.8 H는 G의 부분군이다.

$$G/_H\equiv=\{aH|a\in G\},\ G/H=\{Ha|a\in G\}$$

라고 하면 $|G/H|=|G/_H\equiv|=[G:H]$이다.

증명 함수 f를

$$f : G/H \to G/_{H}\equiv,\ f(Ha) = a^{-1}H$$

라고 하면 f는 잘 정의되고 f는 전단사 함수가 됨을 쉽게 보일 수 있다. 따라서 $|G/H| = |G/_{H}\equiv|$이다. □

주의 위 정리의 증명에서 먼저 f는 함수가 잘 되는지를 살펴야 한다. 동치류를 원소로 가지는 집합에서 함수를 정의할 때는 원소가 집합이므로 $a\neq b$이나 $Ha=Hb$가 되는 경우가 많다. 따라서 $Ha=Hb$이면 $a^{-1}H=b^{-1}H$가 됨을 보여야 한다. 이때 a, b의 값은 같든 틀리든 상관 없다. 예를 들어 f를 $f : G/H \to G$, $f(Ha)=a$라고 하면 f는 절대로 함수가 안된다(물론 $H\neq\{e\}$). 두 번째로 함수 f를 $f(Ha)=aH$라고 하면 더 간단할 것 같은데 그렇게 하지 않는 이유는 이것도 $f(Ha)=aH$라고 하면 f가 함수가 안되는 경우가 생긴다. 즉 $Ha=Hb$이지만 $aH\neq bH$가 되는 수가 있기 때문이다. 따라서 다시 한 번 동치류에서의 함수의 정의는 조심해야 한다.

라그랑즈의 정리를 이용하면 많은 중요한 결과를 얻을 수 있다. 많이 쓰이는 몇 가지 사실을 적어보면

정리 9.9 G의 위수가 n이면
(1) G의 임의의 원소의 위수는 n의 약수이다.
(2) 임의의 $a\in G$에 대해서 $a^n=e$이다.

증명 (1) G의 임의의 원소 a의 위수를 k라고 하면 G의 순환부분군 $H=\langle a\rangle$의 위수도 k이고 따라서 k는 n의 약수가 된다.
(2) (1)에 의해서 n은 $|a|$의 배수이므로 $n=|a|t$로 쓸 수 있다. 따라서

$$a^n = a^{|a|t} = (a^{|a|})^t = e^t = e$$

□

정리 9.10 위수가 소수인 군은 순환군이다.

증명 군 G의 위수가 소수 p라고 하자. $a \neq e$인 원소 a를 택하면 순환부분군 $H = \langle a \rangle$의 위수는 1보다 크다. $\langle a \rangle$의 위수는 소수 p의 약수이므로 결국 $\langle a \rangle$의 위수는 p가 되어 $\langle a \rangle = G$가 될 수밖에 없다. □

비교적 위수가 작은 군을 조사해 보면 위수가 2, 3, 5, 7인 군은 모두 순환군이다. 그러면 위수가 4, 6인 두 군을 생각하면 우선 위수가 4인 군은 앞 군표에서 두 가지가 있었다. 즉 $\mathbb{Z}_4$와 모든 원소의 위수가 2인 Klein 4-군이다. 클라인 4-군은 위수가 4인 원소가 존재하지 않으므로 순환군이 아니다. 그러나 아벨군은 된다. 위수가 6인 군은 우선 순환군인 $(\mathbb{Z}_6, \oplus)$이 있다. 또 앞 예제에서

$$S_3 = \{f \mid f : \{1, 2, 3\} \to \{1, 2, 3\}, f\text{는 전단사함수}\}$$

는 함수합성에 의해서 군이 되었다. 이 군의 위수는 $3! = 6$이고 아벨군이 아니다. 모든 순환군은 아벨군이므로 이 군은 순환군이 아니다.

위수가 8, 9, 10인 군은 분류하기가 조금 어렵다. 위수가 8인 군은 모두 5종류가 있다. 또 위수가 9인 군은 두 종류로써 $(\mathbb{Z}_9, \oplus)$와 $\mathbb{Z}_3 \times \mathbb{Z}_3$이 있다. 이 군은 아벨군이다. 군의 위수가 소수의 제곱이면 항상 아벨군이 된다. 군의 위수에 대해서 좀더 살펴보자.

정의 9.3 G는 군, $a, b \in G$이다.

$$b = gag^{-1}, \ g \in G$$

꼴로 표시될 때 b는 a와 **켤레**(conjugate)라고 부른다.

【예제 10】 S_3에서

$$(1\ 2\ 3)(1\ 3)(1\ 2\ 3)^{-1} = (1\ 2\ 3)(1\ 3)(3\ 2\ 1) = (1\ 2)$$

이므로 $(1\ 2)$는 $(1\ 3)$과 켤레이다.

정리 9.11 군 G에서 관계 $\sim$를 "$a \sim b$일 필요충분조건은 a는 b와 켤레"라고 하면 $\sim$는 G에서 동치관계이다.

증명 (1) 우선 임의의 $a \in G$에 대해서 $a = eae^{-1}$이므로 a는 a와 켤레이다. 따라서 $a \sim a$가 되어 $\sim$는 대칭이다.

(2) 만일 $a \sim b$이면 a는 b와 켤레이므로 $a = xbx^{-1}$, $x \in G$꼴이 될 것이다. 이 식의 왼편에 x^{-1}를, 오른편에 x를 곱하면

$$x^{-1}ax = x^{-1}(xbx^{-1})x = b$$

이므로 $b = x^{-1}a(x^{-1})^{-1}$ 꼴로 쓸 수 있다. 따라서 b는 a와 켤레가 되어 $b \sim a$이다.

(3) 만일 $a \sim b$, $b \sim c$이면

$$a = xbx^{-1},\ b = ycy^{-1},\ x,\ y \in G$$

꼴로 쓸 수 있다. 따라서

$$a = x(ycy^{-1})x^{-1} = (xy)c(y^{-1}x^{-1}) = (xy)c(xy)^{-1}$$

가 되어 $a \sim c$가 된다. 따라서 $\sim$는 G에서 동치관계이다. □

위의 동치관계에 의해서 만들어지는 동치류, 즉 a와 켤레인 모든 원소들의 집합을 특히 켤레류라고 부른다. 즉

정의 9.4 G는 군, $a \in G$이다. $\sim$가 켤레동치관계일 때 a의 동치류

$$\begin{aligned}\bar{a} &= \{x \mid x \sim a\} \\ &= \{x \mid x = gag^{-1},\ g \in G\}\end{aligned}$$

를 a의 켤레류(conjugate class)라고 부른다.

동치관계의 성질에서 두 켤레류 $\bar{a}$, $\bar{b}$는 $\bar{a} = \bar{b}$ 또는 $\bar{a} \cap \bar{b} = \varnothing$이다. 또 $G = \cup\{\bar{a} \mid a \in G\}$가 됨도 당연하다. 켤레류의 정의에서 실제로

$$\overline{a}=\{gag^{-1}|g\in G\}$$

가 됨을 알 수 있다. 만일 G가 아벨군이면 모든 $g\in G$에 대해서 $gag^{-1}=a$이므로 결국 켤레류는 자신 하나의 원소만으로 구성된다. 즉

$$G/\sim=\{\overline{a}|a\in G\}=\{a|a\in G\}=G$$

이다. 다음 정리는 증명할 필요조차 없으므로 그냥 사실만 적겠다.

정리 9.12 G는 군, $a\in G$이고 $\overline{a}$는 a의 켤레류이다.

(1) $\overline{a}=\{a\}$일 필요충분조건은 $a\in Z(G)$이다.

(2) $e\in\overline{a}$면 $a=e$이다.

【예제 11】 대칭군 S_3에서 켤레류를 구해보자. 우선 $(1\ 2)$의 켤레류 $\overline{(1\ 2)}=x(1\ 2)x^{-1}$, $x\in S_3$ 꼴이므로

$$(2\ 3)(1\ 2)(2\ 3)^{-1}=(2\ 3)(1\ 2)(2\ 3)=(1\ 3)$$
$$(1\ 2\ 3)(1\ 2)(1\ 2\ 3)^{-1}=(1\ 2\ 3)(1\ 2)(1\ 3\ 2)=(2\ 3)$$
$$\cdots$$

와 같이 모든 $x\in S_3$에 대해서 계산하면 $\{(1\ 2), (1\ 3), (2\ 3)\}$이 된다. 나머지 $(1\ 2\ 3)$의 켤레류를 구해보면 $\{(1\ 2\ 3), (1\ 3\ 2)\}$가 됨을 알 수 있다. 또 $\overline{e}=\{e\}$이므로 결국 S_3는 3개의 서로 다른 켤레류를 가진다. 각 켤레류의 원소의 개수는 각각 1, 2, 3이다.

위의 예제 11에서 사실 켤레류를 구하기 위해서 일일이 원소 하나 하나를 곱해야 하는데 $(gag^{-1})^n=ga^ng^{-1}$이므로 $b=gag^{-1}$이면 $|b|=|a|$이다. 이 사실을 이용하면 이렇게 하지 않고도 켤레류를 쉽게 구하는 방법이 있다. 나중에 부록 35장 대칭군의 성질에서 자세히 설명하겠다.

정의 9.5 G는 군이고 $a \in G$이다.

$$C(a) = \{x \in G \mid xa = ax\}$$

인 집합을 a의 **중심화군**(centralizer)이라고 부른다.

$C(a)$는 때로는 $Z(a)$ 또는 $N(a)$로도 적는다(연습문제 54의 6번). 정의에서 a와 가환인 모든 원소들의 집합이 a의 중심화군이다. $\langle a \rangle \subset C(a)$가 됨은 당연하다.

【예제 12】 대칭군 S_3에서 $a = (1\ 2\ 3)$이라고 하면 $|a| = 3$이므로 $|C(a)| \geq 3$이다. 실제로 계산해 보면

$$\begin{aligned} C(a) &= \{e,\ a,\ a^2\} = \{e,\ a,\ a^{-1}\} \\ &= \{e,\ (1\ 2\ 3),\ (1\ 3\ 2)\} \end{aligned}$$

는 교대군 A_3이다. 따라서 $C(a)$는 S_3의 부분군이다.

【예제 13】 군 $(\mathbb{Q}^*, \times)$에서 $a = \frac{1}{2}$이라고 하면 임의의 $x \in \mathbb{Q}^*$에 대해서 $\frac{1}{2} \times x = x \times \frac{1}{2}$이므로 결국 $C\left(\frac{1}{2}\right) = \mathbb{Q}^*$가 된다.

만일 G가 아벨군이면 임의의 $a \in G$에 대해서 $C(a) = G$가 됨을 쉽게 알 수 있다. 정의에서 짐작했겠지만 $C(a)$는 G의 부분군이 됨을 다음 정리에서 알 수 있다.

정리 9.13 G는 군, $a \in G$면 $C(a)$는 G의 부분군이다.

증명 $x,\ y \in C(a)$라고 하면 $xa = ax,\ ya = ay$이다. 따라서

$$(xy)a = x(ya) = x(ay) = (xa)y = (ax)y = a(xy)$$

이므로 $xy \in C(a)$이다. 또 $xa = ax$의 양쪽에 x^{-1}를 곱하면

$$x^{-1}(xa)x^{-1} = x^{-1}(ax)x^{-1}$$
$$ax^{-1} = x^{-1}a$$

가 되므로 $x^{-1} \in C(a)$이다. 따라서 $C(a)$는 G의 부분군이다. □

만일 $a \in Z(G)$이면 모든 $x \in G$에 대해서 $ax = xa$이므로 $G = C(a)$이다. 또 $G = C(a)$이면 $a \in Z(G)$이다. 또 앞 정리 9.12에서 $\bar{a} = \{a\}$일 필요충분조건은 $a \in Z(G)$이므로 결국 다음과 같은 정리를 얻을 수 있다.

정리 9.14 G는 군, $a \in G$이면 다음은 동치이다. 여기서 $\bar{a}$는 a의 켤레류이다.

(1) $\bar{a} = \{a\}$ (2) $a \in Z(G)$

(3) $G = C(a)$ (4) $[G : C(a)] = 1$

위 정리 9.14에서

$$|\bar{a}| = 1 = [G : C(a)]$$

가 되었는데 이것은 위수가 1이 아니라도 성립한다.

정리 9.15 G는 군, $a \in G$이다. $\bar{a}$가 a의 켤레류이면

$$|\bar{a}| = [G : C(a)]$$

이다.

증명 특히 $|\bar{a}| = 1$인 경우는 위의 정리 9.14와 같이 간단히 알 수 있다. 일반적으로 증명해 보자. 우선

$$[G : C(a)] = |G/C(a)|, \quad \bar{a} = \{xax^{-1} | x \in G\}$$

이다. 여기서 $G/C(a) = \{C(a)g | g \in G\}$는 $C(a)$의 우잉여류의 집합임을 잘 기억해야 한다. $\bar{a}$에서 $G/C(a)$로의 함수 π를

$$\pi : \overline{a} \to G/C(a), \ \pi(xax^{-1}) = C(a)x^{-1}$$

라 정의하자. 우선 π가 잘 정의됨을 보이자. 만일 $xax^{-1} = yay^{-1}$면 식의 양변 오른쪽에 y, 왼쪽에 x^{-1}를 곱하면

$$x^{-1}(xax^{-1})y = x^{-1}(ya)y^{-1}y$$

가 되어 $a(x^{-1}y) = (x^{-1}y)a$이다. 따라서 $x^{-1}y \in C(a)$이므로 $x^{-1}(y^{-1})^{-1} \in C(a)$이고 앞 정리 9.3에서 $C(a)x^{-1} = C(a)y^{-1}$가 되어 π는 함수가 된다.

다시 π가 단사임을 보이자. 단사는 π가 함수가 되는 것의 역이 된다. 즉 $xax^{-1} = yay^{-1}$일 때 $C(a)x^{-1} = C(a)y^{-1}$가 되면 함수가 되고 $C(a)x^{-1} = C(a)y^{-1}$일 때 $xax^{-1} = yay^{-1}$면 π가 단사이다. 위에서 한 것을 거꾸로 적어보면 $C(a)x^{-1} = C(a)y^{-1}$이므로

$$x^{-1}y = x^{-1}(y^{-1})^{-1} \in C(a)$$

따라서 $(x^{-1}y)a = a(x^{-1}y)$이다. 왼편에 x, 오른편에 y^{-1}를 곱하면

$$x(x^{-1}y)ay^{-1} = xa(x^{-1}y)y^{-1}$$

가 되어 $yay^{-1} = xax^{-1}$가 된다. 마지막으로 임의의 $C(a)g \in G/C(a)$에 대해서

$$(g^{-1})a(g^{-1})^{-1} \in \overline{a}$$

이므로

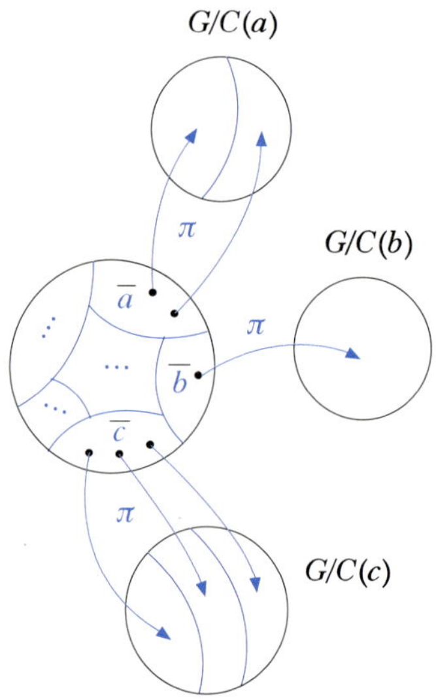

[그림 9.1]

$$\pi(g^{-1}a(g^{-1})^{-1})=C(a)(g^{-1})^{-1}=C(a)g$$

따라서 π는 전사이다. π는 $\bar{a}$에서 $G/C(a)$로의 전단사함수이므로

$$|\bar{a}|=|G/C(a)|=[G:C(a)]$$

이다. □

위의 정리 9.15에 의해서 G에서 임의의 켤레류 $\bar{a}$의 위수는 $|G|$의 약수가 됨을 알 수 있다. 앞의 S_3에서도 3개의 서로 다른 켤레류의 개수는 각각 1, 2, 3으로 모두 6의 약수였다. G를 유한군이라고 하고 $\overline{a_1}$, $\overline{a_2}$, $\cdots$, $\overline{a_n}$를 G의 서로 다른 켤레류라고 하면 동치관계의 성질에서 이것들은 G를 분할하므로 $G=\bigcup_{i=1}^{n}\overline{a_i}$이고 이 켤레류들은 모두 서로 소이다. 따라서

$$|G|=|\overline{a_1}|+|\overline{a_2}|+\cdots+|\overline{a_n}|$$

이다. 한편, 위 정리 9.15에서 $|\overline{a_i}|=[G:C(a_i)]$이므로

$$|G|=[G:C(a_1)]+[G:C(a_2)]+\cdots+[G:C(a_n)]$$

이 된다. 이 식을 **류 방정식**(class equation)이라고 부르는데 이 식을 조금 변경하면 다음과 같이 쓸 수 있다.

정리 9.16 (류 방정식) G가 유한군이면

$$|G|=|Z(G)|+[G:C(a_1)]+[G:C(a_2)]+\cdots+[G:C(a_m)]$$

이다. 단, 여기서 $a_i\notin Z(G)$이고 따라서 $\overline{a_1}$, $\cdots$, $\overline{a_m}$는 $[G:C(a_i)]\geq 2$인 G의 서로 다른 켤레류이다.

증명 앞 정리 9.14에서 $a\in Z(G)$일 필요충분조건은 $\bar{a}=\{a\}$이다. 따라서 $Z(G)$의 원소는 그 원소 하나하나가 켤레류가 된다. 즉

$$Z(G)=\{a\,|\,\bar{a}=\{a\}\}=\{a\,|\,|\bar{a}|=1\}$$

로 쓸 수 있으므로 켤레류를 원소가 1개 뿐인 것과 2개 이상인 것으로 분리하여 생각하면

$$\begin{aligned} G &= \overline{a_1} \cup \overline{a_2} + \cdots \cup \overline{a_n} \\ &= \{\overline{a} \mid |\overline{a}| = 1\} \cup \{\overline{a} \mid |\overline{a}| \geq 2\} \end{aligned}$$

이다. 따라서 $G = Z(G) \cup \{\overline{a} \mid |\overline{a}| \geq 2\}$ 이고 또 서로소이므로 결국

$$\begin{aligned} |G| &= |Z(G)| + \sum_{|\overline{a}| \geq 2} |\overline{a}| \\ &= |Z(G)| + \sum [G : C(a)] \quad (\text{단 } [G : C(a)] \geq 2) \end{aligned}$$ □

물론 G가 아벨군이면 $G = Z(G)$이므로 이때는 위수가 2 이상인 켤레류는 없다. 즉 그냥 $|G| = |Z(G)|$이다.

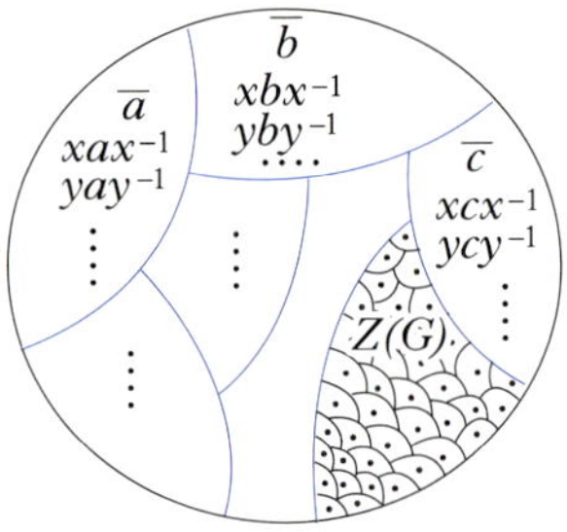

[그림 9.2]

문제 1 $|G| = p^n$ 이면 $|Z(G)|$는 p의 배수임을 보여라.

풀이 류방정식에서

$$|G| = |Z(G)| + \sum [G : C(a)] \quad (\text{단, } [G : C(a)] \geq 2)$$

이다. 그런데 $[G : C(a)]$는 $|G| = p^n$의 약수이고 2 이상이므로 결국 p의 배수이다. 따라서

$$|G| = |Z(G)| + k_1 p + k_2 p + \cdots + k_m p = |Z(G)| + pk$$

이 되므로 $|Z(G)|$는 p의 배수이다. ■

S_3에서 모든 켤레류 $\overline{a}$의 위수는 각각 1, 2, 3이었다. 따라서 $1+2+3=6$이 된다. 여기서 물론 $Z(G) = \{e\}$ 한 개뿐이므로 $|Z(G)| = 1$이다.

정리 9.17 $|G|=p^2$, p는 소수이면 G는 아벨군이다.

증명 $|Z(G)|$는 라그랑즈 정리에서 p^2의 약수이므로 1, p 또는 p^2이다. 또 앞 문제 1에서 p의 배수이므로 결국 $|Z(G)|=p$ 또는 p^2이다. 만일 $|Z(G)|=p$이면 $a\in G-Z(G)$인 원소가 존재할 것이다. 또

$$Z(G)\subset C(a),\ \ a\in C(a)$$

이므로 결국 $|C(a)|=p^2$이 될 수 밖에 없다. 그러면 $C(a)=G$가 되는데 이것은 또 정리 9.14에 의해서 $a\in Z(G)$가 되어 모순이다. 이래저래 모순이므로 결국은 $|Z(G)|\neq p$이 되어 $|Z(G)|=p^2$, 즉 $G=Z(G)$이다. □

라그랑즈(Lagrange, Joseph Louis, 1736~1813)

라그랑즈는 오일러와 더불어 18세기의 가장 유명한 수학자 중 한 사람이다. 그는 이탈리아 토리노(Turin)에서 태어나 1753년 그곳 무관학교 교관이 되었다. 1766년 오일러가 베를린을 떠난 후 프레데릭 대제로부터 초청을 받아 프러시아로 가서 그후 20년 동안 오일러의 후임으로 베를린 대학 수학과장직을 역임하였다. 1787년 베를린을 떠나 파리로 온 그는 그 이후 평생 파리에서 살게된다. 그 당시 프랑스는 정치적으로 매우 불안정했지만 그는 신설된 고등사범학교(에콜 노르말 쉬페리외르) 교수를 거쳐 1795년 새로 설립된 파리 이공대학(에콜 폴리테크)의 초대총장이 되었다.

이 대학은 이후 프랑스의 많은 유명한 수학자를 배출한 명문대학이 되었다. 많은 영토를 정복한 나폴레옹은 각 지역마다 서로 다른 측량단위로 인하여 세금징수에 매우 큰 어려움을 겪게되자 도량형을 통일할 필요성을 느끼게 되었다. 이 일을 책임진 그는 적도 길이를 기준으로 미터법을 제정하여 지금도 우리가 사용하는 표준 도량형을 만들었다. 이 공로로 그는 공화정 말기 백작지위를 받았다. 당시 수학자와 매우 친했던 나폴레옹은 "라그랑즈는 수학계의 고고한 피라미드와 같다"라고 그를 치켜세웠다.

프랑스 대혁명 직후 혼란기에 하루 8000명씩이나 단두대에서 처형을 하는 와중에 그의 절친한 동료인 화학자 라봐지에르를 잃은 그는 "그의 목을 자르는데는 1분도 걸리지 않았지만 화학은 1세기나 후퇴를 하고 말았다."라고 군중들의 무지함에 분개하였다.

그후로 그는 매우 우울하고 처량한 세월을 보냈는데 뜻밖에도 56세 때에 거의 40살 연하의 여성과 결혼하게 되었다. 이 젊은 여성은 그의 친구인 천문학자 레모니르의 딸이었다. 이 처녀는 라그랑즈가 너무 측은하고 불쌍하게 보여서 여러 사람의 반대에도 불구하고 계속 청혼을 하여 결국 라그랑즈는 못이기는 척하고 허락을 하였다. 둘은 결혼하여 매우 행복하게 잘 살았다.

라그랑즈는 후세 수학자에게 많은 영향을 미쳤는데 그때까지만 해도 수학에서 무한대나 수, 극한 등의 정의가 명확하지 않았다. 우리가 오늘날 사용하는 도함수 $f'(x), f''(x)$ 등은 모두 그의 표시방식이다. 오일러와 라그랑즈는 매우 상반되는 점이 있는데 오일러는 직관적이고 과감한 면이 있고 또 수학의 여러 분야를 섭렵한데 반하여 그는 매우 꼼꼼하고 집중적이었다. 그래서 후세의 사람들은 오일러를 자유분방한 하이페츠에, 라그랑즈를 고뇌의 악성 베토벤에 비유하곤 한다.

그는 그의 유명한 저서 "해석역학"에서 뉴턴의 운동방정식을 보다 일반적인 미분방정식으로 풀이하여 프랑스의 뉴턴이라는 칭송을 받기도 하였다. 이외에도 치환군을 이용한 5차 방정식에 관한 연구는 아벨과 갈루아에게 많은 영향을 미쳤다.

연습문제(9)

1. (1) $G=(\mathbb{Z}_{48}, \oplus)$에서 $H=\langle\overline{32}\rangle$일 때 $[G:H]$를 구하여라.
   (2) $G=(\mathbb{Z}_{54}, \oplus)$에서 $H=\langle\overline{24}\rangle$일 때 $[G:H]$를 구하여라.

2. $G=\mathbb{Z}_6\times\mathbb{Z}_4$이다. $H=\langle\overline{2}\rangle\times\langle\overline{2}\rangle$일 때 $[G:H]$를 구하여라.

3. $|G|=8$이고 G는 순환군이 아니다. 모든 $g\in G$에 대해서 $g^4=e$임을 보여라.

4. H, K는 G의 부분군이고 $|H|=12$, $|K|=5$이다. $H\cap K=\{e\}$임을 보여라.

5. $|G|=pq$, $p\neq q$, p, q는 소수이다. G의 모든 진부분군은 순환군임을 보여라.

6. $|G|=p^2$, p는 소수이다. G는 위수 p인 부분군을 가짐을 보여라.

7. $G=S_3$, $H=\langle(1\ 2)\rangle$, $K=\langle(1\ 2\ 3)\rangle$이다.
   (1) $Ha\cap aH=\{a\}$인 $a\in G$를 구하여라.
   (2) $\{g\in G\,|\,gH=Hg\}=H$임을 보여라.
   (3) 모든 $x\in G$에 대해서 $xK=Kx$임을 보여라.

8. 위수가 4인 군은 두 종류밖에 없음을 보여라.

9. $[G:H]=m$, $[G:K]=n$이고 $\gcd(m, n)=1$이면 $G=HK$임을 보여라.

10. $|G|=2(2n+1)$, G는 아벨군이다. 위수가 2인 원소는 단 한 개 있음을 보여라.

11. $|G|=pq$, $p>q$, p, q는 소수이다. 위수가 p인 부분군은 기껏해야 한 개임을 보여라.

12. H는 G의 부분군이다. $Ha\neq H$이면 Ha는 G의 부분군이 아님을 증명하여라.

13. 위수가 6인 군은 두 종류밖에 없음을 증명하여라.

14. G는 위수가 홀수인 아벨군이다. G의 모든 원소의 곱은 e임을 보여라.

15. 군 G에서 $Z(G)=C(g)$인 원소 g가 존재하면 G는 아벨군임을 보여라.
단 $C(g)=\{x\in G \mid xg=gx\}$ 이다.

16. G는 유한군이다. $[G:Z(G)]$는 소수가 아님을 증명하여라.

17. (Wilson 정리) p가 소수이면 $(p-1)!\equiv -1 \pmod{p}$임을 보여라.

18. 위수가 17인 군은 모두 몇 가지인가?

19. φ는 Euler 함수이다. $n=\sum_{d\mid n}\varphi(d)$을 증명하여라.

20. G가 진부분군이 없다면 G는 위수가 소수인 유한군임을 보여라.

21. $|G|=n$이고 n은 3의 배수가 아니다. 모든 $a, b\in G$에 대해서 $(ab)^3=a^3b^3$이면 G는 아벨군임을 증명하여라.

22. $a\in G$, $|a|$는 p의 배수, p는 소수이다. G는 위수 p인 원소를 가짐을 보여라.

23. $[G:H]$는 유한이다. aHa^{-1}꼴의 부분군은 유한개만 존재함을 보여라.

24. G는 아벨군, H, K는 G의 부분군으로 $|H|=m$, $|K|=n$이다. 위수가 $\text{lcm}(m, n)$인 부분군을 찾아라.

10 준동형사상
(Homomorphism)

우리가 어떤 군을 조사할 때 다른 군과 비교하여 서로 다른 독특한 성질을 찾음으로써 이 군의 성격을 파악한다. 보통 비교할 수 있는 것이 위수, 부분군의 개수, 연산 등이 있는데 두 군을 비교하는 가장 좋은 방법은 두 군 사이에 함수를 만드는 것이다. 집합에서는 단지 함수만으로 충분하지만 군에서는 군마다 독특한 연산이 있으므로 이 연산까지 포함하여 함수를 생각하여야 한다. 군은 집합보다는 훨씬 복잡한 대상이다. 이와 같이 연산까지 생각한 함수를 준동형사상이라고 부른다. 여기 $(G, *)$와 $(H, \cdot)$가 군이라고 하자. $a, b \in G$, f가 G에서 H로의 함수이면 $f(a)$, $f(b)$, $f(a*b)$는 모두 H의 원소이다. 이때 $f(a)\cdot f(b)$와 $f(a*b)$와의 관계는 연산에 따라서 달라진다. 즉 $f(a*b)$는 G에서 연산 후의 함수값이고 $f(a)\cdot f(b)$는 각 함수값을 H에서 연산한 값이다. 이 두 값이 같을 때 우리는 함수 f는 연산을 보존(preserve)한다고 한다. 연산을 보존해야만 양쪽 군 아무데서나 연산해도 결과가 같으므로 이래서 준동형이 생긴 것이다. 정의는 간단한다.

정의 10.1 군 $(G, *)$에서 군 $(H, \cdot)$로의 함수 f가 모든 $a, b \in G$에 대해서

$$f(a*b) = f(a)\cdot f(b)$$

를 만족할 때 f를 준동형사상(homomorphism)이라고 부른다.

위의 정의를 자세히 들여다보면 이 등식의 왼편 항 $f(a*b)$는 두 원소 a, b를 G에서의 연산으로 계산한 다음 함수 f의 값이고 오른편 항 $f(a)\cdot f(b)$는 H에서 연산한 값이다. 앞으로 두 군 $(G, *)$와 $(H, \cdot)$에서 연산을 일일이 쓰지 않더라도 혼동이 없으면 우리는 연산을 무시하고 그냥 간단히 G, H로 나타낸다. 또 준동형사상도 그냥 $f(ab)=f(a)f(b)$로 연산을 생략하고 쓴다. 그러나 만일 연산을 생략해서 혼동이 생길 때는 연산을 같이 써준다.

【예제 1】 $f: G \to G$, $f(x)=x$, 즉 G의 항등함수 f는 $f(ab)=ab$, $f(a)f(b)=ab$이므로 준동형사상이다.

【예제 2】 $f: (\mathbb{Z}, +) \to (\mathbb{R}^*, \times)$, $f(n)=3^n$이라고 하면

$$f(m+n)=3^{m+n}=3^m \times 3^n = f(m)\times f(n)$$

이므로 f는 준동형사상이다.

【예제 3】 $f: GL(2, \mathbb{R}) \to (\mathbb{R}^*, \times)$, $f(A)=|A|$ (A의 행렬식)라고 하면

$$f(AB)=|AB|=|A|\,|B|$$

따라서 f는 준동형사상이다.

【예제 4】 대칭군 S_n에서

$$f: S_n \to (\{1, -1\}, \times),\ f(\theta)=\begin{cases} 1 & \theta\text{가 우치환일 경우} \\ -1 & \theta\text{가 기치환일 경우} \end{cases}$$

라고 하면

$$f(ab)=f(a)f(b)$$

이므로 f는 준동형사상이다

【예제 5】 $f: \mathbb{Z} \to \mathbb{Z}$, $f(n)=n+2$는

$$f(m+n)=m+n+2$$
$$f(m)+f(n)=(m+2)+(n+2)$$

이므로 준동형사상이 아니다. 그러나 $f: \mathbb{Z} \to \mathbb{Z}$, $f(n)=2n$은 준동형사상이다.

【예제 6】 $f: (\mathbb{Q}^*, \times) \to (\mathbb{Q}, +)$, $f(x)=x$는

$$f(xy)=xy \neq x+y$$

이므로 준동형사상이 아니다.

【예제 7】 $f: \mathbb{Z} \to \mathbb{Z}_n$, $f(a)=\bar{a}$는

$$f(a+b)=\overline{a+b}=\bar{a}\oplus\bar{b}$$

이므로 준동형사상이다.

【예제 8】 $f: G\times H \to G$, $f(a, b)=a$는 준동형사상이다.

【예제 9】 $f: \mathbb{Z}_6 \to \mathbb{Z}_{10}$, $f(\bar{a})=\bar{a}$는 준동형사상이 아니다. 왜냐하면

$$f(\bar{4}\oplus\bar{2})=f(\bar{0})=\bar{0}\text{이다. 그러나 } f(\bar{4})\oplus f(\bar{2})=\bar{4}\oplus\bar{2}=\bar{6}$$

이다.

정의 10.2 군 G에서 군 H로의 함수 f가 전단사인 준동형사상일 때 f를 **동형사상**(isomorphism)이라고 한다. 또 두 군 G와 H 사이에 동형사상이 존재할 때 G와 H는 **동형**(isomorphic)이라고 하고 $G\cong H$로 적는다.

예제 1에서 알 수 있듯이 모든 군 G는 자신과 동형이다. 즉 $G\cong G$이다. 특히 군 G 자신에서 자신으로의 동형사상을 **자기동형사상**(automorphism) 또는 **자동사상**이라고 부른다. 군 G의 자기동형사상의 집합을 $\text{Aut}\, G$로 적는다. 당연히 $\text{Aut}\, G$는 대칭군 S_G의 부분집합이다.

【예제 10】 $a \in G$, $f : G \to G$, $f(x) = axa^{-1}$는 G의 자기동형사상이다.

【예제 11】 $f : (\mathbb{Z}_2, \oplus) \to (\{1, -1\}, \times)$, $f(\bar{0}) = 1$, $f(\bar{1}) = -1$라고 하면 f는 동형사상이다. 따라서 $(\mathbb{Z}_2, \oplus) \cong (\{1, -1\}, \times)$이다.

두 군 G와 H가 동형이면 우선 G의 위수와 H의 위수는 같아야 한다. 따라서 두 군이 동형이냐 아니냐를 살필 때 첫째로 위수가 다르면 절대로 동형이 될 수 없다. 만일 위수가 같으면 다음으로 동형사상을 찾아본다. 실제로 두 군이 동형이면 양쪽의 연산이 다르고 집합의 원소는 다르더라도 대수적으로는 99% 같은 군으로 봐도 된다. 사실 대수에서는 원소의 이름이나 연산의 모양이 중요한 것이 아니라 연산한 값이 중요하다. 군 $(G, *)$의 모든 원소의 이름 a를 a'으로 바꾸고 또 연산 $*$를 $\otimes$으로 바꾼다면(연산은 아무것이나 써도 된다) 결국 G에서 $a * b$는 이름을 바꾼 군 G'에서 $a' \otimes b'$가 될 것이다. 그러나 실제로는 G와 G'는 같은 군이다. 이 경우 우리는 $(G, *)$에서 $(G', \otimes)$로의 함수 f를 $f(a) = a'$라 생각하면 f는 동형사상이고 $(G, *) \cong (G', \otimes)$이다. 그러나 집합으로 원소가 다르므로 $(G, *) = (G', \otimes)$로 쓸 수는 없다. 단지 G와 G'의 차이는 이름이 바뀌어졌고 연산의 모양이 다른 것뿐이지 실제로는 같은 것이다. 결국 두 군 G와 H가 동형이면 G에서 H로의 동형사상 f가 존재할 것이고 G의 원소 a를 $f(a)$로 바꾸면 G는 H와 같은 군으로 생각할 수 있다. 즉 동형이면 원소의 이름이 다르고 연산의 형태가 다른 것뿐이다.

앞으로 동형인 군은 같은 군으로 생각해도 좋다. 그래서 군의 종류를 따질 때는 동형인 군은 같은 군으로 생각하고 동형이 아닌 군이 몇 개이냐를 조사한다.

【예제 12】 $(\mathbb{Z}_5, \oplus)$와 $(\mathbb{Z}_4, \oplus)$는 위수가 각각 5, 4이므로 전단사함수가 존재할 수 없다. 따라서 동형이 아니다.

【예제 13】 $(S_3, \circ)$과 $(\mathbb{Z}_6, \oplus)$는 동형이 아니다. 그 이유는 우선 위수는 같다. 그러나 S_3은 아벨군이 아니고 $\mathbb{Z}_6$은 아벨군이다. 아벨군의 동형은 항상 아

벨군이다.

【예제 14】 $(\mathbb{R}, +)$와 $(\mathbb{R}^+, \times)$는

$$f : (\mathbb{R}, +) \to (\mathbb{R}^+, \times),\ f(x) = 3^x$$

라 하면 f는 전단사이고 또 준동형사상이다. 따라서 $(\mathbb{R}, +) \cong (\mathbb{R}^+, \times)$이다.

【예제 15】 $(\mathbb{Q}, +)$와 $(\mathbb{Q}^+, \times)$는 동형이 아니다. 왜냐하면 만일 $(\mathbb{Q}, +) \cong (\mathbb{Q}^+, \times)$이면 동형사상 $f : \mathbb{Q} \to \mathbb{Q}^+$가 존재할 것이다. f는 전사이므로 $f(x) = 3$인 $x \in \mathbb{Q}$가 있을 것이고 $\frac{x}{2} \in Q$이므로 $f\left(\frac{x}{2}\right) \in \mathbb{Q}^+$이다.

$$f\left(\frac{x}{2} + \frac{x}{2}\right) = f(x) = 3,\ f\left(\frac{x}{2} + \frac{x}{2}\right) = f\left(\frac{x}{2}\right) \times f\left(\frac{x}{2}\right)$$

이므로 $f\left(\frac{x}{2}\right) = \sqrt{3}$이다. 그러나 $\sqrt{3} \notin \mathbb{Q}^+$이므로 있을 수 없다.

【예제 16】 군 $\mathbb{Z}_4$와 $\mathbb{Z}_2 \times \mathbb{Z}_2$는 동형이 아니다. 둘 다 모두 위수는 4이지만 $\mathbb{Z}_4$는 순환군이다. 그러나 $\mathbb{Z}_2 \times \mathbb{Z}_2$는 순환군이 아니다.

위의 예제에서 알 수 있지만 두 군이 동형이면 두 군은 같은 구조(structure)를 가짐을 알 수 있다. 또 만일 두 군 G와 H가 동형이고 G에서의 연산이 너무 어렵거나 불가능하면 동형사상 $f(ab) = f(a)f(b)$를 이용하여 a, b를 각각 H로 보낸 값 $f(a)f(b)$를 계산하여 다시 이 값의 원상 $f^{-1}[f(a)f(b)]$를 구하면 이 값이 ab와 동일하므로 쉽게 구할 수 있다. 선형대수에서 이런 방법이 가끔 쓰인다.

정리 10.1 $f : G \to H,\ g : H \to K$에서

(1) f, g가 각각 준동형(동형)사상이면 $g \circ f$도 준동형(동형)사상이다.

(2) f가 동형사상이면 $f^{-1} : H \to G$도 동형사상이다.

증명 (1) 임의의 $a, b \in G$에 대해서

$$\begin{aligned}(g \circ f)(ab) &= g(f(ab))\\ &= g(f(a)f(b))\\ &= g(f(a))g(f(b))\\ &= (g \circ f)(a)(g \circ f)(b)\end{aligned}$$

f, g가 전단사이면 물론 $g \circ f$도 전단사이다.

(2) f는 전단사함수이므로 $f^{-1}: H \to G$가 존재한다. 임의의 $a, b \in H$에 대해서 $f^{-1}(ab) = f^{-1}(a)f^{-1}(b)$임을 보이자.

$$f(f^{-1}(ab)) = (f \circ f^{-1})(ab) = ab = f(f^{-1}(a))f(f^{-1}(b)) = f(f^{-1}(a)f^{-1}(b))$$

f는 단사이므로 $f^{-1}(ab) = f^{-1}(a)f^{-1}(b)$이다. □

위의 정리에 의해서 군에서 동형 $\cong$는 동치관계가 됨을 알 수 있다. 즉 $G \cong G$, $G \cong H$면 $H \cong G$, $G \cong H$, $H \cong K$면 $G \cong K$이다. 준동형사상에 대한 몇 가지 기본정리를 알아보자.

정리 10.2 G, H는 군, e, e'는 각각 G와 H의 항등원이다. $a \in G$, $f: G \to H$가 준동형사상이면

(1) $f(e) = e'$이다.

(2) $f(a^{-1}) = (f(a))^{-1}$이다.

(3) 임의의 정수 n에 대해서 $f(a^n) = (f(a))^n$이다.

(4) $|f(a)|$는 $|a|$의 약수이다.

(5) I가 G의 부분군이면 I의 상(image)

$$f(I) = \{f(g) \mid g \in I\}$$

는 H의 부분군이다.

(6) J가 H의 부분군이면 J의 역상(inverse image), 또는 원상(preimage)

$$f^{-1}(J) = \{g \in G \mid f(g) \in J\}$$

는 G의 부분군이다.

증명 (1) H에서 $f(e)f(e)=f(ee)=f(e)=f(e)e'$이므로 소거법칙에 의해서 $f(e)=e'$이다.

(2) 우리는 a가 b의 역원임을 보이기 위해서는 $ab=e$임을 보이면 된다. 따라서 $f(a^{-1})$와 $f(a)$를 곱해보면 H에서

$$f(a^{-1})f(a)=f(a^{-1}a)=f(e)=e'=(f(a))^{-1}f(a)$$

이므로 소거법칙에 의해서

$$f(a^{-1})=(f(a))^{-1}$$

(3) $n=0$이면 (1)번이다. $n\geq 1$일 경우 수학적 귀납법을 사용하자. 우선 $n=1$이면 당연하다. $n-1$일 때 성립한다고 가정하면

$$f(a^n)=f(aa^{n-1})=f(a)f(a^{n-1})=f(a)(f(a))^{n-1}=(f(a))^n$$

따라서 $n\geq 1$인 모든 정수에서 성립한다. $n<0$일 경우 $m=-n$이라 두면 $m>0$이다. 따라서 $a^n=a^{-m}=(a^{-1})^m$이므로

$$f(a^n)=f((a^{-1})^m)=(f(a^{-1}))^m=((f(a))^{-1}))^m=(f(a))^m$$

이 성립한다.

(4) $|a|=m$이면 $a^m=e$이다. 따라서 $(f(a))^m=f(a^m)=f(e)=e'$는 H의 항등원이므로 $f(a)$의 위수는 m의 약수이다.

(5) $e\in I$이므로 $e'=f(e)\in f(I)$이다. 따라서 $f(I)\neq\varnothing$이다. $y, z\in f(I)$라고 하면 $y=f(g)$, $z=f(h)$인 원소 $g, h\in I$가 존재한다.

$$yz=f(g)f(h)=f(gh)$$

이고 $gh\in I$이므로 $f(gh)\in f(I)$. 따라서 $f(I)$는 닫혀있다(closed). 마지막으로

$$y^{-1}=(f(g))^{-1}=f(g^{-1})$$

$g^{-1}\in I$이므로 $f(g^{-1})\in f(I)$가 되어 역원에 대해서도 닫혀있다. 따라서 $f(I)$는 H의 부분군이다.

(6) $f(e)=e'\in J$이므로 $e\in f^{-1}(J)$가 되어 $f^{-1}(J)\neq\varnothing$이다. $g, h\in f^{-1}(J)$라고 하면 $f(g), f(h)\in J$이다. J는 H의 부분군이므로 $f(gh)=f(g)f(h)\in J$이므로 $gh\in f^{-1}(J)$이다. $f(g^{-1})=(f(g))^{-1}$ 역시 J의 원소이므로 $g^{-1}\in f^{-1}(J)$이다. 따라서 $f^{-1}(J)$는 G의 부분군이다. □

따름정리 10.3 G, H는 군, $f: G \to H$는 준동형사상, e는 H의 항등원이면

$$f^{-1}(e) = \{g \in G \mid f(g) = e\}$$

는 G의 부분군,

$$\mathrm{Im}\ f = f(G) = \{f(g) \mid g \in G\}$$

는 H의 부분군이다.

따름정리 10.4 두 군 G, H가 동형이고 $f: G \to H$가 동형사상이면 다음이 성립한다.

(1) 임의의 $a \in G$에 대해서 $|a| = |f(a)|$이다.

(2) G가 아벨군이면 H도 아벨군이다.

(3) G가 순환군이면 H도 순환군이다.

증명 (1) 앞에서 $|f(a)|$는 $|a|$의 약수가 되었다. 또 $f^{-1}: H \to G$도 동형사상이므로 $f^{-1}(f(a))$의 위수는 $f(a)$의 위수의 약수이다. $f^{-1}f(a) = a$이므로 결국 $|a| = |f(a)|$이다.

(2) 임의의 $y, z \in H$에 대해서 $f(a) = y, f(b) = z$인 $a, b \in G$가 존재한다. $ab = ba$이므로

$$yz = f(a)f(b) = f(ab) = f(ba) = f(b)f(a) = zy$$

따라서 H는 아벨군이다.

(3) $G = \langle g \rangle$라고 하면 $H = \langle f(g) \rangle$가 됨을 보이자. 임의의 $y \in H$에 대해서 $y = f(x)$인 $x \in G$가 존재한다. $G = \langle g \rangle$이므로 $x = g^m$로 쓸 수 있다. 따라서

$$y = f(x) = f(g^m) = (f(g))^m \in \langle f(g) \rangle$$

이므로 $H = \langle f(g) \rangle$이다. □

$f: G \to H$가 준동형사상이면 H의 항등원 $\{e\}$는 H의 부분군이고 따라서 e의 원상들의 집합 $f^{-1}(e) = \{x \in G \mid f(x) = e\}$는 G의 부분군이다. 특히 이 부분군은 자주 나오므로 특별한 이름이 있다.

정의 10.3 G, H는 군, $f: G \to H$가 준동형사상, e는 H의 항등원이다. 이때 G의 부분군

$$f^{-1}(e) = \{g \in G \mid f(g) = e\}$$

를 f의 핵(kernel)이라고 하고 $\text{Ker} f$로 표시한다.

【예제 17】 $f: \mathbb{Z} \to (\mathbb{Z}_n, \oplus)$, $f(a) = \overline{a}$라고 하면

$$\text{Ker} f = \{m \in \mathbb{Z} \mid \overline{m} = \overline{0}\} = n\mathbb{Z}$$

【예제 18】 $f: (\mathbb{Z}_8, \oplus) \to (\mathbb{Z}_4, \oplus)$, $f(\overline{a}) = \overline{a}$라고 하면

$$\text{Ker} f = \{\overline{a} \mid f(\overline{a}) = \overline{0}\} = \{\overline{0}, \overline{4}\}$$

【예제 19】 $f: (\mathbb{Z}, +) \to (\mathbb{Q}^*, \times)$, $f(n) = 3^n$라고 하면

$$\text{Ker} f = \{0\}$$

이다.

정리 10.5 $f: G \to H$는 준동형사상이다.
(1) f가 단사일 필요충분조건은 $\text{Ker} f = \{e\}$이다.
(2) f가 전사일 필요충분조건은 $\text{Im} f = H$이다.

증명 e와 e'은 각각 G와 H의 항등원이라고 하자.
(1) f가 단사라고 하자. $f(e) = e'$이므로 $e \in \text{Ker} f$이다. 만일 $x \in \text{Ker} f$라고 하면 $f(x) = e' = f(e)$이므로 $x = e$가 된다. 따라서 $\text{Ker} f = \{e\}$이다.
역으로 $\text{Ker} f = \{e\}$라고 하자. 만일 $f(a) = f(b)$이면

$$f(ab^{-1}) = f(a)f(b)^{-1} = e'.$$

따라서 $ab^{-1} \in \text{Ker} f = \{e\}$이다. 결국 $a = b$가 되어 f는 단사이다.
(2) 당연하다. □

두 군이 동형인지 아닌지 구별하는 특별한 공식은 없다. 우선 두 군이 동형임을 밝히려면 모든 경험과 감(feel)을 총동원해서 동형사상이 될 것 같은 함수 f를 택한다. 그 후 이 함수가 전단사이고 $f(ab)=f(a)f(b)$임을 만족시키는지 확인한다. 예를 들어 $(\mathbb{R}^+, \times)$와 $(\mathbb{R}, +)$가 동형임을 보이기 위해서는 모든 양의 실수와 모든 실수가 일대일 대응되면서 곱이 합으로 변하는 함수를 찾아야 한다.

바로 생각나는 것이 $f(x)=\log x$ 또는 $f(x)=a^x$꼴의 함수이다. 실제로 두 군이 동형이라는 것을 밝히기보다는 오히려 동형이 아님을 보이기가 훨씬 더 쉽다. 동형임을 밝히기 위해서는 동형사상을 찾아야 하지만 동형이 안 되는 경우는 여러 가지가 있기 때문이다. 우선 살펴볼 것은

(1) 두 군의 위수가 같은가
(2) 두 군이 모두 가환인가, 또는 순환하는가
(3) 두 군의 원소의 성질이 모두 같으냐

등을 비교하여 판단한다.

앞 예제에서 $GL(2, \mathbb{R})$과 $(\mathbb{R}^*, \times)$가 동형일까 아닐까? 준동형사상은 존재하였다. 그러나 동형사상을 찾는 것은 쉽지 않다. 그러나 $GL(2, \mathbb{R})$은 아벨군이 아니고 $(\mathbb{R}^*, \times)$는 아벨군이므로 이 두 군은 동형이 될 수 없다. 보통 두 군이 동형인지 아닌지를 판단할 때는 우선 위수를 비교해 보고 그 구조를 살펴보면 대체로 짐작할 수 있다.

【예제 20】 $(\mathbb{R}^*, \times)$와 $(\mathbb{R}, +)$를 비교해보면 둘 다 위수는 무한이고 둘 다 아벨군, 또 둘 다 순환군이 아니다. 그러면 이 두 군은 동형일까 아닐까? 이들은 동형이 절대로 될 수 없다. 그 이유는 동형이면 동형사상 f에 의해서 $\mathbb{R}^*$의 -1에 대응되는 $\mathbb{R}$의 원소가 존재할 것이다. -1의 $\mathbb{R}^*$에서의 위수는 2이다. 그러나 $\mathbb{R}$에서는 어떤 원소도 위수가 2가 될 수 없다.

【예제 21】 $(2\mathbb{Z}, +)$와 $(3\mathbb{Z}, +)$는 동형이다. 간단히 둘 다 순환군이므로 생성원 2와 3을 대응시키면 된다.

다음은 동형사상을 이용해서 모든 순환군을 분류할 수 있다.

정리 10.6 G는 순환군이다. $|G|=n$이면 G는 $(\mathbb{Z}_n, \oplus)$와 동형이고 $|G|=\infty$이면 G는 $(\mathbb{Z}, +)$와 동형이다.

증명 $G=\langle a\rangle$가 위수 n인 순환군이라고 하면 $G=\{e, a, a^2, \cdots, a^{n-1}\}$, $a^n=e$이다.

$$f: G \to (\mathbb{Z}_n, \oplus), \quad f(a^i)=\bar{i}$$

라고 하면 f는 동형사상이 된다. 그 이유를 간단히 밝혀보면

(1) $a^i=a^j$이면 $a^{i-j}=e$이다. 따라서 $i-j$는 n의 배수이므로 $\overline{i-j}=\bar{0}$가 되어 $\bar{i}=\bar{j}$이다.

(2) $i<n, j<n$이라도 $a^i a^j=a^{i+j}$이므로 $i+j>n$이 되는 경우도 생긴다.

$$f(a^i a^j)=f(a^{i+j})=\overline{i+j}=\bar{i}\oplus\bar{j}$$
$$f(a^i)\oplus f(a^j)=\bar{i}\oplus\bar{j}$$

따라서 f는 준동형사상이다.

(3) 만일 $f(a^i)=f(a^j)$이면 $\mathbb{Z}_n$에서 $\bar{i}=\bar{j}$이다. 따라서 $i-j$는 n의 배수이므로 $a^{i-j}=e$가 되어 $a^i=a^j$이다. 즉 f는 단사이다.

(4) 전사는 뻔하다. 따라서

$$G\cong(\mathbb{Z}_n, \oplus)$$

이다.

이번에는 $G=\langle a\rangle$가 무한위수인 순환군이라고 하면 함수

$$f: (\mathbb{Z}, +) \to G, \quad f(i)=a^i$$

는 동형사상이다. 우선

(1) $a^i=a^j$이면 $a^{i-j}=e$이다. 그런데 a는 위수가 무한이므로 $i-j=0$이 될 수밖에 없고 따라서 $i=j$이다. 그러므로 단사이고 전사는 당연하다.

(2) $f(i+j)=a^{i+j}=a^i a^j=f(i)+f(j)$

(3) 따라서

$$G\cong(\mathbb{Z}, +)$$

□

따름정리 10.7 G, H가 순환군이고 $|G|=|H|$면 $G\cong H$다.

결국 모든 순환군은 $\mathbb{Z}_n$ 또는 $\mathbb{Z}$와 동형이므로 순환군은 결국 두 종류뿐이다.

임의의 함수 $f: A \to B$에 대해서 비록 f는 전사가 아니더라도 공역을 조금 변화시켜서 $\mathrm{Im}\, f = C$라고 두면 $f: A \to C$는 f와 동일한 함수가 되면서 전사가 된다. 이와 같이 원래 함수와 똑같은 역할을 하면서 전사인 함수를 우리는 만들 수 있다. 좀 더 이론적으로 나타내면 $f: A \to B$가 함수일 때

$$\bar{f}: A \to \mathrm{Im}\, f,\ \bar{f}(x) = f(x)$$

라고 하면 f와 $\bar{f}$는 함수값은 모두 같고 $\bar{f}$는 전사가 된다. 집합으로는 f와 $\bar{f}$는 동일한 집합이다. 이와 같은 방법으로 만일 $f: G \to H$가 단사인 준동형사상이면 $\bar{f}: G \to \mathrm{Im}\, f$는 전단사인 준동형사상이므로 G는 $\mathrm{Im}\, f$와 동형이다. 또 $\mathrm{Im}\, f$는 H의 부분군이므로 결국 G는 H의 부분군과 동형이 됨을 알 수 있다. 따라서 만일 군 G에서 다른 군 H로의 단사인 준동형사상이 있으면 우리는 G를 H의 부분군으로 생각할 수 있다. 엄밀하게는 G는 H의 부분군과 동형인데 동형인 군은 같은 군으로 생각해서 그렇다는 말이다. 이와 같이 G에서 H로의 단사인 준동형사상이 있으면 G는 H의 부분군과 동형이 되는데 이런 경우를 G는 H에 매입된다고 부른다. 보다 구체적으로 정의를 적으면 다음과 같다.

정의 10.4 두 군 G, H에서 G에서 H로의 단사인 준동형사상이 존재할 때 G는 H에 매입(embedding)된다고 한다.

결국 군 G가 군 H에 매입될 필요충분조건은 G와 동형인 H의 부분군이 존재할 경우이다.

【예제 22】 $f: (\mathbb{Z}, +) \to (\mathbb{Q}, +)$, $f(n) = \dfrac{n}{1}$은 단사인 준동형사상이다. 따라서 $\mathbb{Z}$는 $\mathbb{Q}$에 매입된다. 마찬가지로 실수 $\mathbb{R}$에서 복소수 $\mathbb{C}$로의 함수 $f(a) = a + 0i$도 단사인 준동형사상이다.

【예제 23】 G, H는 군, e, e'는 각각 G, H의 항등원이다. $\{e\}\times H$는 $G\times H$의 부분군임은 앞에서 다룬 직적에서 알고 있다.

$$f : H \to G\times H,\ f(h) = (e,\ h)$$

라고 하면 f는 단사인 준동형사상이다. 또 $\mathrm{Im} f = \{e\}\times H$이므로 결국 $H \cong \{e\}\times H$이다. 그런데 $\{e\}\times H$는 $G\times H$의 부분군이므로 결국 H는 $G\times H$의 부분군으로 생각할 수 있다. 마찬가지로 생각해서 G도 $G\times H$의 부분군으로 생각할 수 있다.

앞에서도 이야기했지만 군은 처음 치환을 연구하면서 시작되었다. 물론 그 이후 치환과 상관없이 군의 추상적인 여러 정의들이 도입되고 치환과는 엄청난 거리가 생기게 되었다. 그러나 다음 정리에서 알 수 있듯이 결국 모든 군은 치환군으로 다시 돌아올 수밖에 없었다. 특히 모든 유한군은 대칭군 S_n의 적당한 부분군으로 생각할 수 있다.

정리 10.8 (Cayley) 모든 군은 치환군과 동형이다.

증명 G를 군이라고 하자. 우선 어떤 집합이 존재해야만 치환군을 만들 수 있다. 따라서 가장 가까이 있는 군 G를 집합으로 생각해서 G에서의 치환을 생각하면 된다. 즉 G에서 G로의 전단사함수들의 집합 S_G는 함수의 합성에 대해서 군이 됨을 앞에서 배웠다. 따라서 우리는 S_G의 적당한 부분군과 G가 동형이 됨을 밝히면 된다. 우선 임의의 $a\in G$에 대해서 함수

$$f_a : G \to G,\ f_a(x) = ax$$

는 전단사함수이다. 그 이유는 만일 $f_a(b) = f_a(c)$이면 $ab = ac$이므로 소거법칙에 의해서 $b = c$가 되어 f_a는 단사이다. 또 임의의 $y\in G$에 대해서

$$f_a(a^{-1}y) = a(a^{-1}y) = y$$

이므로 f_a는 전사이다. 위의 사실로부터 $f_a \in S_G$가 됨을 알 수 있다. 이번에는

$$h : G \to S_G,\ h(a) = f_a$$

인 함수 h를 정의하면 h는 단사인 준동형사상이 된다. 그 이유는 만일 $h(a)=h(b)$이면 $f_a=f_b$이고 따라서 모든 $x\in G$에 대해서 $f_a(x)=f_b(x)$이다. $x=e$라 두면

$$f_a(e)=a,\ f_b(e)=b$$

이므로 $a=b$가 되어 h는 단사이다. 또

$$h(ab)=f_{ab},\ \ h(a)\circ h(b)=f_a\circ f_b$$

인데 임의의 $x\in G$에 대해서

$$f_{ab}(x)=(ab)x=a(bx)=f_a(bx)=f_a(f_b(x))=(f_a\circ f_b)(x)$$

이다. 따라서 $f_{ab}=f_a\circ f_b$가 되어 $h(ab)=h(a)\circ h(b)$이다.

앞 따름정리 10.3에서 h의 상 $\mathrm{Im}\,h$는 S_G의 부분군이 됨을 알고 있다. 실제로

$$\mathrm{Im}\,h=\{h(a)\mid a\in G\}=\{f_a\mid a\in G\}$$

이다. 따라서 함수 h는 G에서 S_G로의 함수이지만 공역을 $\mathrm{Im}\,h$로 바꾸어 생각하면 $h: G\to \mathrm{Im}\,h,\ h(a)=f_a$는 전사로 생각할 수 있다. 따라서 $G\cong \mathrm{Im}\,h$가 되어 모든 군은 치환군과 동형이 된다. □

따름정리 10.9 만일 G가 위수 n인 군이면 G는 대칭군 S_n의 부분군과 동형이다.

군은 종류도 많고 원소의 모양도 다양하므로 하나하나의 군의 성질을 일일이 파악하기는 매우 어렵다. 또 일반적인 군이라고 하면 매우 추상적이고 원소가 어떤지 구체적으로 모양이 잘 나타나지 않는다. 그러나 치환군에서는 그 원소가 분명하고 그 성질도 잘 알려져 있으므로 모든 군을 치환군으로 바꾸어 생각하면 매우 편리하다. 군에서 치환군으로의 준동형을 군의 **표현**(representation)이라고 하고 G는 치환군으로 표현되었다고 한다. 그런데 군의 표현은 위의 정리 10.8의 함수 f 이외에도 여러 가지가 있다. 실제로 만일 G의 위수가 12이면 G는 위의 정리 10.8에서 S_{12}의 부분군과 동형인데 S_{12}의 위수는 $12!=479001600$으로 어마어마하다. 위수가 12인 군의 정보를 이와 같이 큰 사이즈의 군에서 찾아내는 것은 사실 매우 어렵다. 그래서 가능하면 군 G의 표현을 위의

정리 10.8처럼 S_G로 하지 말고 G보다 훨씬 작은 집합을 취해서 치환군을 만들면 더 편리하다. G 대신 G의 우잉여류의 집합 G/H의 치환군 $S_{G/H}$를 만들면 $S_{G/H}$의 위수는 $[G:H]!$이므로 이 치환군은 위수가 훨씬 더 적어서 계산하기가 쉽다. 나중에 자세히 공부하도록 한다.

캐일리(Arthur Cayley, 1821~1895)

캐일리는 1821년 영국의 리치몬드에서 태어나 캠브리지의 트리니티 대학에서 공부하였다. 1842년 수학 졸업시험에서 1등을 하여 수석으로 졸업하고 그후 변호사로서 법률공부를 하였다. 1863년 캠브리지에서 수학교수직을 요청 받고 법률가로서의 화려한 미래를 포기하고 순수한 수학적 학문의 생을 택하였다. 그 결과 많은 수학적 업적을 남겼으며 캐일리 수학 논문 모음집에는 총 966편의 논문이 수록되어 있다. 그는 수학의 다양한 분야에 업적을 남겼으며 행렬대수, 해석기하, 곡선과 곡면 이론, 아벨군, 타원함수 등 수학의 전분야에 관하여 공부하였다. 캐일리의 논문은 그의 변호사 경력을 반영하듯 매우 조직적이고 체계적이어서 엄격하여 조금의 빈틈도 없었다. 그는 기억력이 비상하여 한번 본 것은 절대로 잊지 않았다. 그는 또 침착하고 점잖아서 보통의 괴팍한 대부분의 수학자들과는 달리 매우 원만한 성품이어서 수학자 중의 수학자로 불려지고 있다. 그는 다방면에 취미가 있어서 독서광으로 소설을 탐독하는 습관을 가지고 있었다. 또 그림 그리기를 좋아했고 재능도 있었다. 특히 등산을 좋아해서 자주 여러 대륙의 높은 산을 등정했는데 이것은 저자의 취미와 매우 일치하는 것으로 저자와 여러모로 닮은 점이 많다. 캐일리는 등산을 하는 이유를 등산은 매우 힘들고 지치지만 정상을 정복했을 때는 어려운 수학문제를 풀거나 복잡한 수학이론을 완성하였을 때에 맛 본 매우 상쾌한 느낌을 받기 때문이고 그러한 느낌은 등산에서 더 쉽게 맛볼 수 있기 때문이라고 말했다. 또 등산할 때 정상으로 가는 길은 여러개이나 결국 도착점은 한 곳인 것처럼 수학에서도 결론은 하나이나 이 결론에 도달하는 방법은 수없이 많다. 이런 점에서 수학과 등산은 매우 닮은 점이 많다고 하겠다. 모든 수학자는 마땅히 등산을 하여야 한다. 특히 수학자는 나이가 들면 젊었을 때와 같이 좋은 수학 이론을 완성하지 못하는데 등산을 함으로써 대신 어려운 문제 풀이와 같은 통쾌함을 맛볼 수 있다.

연습문제(10)

1. 다음 중 동형, 준동형사상을 각각 골라라.

  (1) $G=(\mathbb{R}^*, \times)$, $H=(\mathbb{R}^+, \times)$, $\phi : G \to H$, $\phi(x)=|x|$

  (2) $G=(\mathbb{R}^+, \times)$, $\phi : G \to G$, $\phi(x)=x^{1/2}$

2. G는 아벨군이고 n은 정수이다. $\phi : G \to G$, $\phi(x)=x^n$은 준동형사상인가?

3. 다음 두 군은 동형인지 아닌지 조사하여라. 또 그 이유를 말하라.

  (1) $\mathbb{Z}_{12}$, $\mathbb{Q}^+$

  (2) $2\mathbb{Z}$, $3\mathbb{Z}$

  (3) $(\mathbb{R}-\{0\}, \times)$, $(\mathbb{R}, +)$

  (4) $\mathbb{Z}_3 \times \mathbb{Z}_3$, $\mathbb{Z}_9$

  (5) $(\mathbb{R}-\{0\}, \times)$, $(\mathbb{R}^+, \times)\times\mathbb{Z}_2$

  (6) $(\mathbb{Z}, +)$, $(\mathbb{Z}, *)$ 단, $a*b=a+b-1$

4. $\mathbb{Z}_{14}$는 $\mathbb{Z}_{35}$의 부분군과 동형일 수 있는가?

5. $f : G \to G$, $f(x)=x^2$이다.
  G가 아벨군일 필요충분조건은 f가 준동형사상임을 보여라.

6. (1) $\phi : \mathbb{Z}_{12} \to \mathbb{Z}_6$인 준동형사상은 몇 개인가?

  (2) $\phi : \mathbb{Z}_{12} \to \mathbb{Z}_{16}$인 준동형사상은 몇 개인가?

  (3) $\phi : \mathbb{Z} \to \mathbb{Z}_8$인 준동형사상은 몇 개인가?

  (4) $\phi : \mathbb{Z} \to \mathbb{Z}$인 준동형사상은 몇 개인가? 또 동형사상은 몇 개인가?

7. $\phi : G \to H$는 준동형사상이다. 다음을 증명하여라.

  (1) H가 아벨군, ϕ가 단사이면 G도 아벨군이다.

  (2) G가 아벨군, ϕ가 전사이면 H도 아벨군이다.

  (3) ϕ가 동형이면 G가 아벨군일 필요충분조건은 H가 아벨군이다.

  (4) ϕ가 전사이고 G가 순환군이면 H도 순환군이다.

8. $G \cong H$이면 $Z(G) \cong Z(H)$를 증명하여라.

9. g를 G의 원소라 할 때 G에서 G로의 함수 ϕ_g를 $\phi_g : G \to G$, $\phi_g(x)=gxg^{-1}$라 하면 ϕ_g는 동형사상임을 보여라.
(이 자동사상 ϕ_g를 특히 내자동사상(inner automorphism)이라고 부른다)

10. p는 소수이다. 위수 p인 군 G에서 자동사상은 몇 개인가?

11. H는 G의 부분군이고, ϕ는 $\phi \neq 1_H$인 H의 자동사상이다. $f : G \to G$를

$$f(x)=\begin{cases} \phi(x), & x \in H \\ x, & x \notin H \end{cases}$$

라고 하면 f는 G의 자동사상인가?

12. $sgn : S_n \to (\{1, -1\}, \times)$를 $sgn\ \theta=\begin{cases} 1, & \theta \in A_n\text{일 경우} \\ -1, & \theta \notin A_n\text{일 경우} \end{cases}$
라고 할 때 sgn의 핵(kernel)을 구하여라.

13. a를 G의 임의의 원소라 할 때 $\phi : (\mathbb{Z}, +) \to G$를 $\phi(n)=a^n$라고 하면
(1) ϕ는 준동형사상임을 보여라.
(2) $\mathrm{Im}\,\phi$와 $\ker \phi$를 각각 구하여라.

14. $\mathbb{Z}-\{-1\}$의 연산을 $a \circ b=a+b+ab$라 하면 $(\mathbb{Z}-\{-1\}, \circ)$는 군이다. 또 $\mathbb{Z}-\{1\}$의 연산 $*$를 $a * b=a+b-ab$라 하면 역시 $(\mathbb{Z}-\{1\}, *)$는 군이다. $(\mathbb{Z}-\{-1\}, \circ)$와 $(\mathbb{Z}-\{1\}, *)$는 동형임을 보여라.

15. A_3의 자동사상을 모두 구하여라.

16. G는 위수 n인 순환군이고 H는 위수 m인 순환군이다. $m|n$이면 G에서 H로의 준동형사상이 존재함을 보여라. 또 이 준동형사상의 핵을 구하여라.

11 정규부분군
(Normal Subgroups)

앞에서 우리는 군 G의 부분군 H를 가지고 집합 G에 동치관계를 만들고 그 동치류가 우잉여류가 됨을 공부하였다. 이때 이 동치류들의 집합인 상집합 $G/H=\{Ha|a\in G\}$는 그냥 하나의 집합일 뿐이다. 그러나 이 상집합이 군이 될 때도 있었다. 정수 군 $(\mathbb{Z}, +)$의 부분군 $n\mathbb{Z}$에 의한 상집합 $\mathbb{Z}/n\mathbb{Z}$는 실은 $(\mathbb{Z}_n, \oplus)$가 되었다. 이와 같이 상집합이 군이 되면 여러 가지로 편리하므로 상집합 G/H가 군이 되는 G의 부분군 H에 대해서 공부해 보자. 앞 정리 9.5에서 $X\subset G$, $a, b\in G$일 때

$$Xa=\{xa|x\in X\},\ aX=\{ax|x\in X\}$$

라고 하면 $|X|=|Xa|=|aX|=|aXb|$임을 증명하였다. 또 집합으로 $(Xa)b=X(ab)$이다. 어떤 경우에는 $Xa=aX$가 된다. 그러나 일반적으로 이 두 집합은 같지 않다. 또 $Xa=aX$가 된다고 해서 모든 $x\in X$에 대해서 $xa=ax$라는 뜻은 아니다. 단지 두 집합의 원소가 같다는 뜻이므로 $xa\in Xa$면 $xa\in aX$가 되고 또 그 반대 관계도 성립한다는 뜻이다.

【예제 1】 군 S_3에서 $X=\{(1\ 2\ 3), (1\ 3\ 2)\}$이라고 하면

$$\begin{aligned}(1\ 2)X&=\{(1\ 2)(1\ 2\ 3), (1\ 2)(1\ 3\ 2)\}\\&=\{(2\ 3), (1\ 3)\}\end{aligned}$$

$$X(1\ 2)=\{(1\ 2\ 3)(1\ 2),\ (1\ 3\ 2)(1\ 2)\}$$
$$=\{(1\ 3),\ (2\ 3)\}$$

이 되어 $(1\ 2)X=X(1\ 2)$이다. 그러나

$$(1\ 2)(1\ 2\ 3)=(2\ 3),\ (1\ 2\ 3)(1\ 2)=(1\ 3)$$
$$(1\ 2)(1\ 3\ 2)=(1\ 3),\ (1\ 3\ 2)(1\ 2)=(2\ 3)$$

이므로, $x\in X$에 대해서 $(1\ 2)x\neq x(1\ 2)$이다.

【 예제 2 】 군 S_3에서 $X=\{e,\ (1\ 2)\}$라고 하면

$$(1\ 2\ 3)X=\{(1\ 2\ 3)e,\ (1\ 2\ 3)(1\ 2)\}$$
$$=\{(1\ 2\ 3),\ (1\ 3)\}$$
$$X(1\ 2\ 3)=\{e(1\ 2\ 3),\ (1\ 2)(1\ 2\ 3)\}$$
$$=\{(1\ 2\ 3),\ (2\ 3)\}$$

이 되어 이때는 $(1\ 2\ 3)X\neq X(1\ 2\ 3)$이다.

위의 예제에서 본 바와 같이 같은 군에서도 집합 X와 a의 성질에 따라 $Xa=aX$가 될 때도 있고 $Xa\neq aX$가 될 때도 있다.

정의 11.1 G는 군, N은 G의 부분군이다. 임의의 $n\in N$과 임의의 $g\in G$에 대해서

$$gng^{-1}\in N$$

일 때 N을 G의 **정규부분군**(normal subgroup)이라고 한다.

【 예제 3 】 G가 아벨군이면 G의 임의의 부분군 H에 대해서 임의의 $a\in H$와 임의의 $g\in G$에 대해서

$$gag^{-1}=g(g^{-1}a)=a\in H$$

이므로 H는 G의 정규부분군이다.

앞에서 a와 켤레인 원소는 xax^{-1} 꼴이었다. 따라서 G의 부분군 H가 정규부분군일 필요충분조건은 H의 원소의 모든 켤레원소도 역시 H에 속하는 것이다.

【예제 4】 군 S_3에서 $A_3=\{f\in S_3|f$는 우치환$\}$는 S_3의 부분군이다. 임의의 $f\in A_3$와 $\theta\in S_3$에 대해서 $\theta f\theta^{-1}$는 우치환이므로 $\theta f\theta^{-1}\in A_3$이다. 따라서 A_3는 S_3의 정규부분군이다.

【예제 5】 군 S_3에서 $H=\{e, (1\ 2)\}$는 S_3의 부분군이다. 그러나

$$(1\ 2\ 3)(1\ 2)(1\ 2\ 3)^{-1}=(1\ 2\ 3)(1\ 2)(3\ 2\ 1)=(2\ 3)\not\in H$$

이므로 H는 S_3의 정규부분군이 아니다.

【예제 6】 G는 군, H는 G의 부분군이고 $H\subset Z(G)$이면 임의의 $g\in G$, $a\in H$에 대해서

$$gag^{-1}=g(g^{-1}a)=a$$

이므로 H는 G의 정규부분군이다.

【예제 7】 $G=\left\{\begin{pmatrix} a & b \\ 0 & d \end{pmatrix}\middle| a, b, d\in\mathbb{R}, ad\neq 0\right\}$는 행렬의 곱에 대해서 군이다. $N=\left\{\begin{pmatrix} 1 & x \\ 0 & 1 \end{pmatrix}\middle| x\in\mathbb{R}\right\}$이라고 하면 $N\subset G$이고 $\begin{pmatrix} 1 & x \\ 0 & 1 \end{pmatrix}\begin{pmatrix} 1 & y \\ 0 & 1 \end{pmatrix}=\begin{pmatrix} 1 & x+y \\ 0 & 1 \end{pmatrix}\in N$이다. 또 $\begin{pmatrix} 1 & x \\ 0 & 1 \end{pmatrix}^{-1}=\begin{pmatrix} 1 & -x \\ 0 & 1 \end{pmatrix}\in N$이므로 N는 G의 부분군이다. N이 G의 정규부분군이 됨을 보이자. 임의의 $\begin{pmatrix} a & b \\ 0 & d \end{pmatrix}\in G$, $\begin{pmatrix} 1 & x \\ 0 & 1 \end{pmatrix}\in N$에 대해서

$$\begin{aligned}\begin{pmatrix} a & b \\ 0 & d \end{pmatrix}\begin{pmatrix} 1 & x \\ 0 & 1 \end{pmatrix}\begin{pmatrix} a & b \\ 0 & d \end{pmatrix}^{-1} &= \begin{pmatrix} a & ax+b \\ 0 & d \end{pmatrix}\begin{pmatrix} d & -b \\ 0 & a \end{pmatrix}\frac{1}{ad} \\ &= \begin{pmatrix} ad & a^2x \\ 0 & ad \end{pmatrix}\frac{1}{ad} \\ &= \begin{pmatrix} 1 & \dfrac{ax}{d} \\ 0 & 1 \end{pmatrix}\in N\end{aligned}$$

이다. 따라서 N은 G의 정규부분군이다.

【예제 8】 G, H는 군이다. $H^* = \{e\} \times H$는 $G \times H$ 부분군임을 증명하였다. 임의의 $(g, h) \in G \times H$, $(e, a) \in H^*$에 대해서 $g \in G$, $h, a \in H$이다.

$$
\begin{aligned}
(g, h)(e, a)(g, h)^{-1} &= (ge, ha)(g^{-1}, h^{-1}) \\
&= (gg^{-1}, hah^{-1}) \\
&= (e, hah^{-1}) \in H^*
\end{aligned}
$$

따라서 H^*는 $G \times H$의 정규부분군이다.

주의 (1) N이 G의 정규부분군이면 임의의 $n \in N$, 임의의 $g \in G$에 대해서 $gng^{-1} \in N$이다. 여기서도 $gng^{-1} \in N$이라고 하여 반드시 $gng^{-1} = n$라는 말은 아니다. gng^{-1}가 그냥 N의 어떤 원소가 된다는 말이다.

(2) G의 부분군 H가 정규부분군이 아님을 보일 때는 예제 5와 같이 $gag^{-1} \notin H$인 어떤 원소 $g \in G$, $a \in H$가 존재함을 보이기만 하면 된다.

정리 11.1 $f : G \to H$가 준동형사상이면 $\operatorname{Ker} f$는 G의 정규부분군이다.

증명 앞에서 $\operatorname{Ker} f$는 G의 부분군이 됨을 증명하였다. $\operatorname{Ker} f$가 정규부분군임을 보이기 위해서 $g \in G$, $a \in \operatorname{Ker} f$라고 하자. e'를 H의 항등원이라고 하면 $f(a) = e'$이므로

$$
f(gag^{-1}) = f(g)f(a)f(g^{-1}) = f(g)e'f(g)^{-1} = e'
$$

이다. 따라서 $gag^{-1} \in \operatorname{Ker} f$가 된다. □

【예제 9】 앞 예제 8에서 G, H의 직적 $G \times H$에서 $\{e\} \times H$는 $G \times H$의 정규부분군임을 보였다. 그러나 $f : G \times H \to G$, $f(a, b) = a$라고 하면 f는 준동형사상이고

$$
\begin{aligned}
\operatorname{Ker} f &= \{(a, b) \in G \times H \mid f(a, b) = a = e\} \\
&= \{e\} \times H = H^*
\end{aligned}
$$

이므로 금방 H^*는 $G \times H$의 정규부분군임을 알 수 있다. 마찬가지로

$G^* = G \times \{e'\}$도 $G \times H$의 정규부분군이다.

정리 11.2 G는 군, N은 G의 부분군이다. 다음은 동치이다.

(1) N은 G의 정규부분군이다.

(2) 임의의 $g \in G$에 대해서

$$gNg^{-1} = \{gng^{-1} | n \in N\} \subset N$$

(3) 임의의 $g \in G$에 대해서

$$gNg^{-1} = N$$

(4) 임의의 $g \in G$에 대해서

$$gN = Ng$$

증명 (1) ⇒ (2) 정의에서 당연하다.

(2) ⇒ (3) $N \subset gNg^{-1}$임을 보이자. $n \in N$이라고 하면

$$n = gg^{-1}ngg^{-1} = g(g^{-1}ng)g^{-1}$$

이고 (2)에서 $g^{-1}ng = g^{-1}n(g^{-1})^{-1} \in N$이다. 따라서 $n \in gNg^{-1}$이므로 $N \subset gNg^{-1}$가 성립한다. 가정에서 $gNg^{-1} \subset N$이므로 결국 $gNg^{-1} = N$이다.

(3) ⇒ (4) $Ng = (gNg^{-1})g = gN(g^{-1}g) = gNe = gN$

즉 우잉여류와 좌잉여류가 같다.

(4) ⇒ (1) 임의의 $g \in G$, 임의의 $n \in N$에 대해서

$$gn \in gN = Ng$$

이다. 따라서

$$gng^{-1} \in (Ng)g^{-1} = Ne = N$$

이므로 N은 G의 정규부분군이다. □

정리 11.3 N은 G의 정규부분군이다. $Na = Nc$, $Nb = Nd$이면 $Nab = Ncd$이다. 물론 $Nab = abN$도 된다.

증명 $Na=Nc$이므로 $ac^{-1}\in N$, $Nb=Nd$이므로 $bd^{-1}\in N$이다. 따라서

$$ac^{-1}=n,\ bd^{-1}=m,\ n,\ m\in N$$

으로 쓸 수 있다.

$$(ab)(cd)^{-1}=abd^{-1}c^{-1}=a(bd^{-1})c^{-1}=(nc)mc^{-1}$$

이다. 그런데 $n\in N$, $cmc^{-1}\in N$이므로 $n(cmc^{-1})\in N$이다. 따라서 $(ab)(cd)^{-1}\in N$이고 이것은 $Nab=Ncd$와 동치이다. □

위와 같은 증명이 어려우면 그냥 무식하게 집합의 포함관계로 증명할 수도 있다. 우선 $Na=Nc$이므로

$$a=ea\in Na=Nc$$

에서 $a=nc, n\in N$로 쓸 수 있다. 또 $Nb=Nd$이므로

$$b=eb\in Nb=Nd$$

에서 $b=md$, $m\in N$으로 둘 수 있다. 따라서

$$ab=(nc)(md)=n(cm)d=n(cmc^{-1})cd\in Ncd$$

이다. 잉여류의 정리에 의해서

$$Nab=Ncd$$

가 된다. 이것도 조금 어렵다.

그러면 여기서 정규부분군의 잉여류로 된 집합에 연산을 정의하자. 즉 N이 G의 정규부분군이면 상집합 $G/N=\{Na, Nb, \cdots\}$는 N의 우잉여류들의 집합인데 두 잉여류 Na와 Nb의 곱을 정의해 보자.

정리 11.4 N은 G의 정규부분군이다. 상집합 G/N에 연산 $*$를

$$(Na)*(Nb)=Nab$$

라고 하면 $(G/N, *)$는 군이 된다.

증명 위의 정리 11.3에 의해서 $*$는 G/N에서 연산이 됨을 알 수 있다. 결합법칙은

$$\begin{aligned} Na*(Nb*Nc) &= Na*N(bc) = Na(bc) \\ &= N(ab)c = N(ab)*Nc \\ &= (Na*Nb)*Nc \end{aligned}$$

가 되어 성립한다. 임의의 $Na \in G/N$에 대해서

$$Na*Ne = N(ae) = Na = Ne*Na$$

이므로 G/N의 항등원은 $N=Ne$이다. 또 $Na \in G/N$에 대해서

$$(Na)*(Na^{-1}) = N(aa^{-1}) = Ne = (Na^{-1})*(Na)$$

이므로 Na의 역원은 Na^{-1}, 즉 $(Na)^{-1} = Na^{-1}$이다. 따라서 $(G/N, *)$는 군이다.□

위의 정리 11.4에서 N이 G의 정규부분군일 때 G/N에 연산을 정의했는데 N이 그냥 G의 부분군이면 연산이 성립되지 않는다. 예를 들어 S_3에서 $N=\{e, (1\ 2)\}$라고 하면

$$\begin{aligned} N(1\ 3\ 2) &= N(1\ 3) = \{(1\ 3), (1\ 3\ 2)\} \\ N(2\ 3) &= N(1\ 2\ 3) = \{(1\ 2\ 3), (2\ 3)\} \end{aligned}$$

이다. 그러나

$$\begin{aligned} N(1\ 3\ 2)(2\ 3) &= N(1\ 3) = \{(1\ 3), (1\ 3\ 2)\} \\ N(1\ 3)(1\ 2\ 3) &= N(1\ 2) = \{(1\ 2), e\} \end{aligned}$$

가 되어 $Na=Nc$, $Nb=Nd$이나 $Nab \neq Ncd$가 된다. 따라서 이런 경우는 $(Na)*(Nb)=N(ab)$로 정의하면 $*$는 연산이 되지 않는다.

정의 11.2 N이 G의 정규부분군일 때 $G/N=\{Na \mid a \in G\}$에 연산 $*$를

$$(Na)*(Nb) = Nab$$

과 같이 하여 만든 군 $(G/N, *)$를 N에 의한 G의 **상군**(quotient group), **잉여군**(residue class group) 또는 **인자군**(factor group)이라고 부른다.

【예제 10】 $(\mathbb{Z}, +)$는 $(\mathbb{Q}, +)$의 정규부분군이다. 상군 $\mathbb{Q}/\mathbb{Z} = \{\mathbb{Z} + a | a \in \mathbb{Q}\}$에서 $0 < b < a < 1$인 유리수 a, b를 취하면 $\mathbb{Z} + a \neq \mathbb{Z} + b$이므로 $|\mathbb{Q}/\mathbb{Z}| = [\mathbb{Q} : \mathbb{Z}]$는 무한이다. 그러나 임의의 $\mathbb{Z} + \frac{n}{m} \in \mathbb{Q}/\mathbb{Z}$에 대해서 $\mathbb{Z} + \frac{n}{m}$을 m번 연산하면 $\mathbb{Z} + n = \mathbb{Z} + 0$는 $\mathbb{Q}/\mathbb{Z}$의 항등원이므로 $\mathbb{Q}/\mathbb{Z}$의 모든 원소의 위수는 유한이다.

【예제 11】 $6\mathbb{Z}$는 $(\mathbb{Z}, +)$의 정규부분군이다. 상군

$$\begin{aligned}\mathbb{Z}/6\mathbb{Z} &= \{6\mathbb{Z} + a | a \in \mathbb{Z}\} \\ &= \{6\mathbb{Z}, 6\mathbb{Z}+1, 6\mathbb{Z}+2, 6\mathbb{Z}+3, 6\mathbb{Z}+4, 6\mathbb{Z}+5\}\end{aligned}$$

에서 $6\mathbb{Z} + i = \bar{i}$라 하면 이것은 $\{\bar{0}, \bar{1}, \bar{2}, \bar{3}, \bar{4}, \bar{5}\}$이 되고 연산은 $\bar{i} * \bar{j} = \overline{i+j}$가 된다. 따라서 상군 $\mathbb{Z}/6\mathbb{Z}$에서 연산 $*$를 $\oplus$로 나타낸 것이 바로 $(\mathbb{Z}_6, \oplus)$이다.

정리 11.1에서 두 군 G, H 사이에 준동형사상 $f : G \to H$가 존재하면 $\operatorname{Ker} f$는 G의 정규부분군이 되었다. 그런데 이번에는 G의 정규부분군 N이 있으면 N을 핵으로 가지는 준동형사상이 반드시 존재한다.

정리 11.5 만일 N이 G의 정규부분군이면

$$\pi : G \to (G/N, *), \ \pi(a) = Na$$

는 전사인 준동형사상이고 $\operatorname{Ker} \pi = N$이다.

증명 $a, b \in G$라고 하면

$$\pi(ab) = Nab = (Na) * (Nb) = \pi(a) * \pi(b)$$

이므로 π는 준동형사상이다. 또 $x \in \operatorname{Ker} \pi$이면

$$\pi(x) = Nx = Ne = N$$

이므로 $x \in N$이다. 거꾸로 $x \in N$이면 $Nx = N$이므로 $\pi(x) = Nx = N$이 되어 $x \in \operatorname{Ker} \pi$이다. 따라서 $\operatorname{Ker} \pi = N$이다. π는 전사가 됨은 정의에서 당연하다. □

위의 함수 π를 G에서 G/N으로의 **전형적준동형사상**(canonical homomorphism) 또는 **자연준동형사상**(natural homomorphism)이라 한다.

【예제 12】 $G=\mathbb{Z}_4\times\mathbb{Z}_6$, $N=\langle(\bar{0}, \bar{2})\rangle$라고 했을 때 G/N을 구해보자. G는 아벨군이므로 N은 G의 정규부분군이다.

$$N=\langle(\bar{0}, \bar{2})\rangle=\{(\bar{0}, \bar{2}), (\bar{0}, \bar{4}), (\bar{0}, \bar{0})\}$$

이므로 $|N|=3$이다. $|G|=24$이므로 우선 G/N의 위수는 $|G/N|=8$이다. $N=\{\bar{0}\}\times\langle\bar{2}\rangle$로 쓸 수 있으므로

$$\begin{aligned}(\mathbb{Z}_4\times\mathbb{Z}_6)/(\{\bar{0}\}\times\langle\bar{2}\rangle) &= \mathbb{Z}_4/\{\bar{0}\}\times\mathbb{Z}_6/\langle\bar{2}\rangle \\ &\cong \mathbb{Z}_4\times\mathbb{Z}_2\end{aligned}$$

이다.

다음 정리는 간단히 증명할 수 있으므로 증명은 생략한다.

정리 11.6 (1) G가 아벨군이면 G의 임의의 부분군 N은 G의 정규부분군이고 G/N도 아벨군이다.
(2) $Z(G)$는 G의 정규부분군이다.
(3) G가 순환군이면 임의의 부분군 N에 대해서 G/N도 순환군이다.

증명 (3) $G=\langle a\rangle$라고 하면 $G/N=\langle Na\rangle$가 된다. □

앞으로 특별한 경우가 아니면 $(G/N, *)$에서 연산 $*$는 생략하고 G/N로 적고 또한 $(Na)*(Nb)$는 $(Na)(Nb)$로 표시한다.

문제 1 H는 G의 부분군이고 $|H|=n$이다. H 이외에는 위수가 n인 G의 다른 부분군이 없으면 H는 G의 정규부분군임을 보여라.

풀이 먼저 임의의 $g\in G$에 대해서 gHg^{-1}는 G의 부분군이 됨을 보이자. 임의의 gag^{-1}, $gbg^{-1}\in gHg^{-1}$에 대해서

$$(gag^{-1})(gbg^{-1})=(ga)(g^{-1}g)(bg^{-1})=g(ab)g^{-1}$$

이고 $a, b\in H$이므로 $g(ab)g^{-1}\in gHg^{-1}$이다. 또

$$(gag^{-1})^{-1}=ga^{-1}g^{-1}\in gHg^{-1}$$

이므로 gHg^{-1}는 G의 부분군이다. 또 $|gHg^{-1}|=|H|=n$이다. 가정에서 위수 n인 G의 부분군은 H뿐이므로 결국 $gHg^{-1}=H$가 되어 H는 G의 정규부분군이다. ■

원소일 때와 마찬가지로 H, K가 G가 부분군인데 $K=gHg^{-1}$ 꼴일 때 K는 H와 **켤레**(conjugate)라 부른다.

정리 11.7 $f: G\to H$는 준동형사상이다. $a, b\in G$, $\operatorname{Ker} f=K$라고 하면 다음은 동치이다.

(1) $f(a)=f(b)$

(2) $Ka=Kb$

(3) $ab^{-1}\in K$

(4) $f(ab^{-1})=e$

증명 (2)와 (3)은 동치가 됨을 잉여류의 성질에서 잘 알 수 있다.

(1) ⇒ (4) $f(a)=f(b)$이면

$$f(ab^{-1})=f(a)f(b^{-1})=f(a)[f(b)]^{-1}=e$$

(4) ⇒ (3) $f(ab^{-1})=e$이면 $ab^{-1}\in K$

(3) ⇒ (1) $ab^{-1}\in K$이면 $f(ab^{-1})=e$이다. 따라서 $f(a)f(b)^{-1}=e$로부터 $f(a)=f(b)$이다. □

앞에서 $f: G\to H$가 준동형사상이면 G의 부분군 I의 상 $f(I)$는 H의 부분군이 되고 H의 부분군 J의 원상 $f^{-1}(J)$는 G의 부분군이 되었다. 그러나 정규부분군이 이러한 성질을 반드시 만족하는 것은 아니다.

정리 11.8 $f: G\to H$는 준동형사상이다.

(1) I가 G의 정규부분군이면 $f(I)$는 $f(G)$의 정규부분군이다.

(2) J가 H의 정규부분군이면 $f^{-1}(J)$는 G의 정규부분군이다.

증명 (1) $f(I)$가 G의 부분군이 됨은 앞에서 증명하였다. $f(a)\in f(I)$, $f(g)\in f(G)$라고 하자. $a\in I$, $g\in G$이므로 $gag^{-1}\in I$이다. 따라서

$$f(g)f(a)(f(g))^{-1}=f(gag^{-1})\in f(I)$$

이다.

(2) $f^{-1}(J)$는 G의 부분군이므로 정규가 됨을 보이자. $a\in f^{-1}(J)$, $g\in G$라고 하면 $f(a)\in J$이다. J는 H의 정규부분군이므로

$$f(gag^{-1})=f(g)f(a)(f(g))^{-1}\in J$$

따라서 $gag^{-1}\in f^{-1}(J)$이다. □

주의 (1) I가 G의 정규부분군이라도 $f(I)$는 H의 정규부분군이 안되는 수도 있다.
(2) f가 전사이면 $f(G)=H$이므로 이때는 $f(I)$는 H의 정규부분군이다.
(3) 당연히 $\mathrm{Ker}\, f\subset f^{-1}(J)$이다.

【예제 13】 $f:\mathbb{Z}_2\to S_3$, $f(\overline{0})=e$, $f(\overline{1})=(1\ 2)$라고 하면 f는 준동형사상이다. $\mathbb{Z}_2$는 $\mathbb{Z}_2$의 정규부분군이다. 그러나 $f(\mathbb{Z}_2)=\{e,\ (1\ 2)\}$는 S_3의 정규부분군이 되지 않는다.

정의 11.3 N은 G의 부분군이다. $G/N=\{Na|a\in G\}$에서 $X\subset G$일 때 G/N의 부분집합 $\{Na|a\in X\}$를 X/N로 표시한다.

따라서 π를 자연준동형사상이라고 하면 $X/N=\pi(X)$가 됨을 알 수 있다.

정리 11.9 G는 군, N은 G의 정규부분군이다. G/N의 임의의 (정규)부분군은

$$H/N=\{Na|a\in H\},\ H\text{는 } N\text{을 포함하는 } G\text{의 (정규)부분군}$$

꼴이다.

$$\begin{array}{ccc} G & \xrightarrow{\pi} & G/N \\ | & & | \\ H & \longrightarrow & H/N \\ | & & | \\ N & & N/N=\{e\} \end{array}$$

[그림 11.1]

증명

$$\pi : G \to G/N,\ \pi(a)=Na$$

을 자연준동형사상이라고 하자. J를 G/N의 (정규)부분군이라고 하면 앞 정리 11.8에서 $\pi^{-1}(J)$는 G의 (정규)부분군이다. $\pi^{-1}(J)=H$라고 하면 H는 G의 (정규)부분군이고

$$\pi(H)=\pi(\pi^{-1}(J))=J$$

이므로

$$J=H/N$$

이다. 또 $x\in N$이면 $Nx=Ne\in J$이다. 따라서 $\pi(x)=Nx\in J$로부터

$$x\in\pi^{-1}(J)=H$$

가 되어 $N\subset H$이다. □

이 정리는 뒤에 제3동형사상정리에 쓰이므로 그때 가서 다시 한 번 복습하겠다.

문제 2 H는 G의 부분군이고 $[G:H]=2$이면 H는 G의 정규부분군임을 보여라.

풀이 $He=H$는 G의 우잉여류이므로 나머지 우잉여류를 Ha라고 하면

$$H\cap Ha=\varnothing,\ H\cup Ha=G$$

이다. $aH\cap H=\varnothing$임을 보이자. 만일 $x\in aH\cap H$라면

$$x=ah=k,\ h,\ k\in H$$

로 쓸 수 있다. 따라서 $a=kh^{-1}\in H$인데 이것은

$$a=ea\in H\cap Ha=\varnothing$$

에 모순이다. 따라서 $aH \cap H = \varnothing$이므로 $aH \subset Ha$이다. 임의의 $g \in G$, 임의의 $h \in H$에 대해서 $g \in H$면

$$ghg^{-1} \in H$$

이다. 만일 $g \notin H$면 $g \in Ha$이므로 $g = ka$, $k \in H$로 쓸 수 있다. 따라서

$$\begin{aligned} ghg^{-1} &= (ka)h(ka)^{-1} \\ &= k(ah)a^{-1}k^{-1} \in k(aH)a^{-1}k^{-1} \subset k(Ha)a^{-1}k^{-1} = kHk^{-1} \subset H \end{aligned}$$

가 되어 H는 G의 정규부분군이다. ■

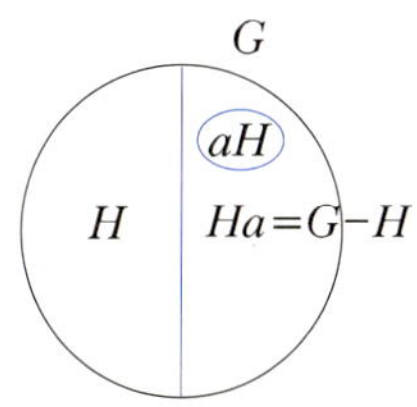

[그림 11.2]

연습문제(11)

1. G가 아벨군, H가 G의 부분군이면 H는 G의 정규부분군임을 보여라.

2. $Z(G)$는 G의 정규부분군임을 보여라.

3. H는 G의 부분군이다.
   H가 G의 정규부분군일 필요충분조건은 $ab \in H$면 $ba \in H$임을 증명하라.

4. $a \in Z(G)$면 $\langle a \rangle$는 G의 정규부분군임을 보여라.

5. $a \in G$. 임의의 $x \in G$에 대해서 $xa = a^n x$인 정수 n이 존재하면 $\langle a \rangle$는 G의 정규부분이고 그 역도 성립함을 보여라.

6. H는 G의 부분군이고 집합 S는

$$S = \cup \{a \mid Ha = aH\}$$

   이면 S는 G의 부분군이고 H는 S의 정규부분군임을 보여라.

7. H는 G의 부분군, $a \in G$이다. $aHa^{-1} = \{axa^{-1} \mid x \in H\}$ 이면 $aHa^{-1} \cong H$을 증명하라.

8. G는 유한군, H는 G의 부분군, $C(H) = \{a \in G \mid aHa^{-1} \subset H\}$ 이다. 다음을 증명하라.
   (1) $a \in C(H)$면 $aHa^{-1} = H$이다.
   (2) $C(H)$는 G의 부분군이다.
   (3) H는 $C(H)$의 정규부분군이다.

9. (1) $G = \mathbb{Z}_4 \times \mathbb{Z}_{12} / \langle (\overline{2}, \overline{2}) \rangle$의 위수를 구하여라.
   (2) $G = \mathbb{Z}_4 \times \mathbb{Z}_{12} / \langle \overline{2} \rangle \times \langle \overline{2} \rangle$의 위수를 구하여라.

10. A, B는 G의 정규부분군, $A \cap B = \{e\}$ 이다. $a \in A$, $b \in B$이면 $ab = ba$임을 보여라.

11. $A \subset B \subset G$이다. A는 B의 정규부분군, B는 G의 정규부분군이나 A는 G의 정규부분군이 아닌 보기를 들어라.

12. $G = GL(2, \mathbb{R})$, $H = \left\{ \begin{pmatrix} a & b \\ 0 & d \end{pmatrix} \in G \,\middle|\, ad \neq 0 \right\}$ 이다(4장 문제 16 참조).

 (1) H는 G의 정규부분군인가?

 (2) $K = \left\{ \begin{pmatrix} a & b \\ 0 & d \end{pmatrix} \,\middle|\, ad = 1 \right\}$ 은 G의 정규부분군임을 보여라.

13. H는 G의 정규부분군, $|H| = 2$이다. H는 $Z(G)$의 부분군임을 보여라.

14. $|G| = pq$, p, q는 소수이다. G가 아벨군이 아니면 $Z(G) = \{e\}$ 임을 보여라.

15. $G/Z(G)$는 아벨군이 되나 G는 비아벨군이 되는 보기를 들어라.

16. H는 G의 정규부분군, $[G : H] = n$이다. 임의의 $x \in G$에 대해서 $x^n \in H$임을 보여라.

17. G는 유한군이다. H는 G의 정규부분군, $[G : H] = 20$이다. $x^7 = e$이면 $x \in H$임을 보여라.

18. A_4는 위수 6인 부분군을 가지지 않음을 증명하여라. (16번 응용)

19. N은 G의 정규부분군, $[G : N] = p$, p는 소수이다. $a \notin N$이면 $p \,|\, |a|$ 임을 보여라.

20. $G/Z(G)$가 순환군이면 G는 아벨군임을 증명하여라.

21. H는 G의 부분군, $N(H) = \{g \in G \,|\, gHg^{-1} = H\}$ 이다. (이 $N(H)$를 H의 정규화부분군(normalizer)이라고 부른다)

 (1) $N(H)$는 G의 부분군임을 보여라.

 (2) H는 $N(H)$의 정규부분군임을 보여라.

 (3) H가 K의 정규부분군이면 $K \subset N(H)$임을 보여라.

 (4) H가 G의 정규부분군이면 $G = N(H)$임을 보여라.

22. H는 G의 정규부분군, $Hg \in G/H$의 위수는 n이다. $n \mid |g|$를 증명하여라.

23. 군 $\mathbb{Z}_{12}/\langle \overline{4} \rangle$에서 $\overline{3}+\langle \overline{4} \rangle$의 위수를 구하여라.

24. H, K가 G의 정규부분군이면 $H \cap K$도 G의 정규부분군임을 보여라.

25. H는 G의 부분군, N은 G의 정규부분군이다. 다음을 증명하라.
   (1) $H \cap N$은 H의 정규부분군이다.
   (2) $HN = NH$
   (3) HN는 G의 부분군이다.
   (4) N은 HN의 정규부분군이다.

26. H는 G의 부분군이다. 위수가 $|H|$인 G의 모든 부분군들의 공통부분은 G의 정규부분군이 됨을 보여라.

27. A는 G의 정규부분군이고 B는 H의 정규부분군이다. $A \times B$는 $G \times H$의 정규부분군임을 보여라.

28. N은 G의 정규부분군이다. N이 순환군이면 N의 모든 부분군은 G의 정규부분군이 됨을 보여라.
   ※ A는 B의 정규부분군, B는 C의 정규부분군이나 A는 C의 정규부분군이 되지 않는 경우도 있다(연습문제 11).

29. N은 G의 정규부분군, H는 N의 정규부분군이다. 만일 $[N : H]=p$, p는 소수이면 H는 G의 정규부분군이 되는냐? 맞으면 증명하고 틀리면 예를 찾아라.

30. S_3의 정규부분군을 모두 구하여라.

31. $T=\{g^2 \mid g \in G\}$, H를 T에 의해서 생성되는 부분군(T를 포함하는 가장 작은 부분군)이라고 하면 H는 G의 정규부분군임을 보여라.

12 기본 준동형사상 정리
(The Fundamental Homomorphism Theorem)

앞 정리 11.7에서 우리는 $f : G \to H$가 준동형사상이면 f의 핵 $\mathrm{Ker}\, f = K$의 두 잉여류 Ka, Kb가 같게 될 필요충분조건은 $f(a) = f(b)$임을 증명하였다. 이 사실로부터 $\mathrm{Ker}\, f$의 임의의 잉여류는 f에 의해서 한 점으로 대응된다. 즉 $f : G \to H$가 준동형사상, $\mathrm{Ker}\, f = K$라고 하면 상집합 $G/K = \{Ka \mid a \in G\}$의 임의의 원소 Ka에 대해서 $f(Ka) = f(a)$가 된다는 재미있는 사실을 유도할 수 있다. 이 사실을 좀더 구체적으로 적어보자.

정리 12.1 (제1동형사상정리) $f : G \to H$는 전사인 준동형사상이다. $\mathrm{Ker}\, f = K$이면 $G/K \cong H$이다.

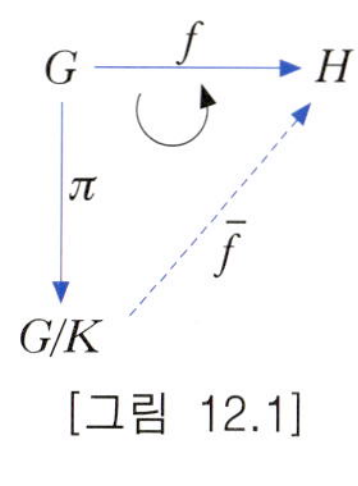

[그림 12.1]

증명

$$\bar{f} : G/K \to H, \ \bar{f}(Ka) = f(a)$$

라 정의하자. $Ka = Kb$이면 $f(a) = f(b)$이므로 $\bar{f}$는 잘 정의된다. $\bar{f}$는 동형사상이 됨을 보이자. 만일 $\bar{f}(Ka) = \bar{f}(Kb)$이면 $f(a) = f(b)$이고 앞 정리에서 $Ka = Kb$이다. 따라서 $\bar{f}$는 단사이다. 임의의 $y \in H$에 대해서 $f : G \to H$는 전사이므로 $f(x) = y$인 $x \in G$가 존재한다. $\bar{f}(Kx) = f(x)$이므로 $\bar{f}$는 전사이다. 마지막으로

$$\bar{f}(Ka * Kb) = \bar{f}(Kab) = f(ab) = f(a)f(b) = \bar{f}(Ka)\bar{f}(Kb)$$

따라서 $\bar{f}$는 G/K에서 H로의 동형사상이 된다. □

위의 정리는 중요한 의미를 가진다. 즉 군 G에서 군 H로의 전사인 준동형사상이 존재하면 H는 f의 핵에 의한 G의 상군과 동형이 된다는 뜻인데 이것은 뒤에 많이 이용된다. 그런데 만일 준동형사상 $f : G \to H$가 전사가 아니면 이때는 함수 f는 공역을 $\mathrm{Im}\, f$로 축소해서 생각하면 $f : G \to \mathrm{Im}\, f$는 전사인 준동형사상으로 생각할 수 있다. 물론 $\mathrm{Im}\, f$는 H의 부분군이므로 역시 군이다. 따라서 다음과 같은 따름정리를 얻을 수 있다.

따름정리 12.2 $f : G \to H$는 준동형사상이다. $\mathrm{Ker}\, f = K$라고 하면 $G/K \cong \mathrm{Im}\, f$이다.

【예제 1】

$$f : \mathbb{Z}_6 \to \mathbb{Z}_3, \ f = \begin{pmatrix} \bar{0} & \bar{1} & \bar{2} & \bar{3} & \bar{4} & \bar{5} \\ \bar{0} & \bar{1} & \bar{2} & \bar{0} & \bar{1} & \bar{2} \end{pmatrix}$$

라고 하면 f는 전사인 준동형사상이고 $\mathrm{Ker}\, f = \{\bar{0}, \bar{3}\} = \langle \bar{3} \rangle$이다. 따라서 $\mathbb{Z}_6 / \langle \bar{3} \rangle \cong \mathbb{Z}_3$이다.

【예제 2】 $G \times H$는 군 G와 H의 직적이다.

$$\pi : G \times H \to H, \ \pi(a, b) = b$$

라고 하면 π는 전사인 준동형사상이고

$$\begin{aligned}\operatorname{Ker}\pi &= \{(a, b)\in G\times H \mid \pi(a, b)=e\}\\ &= \{(a, b)\in G\times H \mid b=e\}\\ &= G\times\{e\}\end{aligned}$$

이다. $G\times\{e\}=G^*$라 두면 $(G\times H)/G^*\cong H$이다. 여기서 $G^*\cong G$가 됨도 쉽게 알 수 있다. 따라서 $(G\times H)/G\cong H$로 생각할 수 있다.

【예제 3】 $f:(\mathbb{C}^*, \times)\to(\mathbb{R}^+, \times)$, $f(z)=|z|$이라고 하면 f는 전사인 준동형사상이다. 물론 f는 복소수 $a+bi$의 길이 $\sqrt{a^2+b^2}$을 대응시키는 함수이다.

$$\operatorname{Ker} f=\{z\in\mathbb{C}^* \mid |z|=1\}$$

은 원점이 중심이고 반지름이 1인 단위원이다. 이 원을 U라고 하면 따라서 $\mathbb{C}^*/U\cong\mathbb{R}^+$이다.

H, K가 G의 부분군일 때 집합

$$HK=\{ab \mid a\in H, b\in K\}$$

는 H의 원소와 K의 원소들의 모든 곱이다. 이 집합이 G의 부분군이 되면 좋은데 그렇지 못해서 대수가 더욱 복잡해진다.

【예제 4】 군 S_3에서 $H=\{e, (1\ 2)\}$, $K=\{e, (2\ 3)\}$이라고 하면 H, K는 모두 위수가 2인 S_3의 부분군이다. 그러나

$$\begin{aligned}HK &= \{e, (1\ 2), (2\ 3), (1\ 2)(2\ 3)\}\\ &= \{e, (1\ 2), (2\ 3), (1\ 2\ 3)\}\end{aligned}$$

는 S_3의 부분군이 아니다(그 이유는?).

그러나 특별한 경우에는 G의 부분군 H, K의 곱 HK가 다시 G의 부분군이 될 경우도 있다. 어떤 경우에 되는지 아래 정리에서 확인해 보자. 다음 정리는 그렇게 중요하지는 않으나 원소의 위수계산이나 동형사상 정리에 필요하므로 적어 놓는다. 그리고 증명하는 법도 독특하므로 기억해 둘 필요가 있다.

정리 12.3 H는 G의 부분군, N은 G의 정규부분군이면 $H \cap N$은 H의 정규부분군이다.

증명 $H \cap N \subset H$, $H \cap N$은 G의 부분군이므로 $H \cap N$은 H의 부분군이 됨은 당연하다. 임의의 $a \in H \cap N$, $h \in H$에 대해서 $a \in H$이므로 $hah^{-1} \in H$이다. 또 $a \in N$이므로 $hah^{-1} \in N$이다. 따라서 $hah^{-1} \in H \cap N$이 됨으로 $H \cap N$은 H의 정규부분군이다. □

그러나 $H \cap N$은 N의 정규부분군도 아니고, G의 정규부분군도 아니다. 이 경우는 그냥 부분군만 된다.

정리 12.4 H, K는 G의 부분군이다. HK가 G의 부분군이 될 필요충분조건은 $HK = KH$이다.

증명 $HK = KH$라고 하자. HK가 G의 부분군이 됨을 보이기 위해서 HK는 연산과 역원에 대해서 닫혀있음을 보여야 한다.

$$x = ab \in HK,\ y = cd \in HK,\ a, c \in H,\ b, d \in K$$

라고 하자. $xy = (ab)(cd)$인데 $bc \in KH = HK$이므로

$$bc = mn,\ m \in H,\ n \in K$$

로 쓸 수 있다. 따라서

$$xy = a(bc)d = a(mn)d = (am)(nd) \in HK$$

가 되어 HK는 닫혀있다. 마찬가지로

$$x^{-1} = (ab)^{-1} = b^{-1}a^{-1} \in KH = HK$$

가 되어 결국 HK는 G의 부분군이다.
이번에는 HK가 G의 부분군이라고 하자. 임의의 $x \in HK$에 대해서 $x^{-1} \in HK$이므로

$$x^{-1} = ab,\ a \in H,\ b \in K$$

로 둘 수 있다. 따라서

$$x=(x^{-1})^{-1}=(ab)^{-1}=b^{-1}a^{-1}\in KH$$

가 되어 $HK\subset KH$이다. 또 $x\in KH$라고 하면

$$x=ab,\ a\in K,\ b\in H$$

로 둘 수 있다.

$$x^{-1}=b^{-1}a^{-1}\in HK$$

이고 HK는 G의 부분군이므로

$$x=(x^{-1})^{-1}\in HK$$

가 되어 $KH\subset HK$이므로 따라서 $HK=KH$이다. □

따름정리 12.5 G가 아벨군이면 G의 임의의 두 부분군 H, K에 대해서 HK는 G의 부분군이다.

따름정리 12.6 N이 G의 정규부분군이면 G의 임의의 부분군 H에 대해서 NH는 G는 부분군이다.

증명 NH가 G의 부분군임을 보이기 위해, 정리 12.4에 의해 $NH=HN$임을 보이면 된다. 임의의

$$x=ab\in NH,\ a\in N,\ b\in H$$

에 대해서 $a\in N$이므로

$$b^{-1}ab\in N$$

이다. 따라서

$$x=ab=b(b^{-1}ab)\in HN$$

이다. 또 만일

$$x=mn\in HN,\ m\in H,\ n\in N$$

이라고 하면

$$x=(mnm^{-1})m \in NH$$

이다. □

G의 임의의 두 부분군 H, K에 대해서

$$H=He \subset HK, \quad K=eK \subset HK$$

이므로 H, K는 모두 HK에 포함된다. 따라서 $H \cup K \subset HK$이다.

정리 12.7 H, K가 G의 부분군이면 HK는 $H \cup K$를 포함하는 임의의 부분군에 포함된다.

증명 M은 G의 부분군이고 $H \cup K \subset M$이라고 하자. 임의의

$$x=ab \in HK, \quad a \in H, \ b \in k$$

에 대해서 $a \in H$이므로 $a \in M$이고 $b \in K$이므로 $b \in M$이다. 따라서 $x=ab \in M$이 되어 $HK \subset M$, 즉 HK는 $H \cup K$를 포함하는 임의의 G의 부분군에 포함된다. □

위의 정리 12.7에서 결국 G의 부분군 H, K의 곱 HK가 G의 부분군이 되면 HK는 H와 K를 포함하는 가장 작은 부분군이 됨을 알 수 있다. 물론 반대로 $H \cap K$는 H와 K에 포함되는 가장 큰 부분군이다.

앞의 따름정리 12.6에서 N이 G의 정규부분군이면 G의 임의의 부분군 H에 대해서 NH는 G의 부분군이 되었다. 이사실로 다음과 같은 정리를 얻을 수 있다.

정리 12.8 (제2동형사상정리) N이 G의 정규부분군이면 G의 임의의 부분군 H에 대해서

$$H/(H \cap N) \cong HN/N$$

이다.

증명 우선 HN, N, H, $H\cap N$은 모두 G의 부분군이므로 자체가 군이 된다. N은 G의 정규부분군이고 $N\subset HN$이므로 N은 HN의 정규부분군이다. H에서 상군 HN/N으로의 함수 f를

$$f: H\to HN/N,\ f(a)=Na$$

라 하자. 다음 사실을 보이면 제1동형사상정리에 의해서 증명이 끝난다. f는 전사인 준동형사상이고 $\operatorname{Ker} f=H\cap N$이다.

(1) $f(ab)=Nab=(Na)(Nb)=f(a)f(b)$이므로 f는 준동형사상이다.

(2) 임의의 $Ng\in HN/N$에 대해서 $g\in HN$이므로

$$g=hn,\ h\in H,\ n\in N$$

으로 적을 수 있다. 따라서

$$f(h)=Nh=N(gn^{-1})=(Ng)(Nn^{-1})=(Ng)(Ne)=Ng$$

가 되어 f는 전사이다.

(3) $$\operatorname{Ker} f=\{x\in H \mid f(x)=Ne\}$$

이고 $f(x)=Nx$이므로 $x\in\operatorname{Ker} f$일 필요충분조건은

$$x\in H,\ Nx=Ne$$

이다. 따라서

$$\begin{aligned}\operatorname{Ker} f&=\{x\mid x\in H,\ Nx=Ne\}=\{x\mid x\in H,\ x\in N\}\\&=H\cap N\end{aligned}$$

이다. □

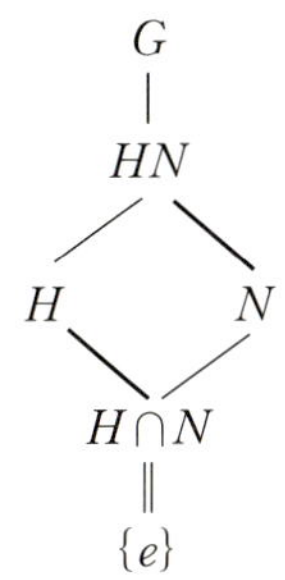

[그림 12.2]

【예제 5】 $G=(\mathbb{Z}_{50}, \oplus),\ N=\langle\overline{10}\rangle=\{\overline{0}, \overline{10}, \overline{20}, \overline{30}, \overline{40}\}$

라 하면

$$G/N=\{N, N\oplus\overline{1}, N\oplus\overline{2}, \cdots, N\oplus\overline{9}\},$$
$$N\oplus\overline{10}=N=N\oplus\overline{20}=\cdots,\ N\oplus\overline{11}=N\oplus\overline{1}=N\oplus\overline{21}=\cdots$$

이다. K를 G/N의 부분군으로써 $|K|=5$라고 하면

$$K=H/N,\ N\subset H\subset G$$

이므로 $|K|=\dfrac{|H|}{|N|}=5$로부터 $|H|=25$이다. 따라서

$$H=\langle\overline{2}\rangle=\{\overline{0}, \overline{2}, \overline{4}, \cdots, \overline{48}\}$$

이다. 이때

$$K=H/N=\{N, N\oplus\overline{2}, N\oplus\overline{4}, N\oplus\overline{6}, N\oplus\overline{8}\}$$

가 됨을 알 수 있다. 물론

$$N\oplus\overline{10}=N=\cdots N\oplus\overline{12}=N\oplus\overline{2}=\cdots$$

이다. 또 여기서 $M=\{N, N\oplus\overline{5}\}$는 G/N의 부분군이므로 $M=H/N$인 H를 구해보면 $H=\{\overline{0}, \overline{5}\}$가 아니다. 실제로 $|M|=\dfrac{|H|}{|N|}=2$이므로 $|H|=10$이다. 따라서

$$H=\langle\overline{5}\rangle=\{\overline{0}, \overline{5}, \overline{10}, \cdots, \overline{45}\}$$

가 된다. 물론 $H/N=\{N\oplus\overline{0}, N\oplus\overline{5}\}=M$이다.

【예제 6】 $G=\mathbb{Z}\times\mathbb{Z}\times\mathbb{Z},\ H=\mathbb{Z}\times\mathbb{Z}\times\{0\},\ N=\{0\}\times\mathbb{Z}\times\mathbb{Z}$

라고 하면 $HN=\mathbb{Z}\times\mathbb{Z}\times\mathbb{Z}$이고 $H\cap N=\{0\}\times\mathbb{Z}\times\{0\}$이다. 또

$$HN/N\cong\mathbb{Z},\ H/(H\cap N)\cong\mathbb{Z}$$

이다.

【예제 7】 $G=(\mathbb{Z},+)$, $H=4\mathbb{Z}$, $K=6\mathbb{Z}$라고 하면

$$4\mathbb{Z}\cap 6\mathbb{Z}=12\mathbb{Z},\ 4\mathbb{Z}+6\mathbb{Z}=2\mathbb{Z}$$

이므로

$$4\mathbb{Z}/(4\mathbb{Z}\cap 6\mathbb{Z})=4\mathbb{Z}/12\mathbb{Z}\cong\mathbb{Z}_3,\ (4\mathbb{Z}+6\mathbb{Z})/6\mathbb{Z}=2\mathbb{Z}/6\mathbb{Z}\cong\mathbb{Z}_3$$

이다.

또 준동형사상 $f: H\to HN/N$의 $\mathrm{Ker}\,f$는 항상 H의 정규부분군이므로 다음 사실을 알 수 있다. 이것은 정리 12.3과 같다.

따름정리 12.9 N이 G의 정규부분군이면 G의 임의의 부분군 H에 대해서 $H\cap N$은 H의 정규부분군이다.

따름정리 12.10 G는 유한군이고 H는 G의 부분군, N은 G의 정규부분군이면

$$|HN|=\frac{|H||N|}{|H\cap N|}$$

이다.

증명

$$|H/H\cap N|=\frac{|H|}{|H\cap N|},\ |HN/N|=\frac{|HN|}{|N|}$$

이므로

$$\frac{|H|}{|H\cap N|}=\frac{|HN|}{|N|}$$

로부터 구할 수 있다. □

【예제 8】 $|G|=15$, $|H|=3$, N은 G의 정규부분군이고 $|N|=5$이면 $|H\cap N|=1$이므로 따라서 $|HN|=\dfrac{3\cdot 5}{1}=15$가 되어 $G=HN$이다.

위의 따름정리 12.10은 유한군의 구조를 조사하는데 매우 편리하다. 또 N이 꼭 G의 정규부분군이 아니더라도 위의 공식 $|H||N|=|HN||H\cap N|$를 얻을 수 있다. 물론 이 경우는 HN은 G의 부분군이 되지 않는다. 단지 원소의 개수만 서로 같다는 뜻이다.

정리 12.11 N, K가 유한군 G의 부분군이면

$$|NK|=\frac{|N||K|}{|N\cap K|}$$

이다.

증명 $N\cap K=H$라고 하면 $H\subset K$이므로 H는 K의 부분군이다. $[K:H]=n$라 두면 K에서 H의 우잉여류의 개수는 n개이므로 K/H는 서로소인 n개의 우잉여류들의 집합

$$K/H=\{Ha_1, Ha_2, \cdots, Ha_n\}$$

로 쓸 수 있다. $|K/H|=n$이므로 $\dfrac{|K|}{|N\cap K|}=n$이다. 물론 $K=\cup Ha_i$이다.

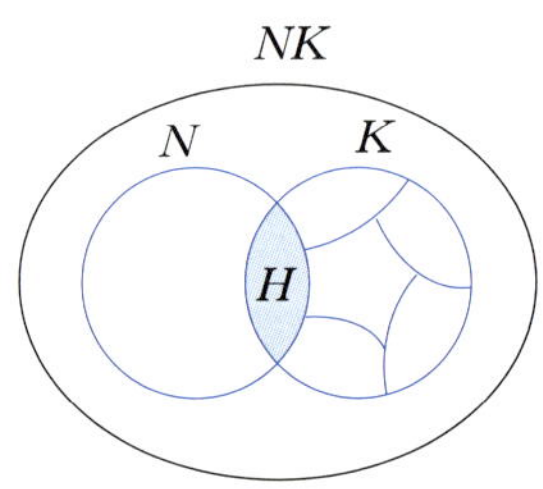

[그림 12.3]

$$NK=Na_1\cup Na_2\cup\cdots\cup Na_n$$

이고

$$Na_i\cap Na_j=\varnothing \quad (i\neq j)$$

임을 보이자. 모든 $1\le i\le n$에 대해서 $a_i\in K$이므로

$$NK \supset Na_1 \cup \cdots \cup Na_n$$

이다. 이번에는 반대로

$$x = nk \in NK,\ n \in N,\ k \in K$$

라고 하면 $k \in K$이므로 $k \in Ha_i$이다$(1 \le i \le n)$. 또 $Ha_i \subset Na_i$이므로 결국

$$x = nk \in n(Na_i) = (nN)a_i = Na_i$$

이므로

$$NK \subset Na_1 \cup \cdots \cup Na_n$$

이 되어

$$NK = Na_1 \cup \cdots \cup Na_n$$

이다. 만일

$$x \in Na_i \cap Na_j,\ i \ne j$$

라고 하면

$$x = ba_i = ca_j,\ b,\ c \in N$$

으로 적을 수 있다.

$$c^{-1}b = a_j a_i^{-1} \in N \cap K = H$$

이므로 결국 $Ha_j = Ha_i$가 되어 모순이다. 따라서

$$|NK| = n|Na_i| = n|N|$$

가 되어 $|NK| = \dfrac{|N||K|}{|N \cap K|}$이 성립한다. □

정리 12.12 N은 군 G의 정규부분군이다. K가 N을 포함하는 G의 부분군이면 다음이 성립한다.

(1) K/N은 G/N의 부분군이다.

(2) K/N이 G/N의 정규부분군일 필요충분조건은 K가 G의 정규부분군이다.

(3) T가 G/N의 부분군이면

$$T = H/N,\ N \subset H$$

인 G의 부분군 H가 존재한다.

증명 $K/N = \{Na \mid a \in K\}$인 집합이다.

(1) 임의의 $Na,\ Nb \in K/N$에 대해서 $a,\ b \in K$이므로 $ab \in K$이다. 따라서

$$(Na)(Nb) = N(ab) \in K/N$$

이다. 또

$$(Na)^{-1} = Na^{-1} \in K/N$$

이므로 K/N은 G/N의 부분군이다.

(2) K/N이 G/N의 정규부분군이라고 하자. 임의의 $g \in G,\ a \in K$에 대해서 $Na \in K/N$이므로

$$(Ng)(Na)(Ng)^{-1} \in K/N$$

이다. 따라서 $N(gag^{-1}) \in K/N$에서 $gag^{-1} \in K$가 된다. 그러므로 K는 G의 정규부분군이다.

이번에는 K를 G의 정규부분군이라고 하자. 임의의 $Ng \in G/N,\ Na \in K/N$에 대해서

$$(Ng)(Na)(Ng)^{-1} = N(gag^{-1})$$

이고 $g \in G,\ a \in K$이므로 $gag^{-1} \in K$이다. 따라서 $N(gag^{-1}) \in K/N$이 되어 K/N은 G/N의 정규부분군이다.

(3)
$$H = \{a \in G \mid Na \in T\}$$

인 집합이라고 하자. H가 G의 부분군임을 보이기 위해서 $a,\ b \in H$라고 하면 $Na,\ Nb \in T$이고 따라서

$$N(ab) = (Na)(Nb) \in T$$

이므로 $ab \in H$이다. 또

$$Na^{-1} = (Na)^{-1} \in T$$

이므로 $a^{-1} \in H$가 되어 H는 G의 부분군이다. 임의의 $a \in N$에 대해서

$$Na = N = Ne \in T$$

이므로 $a \in H$이고 따라서 $N \subset H$이다. 상군 $H/N = \{Na | a \in H\}$에서

$$Na \in H/N \Leftrightarrow a \in H \Leftrightarrow Na \in T$$

이다. 따라서 $H/N = T$가 된다. □

실제로 이 정리는 처음부터 정의에 따라서 증명을 했지만 자연준동형사상 $\pi : G \to G/N$, $\pi(a) = Na$는 전사인 준동형사상이므로 정리 11.8과 정리 11.9에서 바로 얻을 수 있다. 위의 정리 (1), (3)으로부터 N가 G의 정규부분군일 때 K가 G의 부분군이고 $N \subset K$일 필요충분조건은 K/N이 G/N의 부분군이다. 그러면 여기서 N이 G의 정규부분군일 때 N을 포함하는 G의 부분군의 수와 G/N의 부분군의 수는 같은지 틀리는지 살펴보자.

정리 12.13 $f : G \to H$가 전사인 준동형사상이면 $\operatorname{Ker} f$를 포함하는 G의 (정규)부분군의 개수와 H의 (정규)부분군의 개수는 같다.

증명

$$X = \{J \mid J\text{는 } \operatorname{Ker} f\text{를 포함하는 } G\text{의 부분군}\}$$
$$Y = \{K \mid K\text{는 } H\text{의 부분군}\}$$

이라고 하고 Y에서 X로의 함수 θ를 다음과 같이 정의한다.

$$\theta : Y \to X, \ \theta(K) = f^{-1}(K)$$

앞 정리 10.2(6)에서 $f^{-1}(K)$는 G의 부분군이다. 또 $e \in K$이므로

$$\operatorname{Ker} f = f^{-1}(e) \subset f^{-1}(K)$$

이므로 $\theta(K) \in X$가 되어 θ는 잘 정의된다. θ가 전단사임을 보이자.
만일 $\theta(K) = \theta(I)$라고 하면 $f^{-1}(K) = f^{-1}(I)$이다. 그런데 f는 전사이므로

$$f(f^{-1}(K)) = f(f^{-1}(I)) = I \text{ 즉, } K = I$$

가 되어 θ는 단사이다. 또 임의의 $J \in X$에 대해서 $f(J) \in Y$이므로

$$\theta(f(J)) = f^{-1}(f(J))$$

이다. 먼저 $f^{-1}(f(J)) \subset J$임을 보이자. $x \in f^{-1}(f(J))$라고 하면 $f(x) \in f(J)$이므로 $f(x) = f(h)$, $h \in J$로 쓸 수 있다. 따라서

$$xh^{-1} \in \text{Ker}\, f \subset J$$

이므로 $x = (xh^{-1})h \in J$이다. 또 함수의 성질에서 $J \subset f^{-1}(f(J))$이므로 결국

$$\theta(f(J)) = f^{-1}(f(J)) = J,\ f(J) \in Y$$

가 되어 θ는 전사가 됨을 알 수 있다. 따라서 $|X| = |Y|$이다. 정규부분군일 경우도 앞 정리 11.8에 의해서 N이 G의 정규부분군이면 $f(N)$은 H의 정규부분군이고 또 I가 H의 정규부분군이면 $f^{-1}(I)$는 G의 정규부분군이므로 마찬가지로 증명된다. □

따름정리 12.14 N이 G의 정규부분군이면 N을 포함하는 G의 (정규)부분군의 개수와 G/N의 (정규)부분군의 개수는 같다.

증명 $\pi : G \to G/N$, $\pi(a) = Na$는 전사인 준동형사상이고 $\text{Ker}\, \pi = N$이다. 그러므로 정리 12.13으로부터 쉽게 나온다. □

위의 정리 12.13에서 군 G에서 군 H로의 전사인 준동형사상이 존재하면 핵을 포함하는 G의 부분군의 개수와 H의 부분군의 개수는 같음을 알았다. 그러나 실제로는 G에는 핵을 포함하지 않은 부분군도 많이 있으므로 G의 부분군이 H의 부분군보다 훨씬 많다고 할 수 있다.

【예제 9】 $G = \mathbb{Z}_6$, $N = \langle \bar{3} \rangle = \{\bar{0}, \bar{3}\}$라고 하면 $|G/N| = \dfrac{6}{2} = 3$이다. 따라서 G/N의 부분군은 자신과 자명한 군 2개뿐이다. 그러나 $\mathbb{Z}_6$에는 6의 약수만큼의 부분군이 있으므로 4개의 부분군이 있다. 즉 $\{\bar{0}\}$, $\{\bar{0}, \bar{2}, \bar{4}\}$, $\{\bar{0}, \bar{3}\}$, $\mathbb{Z}_6$은 모두 $\mathbb{Z}_6$의 부분군이다. 이중 $N = \langle \bar{3} \rangle = \{\bar{0}, \bar{3}\}$를 포함하지 않는 부분군이 2개 있다.

【예제 10】 $G = S_3$라고 하면 $|S_3/A_3| = 2$이므로 S_3/A_3의 부분군은 2개이다. 그러나 S_3의 부분군은 모두 6개 있다. 이 중 A_3를 포함하는 부분군은 A_3와 S_3 자신 2개이다.

정리 12.15 (제3동형사상정리) K, N은 G의 정규부분군이고 $N \subset K \subset G$이면 K/N은 G/N의 정규부분군이고

$$(G/N)/(K/N) \cong G/K$$

이다.

증명 제1동형사상정리를 이용하자.

$$f : G/N \to G/K,\ f(Na) = Ka$$

라고 하자. 우선

(1) $Na = Nb$이면 $ab^{-1} \in N \subset K$이고 $Ka = Kb$이므로 f는 잘 정의된다.

(2) 임의의 $Na, Nb \in G/N$에 대해서

$$f((Na)(Nb)) = f(N(ab)) = K(ab)$$
$$f(Na)f(Nb) = (Ka)(Kb) = K(ab)$$

이므로 f는 준동형사상이다.

(3) 임의의 $Kg \in G/K$에 대해서 $Ng \in G/N$이고 $f(Ng) = Kg$가 되어 f는 전사이다.

(4) $$\mathrm{Ker}\, f = \{Na \mid f(Na) = Ke\} = \{Na \mid Ka = K\} = \{Na \mid a \in K\}$$

따라서 $\mathrm{Ker}\, f = K/N$이 된다. 제1동형사상정리에 의해서

$$(G/N)/(K/N) \cong G/K$$

이다. □

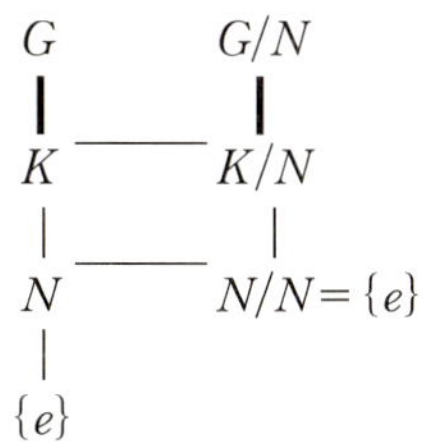

[그림 12.2]

【예제 11】 $G = (\mathbb{Z}, +)$, $N = 6\mathbb{Z}$, $K = 2\mathbb{Z}$라고 하면 $N \subset K \subset G$이다.

$$G/K = \mathbb{Z}/2\mathbb{Z} \cong \mathbb{Z}_2,\ G/N = \mathbb{Z}/6\mathbb{Z} \cong \mathbb{Z}_6 = \{\bar{0}, \bar{1}, \bar{2}, \bar{3}, \bar{4}, \bar{5}\}$$

이다. 이중

$$2\mathbb{Z}/6\mathbb{Z}=\{\bar{i}\in\mathbb{Z}_6 \mid i\in 2\mathbb{Z}\}=\{\bar{0},\ \bar{2},\ \bar{4}\}=\langle\bar{2}\rangle$$

이다. 따라서

$$(\mathbb{Z}/6\mathbb{Z})/(2\mathbb{Z}/6\mathbb{Z})\cong\mathbb{Z}_6/\langle\bar{2}\rangle\cong\mathbb{Z}_2\cong\mathbb{Z}/2\mathbb{Z}$$

【예제 12】 $G=(\mathbb{Z},+)$, $N=\langle 20\rangle$, $K=\langle 5\rangle$라고 하면 $N\subset K\subset G$이다.

$$\begin{aligned}&G/N=\{\bar{0},\ \bar{1},\ \cdots,\ \overline{19}\}\cong\mathbb{Z}_{20}\\&G/K=\{\bar{0},\ \bar{1},\ \bar{2},\ \bar{3},\ \bar{4}\}\cong\mathbb{Z}_5\\&K/N=\{\bar{a}\in G/N \mid a\in K\}=\{\bar{0},\ \bar{5},\ \overline{10},\ \overline{15}\}=\langle\bar{5}\rangle\end{aligned}$$

는 $G/N\cong\mathbb{Z}_{20}$의 부분군이다.

$$\begin{aligned}(G/N)/(K/N)&=\{\langle\bar{5}\rangle+\bar{i} \mid \bar{i}\in\mathbb{Z}_{20}\}\\&=\{\langle\bar{5}\rangle,\ \langle\bar{5}\rangle+\bar{1},\ \langle\bar{5}\rangle+\bar{2},\ \langle\bar{5}\rangle+\bar{3},\ \langle\bar{5}\rangle+\bar{4}\}\end{aligned}$$

이다. 실제로

$$\begin{aligned}&\langle\bar{5}\rangle=\{\bar{0},\ \bar{5},\ \overline{10},\ \overline{15}\}\\&\langle\bar{5}\rangle+\bar{1}=\{\bar{1},\ \bar{6},\ \overline{11},\ \overline{16}\}\\&\qquad\vdots\\&\langle\bar{5}\rangle+\bar{4}=\{\bar{4},\ \bar{9},\ \overline{14},\ \overline{19}\}\end{aligned}$$

이다. 또

$$|K/N|=4,\ |G/N|=20,\ |G/K|=5$$

이다.

연습문제(12)

1. $\mathbb{Z}_{14}$는 $\mathbb{Z}_{56}$에 매입되는가?

A 2. 위수 8인 군의 종류는 5가지임을 보여라.

3. G는 유한아벨군이고, $\gcd(n, |G|)=1$이다.
   (1) $f(x)=x^n$은 G의 자동사상임을 보여라.
   (2) 임의의 $x \in G$는 $x=y^n$을 만족시키는 $y \in G$가 존재함을 보여라.

4. $G=\mathbb{Z}_3$이다. $\text{Aut}\, G=\{\phi : G \to G | \phi$는 동형사상$\}$는 S_G의 정규부분군이 아님을 보여라.

5. p는 소수이다. 위수 p인 순환군의 자동사상은 $p-1$개임을 보여라.

6. $\phi : \mathbb{Z}_8 \to \mathbb{Z}_4$, $\phi(\overline{n})=\overline{n}$이다. $\text{Ker}\, \phi$를 구하여라. 또 $\mathbb{Z}_8/\text{Ker}\, \phi$를 구하여라.

7. $\mathbb{R}$은 실수, $G=\{f | f : \mathbb{R} \to \mathbb{R}\}$, $f, g \in G$에 대해서 $(f+g)(x)=f(x)+g(x)$로 정의하면 $(G, +)$는 군이다. $H=\{f \in G | f(0)=0\}$라고 하면 H는 G의 정규부분군임을 보여라.

8. $G=(\mathbb{Z}/12\mathbb{Z})/(3\mathbb{Z}/12\mathbb{Z})$이다. $|G|$를 구하여라.

9. G는 아벨군, $a \in G$, $|a|=pq$, $(p, q)=1$이다. $a=bc$, $|b|=p$, $|c|=q$인 $b, c \in G$를 찾아라.

10. G, H는 유한군, $f : G \to H$는 전사인 준동형사상이다. $|H|$는 $|G|$의 약수임을 보여라.

11. $\mathbb{Z}_n$에서 $\mathbb{Z}_m$으로의 전사인 준동형사상이 존재할 필요충분조건은 $m|n$임을 보여라.

12. $\mathbb{Z}$에서 $\mathbb{Z}_8$로의 준동형사상은 몇 개인가? 전사인 준동형사상은 몇 개인가?

13. $\mathbb{Z}_2 \times \mathbb{Z}_2$에서 $\mathbb{Z}_6$으로의 준동형사상은 몇 개인가?

14. $U = \{xyx^{-1}y^{-1} | x, y \in G\}$, G'는 U에 의해서 생성되는 부분군이다(가환자부분군(commutator subgroup)이라고 부름). 다음을 증명하여라.
(1) G'는 G의 정규부분군이다.
(2) G/G'는 아벨군이다.
(3) N이 G의 정규부분군, G/N이 아벨군이면 $G' \subset N$이다.
(4) H가 G'를 포함하는 G의 부분군이면 H는 G의 정규부분군이다.
(5) G가 아벨군일 필요충분조건은 $G' = \{e\}$이다.

15. $H \subset K \subset G$, H는 G의 정규부분군, K는 G의 부분군이다. $K/H = \{Ha \in G/H | a \in K\}$는 G/H의 부분군임을 보여라.

A 16. $G = (\mathbb{Q}^+, \times)$, $H = \left\{ \frac{a}{b} > 0 | a, b\text{는 홀수} \right\}$이다. $G/H \cong (\mathbb{Z}, +)$를 증명하여라.

17. K는 G의 정규부분군, H는 G의 부분군이다.
$HK = G$, $H \cap K = \{e\}$이면 $G/K \cong H$를 증명하여라.

18. $G = S_4$, $K = \{e, (1\ 2)(3\ 4), (1\ 3)(2\ 4), (1\ 4)(2\ 3)\}$이다.
(1) K는 G의 정규부분군이 됨을 보여라.
(2) $G/K \cong S_3$임을 보여라.

19. A는 G의 정규부분군, B는 H의 정규부분군이다. $(G \times H)/(A \times B) \cong (G/A) \times (H/B)$가 되는가? 되면 증명하고, 안 되면 안 되는 예를 들어라.

20. G는 비아벨군, H는 아벨군, $f: G \to H$는 전사인 준동형사상이 되는 예를 들어라.

21. $\phi: G \to K$는 전사인 준동형사상이고 J는 K의 정규부분군이다. $G/H \cong K/J$인 G의

정규부분군 H가 존재함을 보여라.

22. $\phi : G \to K$는 전사인 준동형사상이다. K가 아벨군이면 Ker ϕ를 포함하는 G의 모든 부분군은 정규부분군임을 보여라.

23. $\phi : G \to K$는 전사인 준동형사상이다. N은 G의 정규부분군, $N \subset \text{Ker}\,\phi$이다. G/N에서 K로의 전사인 준동형사상을 찾아라. 또 G는 아벨군은 아니면서 H는 G의 아벨정규부분군이고, G/H는 아벨군이 되는 군 G와 H를 찾아라.

24. H는 G의 부분군, $X = \{aH \mid a \in G\}$이다. $N \subset H$이고 G/N이 S_X에 매입되는 G의 정규부분군 N을 구하여라. ($\phi : G \to S_X$를 $(\phi(g))(aH) = (ga)H$로 정의한다.)

25. 문제 24를 이용하여 $|G| = 10$이고 위수 2인 정규가 아닌 G의 부분군이 존재하면 $G \subset S_5$임을 증명하여라.

26. G는 군, H는 G의 부분군이고 $[G : H] = n$이다. $N \subset H$이고 $[G : N]$은 $n!$의 약수인 정규부분군 N이 존재함을 보여라. (24번 이용)

B 27. G는 유한군, p는 $|G|$를 나누는 최소의 소수이다. H는 G의 부분군이고 $[G : H] = p$이면 H는 G의 정규부분군임을 증명하여라. (26번 이용)

28. N, H, K는 G의 부분군, N은 H의 정규부분군이다. $N \cap K$는 $H \cap K$의 정규부분군임을 보여라.

29. H, K, L은 G의 정규부분군이고, $H \subset K \subset L$이다. $A = G/H$, $B = K/H$, $C = L/H$라 하면

(1) B는 C의 부분군이고, B, C는 A의 정규부분군임을 보여라.

(2) $(A/B)/(C/B)$와 동형인 군을 찾아라.

30. $\phi : \mathbb{Z}_{12} \to \mathbb{Z}_3$은 $\phi(\bar{1}) = \bar{2}$이다.

(1) $K = \text{Ker}\,\phi$를 구하여라.

(2) $\mathbb{Z}_{12}/K$의 원소를 적어라.

(3) $\mathbb{Z}_{12}/K \cong \mathbb{Z}_3$인 동형사상을 찾아라.

31. $\phi : \mathbb{Z}_{18} \to \mathbb{Z}_{12}$은 $\phi(\overline{1}) = \overline{10}$이다.

(1) $K = \text{Ker}\ \phi$를 구하여라.

(2) $\mathbb{Z}_{18}/K$의 원소를 적어라.

(3) $\text{Im}\ \phi$를 적어라.

(4) $\mathbb{Z}_{18}/K \cong \text{Im}\ \phi$인 동형사상을 찾아라.

32. $G = \mathbb{Z}_{24}$, $H = \langle \overline{4} \rangle$, $N = \langle \overline{6} \rangle$이다.

(1) HN(이때는 $H \oplus N$)과 $H \cap N$을 구하여라.

(2) HN/N을 써라.

(3) $H/(H \cap N)$의 원소를 써라.

(4) $HN/N \cong H/(H \cap N)$인 동형사상을 찾아라.

33. $G = \mathbb{Z}_{36}$, $H = \langle \overline{6} \rangle$, $N = \langle \overline{8} \rangle$일 때 문제 32의 (1), (2), (3), (4)와 마찬가지로 계산하여라.

34. $G = \mathbb{Z}_{24}$, $H = \langle \overline{4} \rangle$, $K = \langle \overline{8} \rangle$이다.

(1) G/H의 원소를 써라.

(2) G/K의 원소를 써라.

(3) H/K의 원소를 써라.

(4) $(G/K)/(H/K)$의 원소를 써라.

(5) $G/H \cong (G/K)/(H/K)$인 동형사상을 찾아라.

35. $G = \mathbb{Z}_{36}$, $H = \langle \overline{9} \rangle$, $K = \langle \overline{18} \rangle$일 때 문제 34의 (1)~(5)와 마찬가지로 계산하여라.

36. $(\mathbb{Q}/\mathbb{Z}, +)$와 $(\mathbb{Q}, +)$는 동형이 될 수 있는가?

37. S_3'를 구하여라.(문제 14번 참조)

38. $G' \subset Z(G)$, $a \in G$이다. $\theta : G \to G$, $\theta(x) = xax^{-1}a^{-1}$는 준동형사상이 됨을 보여라. 또 Ker θ를 구하여라.

39. $G = \langle a \rangle$, $|a| = 12$, $M = \langle a^2 \rangle$, $N = \langle a^6 \rangle$이다. $(G/N)/(M/N)$의 원소를 써라.

40. $G = S_n$, $a = (1\ 2)$, $H = \langle a \rangle$라면 HA_n/A_n는 위수 2인 순환군임을 보여라. (여기서 A_n은 교대군이다.)

41. N은 G의 정규부분군, G/N, N은 아벨군이다. G의 임의의 부분군 H에 대해서 H/K, K가 아벨군이 되는 H의 정규부분군 K가 존재함을 보여라.

42. G는 아벨군은 아니면서 H는 G의 아벨정규부분군이고, G/H는 아벨군이 되는 군 G와 H를 찾아라. 또 H가 핵이 되는 전사인 준동형사상을 구하라.

13 여러 가지 동형사상
(More on Isomorphisms)

앞에서 우리는 군에서의 준동형사상과 동형사상을 공부했는데 동형사상중 정의역과 공역이 같은 경우가 자주 나온다. 이러한 동형사상을 자기동형사상이라고 하는데 군의 성질을 조사하는데 여러 가지로 이용된다.

정의 13.1 군 G에서 자신에서 자신으로의 동형사상, 즉 $f: G \to G$가 동형사상일 때 f를 자기동형사상(automorphism) 또는 간단히 자동사상이라고 한다.

【예제 1】 임의의 아벨군 G에서

$$f: G \to G,\ f(x) = x^{-1}$$

라고 하면 f는 전단사함수이고

$$f(xy) = (xy)^{-1} = y^{-1}x^{-1} = x^{-1}y^{-1} = f(x)f(y)$$

이므로 f는 자기동형사상이다.

【예제 2】 임의의 군 G에서 $a \neq e \in G$라고 할 때

$$f: G \to G,\ f(x) = ax$$

인 함수 f는 전단사함수이다. 그러나

$$f(xy) = a(xy), \quad f(x)f(y) = (ax)(ay)$$

가 되어 자기동형사상이 되지 않는다. 그러나 $a = e$이면 이때는 f는 항등함수가 되어 자기동형사상이 된다.

정의에서 당연히 G의 자기동형사상 f는 S_G의 원소가 된다. 보통 G의 자기동형사상의 집합을 $\mathrm{Aut}\, G$로 표시한다.

정리 13.1 $(\mathrm{Aut}\, G, \circ)$는 대칭군 S_G의 부분군이다.

증명 $f, g \in \mathrm{Aut}\, G$라고 하면 f, g의 합성 $g \circ f$도 역시 자기동형사상이 된다. 마찬가지로 $f^{-1} \in \mathrm{Aut}\, G$이므로 따라서 $\mathrm{Aut}\, G$는 S_G의 부분군이다. 물론 항등함수 1_G는 당연히 자기동형이다. □

문제 1 $\mathbb{Z}_8$에서 $\mathbb{Z}_8$로의 준동형사상은 모두 몇 개인가? 또 동형사상은 몇 개인가?

풀이 $\mathbb{Z}_8$은 $\bar{1}$에 의해서 생성되므로 준동형사상 f는 $f(\bar{1})$의 값만 정해주면 된다. 따라서 $f(\bar{1})$가 취할 수 있는 값은 8개이므로 준동형사상은 8개이다. 또 f가 동형사상이라고 하면 $f(\bar{1})$의 위수는 8이 되어야 한다. $\mathbb{Z}_8$에서 위수가 8인 원소는 $\bar{1}, \bar{3}, \bar{5}, \bar{7}$뿐이므로 동형사상은 4개이다. ■

위와 같은 방법으로 생각하면 군 $\mathbb{Z}_n$에서 $\mathrm{Aut}\ \mathbb{Z}_n$의 개수는 n보다 작으면서 n과 서로 소인 정수의 개수와 같음을 알 수 있다. 따라서 $|\mathrm{Aut}\ \mathbb{Z}_n| = \varphi(n)$(Euler 함수)이 된다. 일반적으로 군 G에서 $\mathrm{Aut}\, G$의 개수는 그렇게 많지 않다. 특히 자동사상을 구할 때 내자동사상을 이용하는 수가 많다.

정의 13.2 군 G에서 임의의 $a \in G$에 대해서

$$T_a : G \to G,\ T_a(x) = axa^{-1},\ x \in G$$

인 함수 T_a를 **내자기동형사상**(inner automorphism)이라고 한다.

【예제 3】 $G = S_3$, $a = (2\ 1\ 3)$이라고 하자.

$$T_a : S_3 \to S_3,\ T_a(x) = (2\ 1\ 3)x(2\ 1\ 3)^{-1}$$

이다.

만일 G가 아벨군이면 임의의 $a \in G$에 대해서

$$T_a(x) = axa^{-1} = aa^{-1}x = x$$

가 되므로 내자기동형사상은 항상 항등함수가 된다. 또 axa^{-1}와 x는 서로 켤레인 원소이다. 따라서 x와 x의 내자기동형사상의 상은 켤레가 되고 역으로 x와 y가 켤레이면 $y = gxg^{-1}$ 꼴이 되므로

$$T_g(x) = gxg^{-1} = y$$

가 되어 y는 x의 내자기동형사상의 상이 된다.
$Z(G)$를 G의 중심이라고 하자. $a \in Z(G)$면 임의의 $x \in G$에 대해서 $ax = xa$이므로 $axa^{-1} = x$이다. 따라서 $T_a(x) = x$가 되어 내자기동형 T_a는 항등함수가 됨을 알 수 있다. 역으로 만일 T_a가 항등함수이면 당연히 모든 $x \in G$에 대해서 $axa^{-1} = x$가 되어 $a \in Z(G)$이다. 따라서

$$Z(G) = \{a \in G \mid T_a = 1_G\}$$

로 쓸 수 있다. 이름에서 밝혀졌지만 내자기동형사상은 자기동형사상이 된다.

정리 13.2 군 G의 내자기동형사상은 자기동형사상이다.

증명 $T_a : G \to G$를 임의의 내자기동형사상이라고 하면

(1) 임의의 $g \in G$에 대해서

$$T_a(a^{-1}ga) = a(a^{-1}ga)a^{-1} = g$$

이므로 T_a는 전사이다.

(2) 또 만일 $T_a(g) = T_a(h)$라고 하면 $aga^{-1} = aha^{-1}$이므로 $g = h$이다. 따라서 T_a는 단사이다.

(3) $T_a(xy) = a(xy)a^{-1} = a(xa^{-1}ay)a^{-1} = (axa^{-1})(aya^{-1}) = T_a(x)T_a(y)$

이다. 따라서 T_a는 준동형사상이다. G에서 G로의 동형사상이므로 자기동형이 된다. □

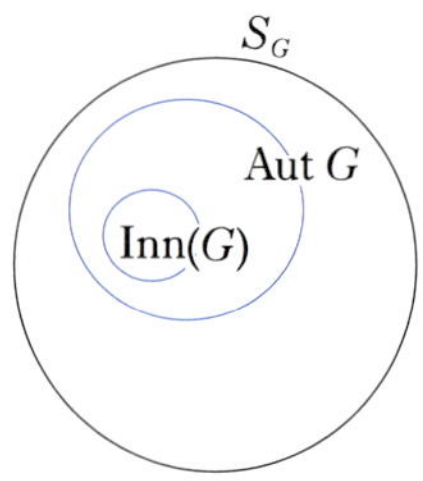

[그림 13.1]

위의 정리 13.2에 의해서 군 G의 내자기동형사상의 집합을 Inn(G)라고 하면 Inn$(G) \subset$ Aut G이다. G의 모든 원소에 대해서 내자기동형사상을 만들 수 있으므로 G의 개수와 Inn(G)의 개수는 같을 것으로 생각되는데 아벨군의 예에서 본 바와 같이 실제로는 G의 개수보다 작아진다. 그 이유는 $a \neq b$이지만 $T_a = T_b$가 되는 수도 있기 때문이다. 구체적으로는 중심의 개수 $|Z(G)|$만큼 내자기동형사상은 같아진다. Aut G는 S_G의 부분군이 되었다. 마찬가지로 해서 Inn(G)는 Aut G의 부분군이 됨을 보일 수 있다.

정리 13.3 $\mathrm{Inn}(G)$는 $\mathrm{Aut}\,G$의 부분군이다.

증명 우선 $\mathrm{Inn}(G)$는 함수합성연산에 대해서 닫혀있음을 보이자. T_a, $T_b \in \mathrm{Inn}(G)$라고 하면 $a, b \in G$이므로 내자기동형사상 T_{ab}의 함수값을 구해보자. 임의의 $x \in G$에 대해서

$$T_{ab}(x) = (ab)x(ab)^{-1} = abxb^{-1}a^{-1} = a(bxb^{-1})a^{-1}$$

또

$$(T_a \cdot T_b)(x) = T_a[T_b(x)] = T_a(bxb^{-1}) = a(bxb^{-1})a^{-1}$$

따라서 $T_{ab} = T_a \cdot T_b$가 되어

$$T_a \cdot T_b \in \mathrm{Inn}(G)$$

가 됨을 알 수 있다. 또

$$T_a \cdot T_{a^{-1}} = T_{aa^{-1}} = T_e = T_{a^{-1}} \cdot T_a$$

이고 $T_e(x) = exe^{-1} = x$이므로 T_e는 항등함수이다. 따라서 $(T_a)^{-1} = T_{a^{-1}}$가 되어 역원에 대해서도 닫혀있다. 따라서 $\mathrm{Inn}(G)$는 $\mathrm{Aut}\,G$의 부분군이므로 $\mathrm{Inn}(G)$는 S_G의 부분군도 된다. □

정리 13.4 $\mathrm{Inn}(G) \cong G/Z(G)$이다.

증명 $f : G \to \mathrm{Inn}(G)$, $f(a) = T_a$라고 하면

$$f(ab) = T_{ab} = T_a \cdot T_b = f(a) \cdot f(b)$$

이므로 f는 준동형사상이다. f는 전사가 됨은 당연하다. 또 f의 핵을 구해보면

$$\begin{aligned}
\mathrm{Ker}\, f &= \{a \in G \mid f(a) = 1_{\mathrm{Inn}(G)}\} \\
&= \{a \in G \mid T_a = 1_{\mathrm{Inn}(G)}\} \\
&= \{a \in G \mid T_a(x) = 1_{v(G)}(x),\ \text{모든 } x \in G\} \\
&= \{a \in G \mid axa^{-1} = x,\ \text{모든 } x \in G\} \\
&= Z(G)
\end{aligned}$$

이다. 따라서 제1동형사상정리에 의해서

$$G/Z(G) \cong \mathrm{Inn}(G)$$

가 됨을 알 수 있다. □

정리 13.5 A, B는 G의 부분군이고 $A \cap B = \{e\}$이면 다음이 성립한다.
(1) AB의 원소는 유일한 형태로 표시된다.
(2) 만일 A, B가 G의 정규부분군이면 임의의 $a \in A$, $b \in B$에 대해서

$$ab = ba$$

증명 (1) 만일 $x \in AB$가 $x = ab = cd$, $a, c \in A$, $b, d \in B$로 표시되었다면 $ab = cd$의 양변에 각각 a^{-1}, d^{-1}를 곱하면

$$a^{-1}(ab)d^{-1} = a^{-1}(cd)d^{-1}$$

따라서 $bd^{-1} = a^{-1}c$이다. 그런데 $a, c \in A$, $b, d \in B$이므로

$$bd^{-1} \in B, \ a^{-1}c \in A$$

가 되어

$$bd^{-1} = a^{-1}c \in A \cap B = \{e\}$$

이므로

$$bd^{-1} = e, \ a^{-1}c = e$$

로부터 $b = d$, $a = c$가 된다.

(2) $$(ab)(ba)^{-1} = aba^{-1}b^{-1} = (aba^{-1})b^{-1}$$

이다. 그런데 B는 G의 정규부분군이고 $b \in B$이므로 $aba^{-1} \in B$가 되어

$$(aba^{-1})b^{-1} \in B$$

이다. 또 괄호를 바꾸어서 $a(ba^{-1}b^{-1})$로 쓰면 $a^{-1} \in A$이고 A는 G의 정규부분군이므로 $ba^{-1}b^{-1} \in A$이다. 따라서

$$(ab)(ba)^{-1} \in A \cap B = \{e\}$$

가 되어 $ab = ba$이다. □

정리 13.6 A, B는 G의 정규부분군이고 $AB=G$, $A\cap B=\{e\}$이면 $G\cong A\times B$이다.

증명

$$f: A\times B\to G,\ f(a, b)=ab$$

라고 하면 f는 당연히 함수가 된다. 만일 $f(a, b)=f(c, d)$라고 하면 $ab=cd$이고 위의 정리 13.5(1)에 의해서 $a=c$, $b=d$이므로 $(a, b)=(c, d)$이다. 따라서 f는 단사이다. $G=AB$이므로 임의의 $y\in G$에 대해서

$$y=ab,\ a\in A,\ b\in B$$

로 쓸 수 있다. 따라서 $f(a, b)=ab=y$이므로 f는 전사이다. 마지막으로 f는 준동형사상임을 보이자.

$$f[(a, b)\cdot(c, d)]=f(ac, bd)=(ac)(bd)$$
$$f(a, b)f(c, d)=(ab)(cd)$$

이다. 그런데 앞 정리 13.5 (2)에 의해서 $cb=bc$이므로 f는 준동형사상이다. 따라서 $A\times B\cong G$이다. □

【예제 4】 $V=\{e, a, b, c\}$, $a^2=b^2=c^2=e$이면 V는 아벨군이고

$$ab=ba=c,\ bc=cb=a,\ ac=ca=b$$

이다.

$$A=\{e, a\},\ B=\{e, b\}$$

라고 하면 A, B는 V의 정규부분군이다. 또

$$AB=\{e, a, b, ab=c\}$$

이므로 $AB=V$이고 $A\cap B=\{e\}$이다. 따라서 $V\cong A\times B$이다. 그런데 $A\cong \mathbb{Z}_2$, $B\cong \mathbb{Z}_2$이므로

$$V\cong \mathbb{Z}_2\times \mathbb{Z}_2$$

가 된다. 이 군은 순환군이 아닌 위수 4인 군이다.

【예제 5】 위수 4인 군을 모두 구해보자. $G=\{e, a, b, c\}$라고 하자. 위수가 4인 원소가 있으면 G는 순환군이다. 만일 위수 4인 원소가 하나도 없다면 모든 원소의 위수는 4의 약수이므로 $a^2=b^2=c^2=e$이다. 따라서 G는 위의 예제 4의 V가 된다. 결국 위수가 4인 군은 순환군 $\mathbb{Z}_4$와

$\mathbb{Z}_2 \times \mathbb{Z}_2 \cong V$(Klein 4-군)밖에 없다.

【예제 6】 $G=\langle a \rangle$는 위수가 mn인 순환군이고 $\gcd(m, n)=1$이다.

$$A=\langle a^n \rangle,\ B=\langle a^m \rangle$$

이라고 하면 A, B는 G의 정규부분군이고

$$|A| = |a^n| = \frac{mn}{\gcd(mn, n)} = \frac{mn}{n} = m,$$

$$|B| = |a^m| = \frac{mn}{\gcd(mn, m)} = n$$

이다. $A \cap B$의 위수는 m, n의 공약수이므로 1이다. 따라서 $A \cap B = \{e\}$이다. 또

$$|AB| = \frac{|A||B|}{|A \cap B|} = \frac{mn}{1} = mn$$

이므로 $AB=G$가 되어 $G \cong A \times B$가 됨을 알 수 있다.

$$A \cong \mathbb{Z}_m,\ B \cong \mathbb{Z}_n$$

이므로 $G \cong \mathbb{Z}_m \times \mathbb{Z}_n$이고 따라서 $\mathbb{Z}_{mn} \cong \mathbb{Z}_m \times \mathbb{Z}_n$이다.

정리 13.7 (Cayley 정리의 일반화) K를 G의 부분군, $X=\{Kg | g \in G\}$라고 하면 G에서 대칭군 S_X로의 준동형사상이 존재한다.

증명 우선 여기서 $|X| = |G/K| = [G : K]$이므로

$$|S_X| = |X|! = [G : K]!$$

가 되어 Cayley의 정리에서의 $|S_G| = |G|!$ 보다는 원소의 개수가 훨씬 적어진다. 임의의 $a \in G$에 대해서

$$f_a : X \to X,\ f_a(Kg) = K(ga)$$

라고 하면 f_a는 전단사가 된다. 그 이유는

(1) 만일 $f_a(Kb) = f_a(Kc)$라고 하면 $Kba = Kca$이다. 따라서 $ba(ca)^{-1} \in K$로부터 $bc^{-1} \in K$가 되어 $Kb = Kc$이다.

(2) 임의의 $Kg \in X$에 대해서

$$Kga^{-1} \in X,\ f_a(Kga^{-1}) = K(ga^{-1})a = Kg$$

이므로 f_a는 전사이다. 따라서 $f_a \in S_X$가 된다.

$$h : G \to S_X,\ h(a) = f_{a^{-1}}$$

라 하자. $h(a) = f_a$가 아닌 $f_{a^{-1}}$로 하는 이유는 h가 준동형사상이 되게 함수의 합성을 맞추기 위해서이다. 임의의 $a, b \in G$에 대해서

$$h(ab) = f_{(ab)^{-1}},\ h(a)h(b) = f_{a^{-1}} \cdot f_{b^{-1}}$$

이다. 임의의 $Kg \in X$에 대해서

$$f_{(ab)^{-1}}(Kg) = Kg(ab)^{-1} = Kgb^{-1}a^{-1} = f_{a^{-1}}(Kgb^{-1}) = f_{a^{-1}}[f_{b^{-1}}(Kg)] = \left(f_{a^{-1}} \cdot f_{b^{-1}}\right)(Kg)$$

따라서 h는 준동형사상이다. □

따름정리 13.8 K는 G의 부분군이고 $[G : K] = n$이면 $N \subset K$이고 $[G : N]$은 $n!$의 약수인 G의 정규부분군 N이 존재한다.

증명 위의 정리 13.7에서

$$\text{Ker}\ h = \left\{a \in G \mid f_{a^{-1}} = 1_X\right\}$$

이다. 따라서 $a \in \text{Ker}\ h$일 필요충분조건은 임의의 $g \in G$에 대해서

$$f_{a^{-1}}(Kg) = 1_X(Kg),\ \text{즉}\ Kga^{-1} = Kg$$

이므로 $g(ga^{-1})^{-1} \in K$, 즉 $gag^{-1} \in K$이다. 여기서 특히 $g = e$라 하면 $a \in K$가 되어 $\text{Ker}\ h \subset K$이다. $\text{Ker}\ h$는 G의 정규부분군이므로

$$\text{Ker}\ h = N$$

이라 두면 $N \subset K$이고 제1동형사상정리에 의해서 G/N은 S_X의 부분군과 동형이다. 그런데

$$|G/K| = n,\ |S_X| = n!$$

이므로 라그랑즈정리에서 $[G : N]$은 $n!$의 약수이다. 또 $N \subset K$이므로 $|N|$는 $|K|$의 약수이다. □

만일 여기서 K가 처음부터 G의 정규부분군이면 $\text{Ker}\ h = K$가 된다.

그 이유는 $a \in K$면 임의의 $g \in G$에 대해서 $gag^{-1} \in K$이므로 $a \in \mathrm{Ker}\,h$이기 때문이다. 또 위의 정리에서 $K=\{e\}$이면 바로 $X=G$, $N=\{e\}$가 되어 Cayley의 정리와 일치한다.

【예제 7】 $|G|=99$, H는 위수 11인 G의 부분군이라고 하면 $[G:H]=9$이다.

위의 따름정리 13.8에서 $N \subset H$이고 $[G:N]$은 $9!$의 약수인 G의 정규부분군 N이 존재한다. 그런데 $|N|$은 11의 약수이므로 $|N|=11$ 또는 $|N|=1$이다. 만일 $|N|=1$이면 $[G:N]=|G|$이므로 99가 $9!$의 약수가 되는데 이것은 불가능하다. 따라서 $|N|=11$, 즉 $N=H$가 되어 H는 G의 정규부분군이 된다.

【예제 8】 $|G|=36$이고 H는 위수가 9인 G의 부분군이라고 하면 $[G:H]=4$이다. $[G:N]$은 $4!$의 약수인 G의 정규부분군 N이 존재한다. 그런데 $N=\{e\}$이면 $36|4!$이 되어 모순이다. 따라서 $N \neq \{e\}$이다. $N \subset H$이므로 결국 위수가 3 또는 9인 G의 정규부분군이 반드시 존재한다.

따름정리 13.9 K는 G의 부분군이고 $[G:K]=n$이다. 만일 K에 포함되는 G의 정규부분군이 $\{e\}$뿐이면 G는 S_n에 매입된다.

증명 N은 K에 포함되는 G의 정규부분군이므로 결국 $N=\{e\}$가 되어 $G/N \cong G$는 S_n에 매입된다. □

만일 G가 단순군, 즉 G의 정규부분군이 G, $\{e\}$뿐(정의 14.4 참조)이면 따름정리 13.9에 의해서 $|G|$는 $n!$의 약수이다. 따라서 다음과 같은 따름정리를 얻을 수 있다.

따름정리 13.10 K는 G의 부분군이고 $[G:K]=n>1$이다. 만일 $|G|$가 $n!$의 약수가 아니면 G는 진정규부분군을 가진다.

위의 예제 7, 8은 위의 따름정리 13.10에 의해서 바로 결론을 얻을 수 있다.

연습문제(13)

1. G는 아벨군이다. $H=\{x^2|x\in G\}$, $K=\{x\in G|x^2=e\}$이다.
   (1) $f: G\to H$, $f(x)=x^2$은 전사인 준동동형사상임을 보여라.
   (2) $\mathrm{Ker}\,f$를 구하여라.
   (3) $H\cong G/K$를 증명하라.

2. G, H는 군, I는 G의 정규부분군, K는 H의 정규부분군이다.
   (1) $f: G\times H\to G/I\times H/K$, $f(a, b)=(Ia, Kb)$는 전사인 준동형사상임을 보여라.
   (2) $\mathrm{Ker}\,f$를 구하여라.
   (3) $(G\times H)/(I\times K)\cong G/I\times H/K$임을 증명하라.

3. $f: \mathbb{R}\to\mathbb{C}^*$, $f(x)=\cos x+i\sin x$이다.
   (1) $f(x+y)=f(x)f(y)$임을 보여라.
   (2) $\mathrm{Im}\,f$을 구하라.
   (3) $\mathrm{Ker}\,f=\{2n\pi\,|\,n\in\mathbb{Z}\}=\langle 2\pi\rangle$임을 보여라.
   (4) 만일 $g(x)=\cos 2\pi x+i\sin 2\pi x$이면 $\mathrm{Ker}\,g$를 구하여라.

4. 다음 성질을 만족시키는 준동형사상은 모두 몇 개인가?
   (1) $f: \mathbb{Z}_{12}\to\mathbb{Z}_5$는 전사
   (2) $f: \mathbb{Z}_{12}\to\mathbb{Z}_6$
   (3) $f: \mathbb{Z}_{12}\to\mathbb{Z}_6$는 전사
   (4) $f: \mathbb{Z}_{12}\to\mathbb{Z}_{16}$
   (5) $f: \mathbb{Z}_{12}\to\mathbb{Z}_{14}$

5. G는 유한군이고 T는 G의 자동사상이고 $T(x)=x$일 필요충분조건은 $x=e$이다.
   (1) 임의의 $g\in G$는 $g=T(x)x^{-1}$꼴로 쓸 수 있음을 증명하여라.
   (2) $T\circ T=1_G$이면 G는 아벨군임을 보여라.

A 6. G는 유한군이고 T는 G의 자동사상으로 G의 원소의 3/4 이상$\left(>\frac{3}{4}|G|\right)$을 그 원소의 역원으로 보낸다. 모든 $x\in G$에 $T(x)=x^{-1}$이고 G는 아벨군임을 보여라.

B 7. 위의 문제 6에서 G의 원소의 오직 3/4만을 그 역원으로 보내면 G는 아벨군이 안 되는 경우도 있는가?

8. 위수가 3 이상인 원소가 존재하는 유한군은 2개 이상의 자동사상을 가짐을 보여라.

9. G는 유한군, H는 G의 부분군, $[G:H]=2$, $H=\{x\in G \mid |x|\neq 2\}$이다. 다음을 증명하여라.
   (1) $x\notin H$, $y\in H$면 $xy\notin H$이다.
   (2) $x\notin H$, $y\notin H$면 $xy\in H$이다.
   (3) H는 위수가 홀수이다.
   (4) H는 G의 아벨부분군이다.

A 10. φ는 Euler함수이다. $n\mid\varphi(a^n-1)$임을 증명하여라. (단, $a>1$인 정수)

11. T는 G의 자동사상이다. $T(Z(G))\subset Z(G)$를 증명하여라.

12. H, K는 G의 부분군이고 H는 K의 정규부분군이다. K는 $N(H)$의 부분군임을 보여라.

13. $a\in G$이고 a의 켤레인 원소는 단 2개이다. $N\neq\{e\}$인 정규부분군을 찾아라.

14. $N=\{\theta\in S_4 \mid \theta(4)=4\}$이다. N은 S_4의 정규부분군이 되는가?

15. $S_n\,(n>2)$에서 $Z(S_n)=\{e\}$임을 보여라.

16. N은 G의 정규부분군. $[G:N]$은 유한, H는 G의 부분군, $|H|$는 유한, $\gcd([G:N], |H|)=1$이다. H는 N의 부분군임을 보여라.

17. $\mathrm{Inn}(G)=\{f:G\to G \mid f$는 G의 내자동사상$\}$이면 $\mathrm{Inn}(G)$는 $\mathrm{Aut}\ G$의 정규부분군이 됨을 보여라.

18. $\mathbb{Z}_6$에서 자동사상은 되나 내자동사상이 아닌 함수 f를 찾아라.

19. G는 유한군이다. $\gcd(n, |G|)=1$이면 임의의 $g \in G$는 $g=x^n$, $x \in G$꼴로 표시됨을 보여라.

20. $\theta : G \to K$는 전사인 준동형사상, K는 아벨군이다. H가 $\ker \theta$를 포함하는 G의 부분군이면 H는 G의 정규부분군임을 보여라.

21. $|G|=pn$, $p>n$, p는 소수이다. H가 위수 p인 G의 부분군이면 H는 G의 정규부분군이 됨을 보여라.

B 22. $|G|=p^n$ (p는 소수), N은 G의 정규부분군이고 $|N|=p$이다. $N \subset Z(G)$를 보여라. (류방정식 이용)

23. 문제 22번을 이용하여 위수가 p^2(p는 소수)인 군은 아벨군임을 보여라.

24. 위수가 $2p$(p는 소수)인 군 G는 반드시 위수가 p인 부분군을 가짐을 보이고 또 이 부분군은 G의 정규부분군이 됨을 보여라.

25. G는 아벨군, $|G|=pq$, $p \neq q$는 소수이다. G는 순환군이 됨을 보여라.

26. $|G|=pq$, $p \neq q$는 소수이다. $|H|=p$, $|K|=q$인 G의 정규부분군 H, K가 존재하면 G는 순환군임을 보여라.

27. $|G|=p^2$, H는 G의 부분군, $|H|=p$(p는 소수)이면 H는 G의 정규부분군임을 보여라.

28. $n \geq 5$이면 $S_n{}'=A_n$임을 보여라. (여기서 $S_n{}'$은 S_n의 교환자부분군이다.)

29. p는 소수이고 $|G|$의 약수면 $|a|=p$인 원소 $a \in G$가 존재함을 다음과 같이 증명하라. $Z(G)$는 G의 중심, $C(a)$는 G의 중심화군, $[G : C(a_i)]=k_i$

$$|G| = |Z(G)| + k_1 + k_2 + \cdots + k_n, \quad ki \geq 2$$

은 G의 류방정식이다.

(1) $|G|=k$라고 하고 위수가 k보다 작은 군에서는 위의 정리가 성립한다고 가정한다.

(2) p가 어떤 k_i의 약수가 아니면 정리가 성립한다.

(3) p가 모든 $k_i(1 \le i \le n)$의 약수면 p는 $Z(G)$의 약수이다.

30. $|G|=p^k$이면 $|N|=p^m$, $1 \le m \le k$인 G의 정규부분군 N이 존재함을 다음과 같이 증명하라. $|G|=p^k$라 하고 위수가 p^k 보다 작은 군에서는 위의 정리가 성립한다고 가정한다.

(1) $|a|=p$인 $a \in Z(G)$가 존재한다.

(2) $\langle a \rangle$는 G의 정규부분군이다.

(3) $G/\langle a \rangle$의 위수는 p^{k-1}이다.

(4) 따라서 G는 위수 p^m인 정규부분군을 가진다.

31. G는 유한아벨군이고 $|a|$는 모든 $x \in G$에 대해서 $|x|$의 배수이다. $H=\langle a \rangle$라고 하면 임의의 $x \in G$에 대해서 $y \in Hx$이고 $|y|=|Hx|$인 $y \in G$가 존재함을 보이고자 한다.

(1) $x \in G$, $|a|=t$, $|x|=s$, $|Hx|=r$라고 하면 r은 $x^r \in H$가 되는 최소의 양수임을 보여라.

(2) r은 s의 약수, s는 t의 약수임을 보여라. 따라서 $s=ru$, $t=sv$ 꼴이다.

(3) $x^r=a^m$라 두면 $a^{mu}=e$이고 m은 rv의 배수임을 보여라.

(4) $y=xa^{-\frac{m}{r}}$으로 두면 $Hx=Hy$, $|y|=r$임을 보여라.

(5) 임의의 잉여류 $Hx \in G/H$에 대해서 Hx의 위수와 같은 위수를 가지는 원소 $y \in Hx$가 존재함을 보여라.

14 실로우의 정리와 그 응용
(Sylow theorems and It's Applications)

라그랑즈의 정리에 의해서 유한군 G의 부분군의 위수는 항상 $|G|$의 약수가 된다. 그러면 라그랑즈의 정리의 역은 성립할까? 즉 m이 $|G|$의 약수면 위수가 m인 G의 부분군이 항상 존재할까?

물론 특별한 경우는 성립하는 경우도 있다. 유한 순환군에서는 군의 위수의 약수와 같은 위수를 가지는 부분군이 항상 존재함을 증명하였다. 또 유한아벨군 G에서도 m이 $|G|$의 약수면 위수가 m인 부분군이 항상 존재한다. 그러나 일반적인 군에서는 그렇지 않다. 예를 들어 교대군 A_4의 위수는 12이다. 그러나 위수가 6인 A_4의 부분군은 존재하지 않는다. 따라서 양의 정수 k가 $|G|$의 약수면 G는 위수 k인 부분군을 가진다고 말할 수는 없다.

그러나 코시정리에 의해서 k가 소수인 경우, 즉 소수 p가 유한군 G의 위수의 약수면 G는 항상 위수가 p인 부분군을 가진다. 이 증명은 매우 어려운데 우선 유한아벨군일 경우를 살펴보자.

정리 14.1 (아벨군의 코시정리) G는 유한아벨군이다. 소수 p가 $|G|$의 약수이면 G는 위수가 p인 원소를 가진다.

증명 G의 위수에 관한 수학적 귀납법을 이용한다. $P(n)$을

"위수가 n인 유한아벨군에서 소수 p가 n의 약수면 G는 위수 p인 원소를 가진다."란 명제라고 하자.

(1) $n=1$이면 $G=\{e\}$이므로 할 것도 없다.
$n=2$이면 2를 나누는 소수는 $p=2$뿐이다. $G=\{e, a\}$로 두면 당연히 a의 위수는 2이므로 $P(2)$는 성립한다.

(2) $k<n$인 모든 k에 대해서 $P(k)$가 성립한다고 가정하고 $P(n)$에 대해서도 성립함을 보이자.
$|G|=n$이라 하고 p는 n을 나누는 소수라 한다.
만일 G가 진부분군이 없다면 임의의 $a\neq e\in G$에 대해서 $G=\langle a\rangle$가 되어 G는 순환군이다. 그런데 순환군에서는 p가 n의 약수면 항상 위수가 p인 원소가 존재한다. 따라서 G는 진부분군 N을 가진다고 가정하자.
만일 $p\mid |N|$이면 $|N|<n$이므로 가정에서 N은 위수 p인 원소 a를 가진다. $a\in N\subset G$이므로 이때도 성립한다. 따라서 다시 $p\nmid |N|$이라고 하자.
상군 G/N에 대해서 생각하면

$$|G/N|=\frac{|G|}{|N|}=\frac{n}{|N|}\text{ 이므로 } |G/N|\,|N|=n$$

이다. $p\nmid |N|$이므로 $|G/N|$은 p의 배수이다.

$$|G/N|<n$$

이므로 가정에서 다시 위수가 p인 $Na\in G/N$가 존재할 것이다. 따라서

$$(Na)^p=Na^p=N$$

에서 $a^p\in N$이다. 한편, 라그랑즈의 정리에 의해서

$$(a^p)^{|N|}=e$$

이다. 따라서 $a^{|N|}=b$라 두면 $b^p=e$이다. 물론 $b\neq e$이다. 왜냐하면 만일 $b=e$이면 $a^{|N|}=e$로부터

$$(Na)^{|N|}=N$$

가 되어 Na의 위수 p는 $|N|$의 약수가 되어 모순이다. 따라서 b의 위수는 p이다. □

이번에는 아벨군이 아닌 일반적인 군에서 코시의 정리를 증명하자.

정리 14.2 (Cauchy) 소수 p가 $|G|$의 약수면 G는 위수가 p인 원소를 가진다.

증명 앞의 유한아벨군의 증명과 마찬가지로 수학적 귀납법을 이용한다. 위수가 $k<n$인 모든 군에서 이 정리가 성립한다고 가정하자. $|G|=n$, $p\,|\,|G|$이다. 만일 G가 위수가 p의 배수인 진부분군 H를 가진다면

$$|H|<n, \ p\,|\,|H|$$

이므로 가정에서 $|a|=p$인 $a\in H$가 존재하고 $H\subset G$이므로 다했다. 따라서 G의 어떠한 진부분군도 위수가 p의 배수가 아니라고 하자. 류방정식에서

$$|G|=|Z(G)|+[G:C(a_1)]+\cdots+[G:C(a_m)]$$

이다. 그런데 $C(a_i)$는 모두 G의 진부분군이다. 따라서 $|G|=[G:C(a_i)]\,|C(a_i)|$는 p의 배수이므로

$$[G:C(a_i)]=\frac{|G|}{|C(a_i)|}$$

는 p의 배수이다. 따라서

$$|Z(G)|=|G|-([G:C(a_1)]+\cdots+[G:C(a_m)])$$

에서 $|Z(G)|$는 p의 배수이다. 그런데 $Z(G)$는 G의 부분군이므로 결국 $Z(G)=G$가 될 수밖에 없다. 따라서 G는 아벨군이다. G가 아벨군이면 앞 아벨군의 코시 정리에서 위수 p인 원소가 존재한다. 따라서 증명은 끝났다. □

코시의 정리보다 더 일반화된 정리가 실로우의 정리이다. 따라서 실로우의 정리의 아주 특별한 경우로써 코시의 정리를 생각할 수 있다.

정리 14.3 (제1-실로우정리) G는 유한군, p는 소수이다. p^k가 $|G|$의 약수면 G는 위수가 p^k인 부분군을 가진다.

증명 $P(n)$을 "위수가 n인 군 G에서 p^k가 n의 약수면 G는 위수가 p^k인 부분군을 가진다."라는 명제라고 하자.

(1) $n=1$이면 할 것이 없다.

$n=2$이면 $p^k=2$이므로 G 자신이 위수 2인 G의 부분군이다.

(2) $i<n$인 모든 i에 대해서 $P(i)$가 성립한다고 가정하자.

$|G|=n$이고 p^k가 n의 약수라고 하면 류방정식을 다시 이용하면

$$|G|=|Z(G)|+[G:C(a_1)]+\cdots+[G:C(a_m)],\ [G:C(a_i)]\geq 2$$

이므로 $C(a_i)$는 모두 G의 진부분군이다. 또

$$|G|=|C(a_j)|[G:C(a_j)]$$

이므로 만일 p가 $[G:C(a_j)]$의 약수가 아니면 p^k가 $|G|$의 약수이므로 p^k는 $|C(a_j)|$를 나눈다. 따라서 가정에서 $C(a_j)$는 위수가 p^k인 부분군을 가지므로 G도 위수가 p^k인 부분군을 가진다. 만일 p가 모든 $1\leq i\leq m$에 대해서 $[G:C(a_i)]$의 약수이면 p는 $|Z(G)|$의 약수가 된다.

코시정리에 의해서 위수가 p인 원소 $b\in Z(G)$가 존재한다. $B=\langle b\rangle$라고 하면 $|B|=p$이고 $b\in Z(G)$이므로 B는 G의 정규부분군이다. 따라서 상군 G/B의 위수는 $\dfrac{n}{p}$이다.

p^k은 n의 약수이므로 $|G/B|$는 p^{k-1}의 배수이다. 가정에 의해서 G/B는 위수가 p^{k-1}인 부분군 K를 가진다. 그런데 G/B의 부분군 K는 항상

$$K=H/B,\ H\text{는 } B\text{를 포함하는 } G\text{의 부분군}$$

꼴이다.

$$|H|=|K||B|=p^k$$

이므로 G는 위수가 p^k인 부분군 H를 가지므로 $P(n)$은 성립한다. □

【예제 1】 $G=S_6$이라고 하면 $|G|=6!=720=2^4\cdot 3^2\cdot 5$이다. 제1-실로우정리에 의해서 S_6은 위수가 2, 4, 8 16인 부분군을 가진다. 실제로 위수가 4인 S_6의 부분군은 60개가 넘는다. 마찬가지로 위수가 3, 9, 5인 부분군도 가진다.

위의 제1-실로우정리에서 $k=1$이면 G는 위수 p인 부분군을 가지는데 p는 소수이므로 이 부분군은 당연히 순환군이다. 이 순환군의 생성원을 a라고 하면 a의 위수는 p이므로 코시정리를 얻을 수 있다.

정의 14.1 G는 유한군, p는 소수이다. G의 위수가 p^n으로는 나누어지나 p^{n+1}로는 나누어지지 않을 때 위수가 p^n인 G의 부분군을 **실로우 p-부분군**(Sylow p-subgroup)이라고 부른다.

제1-실로우정리에 의해서 실로우 p-부분군은 항상 존재한다.

【예제 2】 대칭군 S_6에서는 위수가 16, 9, 5인 부분군은 모두 실로우 2, 3, 5-부분군이다. 그러나 위수가 8 또는 3인 S_6의 부분군은 실로우 p-부분군이 되지 못한다.

【예제 3】 대칭군 S_4에서는 $|S_4|=4!=2^3\cdot 3$이므로 실로우 2-부분군의 위수는 8, 실로우 3-부분군의 위수는 3이다.

G의 위수를 소인수분해하여 $|G|=p^n m$, $\gcd(p, m)=1$이 되었다면 위수가 p^n인 G의 부분군이 실로우 p-부분군이 된다. 따라서 H가 G의 실로우 p-부분군이면 $|K|=|H|$인 G의 부분군 K도 역시 실로우 p-부분군이 된다.

정의 14.2 H는 G의 부분군, $a\in G$이다. $aHa^{-1}=\{axa^{-1}|x\in H\}$를 H의 **켤레**(conjugate)라고 부른다.

정리 14.4 H는 G의 부분군, $a\in G$이면 다음이 성립한다.

(1) aHa^{-1}는 G의 부분군이다.

(2) H와 aHa^{-1}는 동형이다.

(3) H가 G의 정규부분군일 필요충분조건은 임의의 $g\in G$에 대해서 $H=gHg^{-1}$이다.

증명 (1) $b, c \in aHa^{-1}$라고 하면

$$b = axa^{-1}, \ c = aya^{-1}$$

인 $x, y \in H$가 존재한다.

$$bc = (axa^{-1})(aya^{-1}) = a(xy)a^{-1} \in aHa^{-1}$$
$$b^{-1} = (axa^{-1})^{-1} = ax^{-1}a^{-1} \in aHa^{-1}$$

따라서 aHa^{-1}는 G의 부분군이다.

(2) $|H| = |aH| = |aHa^{-1}|$이다.

$$f : H \to aHa^{-1}, \ f(x) = axa^{-1}$$

라고 하면 임의의 $x, y \in H$에 대해서

$$f(xy) = a(xy)a^{-1} = (axa^{-1})(aya^{-1}) = f(x)f(y)$$

이므로 f는 준동형사상이다. 또 $f(x) = f(y)$라면 $axa^{-1} = aya^{-1}$에서 $x = y$가 되어 f는 단사이다. 임의의 $axa^{-1} \in aHa^{-1}$에서

$$x \in H, \ f(x) = axa^{-1}$$

이므로 f는 전사이다. 따라서 f는 동형사상이 되므로 $H \cong aHa^{-1}$이다.

(3)은 정규부분군의 성질에서 바로 나온다. □

H, K가 G의 부분군이고 $K = aHa^{-1}$꼴이면 K는 H의 켤레부분군이 된다. 또 K가 H의 켤레부분군이면 $K = aHa^{-1}$꼴로 표시할 수 있다. H, K가 켤레이면 $|H| = |K|$이다. 켤레원소와 마찬가지로 G의 부분군 H에 대해서 gHg^{-1}꼴의 부분군은 모두 H와 켤레이므로 언뜻 생각하면 H의 켤레부분군은 G의 위수만큼 있을 것으로 생각된다. 그러나 실제로는 그렇지 못하다. $a \neq b$이나

$$aHa^{-1} = bHb^{-1}$$

가 될 경우가 생기므로 켤레부분군의 개수는 실제로는 몇 개 되지 않는다.

특히 실로우 p-부분군의 켤레부분군의 개수는 쉽게 구할 수 있다.

정의 14.3 p는 소수이다. 군 G의 임의의 원소 a의 위수가 p^k(k는 정수) 꼴일 때 G를 p-군이라고 부른다.

G는 p-군이 아니더라도 G의 부분군 H가 p-군이 될 수도 있다. 이때 H를 G의 p-부분군이라고 부른다. 물론 G가 p-군이면 G의 모든 부분군도 p-군이다.

【예제 4】 $|G|=p^n$이면 임의의 $a\in G$에 대해서 $|a|$는 p^n의 약수이므로 $|a|=p^k$, $0\le k\le n$이다. 따라서 G는 p-군이다.

【예제 5】 $G=\mathbb{Z}_2\times\mathbb{Z}_2\times\cdots\times\mathbb{Z}_2$($n$개)라고 $|G|=2^n$이므로 임의의 $a\in G$에 대해서 a의 위수는 2^k, $0\le k\le n$이다. 따라서 G는 p-군이다. ($p=2$)

【예제 6】 $G=\mathbb{Z}_3\times\mathbb{Z}_9$의 위수는 27이다. 따라서 G의 임의의 원소의 위수는 3^k, $0\le k\le 3$이다. 따라서 G는 p-군이다. ($p=3$)

【예제 7】 $G=\mathbb{Z}_6$에서 $|\bar{4}|=3$, $|\bar{3}|=2$, $|\bar{5}|=6$이므로 G는 p-군이 아니다.

【예제 8】 $|G|=p^n q$, p는 소수, $\gcd(p, q)=1$이라고 하면 위수가 p^t, $0\le t\le n$인 G의 부분군은 모두 p-부분군이다. 또 위수가 p^n인 G의 부분군 A는 실로우 p-부분군이다.

정리 14.5 G는 유한군이다. G가 p-군이 될 필요충분조건은 $|G|=p^n$일 때이다.

증명 $|G|=p^n$이면 당연히 G는 p-군이다. 역으로 G가 p-군이라고 하자. $|G|=m$을 소인수분해해서 $m=p_1p_2\cdots p_t$가 되었다고 하면 코시정리에서 임의의 $1\le i\le t$에 대해서 $|a_i|=p_i$인 원소 $a_i\in G$가 존재한다. 그런데 G는 p-군이므로 $p_i=p^k$이 되어야 한다. 따라서 모든 p_i가 p의 거듭제곱이므로 결국 $m=p^n$이 됨을 알 수 있다. □

【예제 9】 $\mathbb{Z}_8$은 p-군이다($p=2$). 그러나 $\mathbb{Z}_{12}$는 p-군이 아니다.

결국 실로우 p-부분군은 p-군이 되는 G의 부분군중 위수가 가장 큰 부분군을 말한다.

다음의 제2, 제3-실로우정리의 증명은 뒤에 하기로 하고 우선 정리만 적는다.

정리 14.6 (제2-실로우정리) G는 유한군, p는 소수이다.
(1) G의 모든 실로우 p-부분군은 서로 켤레이다.
(2) K가 G의 p-부분군이면 $K \subset H$인 실로우 p-부분군 H가 존재한다.

위의 정리 14.6의 (1)의 역도 성립함을 쉽게 알 수 있다. 즉 H가 G의 실로우 p-부분군이고 K가 H의 켤레부분군이면 K도 역시 G의 실로우 p-부분군이 된다.

따름정리 14.7 H, K가 G의 실로우 p-부분군이면 H와 K는 동형이다.

따름정리 14.8 N은 G의 실로우 p-부분군이다. N이 G의 정규부분군일 필요충분조건은 N 이외에는 G의 실로우 p-부분군이 없을 때이다.
즉 N이 G의 유일한 실로우 p-부분군일 때이다.

증명 N이 G의 정규부분군이라고 하자. K가 G의 실로우 p-부분군이라고 하면 제2-실로우정리 (1)에 의해서

$$K = aNa^{-1},\ a \in G$$

꼴이 될 것이다. 그런데 N은 정규부분군이므로 $aNa^{-1} = N$이다. 따라서 $K = N$

이 되어 실로우 p-부분군은 한 개 뿐이다. 역으로 임의의 $a \in G$에 대해서

$$|aNa^{-1}| = |N|$$

이므로 aNa^{-1}는 실로우 p-부분군이다. 따라서 $aNa^{-1} = N$이 되어 N은 G의 정규부분군이다. □

정리 14.9 (제3-실로우정리) G는 유한군, p는 소수이다.

$$X = \{H | H\text{는 } G\text{의 실로우 } p\text{-부분군}\}$$

이라고 하면 $|X|$는 $|G|$의 약수이고 $1+pk$, $k \in \mathbb{Z}$ 꼴이다.

실제로 H를 G의 임의의 실로우 p-부분군이라고 하면 $|X| = [G : N(H)]$이다. 이 사실로부터 거꾸로 $N(H)$의 위수도 구할 수 있다. 여기서 $N(H)$는 H의 정규화부분군이다

우선 실로우 정리를 이용한 여러 가지 예제부터 살펴보자.

【예제 10】 $|G| = 45 = 3^2 \cdot 5$라고 하면 실로우 3-부분군의 위수는 9이고 또 개수는 45의 약수이며 $1+3k$ 꼴이다. 45의 약수는 1, 3, 5, 9, 15, 45인데 이 중 $1+3k$꼴은 1뿐이다. 따라서 실로우 3-부분군은 단 1개 뿐이므로 따름정리 14.7에 의해서 이 부분군은 G의 정규부분군이 된다.

【예제 11】 $|G| = 56 = 2^3 \cdot 7$라고 하자. 실로우 7-부분군의 개수는 $1+7k$ 꼴이고 56의 약수이므로 1 또는 8이다. 만일 실로우 7-부분군이 8개 있다면 각 부분군은 위수가 7인 원소를 6개씩 가지고 있다. 또 이 부분군들의 공통부분은 $\{e\}$뿐이다. 따라서 위수가 7인 원소는 모두 $6 \times 8 = 48$개이다. 또 실로우 2-부분군의 위수는 8이므로 이 부분군의 원소의 위수는 8의 약수이다. 따라서 위수 7인 원소의 나머지 원소는 8개 뿐이므로 이 원소들이 결국 실로우 2-부분군이 된다. 결국 위수 56인 군은 실로우 7-부분군이 1개이거나 아니면 실로우 2-부분군이 1개인 경우 밖에 없으므로 정규 진부분군이 항상 존재한다.

정의 14.4 군 G의 정규부분군이 $\{e\}$와 G뿐일 때 G를 단순군(simple group)이라고 부른다.

【예제 12】 $|G|=p$, p는 소수이면 G는 진부분군이 없으므로 G는 단순군이다.

【예제 13】 $|G|=12=2^2\cdot 3$이라고 하면 실로우 3-부분군 H가 존재한다. 실로우 3-부분군의 개수는 $1+3k$꼴이고 12의 약수이므로 1 또는 4이다. 만일 4개라고 하면 이들 군의 공통부분은 $\{e\}$뿐이므로 각 부분군은 위수가 3인 원소 2씩을 가지므로 모두 $2\times 4=8$개의 위수 3인 원소가 있다. 나머지 원소는 4개인데 이것들은 결국 실로우 2-부분군이 될 수밖에 없다. 따라서 이 경우는 실로우 2-부분군이 1개뿐이므로 정규부분군이 된다.

【예제 14】 $|G|=30=2\cdot 3\cdot 5$이면 실로우 3-부분군의 개수는 1 또는 10개, 실로우 5-부분군의 개수는 1 또는 6개이다. 만일 실로우 3-부분군이 10개, 실로우 5-부분군이 6개라고 하면 그들의 공통부분은 5와 3의 약수는 1이므로 $\{e\}$뿐이다. 따라서 위수가 3인 원소가 $2\times 10=20$개, 위수가 5인 원소가 $4\times 6=24$개가 되어 이들의 합이 30보다 크게 되어 말이 안된다. 결국 실로우 3-부분군 또는 실로우 5-부분군은 1개만 있게 되므로 이것은 정규부분군이 되므로 G는 단순군이 아니다.

【예제 15】 $|G|=28=2^2\cdot 7$이라고 하면 실로우 7-부분군의 개수는 28의 약수이고 $1+7k$ 꼴이므로 한 개 뿐이다. 따라서 실로우 7-부분군은 G의 정규부분군이 되어 G는 단순군이 아니다.

정리 14.10 $|G|=pq$, p, q는 소수이고 $p<q$이다. 만일 p가 $q-1$의 약수가 아니면 G는 순환군이다.

증명 H를 G의 실로우 p-부분군, K를 G의 실로우 q-부분군이라고 하자. 실로우 p-부분군의 개수는 pq의 약수이므로 $1, p, q, pq$ 중 한 개인데 $1+pk=q$이면 p가 $q-1$의 약수가 되므로 안된다. 따라서 실로우 p-부분군은 H뿐이므로 H는 G의 정규부분군이다. 또 실로우 q-부분군의 개수는 $1+qk$꼴이고 $p<q$이므로 역시 K 한 개 뿐이다. 따라서 K도 G의 정규부분군이다.

$$H \cap K = \{e\}, \quad |HK| = \frac{|H||K|}{|H \cap K|} = \frac{pq}{1} = pq$$

따라서 $G=HK$가 되어 $G \cong H \times K$이다. 또 $|H|=p$, $|Q|=q$이므로 H, K는 각각 순환군이고 $\gcd(p, q)=1$이므로 G는 순환군이다. □

【예제 16】 $|G|=35$면 G는 $\mathbb{Z}_{35}$와 동형이다. 또 위수가 33, 15인 군도 모두 순환군이다.

위의 여러 예제에서 살펴본 바와 같이 실로우의 정리는 군의 위수만으로 군의 구조를 조사하는데 아주 유용하게 이용된다. 특히 아벨군이 아닌 유한군의 성질을 조사하는데 가장 많이 사용하는 정리이다.

앞의 예제 10에서 위수가 45인 군은 단순군이 아님을 보였다. 그러면 이번에는 이 군의 성질을 조사해 보자.

【예제 17】 $|G|=45=3^2 \cdot 5$라고 하면 실로우 3-부분군 H는 G의 정규부분군이다. 마찬가지로 실로우 5-부분군의 개수는 $1+5k$ 꼴이고 45의 약수이므로 한 개 뿐이다. 따라서 G는 위수 5인 정규부분군 K를 가진다. $|H \cap K|$는 9와 5의 약수이므로 결국 $H \cap K=\{e\}$이다.

$$|HK| = \frac{|H||K|}{|H \cap K|} = \frac{45}{1} = 45$$

따라서 $G \cong H \times K$이다. $|K|=5$이므로 $K \cong \mathbb{Z}_5$이다. 또 $|H|=3^2$이므로 H는 아벨군이다. 따라서 $H \cong \mathbb{Z}_9$ 또는 $H \cong \mathbb{Z}_3 \times \mathbb{Z}_3$이다. 결국 G는 $G \cong \mathbb{Z}_9 \times \mathbb{Z}_5 \cong \mathbb{Z}_{45}$ 또는 $G \cong \mathbb{Z}_3 \times \mathbb{Z}_3 \times \mathbb{Z}_5$이다.

【예제 18】 위수 30인 군의 종류를 구해보자. $|G|=30=2 \cdot 3 \cdot 5$이므로 H를 2-실로부분군, K를 3-실로우 부분군, I를 5-실로우 부분군이라고 하자. 실로

우 5-부분군의 개수는 $1+5k$ 꼴이고 30의 약수이므로 1 또는 6이다. 마찬가지로 실로우 3-부분군의 개수는 $1+3k$ 꼴이고 30의 약수이므로 1 또는 10이다. 만일 실로우 5-부분군이 6개, 실로우 3-부분군이 10개라면 위수 5인 원소는 $4\times 6=24$개, 위수 3인 원소는 $2\times 10=20$개이므로 $20+24>30$이 되어 거짓말이다. 따라서 실로우 3-부분군이 한 개이거나 또는 실로우 5-부분군이 한 개라야 한다. 다시 말하면 K와 I 중 한 개는 정규부분군이 된다. 따라서 KI는 G의 부분군이 되고 $|KI|=\dfrac{|K||I|}{|K\cap I|}=15$이다. $[G:KI]=2$이므로 또 KI는 G의 정규부분군이다. 또 $|KI|=15$이므로 앞 정리 14.9에서 KI는 순환군이다. $KI=\langle a\rangle$로 두자 $|H|=2$이므로 $H=\{e, b\}=\langle b\rangle$로 둘 수 있다. $(KI)\cap H=\{e\}$이므로 $|(KI)H|=30$이다. 따라서

$$G=(KI)H=\langle a\rangle\langle b\rangle=\{a^m b^n \mid 0\le m\le 14,\ 0\le n\le 1\}$$

로 둘 수 있다. 그런데 $\langle a\rangle$는 G의 정규부분군이므로 $bab^{-1}\in\langle a\rangle$가 되므로

$$bab^{-1}=a^t,\ (0\le t\le 15)$$

로 둘 수 있다. 여기서 t의 값에 따라서 G의 구조를 알 수 있다. 왜냐하면 G의 두 원소 $x=a^ib,\ y=a^jb\in G$에 대해서 x, y의 곱 xy는 $xy=a^iba^jb$ 꼴인데

$$ba^jb^{-1}=(bab^{-1})^j=a^{jt}$$

이므로 결국

$$xy=a^i(ba^j)b=a^ia^{jt}b^2$$

가 되어 t의 값만 정해지면 xy의 값이 정해지기 때문이다.

$$|a^t|=|bab^{-1}|=|a|=15$$

이고

$$|a^t|=\frac{|a|}{\gcd(t,\ |a|)}$$

이므로 $\gcd(t, 15)=1$이다. 따라서 $t=1, 2, 4, 7, 8, 11, 13, 14$가 가능성이 있다. 그러나

$$\begin{aligned} a &= eae^{-1} \\ &= b(bab^{-1})b^{-1} \\ &= ba^t b^{-1} \\ &= (bab^{-1})^t \\ &= (a^t)^t \end{aligned}$$

따라서

$$a^{t^2-1}=e$$

가 되어 15는 t^2-1의 약수가 되어야 한다. 결국 될 수 있는 t는 1, 4, 11, 14 총 4개 뿐이므로 위수 30인 군도 4종류 이상은 있을 수 없다. 실제로 위수 30인 군은 $\mathbb{Z}_{30}$, $S_3\times\mathbb{Z}_5$, $\mathbb{Z}_3\times D_5$, D_{15}이다. 이 각 군의 중심화부분군은 각각 30, 5, 3, 1이다.

우리는 위의 여러 예제에서 군의 위수로부터 군의 성질들을 찾아보았다. 군의 위수가 작은 경우는 그래도 군의 구조를 어떻게 해서 찾을 수 있으나 군의 위수가 아주 클 때는 파악하기가 매우 어렵다. 군의 위수만 가지고 군의 성질을 알아내는 일반적인 공식은 없다. 아직도 많은 군이 어떻게 생겼는지도 모른다. 비교적 위수가 작은 군의 종류를 아래에 적어본다.

군의 위수	1	2	3	4	5	6	7	8	9	10	11	12
군의 종류	1	1	1	2	1	2	1	5	2	2	1	5

13	14	15	16	17	18	19	20	21	22	23	…
1	2	1	14	1	5	1	5	2	2	1	…

[표 14.1]

여기서 군의 종류가 하나인 것은 모두 순환군이다. 위 표의 군의 위수로부터 군의 종류를 찾아내는 특별한 공식은 없다.

다음은 제2, 제3-실로우 정리의 증명이다. 이 정리를 증명하기 위해서는 사전에 몇 가지 기본적인 정리를 증명해야 한다. 좀 어렵고 복잡하므로 바쁜 사람은 생략하고 그냥 다음 장으로 바로 가도 괜찮다. 증명법을 꼭 기억할 필요는 없다. 또 실로우 정리의 증명법은 수십 가지가 넘는데 이것은 그중 비교적 쉽다고 생각해서 적어 놓은 것이므로 시간이 나면 그냥 한번 읽어보고 이해만 하면 된다. 이런 증명법도 있구나 하는 것만 알면 된다.

정리 14.11 H는 G의 실로우 p-부분군이다. K가 H와 켤레이면 K도 G의 실로우 p-부분군이다.

증명 $K=aHa^{-1}$로 적을 수 있다. 또 $|K|=|H|$이다.

$$|G|=p^n m,\ \gcd(p,\ m)=1$$

이라고 하면 $|H|=p^n$이므로 $|K|=p^n$이 되어 K도 실로우 p-부분군이다. □

위의 정리의 역도 성립한다. 즉 G의 두 부분군이 실로우 p-부분군이면 이들은 켤레이다(제2-실로우정리).

정의 14.5 H는 G의 부분군이다. 집합 $N(H)=\{a\in G \mid aHa^{-1}=H\}$을 H의 **정규화군**(normalizer)이라 부른다.

만일 G가 아벨군이면 모든 $a\in G$에 대해서 $aHa^{-1}=H$이므로 $N(H)=G$가 됨을 알 수 있다. 또 $a\in Z(G)$이면 $a\in N(H)$이므로 $Z(G)\subset N(H)$가 된다. H가 G의 정규부분군이면 정의에서 $N(H)=G$가 됨도 쉽게 알 수 있다. 정의에서 $N(H)=\{a\in G \mid aH=Ha\}$이므로 중심화부분군 $C(a)$의 정의와 마찬가지로 H와 가환인 원소들의 집합이 $N(H)$가 됨을 알 수 있다.

【예제 19】 대칭군 S_3에서 부분군 $H=\{e, (1\ 2)\}$의 $N(H)$를 구해보자. 임의의 $\theta\in S_3$에 대해서 $\theta e\theta^{-1}=e$이다.

$$\theta(1\ 2)\theta^{-1}=(\theta(1)\ \theta(2))$$

이므로

$$(\theta(1)\ \theta(2))=(1\ 2),\ (1\ 3),\ (2\ 3)$$

중 한 개가 될 것이다. 그런데 $\theta H\theta^{-1}=H$가 되기 위해서는 $(\theta(1)\ \theta(2))=(1\ 2)$가 되어야 하므로 결국 $\theta=e$ 또는 $\theta=(1\ 2)$ 뿐이다. 따라서 $N(H)=H$이다.

정리 14.12 H는 G의 부분군, $N(H)$는 H의 정규화군이면 다음이 성립한다.
(1) $N(H)$는 G의 부분군이다.
(2) $H\subset N(H)$이고 H는 $N(H)$의 정규부분군이다.
(3) K가 G의 부분군이고 $H\subset K$, H가 K의 정규부분군이면 $K\subset N(H)$이다.

위의 정리 14.11의 (2), (3)으로부터 $N(H)=G$이면 H는 G의 정규부분군이 된다. 또 $N(H)$는 H가 정규부분군이 되는 G의 부분군 중 가장 큰 것이다. p. 173 연습문제 11의 21과 비교

증명 (1) $a, b\in N(H)$라고 하면 $aHa^{-1}=H$, $bHb^{-1}=H$이다. 따라서

$$abH(ab)^{-1}=a(bHb^{-1})a^{-1}=aHa^{-1}=H$$

이므로 $ab\in N(H)$이다. 또 $aHa^{-1}=H$의 양쪽에 a^{-1}, a를 각각 곱하면

$$a^{-1}(aHa^{-1})a=a^{-1}Ha$$

따라서 $H=a^{-1}H(a^{-1})^{-1}$이므로 $a^{-1}\in N(H)$가 되어 $N(H)$는 G의 부분군이다.

(2) $x\in H$면

$$xHx^{-1}=(xH)x^{-1}=Hx^{-1}=H$$

따라서 $H\subset N(H)$이다. $a\in N(H)$, $g\in H$라고 하면

$$aga^{-1} \in aHa^{-1} = H$$

따라서 H는 $N(H)$의 정규부분군이다.

(3) $x \in K$라고 하자. H는 K의 정규부분군이므로

$$xHx^{-1} \subset H,\ x^{-1}Hx \subset H$$

이다. 한편

$$H = x(x^{-1}Hx)x^{-1} \subset xHx^{-1} \subset H$$

이므로 $xHx^{-1} = H$가 되어 $x \in N(H)$. 따라서 $K \subset N(H)$이다. □

【예제 20】 $G = S_3$, $H = \langle(1\ 2\ 3)\rangle$이라고 하면 H는 S_3의 정규부분군이다. 따라서 임의의 $g \in G$에 대해서 $gHg^{-1} = H$이고 $N(H) = G$이다. 한편, $K = \langle(1\ 2)\rangle$라고 하면 K는 G의 정규부분군이 아니다. 따라서 $N(K)$는 G의 진부분군이므로 $|N(K)| = 1, 2, 3$ 중 1개인데 $K \subset N(K)$이므로 결국 $|N(K)| = 2$이고 따라서 $N(K) = K$이다.

$N(H)$의 정의에서 $\{a \in G \mid aHa^{-1} = H\} = \{a \in G \mid aH = Ha\}$ 이므로 모양이 중심화부분군과 매우 비슷하다. 따라서 우리는 중심화부분군 $C(a) = \{x \in G \mid xa = ax\}$ 와 비슷한 성질을 유도할 수 있다. 먼저 a의 켤레원소의 집합 $\bar{a} = \{gag^{-1} \mid g \in G\}$ 의 개수는 $[G : C(a)]$가 됨을 앞에서 증명하였다(정리 9.15).

이와 마찬가지로 H와 켤레인 부분군의 개수를 구하기 위해서 위의 정리 9.15의 증명과 비슷하게 G에서 H와 켤레인 부분군의 집합 X에서 $[G : N(H)]$로의 함수 f를

$$f : X \to G/N(H),\ f(xHx^{-1}) = N(H)x^{-1}$$

라 정의하면 이 함수 f는 잘 정의되고 전단사가 됨을 알 수 있다. 따라서 $|X| = [G : N(H)]$가 되는데 G의 부분군 K에서 더 일반화해서 다음 정리를 얻을 수 있다.

정리 14.13 K, H가 군 G의 부분군이면

$$|\{aHa^{-1} | a \in K\}| = [K : K \cap N(H)]$$

이다.

주의 여기서 집합 $\{aHa^{-1}|a\in K\}$의 개수 $|\{aHa^{-1}|a\in K\}|$는 $|aHa^{-1}|=|H|$를 말하는 것이 아니다. H와 켤레인 aHa^{-1}가 한 개의 원소이다. 따라서 $\{aHa^{-1}|a\in K\}$는 H의 켤레 중 $a\in K$인 켤레의 개수를 말한다. 집합 $\{Ha|a\in K\}$의 개수는 $|Ha|$가 아니라 K에 있는 H의 우잉여류의 개수를 뜻하는 것과 같다. 즉

$$\{aHa^{-1}|a\in K\}=\{a_1Ha_1^{-1},\ a_2Ha_2^{-1},\ \cdots\ |a_i\in K\}$$

이므로 $a_iHa_i^{-1}$가 원소 한개이다.

증명 $\{aHa^{-1}|a\in K\}$의 개수는 $|K|$보다는 작다. $a\neq b$, a, $b\in K$이나 $aHa^{-1}=bHb^{-1}$가 되는 경우도 있다. 실제로는 모든 $a\in K\cap N(H)$의 원소에 대해서는 aHa^{-1}는 같은 집합이 된다. 이 사실을 전단사 함수를 이용해서 증명해 보자. 편의상 집합

$$\{aHa^{-1}|a\in K\}=K(H)$$

이라고 하자. 앞 정리 9.15의 증명과 동일하게 $\bar{a}$를 $K(H)$로, $G/C(a)$를 $K/K\cap N(H)$로 생각하면 $K(H)$에서 K 속의 $K\cap N(H)$의 우잉여류의 집합

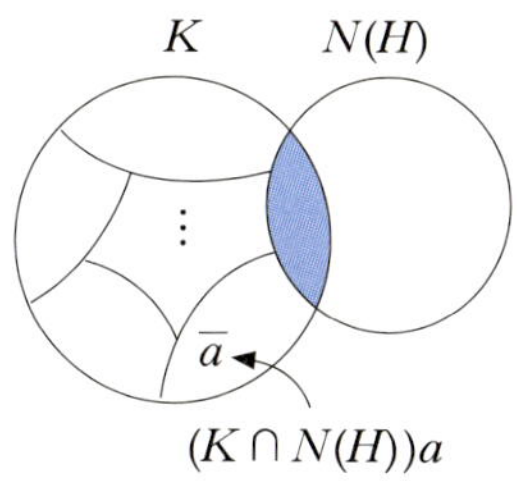

[그림 14.1]

$$K/(K\cap N(H))=\{(K\cap N(H))a|a\in K\}$$

으로의 함수 f를

$$f : K(H) \to K/(K\cap N(H)),\ f(aHa^{-1})=(K\cap N(H))a^{-1}$$

라 하자.

(1) 만일 $aHa^{-1}=bHb^{-1}$이면

$$H=a^{-1}bHb^{-1}a=a^{-1}bH(a^{-1}b)^{-1}$$

이므로 $a^{-1}b\in N(H)$이다. 또 $a,\ b\in K$이므로 $a^{-1}b\in K\cap N(H)$가 되어

$$(K\cap N(H))a^{-1}=(K\cap N(H))b^{-1}$$

따라서 f는 함수로 잘 정의 된다.

(2) $f(aHa^{-1})=f(bHb^{-1})$, $a,\ b\in K$라면

$$(K\cap N(H))a^{-1}=(K\cap N(H))b^{-1}$$

이고 따라서

$$(K\cap N(H))a^{-1}b=K\cap N(H)$$

이므로 $a^{-1}b\in K\cap N(H)$이다. $N(H)$의 정의에서

$$a^{-1}bH(a^{-1}b)^{-1}=H$$

이므로 $aHa^{-1}=bHb^{-1}$가 되어 f는 단사가 된다.

(3) 임의의 $(K\cap N(H))a$, $a\in K$에 대해서

$$f(a^{-1}Ha)=(K\cap N(H))a$$

이므로 f는 전사이다. 따라서

$$|K(H)|=|K/K\cap N(H)|$$

가 되어 증명되었다. □

따름정리 14.14 K와 H가 G의 부분군이면 $|\{aHa^{-1}|a\in K\}|$는 $|K|$의 약수이다.

따름정리 14.15 H가 G의 부분군이면 H와 켤레인 부분군의 개수는

$$|\{aHa^{-1}|a\in G\}|=[G:N(H)]$$

이다.

위 따름정리 14.15에 의해서 G의 부분군 H의 서로 다른 켤레부분군의 수는 G의 위수를 H의 정규화부분군의 위수로 나누면 된다.

정리 14.16 G는 유한군, p는 소수이다. K가 G의 p-부분군이면

$$K \subset N(aHa^{-1}),\ a \in G$$

인 실로우 p-부분군 H가 존재한다.

증명 $|K| = p^t$, H를 실로우 p-부분군이라 하고

$$X(H) = \{H = H_1, H_2, \cdots, H_m\}$$

을 H의 모든 켤레부분군의 집합이라고 하자. $[K : K \cap N(H_i)]$는 $|K|$의 약수이므로 $1, p, p^2, \cdots, p^t$ 중 한 개이다. $X(H)$에 관계 $\sim$를 $H_i \sim H_j$일 필요충분조건은

$$H_j = xH_ix^{-1},\ x \in K$$

라고 하면 $\sim$는 $X(H)$에서 동치관계가 됨을 쉽게 알 수 있다. 이 동치관계 $\sim$에 의해서 H_i의 동치류 $\overline{H_i}$의 개수는

$$[K : K \cap N(H_i)]$$

가 된다. 그 이유는 $H_j \in \overline{H_i}$일 필요충분조건은 $H_i \sim H_j$이다. 따라서

$$H_j = xH_ix^{-1},\ x \in K$$

이므로

$$\begin{aligned}\overline{H_i} &= \{H_j \mid H_j = xH_ix^{-1},\ x \in K\} \\ &= \{xH_ix^{-1} \mid x \in K\}\end{aligned}$$

이다. 앞 정리 14.13에서

$$|\overline{H_i}| = [K : K \cap N(H_i)]$$

를 증명하였다. 따름정리 14.14에 의해서

$$m = |X(H)| = |\overline{H_i}| + \cdots + |\overline{H_s}| = [G : N(H)]$$

이다. 즉 $m=[G:N(H)]=\sum[K:K\cap N(H_i)]$인데 이 식은 류방정식과 매우 비슷하다 (단, 합은 서로 소인 동치류들의 합). 만일 모든 $[K:K\cap N(H_i)]$가 p의 배수이면 m이 p의 배수가 된다. 그러나 $m=[G:N(H)]$이므로 $[G:N(H)]$가 p의 배수가 되어

$$[G:N(H)][N(H):H]=[G:H]$$

가 p의 배수인데 $|G|=p|H|$가 되어 이것은 H가 실로우 p–부분군이라는 사실에 모순이다. 결국 적당한 $1\leq j\leq m$에 대해서

$$[K:K\cap N(H_j)]=1$$

이 될 것이고 따라서 $K=K\cap N(H_j)$로부터 $K\subset N(H_j)$를 얻을 수 있다. □

정리 14.17 G는 유한군, p는 소수이다. K는 G의 p–부분군, H는 실로우 p–부분군이다. 만일 $K\subset N(H)$면 $K\subset H$이다.

증명 $|K|=p^t$, $|H|=p^n$라고 하자. 만일

$$K\not\subset H$$

라면

$$K\cap H\subsetneq K,\ |K\cap H|=p^i<p^t$$

이다. H는 $N(H)$의 정규부분군이고 $K\subset N(H)$이므로 따름정리 12.6에 의해서 HK는 $N(H)$의 부분군이 된다. 또

$$|HK|=\frac{|H||K|}{|H\cap K|}=\frac{p^np^t}{p^i}=p^np^{t-i}>p^n$$

인데 실제로 군 G는 위수가 p^{n+t-i}인 부분군을 가질 수는 없다. 따라서 $K\subset H$가 성립한다. □

정리 14.15, 14.16에서 정리 14.16의 (2)를 얻을 수 있다.

따름정리 14.18 G는 유한군, p는 소수이다. H, K가 G의 실로우 p–부분군이면 H와 K는 서로 켤레이다.

증 명 위의 정리 14.16와 14.17에서 $K \subset aHa^{-1}$인 $a \in G$가 존재한다.

$$|K| \le |aHa^{-1}| = |H|$$

인데 K도 역시 실로우 p-부분군이므로 $|K| = |H|$이다. 따라서 $K = aHa^{-1}$가 되어 H, K는 서로 켤레이다. □

따름정리 14.19 H가 G의 실로우 p-부분군이면 G의 모든 실로우 p-부분군의 개수는 $[G : N(H)]$이다.

증 명 $H_1, H_2, \cdots, H_m$을 G의 모든 실로우 p-부분군이라고 하면

$$H_i = aHa^{-1}, \ a \in G$$

꼴이다. 또 임의의 $g \in G$에 대해서 gHg^{-1}는 실로우 p-부분군이다. 따라서

$$\{aHa^{-1} | a \in G\} = H_1 \cup \cdots \cup H_m$$

이다. 따라서

$$|\{aHa^{-1} | a \in G\}| = m$$

이므로 $m = [G : N(H)]$이다. □

물론 G의 모든 실로우 p-부분군의 개수는 $|G|$의 약수가 됨은 당연하다. 이 사실을 종합하면 우리는 제3-실로우정리를 얻을 수 있다.

제3-실로우정리의 증명 $X = \{H_1, H_2, \cdots, H_m\}$을 G의 실로우 p-부분군의 집합이라고 하자. 앞 따름정리 14.19에서 임의의 $1 \le i \le m$에 대해서 $|X| = [G : N(H_i)]$가 됨은 증명하였다. $K = H_1$라 두면 앞 정리 14.16의 증명에서

$$|\overline{H_1}| + \cdots + |\overline{H_s}| = m, \ |\overline{H_i}| = [H_1 : H_1 \cap N(H_i)]$$

이 됨을 알 수 있다. 또 모든 $[H_1 : H_1 \cap N(H_i)]$는 $1, p, p^2, \cdots, p^n = |H|$ 중 한 개다. 그런데 $K = H_1$이므로

$$|\overline{H_1}| = [K : K \cap N(H_1)] = [H_1 : H_1 \cap N(H_1)] = [H_1 : H_1] = 1$$

이 된다. 그 밖의 $\overline{H_i}$, $i \neq 1$에 대해서는 $|\overline{H_i}| \neq 1$이다. 그 이유는 만일

$$[K : K \cap N(H_i)] = [H_1 : H_1 \cap N(H_i)] = 1$$

이면 $H_1 = H_1 \cap N(H_i)$에서 $H_1 \subset N(H_i)$가 되고 따라서 정리 14.16에 의해서 $H_1 \subset H_i$이다. 그런데 $|H_1| = |H_i|$이므로 $H_1 = H_i$가 되어 모순이다. 결국 $m-1$은 p의 배수가 되므로 $m = 1 + pk$ 꼴이 된다. □

따름정리 14.20 H가 군 G의 실로우 p–부분군이면 $[G:N(H)]$, $[N(H):H]$, $[G:H]$는 모두 p의 배수가 아니다.

증명 $[G:H] = [G:N(H)][N(H):H]$이고 H는 G의 실로우 p–부분군이므로 $[G:H]$는 p의 배수가 아니다. □

따름정리 14.21 H는 G의 부분군이고 $|H| = p^i$, $0 \leq i \leq n$이면 $|K| = p^{i+1}$이고 H가 K의 정규부분군이 되는 G의 부분군 K가 존재한다.

코시(Augustin Louis Cauchy, 1789~1857)

코시는 1789년 파리에서 태어나서 초기에는 아버지로부터 교육을 받았다. 1805년 에콜 폴리테크니크에 입학하여 처음에는 토목기사 시험을 준비했으나 라그랑즈와 라플라스의 설득으로 수학을 하기로 결심하고 이 학교의 강사직을 수락하였다. 그는 순수와 응용수학 모두를 광범위하게 공부하였다. 그의 저술은 오일러 다음으로 방대하여 논문은 789편이나 된다. 그러나 그 중에는 형편없는 것도 있어서 때때로 비판의 대상이 되기도 했다. 한때는 과학원학술지에 너무 많은 투고를 해서 인쇄비를 감당하지 못한 과학원은 논문의 페이지를 4페이지를 넘지 못하게 제한했는데 이후부터 지금까지 이어져 내려오고 있다. 그는 무한급수의 수렴성, 실함수와 복소수함수, 미분방정식, 행렬식, 수리물리 등 수학 전분야의 발전에 많은 기여를 하였는데 특히 현대 고등미적은 그의 큰 업적이다. 코시의 적분공식, 코시의 부등식 등 우리에게 익숙한 것도 많다. 또 함수의 도함수

$$\lim_{\Delta x \to 0} \frac{f(x+\Delta x)-f(x)}{\Delta x}$$

도 코시가 정의하였다. 또 극한을 이용하여 구한 정적분은 결국 미분의 역도함수가 된다는 사실도 평균값의 정리에 의해서 입증하였다. 그는 왕당파였기 때문에 1830년 프랑스 대혁명 후 에꼴 폴리테크니크 교수직을 떠나야만 했다. 그 후 18년 동안 공직에서 배제되었다가 1848년 비로소 복직이 허용되었다. 그는 "사람은 죽어도 그의 행적은 남는다"라는 마지막 말을 남기고 1857년 68세로 갑자기 사망하였다.

연습문제(14)

1. $|G|=p^n$, $0\leq k\leq n$이면 G는 위수가 p^k인 정규부분군을 가짐을 보여라.

2. S_3, S_4, S_5의 실로우 3-부분군과 실로우 2-부분군을 각각 구하여라.

3. p가 소수일 때 위수가 p^2인 군은 항상 아벨군이 됨을 실로우정리를 써서 증명하여라.

4. N은 G의 정규부분군이고, N과 G/N은 모두 p-군이다. G는 p-군임을 보여라.

5. G는 유한 p-군이고 $H\neq\{e\}$는 G의 정규부분군이다. $H\cap Z(G)\neq\{e\}$임을 보여라.

6. $p>q$는 모두 소수이고 $|G|=p^nq$이다. G는 지수(index)가 q인 유일한 정규부분군을 가짐을 보여라.

7. 위수가 각각 12, 56, 200인 군은 단순군이 아님을 보여라. (정규 실로우 p-부분군을 가진다.)

8. N은 G의 정규부분군, H는 G의 부분군, $[G:H]$은 유한이다. 만일 $[G:H]$과 $|N|$가 서로소이면 $N\subset H$임을 보여라.

9. 위수가 45인 군은 위수가 9인 정규부분군을 가짐을 보여라.

10. 위수가 1225인 군은 아벨군임을 보여라.

11. 위수가 $(35)^3$인 군은 위수가 125인 정규부분군을 가짐을 보여라.

12. K는 G의 실로우 p-부분군이다. $a\in G$의 위수가 p의 거듭제곱이고 $aKa^{-1}=K$이면 $a\in K$임을 보여라.

13. G는 위수가 231인 군이다. G의 실로우 11-부분군은 G의 중심에 포함됨을 보여라.

14. G는 위수가 108인 군이다. 위수가 $3^k(k\geq 2)$인 G의 정규부분군이 존재함을 보여라.

15. $|G|=pq$이며 $p<q$인 소수이다.
   (1) $p\nmid q-1$이면 G는 순환군임을 보여라.
   (2) $p\mid q-1$이면 위수가 pq인 비아벨군은 단 한 개뿐임을 보여라.

16. G는 위수 $p^2q(p, q$는 소수)인 군이다. G는 단순군이 아님을 보여라.

17. G는 유한군이고 G의 실로우 p-부분군 A는 G의 중심에 포함된다. $A\cap N=\{e\}$, $AN=G$인 G의 정규부분군 N이 존재함을 보여라.

18. A는 G의 실로우 p-부분군이고 $a, b\in Z(A)$이다. $a=xbx^{-1}$인 x가 존재하면 $a=yby^{-1}$인 y가 $N(A)$에 존재함을 보여라.

19. 위수가 168인 단순군에서 위수가 7인 원소는 모두 몇 개인가?

20. (1) 위수가 24인 군은 단순군이 아님을 보여라.
   (2) 위수가 6인 군을 모두 구하여라.

21. $|G|=p^n$, H는 G의 부분이고 $|H|=p^m(1\leq m\leq n)$이다. 임의의 $m\leq k\leq n$에 대해서 $|K|=p^k$, $H\subset K$인 G의 부분군 K가 존재함을 보여라.

22. 위수가 $p^3(p$는 소수)인 아벨이 아닌 군을 구하여라(문제 3번과 비교).

23. G는 유한아벨군이다. 소수 p가 $p\mid |G|$이면 G의 실로우 p-부분군은 유일하게 존재함을 보여라.

24. G는 위수 36인 아벨군이다.
   (1) 임의의 $g\in G$에 대해서 $g=ab$, $|a|$는 9의 약수, $|b|$는 4의 약수 꼴로 쓸 수 있

음을 보여라.

(2) $G=AB$, $A\cap B=\{e\}$, A는 실로우 2-부분군, B는 실로우 3-부분군으로 나타내어라.

25. $K\subset H\subset G$, K는 H의 정규부분군, H는 G의 정규부분군이다. 만일 K가 H의 p-실로우 부분군이면 K는 G의 정규부분군이 됨을 보여라.

26. 원소가 10개인 군을 모두 구하라.

27. $f: G \to H$는 준동형사상이다. G는 유한군, p는 소수, $p^2 \nmid |G|$, $b\in f(G)$, $|b|=p$면 , $|a|=p$인 $a\in G$가 존재함을 보여라.

15 유한아벨군
(Finite Abelian Groups)

우선 여기서 군의 직적에 대해서 좀 더 공부하자. 우리는 두 군 G_1, G_2로부터 직적 $G_1 \times G_2$를 만들었다. 그런데 이렇게 만든 군 $G_1 \times G_2$는 G_1, G_2와 어떤 관계가 있는지 알지 못한다. 군 G_1, G_2는 직적 $G_1 \times G_2$의 부분군이 아니다. 그러나 G_1는 $G_1 \times G_2$의 적당한 부분군 A와 동형이 될 수는 있다. 마찬가지로 G_2도 $G_1 \times G_2$의 적당한 부분군 B와 동형이 된다.

이 사실을 좀 더 자세히 공부해 보자.

정의 15.1 A, B는 G의 정규부분군이고 $AB = G$, $A \cap B = \{e\}$일 때 G는 A, B의 내직적(internal direct product)이라고 하고 $G = A \otimes B$로 표시한다.

【예제 1】 $G = \mathbb{Z}_{12}$, $H = \{\overline{0}, \overline{3}, \overline{6}, \overline{9}\}$, $K = \{\overline{0}, \overline{4}, \overline{8}\}$라고 하면

$$H \cap K = \{\overline{0}\}, \quad |HK| = \frac{|H||K|}{|H \cap K|} = 12$$

이므로 $HK = G$이다.

따라서 $\mathbb{Z}_{12}$는 H와 K의 내직적이다. 물론 $\mathbb{Z}_{12}=\mathbb{Z}_{12}\otimes\{\bar{0}\}$는 당연하다.

여기서 정의만 보면 내직적은 직적과는 아무 관련이 없다. 그런데 직적이란 용어를 사용해서 혼동이 생기는데 왜 이렇게 아무 관계도 없는 단어를 붙였는지 알아보자. 앞 정리 13.6에서 G가 A, B의 내직적이면 $G\cong A\times B$가 된다. 또 다음 정리에서 역도 성립함을 보일 수 있다.

정리 15.1 G_1, G_2는 군이다. $G=G_1\times G_2$라고 하면 $A\cong G_1$, $B\cong G_2$인 G의 정규부분군 A, B가 존재해서 $G=A\otimes B$이 된다.

증명 G_1, G_2의 항등원을 각각 e_1, e_2라고 하면 $G_1\times G_2$의 항등원은 (e_1, e_2)이다.

$$A=G_1\times\{e_2\}=\{(g_1, e_2)\mid g_1\in G_1\},$$
$$B=\{e_1\}\times G_2=\{(e_1, g_2)\mid g_2\in G_2\}$$

라고 하면 A, B는 모두 $G_1\times G_2$의 부분군이 됨을 쉽게 알 수 있다.

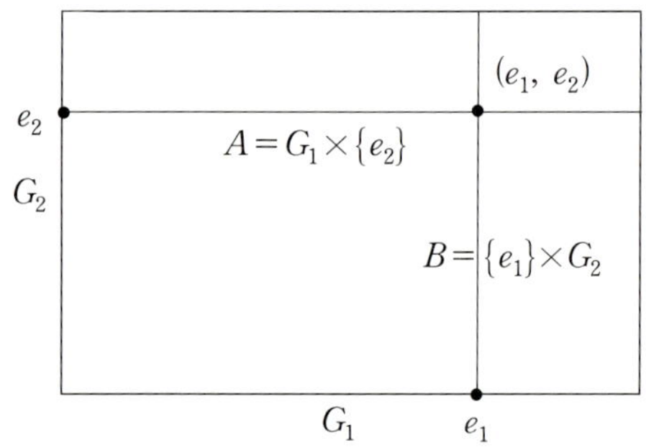

[그림 15.1]

임의의 $(x, y)\in G_1\times G_2$, $(a, e_2)\in A$에 대해서

$$\begin{aligned}(x, y)(a, e_2)(x, y)^{-1}&=(x, y)(a, e_2)(x^{-1}, y^{-1})\\&=(xax^{-1}, ye_2y^{-1})=(xax^{-1}, e_2)\in A\end{aligned}$$

이므로 A는 G의 정규부분군이다. 마찬가지로 B도 G의 정규부분군이다. 임의의 $(x, y)\in G_1\times G_2$, $(x, e_2)(e_1, y)\in AB$이고 $A\cap B=(e_1, e_2)$이므로 결국 G는 A, B의 내직적이 된다. 또

$$f : A \to G_1,\ f(a,\ e_2) = a$$

는 동형사상이 됨을 쉽게 알 수 있다.

따라서 $A \cong G_1$, 마찬가지로 $B \cong G_2$이다. □

위의 정리 15.1에서 G가 두 군의 직적이면 G는 두 군과 동형인 적당한 G의 정규부분군 A, B의 내직적이고 또 다시 정리 13.6에 의해서 $G \cong A \times B$가 된다. 만일 동형인 군은 같은 군으로 생각하면 결국 직적이면 내직적이고 내직적이면 직적이 되어 직적과 내직적은 같은 것이 된다.

이외에노 G가 A, B의 내직적이면 앞 정리 13.5(1)에서 G의 임의의 원소 x는 $x = ab,\ a \in A,\ b \in B$로 단 한가지 꼴로 표시됨을 알았다. 또 역도 성립함을 증명해 보자.

정리 15.2 A, B는 G의 정규부분군이다. G가 A, B의 내직적일 필요충분조건은 임의의 $x \in G$가 $x = ab,\ a \in A,\ b \in B$꼴로 한 가지로만 표시된다.

증명 ($\Leftarrow$) $G = AB$임은 당연하다. 만일 $x \in A \cap B$라고 하면 $x = xe \in AB$이고 동시에 $x = ex \in AB$이므로 가정에 의해서 $xe = ex$이므로 $x,\ e \in A,\ x,\ e \in B$이므로 $x = e$가 된다. 따라서 $G = A \otimes B$이다.

($\Rightarrow$) 정리 13.5 □

따름정리 15.3 $G,\ G_1,\ G_2$는 군이다. 다음은 동치이다.

1) $G \cong G_1 \times G_2$

2) $G = A \otimes B,\ A \cong G_1,\ B \cong G_2$

3) A, B는 G의 정규부분군이고 임의의 $x \in G$는 $x = ab,\ a \in A,\ b \in B$로 단 한 가지 방법으로 표시된다.

증명 1) $\Rightarrow$ 2) $\theta : G_1 \times G_2 \to G$를 동형사상이라고 하면 $A_1,\ B_1$가 존재하여 $G_1 \times G_2 = A_1 \otimes B_1$가 된다. $\theta(A_1) = A,\ \theta(B_1) = B$라고 하면 $A \cong A_1 \cong G_1,\ B \cong B_1 \cong G_2,\ G = A \otimes B$가 됨을 알 수 있다.

2) ⇔ 3) 정리 15.2

2) ⇒ 1) 정리 13.6 □

두 개의 정규부분군에서 내직적을 정의했는데 G의 정규부분군이 여러개 있을 때도 우리는 내직적을 정의할 수 있다.

정리 15.4 $G, G_1, G_2, \cdots, G_k$가 군이면 다음은 동치이다.

(1) $G \cong G_1 \times G_2 \times \cdots \times G_k$

(2) $G_i \cong N_i$인 G의 정규부분군 N_i가 존재하여$(1 \le i \le k)$

1) $G = N_1 N_2 \cdots N_k$이고

2) 임의의 $1 \le i \le k$에 대해서 $N_i \cap (N_1 \cdots N_{i-1} N_{i+1} \cdots N_k) = \{e\}$이다.

(3) N_i는 G의 정규부분군이고 $(1 \le i \le k)$ 임의의 $x \in G$는 $x = a_1 a_2 \cdots a_k$, $a_i \in N_i$로 단 한 가지 모양으로 표시된다.

증명 1) ⇒ 2) $f : G_1 \times G_2 \times \cdots \times G_k \to G$를 동형사상이라고 하자.

$$\{f(e_1, e_2, \cdots, g_i, \cdots, e_k) \mid g_i \in G_i\} = N_i$$

라 두면 $G_i \cong N_i$이고 N_i는 G의 부분군이 됨을 쉽게 보일 수 있다. 임의의 $g \in G$, $a \in N_i$에 대해서

$$g = f(g_1, g_2, \cdots, g_k) \ \ (g_i \in G_{i,} \ i = 1, \cdots k), \ \ a = f(e_1, e_2, \cdots, a_i, \cdots, g_k) \ (a_i \in G_i)$$

꼴이므로

$$\begin{aligned} gag^{-1} &= f(g_1, g_2, \cdots, g_k) f(e_1, e_2, \cdots, a_i, \cdots, e_k) f(g_1^{-1}, g_2^{-1}, \cdots, g_k^{-1}) \\ &= f(e_1, e_2, g_i a_i g_i^{-1}, \cdots, e_k) \in N_i \end{aligned}$$

이다. 따라서 N_i는 G의 정규부분군이다. 또 f는 전사이므로 $G = N_1 N_2 \cdots N_k$가 됨도 알 수 있다.

만일 $x \in G$가 $x \in N_i \cap (N_1 \cdots N_{i-1} N_{i+1} \cdots N_k)$라고 하면

$$x = a_i, \ \ x = a_1 a_2 \cdots a_{i-1} a_{i+1} \cdots a_k \ \ (a_i \in N_i, \ a_j \in N_j, \ j \ne i)$$

꼴로 나타낼 수 있다.

$a_j = f(e_1, e_2, \cdots, g_j, \cdots, e_k)$, $1 \le j \le k$라고 두면

$$x=f(g_1, g_2, \cdots, e_i, \cdots, g_k)=f(e_1, e_2, \cdots, g_i, \cdots, e_k)$$

가 된다. f는 단사이므로 결국

$$g_1=e_1,\ g_2=e_2,\ \cdots \quad g_i=e_i,\ \cdots,\ g_k=e_k$$

가 되어 $x=e$이다.

2) ⇒ 1) $f: N_1\times N_2\times\cdots\times N_k \to G$, $f(a_1, a_2, \cdots, a_k)=a_1a_2\cdots a_k$ 라고 하면 $G=N_1N_2\cdots N_k$이므로 f는 당연히 전사이다. 만일 $f(a_1, a_2, \cdots, a_k)=f(b_1, b_2, \cdots, b_k)$라고 하면 $a=a_1a_2\cdots a_k=b_1b_2\cdots b_k$, $a_i, b_i\in N_i$인데 앞 정리 15.5에서 $i\neq j$면 $N_i\cap N_j=\{e\}$이고 $a_ia_j=a_ja_i$, $b_ib_j=b_jb_i$이다. 따라서

$$\begin{aligned} b_1^{-1}a_1 &= (b_2\cdots b_k)(a_2\cdots a_k)^{-1}=b_2\cdots b_ka_k^{-1}\cdots a_2^{-1} \\ &= (b_2a_2^{-1})(b_3a_3^{-1})\cdots(b_ka_k^{-1})\in N_1\cap N_2N_3\cdots N_k \end{aligned}$$

이고 (2)에 의해 $b_1^{-1}a_1=e$이므로 $a_1=b_1$이다. 이와 같이 반복하면 $a_2=b_2$, $\cdots$, $a_k=b_k$가 되어 f는 단사가 된다. 또 f는 동형사상이 됨도 쉽게 보일 수 있다. 따라서 $G\cong N_1\times N_2\times\cdots\times N_k\cong G_1\times G_2\times\cdots\times G_k$이다.

2) ⇒ 3) $G=N_1N_2\cdots N_k$이므로 임의의 $x\in G$는 $x=a_1a_2\cdots a_k$, $a_i\in N_i$로 나타낼 수 있다. 만일 $x=a_1a_2\cdots a_k=b_1b_2\cdots b_k$, $a_i, b_i\in N_i$라고 하면

$$\begin{aligned} b_1^{-1}a_1 &= (b_2\cdots b_k)(a_2\cdots a_k)^{-1}=b_2\cdots b_ka_k^{-1}\cdots a_2^{-1} \\ &= (b_2a_2^{-1})(b_3a_3^{-1})\cdots(b_ka_k^{-1})\in N_1\cap(N_2\cdots N_k)=\{e\} \end{aligned}$$

가 되어 $b_1=a_1$이다. 이런 식을 반복하면 결국 $a_2=b_2$, $\cdots$, $a_k=b_k$가 되어 x는 단 한 가지 방법으로 표시된다.

3) ⇒ 2) $G=N_1N_2\cdots N_k$는 당연하다. 만일 $x\in N_i\cap(N_1\cdots N_{i-1}N_{i+1}\cdots N_k)$라고 하면

$$\begin{aligned} x &= e_1\cdots\cdots\cdots x\cdots\cdots\cdots\cdots e_k \\ &= a_1a_2\cdots a_{i-1}a_{i+1}\cdots a_k \quad (a_i\in N_i) \end{aligned}$$

(단 e_i는 모두 e인데 알기 쉽게 하기 위해서 첨수를 붙였음)

인데 가정에 의해서 $e_1=a_1$, $\cdots$, $e_{i-1}=a_{i-1}$, $x=e_i$, $\cdots$, $e_k=a_k$가 되어 $N_i\cap(N_1\cdots N_{i-1}N_{i+1}\cdots N_k)=\{e\}$이다. □

위의 세 가지는 동치이므로 G가 위 정리 15.4와 같은 성질을 만족시킬 때 우리는 G는 G의 정규부분군 $N_1, N_2, \cdots, N_k$의 내직적이라고 부

른다. 책에 따라서는 (3)번일 때 내직적이라고 부르기도 하는데 편의상 우리는 (2)번일 때 내직적이라고 정의한다.

정의 15.2 $N_1, N_2, \cdots, N_k$는 G의 정규부분군이고
1) $G=N_1N_2\cdots N_k$,
2) $N_i\cap(N_1\cdots N_{i-1}N_{i+1}\cdots N_k)=\{e\}$ $(1\le i\le k)$일 때 G는 $N_1, N_2, \cdots, N_k$의 내직적(internal direct product)이라고 하고 $G=N_1\otimes N_2\otimes\cdots\otimes N_k$로 표시한다.

정리 15.5 G가 정규부분군 $N_1, N_2, \cdots, N_k$의 내직적이면 임의의 $1\le i\ne j\le k$에 대해서 $N_i\cap N_j=\{e\}$이고 따라서 임의의 $a\in N_i$, $b\in N_j$의 원소 a, b에 대해서 $ab=ba$이다.

증명 $(\Rightarrow)$ $i\ne j$라고 하면

$$N_j=e_1e_2\cdots e_i\cdots\cdots N_j\cdots e_k\subset N_1N_2\cdots N_{i-1}e_iN_{i+1}\cdots N_j\cdots N_k$$

이므로 (단 $e_1=e_2=\cdots=e_i=\cdots=e_k=e$)

$$N_i\cap N_j\subset N_i\cap(N_1N_2\cdots N_{i-1}N_{i+1}\cdots N_k)=\{e\}$$

따라서 $i\ne j$면 $N_i\cap N_j=\{e\}$이다.
앞에서 증명했지만 한번 더 하자. $a\in N_i$, $b\in N_j$라고 하면 $aba^{-1}\in N_j$이므로 $aba^{-1}b^{-1}\in N_j$이다. 마찬가지로 $a^{-1}\in N_i$이므로 $ba^{-1}b^{-1}\in N_i$. 따라서 $aba^{-1}b^{-1}\in N_i$이다. 이 말은

$$aba^{-1}b^{-1}\in N_i\cap N_j=\{e\}$$

란 뜻이므로 결국 $aba^{-1}b^{-1}=e$로부터 $ab=ba$가 된다. □

결국 G의 정규부분군 N_i들의 직적 $N_1\times N_2\times\cdots\times N_t$는 N_i를 각각 독립된 군으로 생각해서 원소를 늘어놓은 것이고 내직적은 N_i를 G의 부분집합으로 생각해서 G의 안(internal)에서 생각한 것이다. 그런데 결론

은 $N_1, N_2, \cdots, N_t$의 내직적은 N_i의 직적 $N_1 \times N_2 \times \cdots \times N_t$와 동형이 되고 또 $H = N_1 \times N_2 \times \cdots \times N_t$이면

$$N_i \cong N_i^* = \{(e_1, e_2, \cdots, x, \cdots, e_t) | x \in N_i\}$$
$$H = N_1 \times N_2 \times \cdots \times N_t \cong N_1^* \cdots N_t^*$$

이고 H는 N_i^*의 내직적이 된다. 따라서 H는 N_i와 동형인 N_i^*의 내직적이 되므로 동형인 군은 같은 군으로 생각하면 내직적이면 직적이고 직적이면 내직적이므로 결국 직적과 내직적은 같은 것이 된다. 물론 엄밀하게는 동형이 된다. 결국 직적과 내직적은 서로가 동형이 된다. 그래서 이름도 내직적이라고 붙인 것이다.

G의 정규부분군 A, B의 내직적에서 $G = AB$와 $A \times B$를 잘 구별하여야 한다. $G = AB$는 A, B를 G의 부분집합으로 생각해서 G의 임의의 원소가 A와 B의 원소의 곱으로 표시된다는 뜻이다. 그러나 $A \times B$는 A, B를 G와는 독립된 하나의 군으로 취급하여 두 군 A, B를 직적한 것이다. 즉 $\{(a, b) | a \in A, b \in B\}$인 집합을 나타내므로 G의 원소와는 완전히 다른 원소이다. 그러나

$$f : A \times B \to AB,\ f(a, b) = ab$$

라고 하면 내직적의 정의에서 $G = AB \cong A \times B$이다.

다음에 나오는 정리 15.6과 15.7은 유한아벨군을 분류하는데 아주 중요한 정리이다. 증명은 매우 복잡하므로 이 장의 제일 마지막으로 미루고 우선 정리의 소개와 이 정리를 이용한 여러 가지 예제부터 먼저 공부한다.

정리 15.6 (유한아벨군의 기본정리) G가 유한아벨군이면 G는 위수가 p^t(p는 소수)꼴인 순환군의 직적과 동형이다. 즉

$$G \cong \langle a_1 \rangle \times \langle a_2 \rangle \times \cdots \times \langle a_n \rangle,\ |a_i| = p_i^{t_i}\ (i = 1, 2, \cdots, n)$$
$$G \cong \mathbb{Z}_{p_1^{t_1}} \times \mathbb{Z}_{p_2^{t_2}} \times \cdots \times \mathbb{Z}_{p_n^{t_n}}$$

이다. 단, 여기서 소수 p_i들은 반드시 다를 필요는 없다. 또 이러한 식으로 G는 단 한 가지로만 표시된다. G의 각 성분의 $\langle a_i \rangle$의 위수 $p_i^{t_i}$들을 G의 **기본약수**(elementary divisors)라고 부른다.

【예제 2】 $G = \mathbb{Z}_{10} \times \mathbb{Z}_4 \times \mathbb{Z}_2$라고 하면 $\mathbb{Z}_{10} \cong \mathbb{Z}_2 \times \mathbb{Z}_5$이므로 $G \cong \mathbb{Z}_2 \times \mathbb{Z}_2 \times \mathbb{Z}_4 \times \mathbb{Z}_5$이다. 따라서 2, 2, 2^2, 5가 기본약수이다.

정리 15.7 G가 유한아벨군이면

$$G \cong \mathbb{Z}_{m_1} \times \mathbb{Z}_{m_2} \times \cdots \times \mathbb{Z}_{m_t}$$

이다. 단, $m_1 > 1$, $m_1 | m_2 | \cdots | m_t$이고 이 m_i들은 단 한 가지로만 표시된다. 또 이 m_i들은 반드시 서로 다를 필요는 없다. 즉 같은 것이 있을 수도 있다. 위에 나타난 m_i들을 G의 **불변인수**(invariant factors)라고 부른다.

유한아벨군 G가 기본약수꼴로 표시되었을 때 이것을 불변인수꼴로 고쳐 쓸 수도 있다. 기본약수꼴일 때 수가 작은 순서로 표시하는 것이 보기 좋으므로

$$G \cong \mathbb{Z}_{p_1^{t_1}} \times \mathbb{Z}_{p_2^{t_2}} \times \cdots \times \mathbb{Z}_{p_n^{t_n}}, \quad p_1^{t_1} \le p_2^{t_2} \le \cdots \le p_n^{t_n}$$

으로 나타내자. 만일 $p_i = p_j$이면 $p_i^{t_i}$, $p_j^{t_j}$는 하나가 다른 것의 약수가 된다. 만일 $p_i^{t_i} \le p_j^{t_j}$이면 $m_i = p_i^{t_i}$, $m_j = p_j^{t_j}$라 두면 $m_i | m_j$이다. 또 만일 $p_i \neq p_j$이면 $p_i^{t_i}$와 $p_j^{t_j}$는 서로 소이므로 $\mathbb{Z}_{p_i^{t_i}} \times \mathbb{Z}_{p_j^{t_j}} \cong \mathbb{Z}_{p_i^{t_i} p_j^{t_j}}$가 된다. 이런 식으로 차례대로 하면

$$\mathbb{Z}_{p_1^{t_1}} \times \cdots \times \mathbb{Z}_{p_n^{t_n}} \cong \mathbb{Z}_{m_1} \times \mathbb{Z}_{m_2} \times \cdots \times \mathbb{Z}_{m_t}, \quad m_1 | m_2 | \cdots | m_t$$

꼴로 고쳐 적을 수 있다.

【예제 3】 $G=\mathbb{Z}_2\times\mathbb{Z}_2\times\mathbb{Z}_4\times\mathbb{Z}_5$는 $\mathbb{Z}_4\times\mathbb{Z}_5\cong\mathbb{Z}_{20}$이므로

$$G\cong\mathbb{Z}_2\times\mathbb{Z}_2\times\mathbb{Z}_{20}$$

으로 쓸 수 있다. 물론 2, 2, 20은 불변인수이다.

【예제 4】 $G=\mathbb{Z}_2\times\mathbb{Z}_2\times\mathbb{Z}_4\times\mathbb{Z}_3\times\mathbb{Z}_9\times\mathbb{Z}_5$는 순서대로 써서

$$\mathbb{Z}_2\times\mathbb{Z}_2\times\mathbb{Z}_3\times\mathbb{Z}_4\times\mathbb{Z}_5\times\mathbb{Z}_9$$

이고

$$\mathbb{Z}_2\times\mathbb{Z}_3\cong\mathbb{Z}_6,\quad \mathbb{Z}_4\times\mathbb{Z}_5\times\mathbb{Z}_9\cong\mathbb{Z}_{180}$$

이므로 $G\cong\mathbb{Z}_2\times\mathbb{Z}_6\times\mathbb{Z}_{180}$이다. 불변인수는 2, 6, 180이다.

【예제 5】 $G=\mathbb{Z}_{10}\times\mathbb{Z}_4\times\mathbb{Z}_2$라고 하면 $\mathbb{Z}_{10}\cong\mathbb{Z}_2\times\mathbb{Z}_5$이므로 $G\cong\mathbb{Z}_2\times\mathbb{Z}_2\times\mathbb{Z}_4\times\mathbb{Z}_5$이고 또 $\mathbb{Z}_5\times\mathbb{Z}_4\cong\mathbb{Z}_{20}$이므로 $G\cong\mathbb{Z}_2\times\mathbb{Z}_2\times\mathbb{Z}_{20}$. 따라서 2, 2, 20이 불변인수이다.

$\gcd(m, n)=1$이면 $\mathbb{Z}_{mn}\cong\mathbb{Z}_m\times\mathbb{Z}_n$이므로 만일 유한아벨군 G가 불변인수로 표시되어 있다면 $G=\mathbb{Z}_{m_1}\times\mathbb{Z}_{m_2}\times\cdots\times\mathbb{Z}_{m_s}$에서 각 m_i을 소인수분해하여 $m_i=p_1^{t_1}p_2^{t_2}\cdots p_k^{t_k}$라고 할 때

$$\mathbb{Z}_{m_i}\cong\mathbb{Z}_{p_1^{t_1}}\times\mathbb{Z}_{p_2^{t_2}}\times\cdots\times\mathbb{Z}_{p_k^{t_k}}$$

가 되어 G를 기본약수꼴로 쉽게 고쳐 쓸 수 있다.

【예제 6】 $G=\mathbb{Z}_3\times\mathbb{Z}_{12}\times\mathbb{Z}_{36}$이면 $12=2^2 3$, $36=2^2 3^2$이므로 $\mathbb{Z}_{12}\cong\mathbb{Z}_{2^2}\times\mathbb{Z}_3$, $\mathbb{Z}_{36}\cong\mathbb{Z}_{2^2}\times\mathbb{Z}_{3^2}$이다. 따라서 $G\cong\mathbb{Z}_3\times\mathbb{Z}_{2^2}\times\mathbb{Z}_3\times\mathbb{Z}_{2^2}\times\mathbb{Z}_{3^2}$으로 쓸 수 있다.

유한아벨군의 기본정리의 증명은 잠시 뒤로 미루고 먼저 이 정리를 이용한 몇 가지 예제부터 공부해 보자.

【예제 7】 위수가 8인 아벨군은 몇 종류인지 구해보자. $|G|=8$인 아벨군이라고 하면 기본약수로 나타내면 $G\cong \mathbb{Z}_{p_1^{t_1}}\times \mathbb{Z}_{p_2^{t_2}}\times \cdots \times \mathbb{Z}_{p_n^{t_n}}$ 꼴로 표시되므로 $p_1^{t_1}p_2^{t_2}\cdots t_n^{t_n}=8$이다. 따라서 이와 같은 모든 $p_i^{t_i}$들을 구해보면

$$\{2,\ 2,\ 2\},\ \{2,\ 2^2\},\ \{2^3\}$$

세 가지 뿐이다. 따라서

$$\mathbb{Z}_2\times\mathbb{Z}_2\times\mathbb{Z}_2,\ \mathbb{Z}_2\times\mathbb{Z}_4,\ \mathbb{Z}_8$$

세 종류인데 이것들은 모두 동형이 아니므로 결국 위수가 8인 아벨군은 3종류이다.

【예제 8】 위수가 36인 모든 아벨군을 구해보자. $36=2^2\cdot 3^2$이므로 2^2의 경우는 $\{2,\ 2\}$와 $\{2^2\}$의 2가지, 3^2의 경우는 $\{3,\ 3\}$과 $\{3^2\}$의 2가지로 표시할 수 있다. 따라서 모든 경우는

$$\mathbb{Z}_2\times\mathbb{Z}_2\times\mathbb{Z}_3\times\mathbb{Z}_3$$
$$\mathbb{Z}_2\times\mathbb{Z}_2\times\mathbb{Z}_9$$
$$\mathbb{Z}_4\times\mathbb{Z}_3\times\mathbb{Z}_3$$
$$\mathbb{Z}_4\times\mathbb{Z}_9$$

4가지이고 기본약수는 각각

$$\{2,\ 2,\ 3,\ 3\},\ \{2,\ 2,\ 9\},\ \{4,\ 3,\ 3\},\ \{4,\ 9\}$$

이다. 이것들은 모두 동형이 아니므로 결국 위수 36인 아벨군은 4가지이다. 차례로 불변인수를 구해보자.

$$\mathbb{Z}_2\times\mathbb{Z}_2\times\mathbb{Z}_3\times\mathbb{Z}_3\cong\mathbb{Z}_2\times\mathbb{Z}_6\times\mathbb{Z}_3\cong\mathbb{Z}_2\times\mathbb{Z}_3\times\mathbb{Z}_6\cong\mathbb{Z}_6\times\mathbb{Z}_6$$

이므로 6, 6이 불변인수이며,

$\mathbb{Z}_2\times\mathbb{Z}_2\times\mathbb{Z}_9\cong\mathbb{Z}_2\times\mathbb{Z}_{18}$이므로 2, 18

$\mathbb{Z}_4\times\mathbb{Z}_3\times\mathbb{Z}_3\cong\mathbb{Z}_3\times\mathbb{Z}_{12}$이므로 3, 12

$\mathbb{Z}_4\times\mathbb{Z}_9\cong\mathbb{Z}_{36}$이므로 36이 불변인수이다.

【예제 9】 위수 40인 모든 아벨군은 $40=5\cdot 2^3$이므로 $p_1^{t_1}\cdots p_n^{t_n}=40$이 되는 모든 경우를 구해보면 5는 한 가지, 2^3은 $\{2, 2, 2\}$와 $\{2, 2^2\}$와 $\{2^3\}$ 세 가지이므로 모든 경우는 $\{2, 2, 2, 5\}$, $\{2, 4, 5\}$, $\{8, 5\}$ 총 3가지이다. 따라서 서로 다른 것은

$$\mathbb{Z}_2\times\mathbb{Z}_2\times\mathbb{Z}_2\times\mathbb{Z}_5,\ \mathbb{Z}_2\times\mathbb{Z}_4\times\mathbb{Z}_5,\ \mathbb{Z}_8\times\mathbb{Z}_5$$

이다.

문제 1 위수 600인 모든 아벨군을 구하라.

풀이 $600=2^3\cdot 3\cdot 5^2$이므로 2^3은 $\{2, 2, 2\}$와 $\{2, 4\}$와 $\{8\}$의 3가지, 3은 $\{3\}$ 한 가지, 5^2은 $\{5, 5\}$와 $\{25\}$의 2가지, 따라서 총 $3\times 1\times 2=6$가지이다. $\mathbb{Z}$를 생략하고 차례로 적어보면 기본약수는

$\{2, 2, 2, 3, 5, 5\}$
$\{2, 2, 2, 3, 25\}$
$\{2, 4, 3, 5, 5\}$
$\{2, 4, 3, 25\}$
$\{8, 3, 5, 5\}$
$\{8, 3, 25\}$

이다. 불변인수로 나타내보면 $\mathbb{Z}_2\times\mathbb{Z}_3\times\mathbb{Z}_5\cong\mathbb{Z}_{30}$이므로 처음 것은

$$\mathbb{Z}_2\times\mathbb{Z}_2\times(\mathbb{Z}_2\times\mathbb{Z}_3\times\mathbb{Z}_5)\times\mathbb{Z}_5\cong\mathbb{Z}_2\times(\mathbb{Z}_2\times\mathbb{Z}_5)\times\mathbb{Z}_{30}\cong\mathbb{Z}_2\times\mathbb{Z}_{10}\times\mathbb{Z}_{30}$$

이므로 2, 10, 30. 둘째 것은

$$\mathbb{Z}_2\times\mathbb{Z}_2\times(\mathbb{Z}_2\times\mathbb{Z}_3\times\mathbb{Z}_{25})\cong\mathbb{Z}_2\times\mathbb{Z}_2\times\mathbb{Z}_{150}$$

이므로 2, 2, 150. 셋째 것은

$$\mathbb{Z}_2\times(\mathbb{Z}_3\times\mathbb{Z}_4\times\mathbb{Z}_5)\times\mathbb{Z}_5\cong\mathbb{Z}_2\times\mathbb{Z}_{60}\times\mathbb{Z}_5\cong\mathbb{Z}_{10}\times\mathbb{Z}_{60}$$

이므로 10, 60. 넷째 것은

$$\mathbb{Z}_2\times(\mathbb{Z}_3\times\mathbb{Z}_4\times\mathbb{Z}_{25})\cong\mathbb{Z}_2\times\mathbb{Z}_{300}$$

이므로 2, 300. 다섯째 것은

$$\mathbb{Z}_3\times\mathbb{Z}_5\times(\mathbb{Z}_5\times\mathbb{Z}_8)\cong\mathbb{Z}_3\times\mathbb{Z}_5\times\mathbb{Z}_{40}\cong\mathbb{Z}_5\times\mathbb{Z}_{120}$$

이므로 5, 120. 여섯째 것은

$$\mathbb{Z}_3 \times \mathbb{Z}_8 \times \mathbb{Z}_{25} \cong \mathbb{Z}_{600}$$

이므로 600이다. ■

【예제 10】 $G = \mathbb{Z}_2 \times \mathbb{Z}_2 \times \mathbb{Z}_4 \times \mathbb{Z}_8 \times \mathbb{Z}_3 \times \mathbb{Z}_3 \times \mathbb{Z}_3 \times \mathbb{Z}_5 \times \mathbb{Z}_{25}$일 때 불변인수로 나타내보자. 각 순환군의 위수를 소수의 거듭제곱으로 표시하면 $4 = 2^2$, $8 = 2^3$, $25 = 5^2$이 된다. 서로 다른 소수를 행으로 크기 순서대로 나열하여

$$\begin{matrix} 2 & 2 & 2^2 & 2^3 \\ & 3 & 3 & 3 \\ & & 5 & 5^2 \end{matrix}$$

과 같이 표시한다. 여기서 오른쪽 열은 왼쪽 열의 배수가 됨에 유의하자. 이렇게 표시한 각 순환군을 세로로 다시 재배열하여

$$G = \mathbb{Z}_2 \times (\mathbb{Z}_2 \times \mathbb{Z}_3) \times (\mathbb{Z}_{2^2} \times \mathbb{Z}_3 \times \mathbb{Z}_5) \times (\mathbb{Z}_{2^3} \times \mathbb{Z}_3 \times \mathbb{Z}_{5^2})$$

로 나타낼 수 있는데 각 괄호 속은 서로 다른 소수들의 곱으로 나타나 있다. 따라서

$$G \cong \mathbb{Z}_2 \times \mathbb{Z}_6 \times \mathbb{Z}_{60} \times \mathbb{Z}_{600}$$

이다. 즉 이것은 불변인수로 나타난 모양이다.

【예제 11】 $\mathbb{Z}_2 \times \mathbb{Z}_2 \times \mathbb{Z}_4 \times \mathbb{Z}_3 \times \mathbb{Z}_9 \times \mathbb{Z}_5$의 불변인수를 구해보자.

$$\begin{array}{ccc} 2 & 2 & 4 \\ & 3 & 9 \\ & & 5 \\ \hline 2 & 6 & 180 \end{array}$$

와 같이 각 행은 오른편이 왼편의 배수이고 각 열은 서로 소이므로 각 열을 곱하면 된다. 따라서 불변인수는 2, 6, 180이다. 즉 이 군은 $\mathbb{Z}_2 \times \mathbb{Z}_6 \times \mathbb{Z}_{180}$과 동형이다.

【예제 12】 위수가 1500인 모든 아벨군을 구해보면 $1500 = 2^2 \times 3 \times 5^3$이므로 총가짓수는 $2 \times 1 \times 3 = 6$가지가 됨을 알 수 있다. 기본약수는

$$\{2^2, 3, 5^3\}, \{2, 2, 3, 5^3\}, \{2^2, 3, 5, 5^2\}, \{2, 2, 3, 5, 5^2\},$$
$$\{2^2, 3, 5, 5, 5\}, \{2, 2, 3, 5, 5, 5\}$$

이다. 따라서 위수가 1500인 아벨군은

$$\begin{aligned}
&\mathbb{Z}_4 \times \mathbb{Z}_3 \times \mathbb{Z}_{125} \\
&\mathbb{Z}_2 \times \mathbb{Z}_2 \times \mathbb{Z}_3 \times \mathbb{Z}_{125} \\
&\mathbb{Z}_4 \times \mathbb{Z}_3 \times \mathbb{Z}_5 \times \mathbb{Z}_{25} \\
&\mathbb{Z}_2 \times \mathbb{Z}_2 \times \mathbb{Z}_3 \times \mathbb{Z}_5 \times \mathbb{Z}_{25} \\
&\mathbb{Z}_4 \times \mathbb{Z}_3 \times \mathbb{Z}_5 \times \mathbb{Z}_5 \times \mathbb{Z}_5 \\
&\mathbb{Z}_2 \times \mathbb{Z}_2 \times \mathbb{Z}_3 \times \mathbb{Z}_5 \times \mathbb{Z}_5 \times \mathbb{Z}_5
\end{aligned}$$

이다. 각각의 불변인수는 각각

$$\begin{array}{c} 2^2 \\ 3 \\ 5^3 \\ \hline 1500 \end{array}
\qquad
\begin{array}{cc} 2 & 2 \\ & 3 \\ & 5^3 \\ \hline 2 & 750 \end{array}
\qquad
\begin{array}{cc} & 2^2 \\ & 3 \\ 5 & 5^2 \\ \hline 5 & 300 \end{array}
\qquad
\begin{array}{cc} 2 & 2 \\ & 3 \\ 5 & 5^2 \\ \hline 10 & 150 \end{array}
\qquad
\begin{array}{ccc} & & 2^2 \\ & & 3 \\ 5 & 5 & 5 \\ \hline 5 & 5 & 60 \end{array}
\qquad
\begin{array}{ccc} & 2 & 2 \\ & & 3 \\ 5 & 5 & 5 \\ \hline 5 & 10 & 30 \end{array}$$

이다.

【예제 13】 $G = \mathbb{Z}_2 \times \mathbb{Z}_4 \times \mathbb{Z}_9 \times \mathbb{Z}_5$를 불변인수로 적으면 기본약수는 $\{2, 2^2, 3^2, 5\}$이므로

$$\begin{array}{cc} 2 & 2^2 \\ & 3^2 \\ & 5 \\ \hline 2 & 180 \end{array}$$

따라서 $G \cong \mathbb{Z}_2 \times \mathbb{Z}_{180}$이다.

【예제 14】 $G = \mathbb{Z}_5 \times \mathbb{Z}_{15} \times \mathbb{Z}_{25} \times \mathbb{Z}_{36} \times \mathbb{Z}_{54}$를 불변인수와 기본약수로 표시하면

$$15=3\cdot 5,\ 25=5^2,\ 36=2^2\cdot 3^2,\ 54=3^3\cdot 2$$

이므로

$$G\cong \mathbb{Z}_5\times\mathbb{Z}_3\times\mathbb{Z}_5\times\mathbb{Z}_{5^2}\times\mathbb{Z}_{2^2}\times\mathbb{Z}_{3^2}\times\mathbb{Z}_{3^3}\times\mathbb{Z}_2$$
$$=\mathbb{Z}_2\times\mathbb{Z}_{2^2}\times\mathbb{Z}_3\times\mathbb{Z}_{3^2}\times\mathbb{Z}_{3^3}\times\mathbb{Z}_5\times\mathbb{Z}_5\times\mathbb{Z}_{5^2}$$

이므로 기본약수는 $\{2, 2^2, 3, 3^2, 3^3, 5, 5, 5^2\}$이다.

	2	2^2
3	3^2	3^3
5	5	5^2
15	90	2700

에서 불변인수는 $\{15, 90, 2700\}$이고 $G\cong\mathbb{Z}_{15}\times\mathbb{Z}_{90}\times\mathbb{Z}_{2700}$이다.

【예제 15】 $|G|=8$인 서로 다른 군은 5개뿐임을 보이자.
우선 G가 아벨군이면 앞 예제 7에서 $G\cong\mathbb{Z}_8$, $\mathbb{Z}_4\times\mathbb{Z}_2$, $\mathbb{Z}_2\times\mathbb{Z}_2\times\mathbb{Z}_2$ 중 하나와 동형이다.
G가 아벨군이 아니면 G에는 위수가 8인 원소는 없다. 만일 있으면 G는 순환군이 되고 따라서 G는 아벨군이다. 따라서 G에는 모든 원소의 위수가 1, 2, 4중 한 개인데 만일 e가 아닌 원소의 위수가 모두 2, 즉 임의의 $x\in G$에 대해서 $x^2=e$이면 G는 아벨군이므로 결국 G에는 위수 4인 원소가 반드시 존재한다. $|a|=4$라고 하면 $[G:\langle a\rangle]=2$이므로 $\langle a\rangle$는 G의 정규부분군이다. $b\in G-\langle a\rangle$라고 하면 $\{b, ab, a^2b, a^3b\}$는 모두 다른 원소이고 또 $\langle a\rangle$에는 속하지 않으므로

$$G=\{e, a, a^2, a^3, b, ab, a^2b, a^3b\}$$

로 쓸 수 있다. $bab^{-1}\in\langle a\rangle$이고 $|bab^{-1}|=|a|$이므로 $bab^{-1}=a$ 또는 a^3인데 $bab^{-1}=a$이면 G는 아벨군이 되므로 $bab^{-1}=a^3$이다. 따라서 $ba=a^3b$이다.

$$(a^ib)(a^jb)=a^ia^{3j}b^2$$

이므로 $|b|=2$이면 $(a^ib)(a^jb)=a^ia^{3j}$고 $G\cong D_4$이다. $|b|=4$이면 $b^2=a^2$

이 되어 이때는

$$(a^i b)(a^j b) = a^i a^{3j} a^2$$

가 된다. 이때는 $G \cong Q_8$이다. 따라서 위수가 8인 군은 아벨군이 3종류, 비아벨군이 2종류로 모두 5가지뿐임을 알 수 있다.

다음 정리에서는 아벨군에서의 코시정리(라그랑즈정리의 역)를 쉽게 증명할 수 있다.

정리 15.8 G는 위수 n인 아벨군이다. $m|n$이면 G는 위수 m인 부분군을 가진다.

증명

$$G = G_1 \times G_2 \times \cdots \times G_k$$

G_i는 위수 $p_i^{r_i}$인 순환군(p_i는 소수)으로 쓸 수 있다.

$$n = p_1^{r_1} p_2^{r_2} \cdots p_k^{r_k}$$

이므로 $m|n$이면

$$m = p_1^{s_1} p_2^{s_2} \cdots p_k^{s_k}, \ s_i \le r_i \ (i = 1, 2, \cdots, k)$$

이다. 각 G_i는 순환군이므로 G_i는 위수가 $p_i^{s_i}$인 부분군 H_i를 가진다. 따라서 $H = H_1 \times H_2 \times \cdots \times H_k$은 위수 m인 G의 부분군이 된다. □

【예제 16】 $G = \mathbb{Z}_{12} \times \mathbb{Z}_{36}$일때, 위수 24인 G의 부분군을 구해보면 우선 G의 기본약수를 구하면 $2^2, 3, 2^2, 3^2$이다. 따라서 $G \cong \mathbb{Z}_4 \times \mathbb{Z}_3 \times \mathbb{Z}_4 \times \mathbb{Z}_9$이다. 다시 24를 소인수분해하면 $2^3 \times 3$이므로 $2^3 \times 3$이 $(2^2 \times 3) \times (2^2 \times 3^2)$의 약수가 되는 모든 경우는

1) $(2^2 \times 3) \times (2 \times 1) = H_1 \times H_2$, $H_1 = \mathbb{Z}_{12}$, $|H_2| = 2$는 $\mathbb{Z}_{36}$의 부분군
2) $(2^2 \times 1) \times (2 \times 3) = H_1 \times H_2$, $|H_1| = 4$는 $\mathbb{Z}_{12}$의 부분군, $|H_2| = 6$은 $\mathbb{Z}_{36}$의 부분군
3) $(2 \times 3) \times (2^2 \times 1) = H_1 \times H_2$, $|H_1| = 6$는 $\mathbb{Z}_{12}$의 부분군, $|H_2| = 4$은 $\mathbb{Z}_{36}$

의 부분군

4) $(2\times 1)\times(2^2\times 3)=H_1\times H_2$, $|H_1|=2$는 $\mathbb{Z}_{12}$의 부분군, $|H_2|=12$은 $\mathbb{Z}_{36}$의 부분군이다. 따라서

(1) $\mathbb{Z}_{12}\times\langle\overline{18}\rangle$, (2) $\langle\bar{3}\rangle\times\langle\bar{6}\rangle$, (3) $\langle\bar{2}\rangle\times\langle\bar{9}\rangle$, (4) $\langle\bar{6}\rangle\times\langle\bar{3}\rangle$ 로 모두 4개가 된다.

【예제 17】 $G=\mathbb{Z}_{12}\times\mathbb{Z}_{10}\times\mathbb{Z}_{25}$일때, 위수가 100인 G의 부분군을 구해보면 우선 $G\cong(\mathbb{Z}_4\times\mathbb{Z}_3)\times(\mathbb{Z}_2\times\mathbb{Z}_5)\times\mathbb{Z}_{25}$로 표시할 수 있다. $100=2^2\times 5^2$이므로 $2\times 2\times 5\times 5$가 $(2^2\times 3)\times(2\times 5)\times 5^2$의 약수가 되는 모든 경우를 구해보면

$$2^2\times 3^0\times 2^0\times 5\times 5=(2^2\times 1)\times(1\times 5)\times 5=H_1\times H_2\times H_3,\ |H_1|=4$$

는 $\mathbb{Z}_{12}$의 부분군, $|H_2|=5$는 $\mathbb{Z}_{10}$의 부분군, $|H_3|=5$는 $\mathbb{Z}_{25}$의 부분군이다. 따라서 $H_1=\langle\bar{3}\rangle$, $H_2=\langle\bar{2}\rangle$, $H_3=\langle\bar{5}\rangle$이므로 $H=\langle\bar{3}\rangle\times\langle\bar{2}\rangle\times\langle\bar{5}\rangle$가 된다. 마찬가지로

$$(2^2\times 1)\times(1\times 1)\times 5^2=H_1\times H_2\times H_3=\langle\bar{3}\rangle\times\langle\bar{0}\rangle\times\mathbb{Z}_{25},$$
$$(2\times 1)\times(2\times 5)\times 5=H_1\times H_2\times H_3=\langle\bar{6}\rangle\times\mathbb{Z}_{10}\times\langle\bar{5}\rangle,$$
$$(2\times 1)\times(2\times 1)\times 5^2=\langle\bar{6}\rangle\times\langle\bar{5}\rangle\times\mathbb{Z}_{25}$$

이다.

정리 15.9 G는 아벨군, p는 소수이다. 집합

$$G(p)=\{a\in G\,|\,a\text{의 위수는 } p\text{의 거듭제곱}\}$$

는 G의 부분군이다.

증명 $a, b\in G(p)$라고 하면 $|a|=p^n$, $|b|=p^m$으로 쓸 수 있다. 따라서

$$|ab|\le p^{n+m}\text{이므로 } ab\in G(p)$$
$$|a^{-1}|=p^n\text{이므로 } a^{-1}\in G(p)$$

따라서 $G(p)$는 G의 부분군이다. □

p-군의 정의에서 $G(p)$는 p-군이 됨을 잘 알 수 있다.

【예제 18】 $G=\mathbb{Z}_{12}$, $p=2$라고 하면 $G(p)$는 위수가 2^0, 2^1, 2^2인 원소이다. 따라서 $G(p)=\{\overline{0}, \overline{3}, \overline{6}, \overline{9}\}$ 이다. $p=3$이면 $G(p)=\{\overline{0}, \overline{4}, \overline{8}\}$ 이다.

【예제 19】 $G=\mathbb{Z}_3\times\mathbb{Z}_3$이라고 하면 G의 e이외의 모든 원소의 위수는 3이므로 $G(3)=G$이다.

정리 15.10 G는 아벨군이고 $|a|=p_1^{t_1}p_2^{t_2}\cdots p_k^{t_k}$, p_i는 서로 다른 소수이면 $a=a_1 a_2\cdots a_k$, $a_i\in G(p_i)$ $(1\le i\le k)$인 $a_i\in G$가 존재한다.

증명 $m=p_2^{t_2}\cdots p_k^{t_k}$, $n=p_1^{t_1}$이라고 하면 $|a|=mn$이고 $\gcd(m, n)=1$이다. $\gcd(m, n)=1$이므로 $mx+ny=1$이 되는 정수 x, y가 존재한다. 따라서

$$a=a^1=a^{mx+ny}=a^{mx}a^{ny}$$

그런데

$$(a^{mx})^{p_1^{t_1}}=(a^{mx})^n=a^{mnx}=e$$

이므로 $|a^{mx}|$는 $p_1^{t_1}$의 약수가 된다. 따라서 p_1의 거듭제곱이다. 따라서 $a^{mx}\in G(p_1)$이다. 마찬가지로 $(a^{ny})^m=e$이므로 $|a^{ny}|$는 m의 약수이다. 따라서 $|a^{ny}|=p_2^{r_2}\cdots p_k^{r_k}$, $r_i\le t_i$꼴이 된다. 즉

$$a=a^{mx}a^{ny},\ a^{mx}\in G(p_1)$$
$$|a^{ny}|=p_2^{r_2}\cdots p_k^{r_k},\ r_i\le t_i$$

이다. $a^{mx}=a_1$이라 두고 다시 a^{ny}을 위와 같이 반복하면 결국 수학적 귀납법으로 $a=a_1 a_2\cdots a_k$, $a_i\in G(p_i)$로 나타낼 수 있다. □

정리 15.11 G가 유한아벨군이고 $|G|=p_1^{t_1}\cdots p_k^{t_k}$, p_i는 서로 다른 소수이면

$$G\cong G(p_1)\times G(p_2)\times\cdots G(p_k)$$

이다.

증명 $a\in G$라고 하면 $|a|$는 $|G|$의 약수이다. 따라서 정리 15.10에 의해서

$a=a_1 a_2\cdots a_k$, $a_i\in G(p_i)$ 꼴로 쓸 수 있다(여기서 $|a|$에 p_j가 없으면 $a_j=e$로 생각한다). 다음 이 a는 $G(p_i)$의 원소의 곱으로 단 한 가지로 표시됨을 보이자.

$$a=a_1 a_2\cdots a_k=b_1 b_2\cdots b_k,\ a_i,\ b_i\in G(p_i)$$

로 표시되었다고 하자.

$$\begin{aligned} a_1b_1^{-1}&=(a_2\cdots a_k)^{-1}(b_2\cdots b_k)\\ &=(a_2^{-1}b_2)\cdots(a_k^{-1}b_k),\ a_i^{-1}b_i\in G(p_i)\end{aligned}$$

이다. 모든 $2\le i\le k$에 대해서 $a_i^{-1}b_i\in G(p_i)$이므로 $|a_i^{-1}b_i|=p_i^{r_i}$로 쓸 수 있다. 따라서 $m=p_2^{r_2}p_3^{r_3}\cdots p_k^{r_k}$라 두면

$$(a_i^{-1}b_i)^m=e \quad (2\le i\le k)$$

이므로 $(a_1b_1^{-1})^m=e$이다. 따라서 $a_1b_1^{-1}$의 위수는 m의 약수이고 또 p_1의 거듭제곱이므로 $p_1^{s_1}$ 꼴이다. 결국 $p_1^{s_1}|p_2^{r_2}p_3^{r_3}\cdots p_k^{r_k}$. 그런데 모든 p_i는 서로 다른 소수이므로 $p_1^{s_1}=1$, 즉 $s_1=0$ 밖에 될 수가 없다. 따라서 $|a_1b_1^{-1}|=1$에서 $a_1=b_1$이다. 마찬가지로 해서 $a_2=b_2$, $a_3=b_3$, $\cdots$, $a_k=b_k$를 얻을 수 있고 결국 G의 원소 a는 $G(p_i)$의 원소의 곱으로 단한가지로 표시되므로 G는 $G(p_i)$의 내직적이 된다. 앞 정리 15.4에 의해서

$$G\cong G(p_i)\times G(p_2)\times\cdots\times G(p_k)$$

를 얻는다. □

p-군 G의 원소 $a\in G$가 모든 $x\in G$에 대해서 $|a|\ge|x|$일 때 a를 **극대위수**(maximal order) 원소라 부른다. 만일 G가 유한 p-군이면

$|G|=p^n$꼴이다. 따라서 임의의 $x\in G$의 위수는 p^k, $0\le k\le n$가 된다. 만일 이 군에서 위수가 p^n인 원소가 존재하면 극대위수 원소가 될 것이다. 또 유한군에는 항상 극대위수 원소가 존재함을 알 수 있다. 물론 극대위수인 원소의 위수가 항상 p^n인 것은 아니다.

다음 정리는 극대위수를 이용하여 유한아벨군의 기본정리를 증명한 것인데 보기에는 복잡하고 실방구리 같이 엉켜있지만 수학논문에서 많이 쓰는 방법으로 그렇게 어렵지는 않다. 단지, 군의 기본적인 성질만을 사용하였으므로 차근차근 읽어 내려가면 별 어려움 없이 결론에 도달할 수 있다. 이외에도 여러 가지 증명법이 있으나 다른 것은 여러가지 군의 이론을 도입해야 하므로 오히려 더 어렵다. 물론 아래 증명은 논문의 일부분이다. 수학논문 중에는 매우 쉬운 편이고 기본에 속한다. 증명을 외울 필요는 없다. 또 다른 증명법은 부록에 있으니 참고하기 바란다.

정리 15.12 G는 유한아벨 p-군이다. a가 G의 극대위수원소이면 $G\cong\langle a\rangle\times K$가 되는 G의 부분군 K가 존재한다.

증명

$$X=\{N \mid N\text{는 } G\text{의 부분군, } N\cap\langle a\rangle=\{e\}\}$$

라고 하면 $\{e\}\in X$이므로 $X\neq\varnothing$이다. X의 원소 중 최대인 원소를 K라고 하면 $K\cap\langle a\rangle=\{e\}$이다. $\langle a\rangle K=G$이면 G는 K와 $\langle a\rangle$의 내직적이 되므로 $G\cong\langle a\rangle\times K$가 되어 증명이 끝난다. $\langle a\rangle K\neq G$면 모순을 보이자. 만일 $G\neq\langle a\rangle K$라고 하면 $b\in G-\langle a\rangle K$인 원소가 존재할 것이다. 즉, $b\in G$이며 $b\notin\langle a\rangle K$이다. G는 p-군이므로 $|G|=p^n$ 꼴이다. 따라서 $|b|=p^i$ $(1\le i\le n)$로 쓸 수 있다.

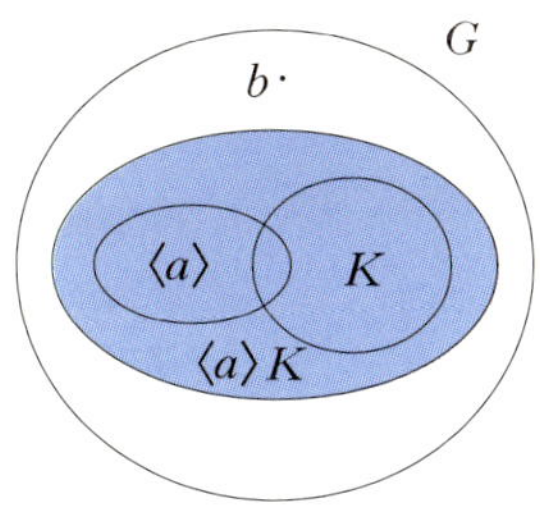

[그림 15.2]

p의 거듭제곱의 집합 $\{p^1, p^2, \cdots\}$ 중 p^i는

$$b^{p^i} = e \in \langle a \rangle K$$

이다. 이 집합 중

$$b^{p^t} \in \langle a \rangle K$$

가 되는 가장 작은 p^t를 잡으면 $1 \le t \le i$가 됨을 알 수 있다.

$$c = b^{p^{t-1}} \notin \langle a \rangle K, \; c^p = b^{p^t} \in \langle a \rangle K$$

이다.

$$c^p = a^j k, \; a^j \in \langle a \rangle, \; k \in K$$

로 두자. $|a| = p^l$라고 하면 $l \le n$이고 a는 G의 극대위수원소이므로 $c^{p^l} = e$이다.

$$(a^j)^{p^{l-1}} k^{p^{l-1}} = (a^j k)^{p^{l-1}} = (c^p)^{p^{l-1}} = c^{p^l} = e$$

따라서

$$(a^j)^{p^{l-1}} = k^{-p^{l-1}} \in \langle a \rangle \cap K = \{e\}$$

이므로 $p^l \mid jp^{l-1}$가 되어 j는 p의 배수이다.

$$c^p = a^j k = a^{pm} k, \; m \in \mathbb{Z}$$

로 쓸 수 있으므로

$$k = c^p (a^{pm})^{-1} = (ca^{-m})^p$$

이다. 여기서 편의상 $ca^{-m} = d$라고 두면

$$d^p = (ca^{-m})^p = k \in K, \; c = a^m d \notin \langle a \rangle K$$

이므로 $d \notin K$이다. $H = \langle d \rangle K$라 하면 H는 G의 부분군, 실제로는 $\langle d \rangle$와 K를 포함하는 최소의 부분군이다.

$$K \subset H, \; d \notin K, \; d \in H$$

이므로 $K \subsetneq H$이다. 그런데 K는 X의 최대원소이므로 결국 H는 X의 원소가 될 수 없다. 따라서 $\langle a \rangle \cap H \ne \{e\}$이다.

$$w \ne e, \; w \in \langle a \rangle \cap H$$

를 하나 잡으면 $w \in \langle a \rangle$이므로 $w = a^h$, $h \in \mathbb{Z}$, $w \in H = \langle d \rangle K$이므로

$$w = gd^s,\ g \in K,\ s \in \mathbb{Z}$$

로 둘 수 있다. 만일 $p | s$이면 $d^p \in K$이므로 $d^s \in K$이다. 따라서

$$w = a^h = gd^s \in \langle a \rangle \cap K$$

가 되어 $\langle a \rangle \cap K = \{e\}$인 사실에 모순이다. 따라서 s는 p의 배수가 될 수 없다. 이 말은 다시 말하면 s와 p는 서로 소라는 말이므로 $sx + py = 1$이 되는 정수 x, y가 존재한다. 따라서

$$\begin{aligned} c &= c^{sx} c^{py} \\ &= (a^m d)^{sx} (a^j k)^y \\ &= (a^{ms} d^s)^x (a^j k)^y \\ &= (a^{ms} a^h g^{-1})^x (a^j k)^y \\ &= a^{msx + hx + jy} (g^{-1})^x k^y \in \langle a \rangle K \end{aligned}$$

가 되어 $c \notin \langle a \rangle K$에 모순이다. 따라서

$$G = \langle a \rangle K,\ \langle a \rangle \cap K = \{e\}$$

인 부분군 K가 존재하여 G는 $\langle a \rangle$와 K의 내직적이 된다. □

정리 15.13 G가 유한아벨 p-군이면 G는 위수가 p^i인 순환군의 직적과 동형이다.

증명 G는 유한 p-군이므로

$$|G| = p^n,\ n \in \mathbb{Z}$$

로 둘 수 있다. 우선 $|G| = 2$이면 G는 당연히 $\mathbb{Z}_2$인 순환군이므로 정리가 성립한다. a를 G의 극대위수원소라고 하면 앞 정리 15.12에서 $G \cong \langle a \rangle \times K$가 되는 G의 부분군 K가 존재한다. 최소한 a의 위수는 p 보다는 크므로 $|K| < p^n$이다. 또 K도 물론 유한아벨 p-군이다. 다시 K에서 극대위수원소 b를 취하면 $K \cong \langle b \rangle \times K_1$ 꼴로 쓸 수 있고 $|K_1| < |K|$이다. 이와 같이 반복하면 수학적 귀납법에 의해서

$$G \cong \langle a \rangle \times \langle b \rangle \times \cdots \times \langle z \rangle$$

로 쓸 수 있다. 물론 각 순환군의 위수는 p^n의 약수이므로 p의 거듭제곱이다. □

그러면 지금까지의 정리를 종합하여 정리 15.6 유한아벨군의 기본정리를 증명해 보자. 사실 증명은 다한 것이나 마찬가지이고 단지 앞의 정리를 조합하면 된다. 정리 15.7의 증명은 조금 더 어려우므로 증명은 부록 38장 자유아벨군에서 하기로 한다.

정리 15.6의 증명

증명 정리 15.11에서

$$G \cong G(p_1) \times G(p_2) \times \cdots \times G(p_k)$$

이다. 물론 p_i는 $|G|$의 약수인 소수이다. 여기서 $G(p_i)$는 유한 p_i-군이다. 따라서 정리 15.13에 의해서 각 $G(p_i)$는 위수가 $p_i^{t_i}$인 순환군의 직적과 동형이 되므로 결국 G는 순환군의 직적과 동형이다. □

문제 2 G는 아벨군이고 $|G| = p^m q$, $\gcd(p, q) = 1$이다. $G(p)$의 위수는 p^m임을 보여라.

풀이 $G \cong \mathbb{Z}_{p_1^{t_1}} \times \mathbb{Z}_{p_2^{t_2}} \times \cdots \times \mathbb{Z}_{p_n^{t_n}}$로 나타내었다 하자. 여기서 $p_i = p$인 순환군을 다 모아서

$$G \cong \mathbb{Z}_{p^{i_1}} \times \mathbb{Z}_{p^{i_2}} \times \cdots \times \mathbb{Z}_{p^{i_k}} \times (\text{나머지})$$

로 적을 수 있다. 또 $p^{i_1} p^{i_2} \cdots p^{i_k} = p^m$이 됨은 당연하다. 그런데 $H = \mathbb{Z}_{p^{i_1}} \times \mathbb{Z}_{p^{i_2}} \times \cdots \times \mathbb{Z}_{p^{i_k}}$의 임의의 원소 a에 대해서 $a^{p^m} = e$이므로 a의 위수는 p의 거듭제곱이다. 따라서 $H \subset G(p)$가 되어 $|G(p)| \ge p^m$이다. 그런데 $G(p)$는 p-군이므로 $G(p)$의 위수는 p^j꼴이고 $p^j \mid p^m q$이므로 $p^j \le p^m$이다. 결국 $|G(p)| = p^m$이 된다. □

연습문제(15)

1. 다음과 같은 위수를 가지는 아벨군을 모두 적어라.
   (1) 48　　(2) 72
   (3) 450　　(4) 900

2. G는 유한아벨군, $x \in G$는 모든 $y \in G$에 대해서 $|x| \geq |y|$이다. 다음을 보여라. $\langle x \rangle \cap N = \{e\}$, $\langle x \rangle N = G$인 정규부분군 N이 존재한다. 따라서 $G \cong \langle x \rangle \times N$이다.

3. G, H, K는 유한아벨군이다.
   (1) $G \times H \cong G \times K$이면 $H \cong K$을 증명하여라.
   (2) $G \times G \cong H \times H$이면 $G \cong H$임을 증명하여라.

4. 위의 문제 3. (1)에서 G가 무한군일 경우는 $H \cong K$가 안 되는 예를 들어라.

5. G는 위수 72인 아벨군이다.
   (1) 위수 8인 부분군은 몇 개인가?
   (2) 위수 4인 부분군은 몇 개인가?

6. 유한아벨군 G가 위수가 각각 m, n인 부분군을 가진다면 G는 위수가 m, n의 최소공배수인 부분군을 가짐을 보여라.

7. G는 위수 p^n인 아벨군이다(p는 소수). $0 \leq n_1 \leq n_2 \leq \cdots \leq n_k$는 G의 불변인수이다. G의 임의의 원소의 최대 위수는 n_k임을 보여라.

8. 유한아벨군이 순환군이 아닐 필요충분조건은 $\mathbb{Z}_p \times \mathbb{Z}_p$($p$는 소수) 꼴의 부분군을 가짐을 보여라. (2번 문제)

9. $\mathbb{Q}/\mathbb{Z}$의 모든 유한부분군은 순환군임을 보여라.

10. (1) $\mathbb{Z}_2 \times \mathbb{Z}_9 \times \mathbb{Z}_{35}$의 기본약수를 구하여라. 또 불변인수를 구하여라.
(2) $\mathbb{Z}_{26} \times \mathbb{Z}_{42} \times \mathbb{Z}_{49} \times \mathbb{Z}_{200} \times \mathbb{Z}_{1000}$의 기본약수와 불변인수를 각각 구하여라.

11. G는 유한아벨군, H는 G의 부분군이다. G/H와 동형인 G의 부분군을 구하여라.

12. $\mathbb{Z}_{p^3} \times \mathbb{Z}_{p^2}$의 부분군 중 위수가 p^2인 것은 몇 개인가? (단, p는 소수)

13. G는 위수 m인 유한아벨군이다. $n|m$일 때 $x^n = e$를 만족시키는 x의 수는 n의 배수임을 보여라.

14. G는 아벨군이다. p는 소수, $H = \{x \in G \mid |x| = p^i,\ i \in \mathbb{Z}\}$인 H는 G의 부분군임을 보여라.

15. G는 유한아벨군이고 임의의 정수 n에 대해서 $x^n = e$를 만족시키는 G의 원소는 n개보다 적다. G는 순환군임을 보여라.

16. p는 소수, G는 위수 p^3인 비-아벨군이다. 중심 $Z(G)$의 위수는 p임을 보여라. (14장 연습문제 22 참조)

17. p는 소수, G는 위수 p^3인 비-아벨군이다. $H = \{a \in G \mid \bar{a} \in Z(G/Z(G))\}$라고 하면 $H = G$임을 보여라.

18. G는 아벨군, H는 G의 부분군으로 G/H는 무한순환군이다. $G = HK$, $H \cap K = \{e\}$인 부분군 K가 존재함을 보여라.

단원 2.

환

지금까지 우리는 현대대수의 가장 기본적인 개념인 군에 대해서 공부하였다. 그동안 배운 군으로는 정수 $\mathbb{Z}$, 행렬, n을 법으로 하는 합동류 집합 $\mathbb{Z}_n$, 치환 등이 있었다. 사실 군은 처음 함수, 즉 치환의 합성으로부터 시작하여 그 성질들을 일반화시켰다.

이제부터는 지금까지 군을 배우면서 얻은 지식과 경험을 바탕으로 하여 여기서 한 걸음 더 발전한 대수적 구조인 환을 공부해 보자.

환은 정수로부터 출발한다. 즉 정수의 여러 개념들을 대수적인 측면에서 일반화시켜서 환을 정의하였다. 정수와 치환의 근본적인 차이는 정수에는 연산이 합과 곱 두 개가 있다는 사실이다. 따라서 환은 두 개의 연산을 가진다. 이러한 예는 정수뿐만 아니라 실수, 다항식, 행렬 등 많이 있다. 그럼에도 불구하고 정수의 많은 성질들을 군에서부터 얻을 수 있는 것처럼 환의 성질도 군으로부터 빌려 쓸 수 있다.

사실 추상대수는 19세기 정수론을 연구하던 학자들이 정수문제를 풀기 위해서 정수와 똑같은 성질을 가진 대상을 만들어서 여기서 정수만 가지고는 해결할 수 없는 문제의 답을 구하려고 시도한데서부터 시작되었다. 비록 이 시도는 부분적으로는 성취되었지만 더 큰 소득은 바로 20세기의 추상이론(abstract theory)의 밑바탕이 되었고 현대대수의 발전에 많은 성과를 이룩한 것이다. 따라서 환은 $\mathbb{Z}$의 성질 중 가장 근본적인 것만 추상화시킨 것이다.

16 환의 정의와 기본성질
(Definitions and Properties of Rings)

두 개의 연산을 가진 대수적 구조 중 가장 많이 쓰이고 기본적인 것이 환이다. 물론 연산이 두 개이므로 군보다는 복잡하지만 대신 군에서는 구할 수 없는 여러 가지 성질들을 새롭게 구할 수 있다. 환에서의 두 연산은 관례상 합 $+$와 곱 $\cdot$으로 표시한다. 그러나 이 합과 곱은 단지 기호에 불과하여 수의 합, 곱이 아니다. 환을 구성하는 대상에 따라서 변한다. 필요하면 두 연산은 $*$와 $\circ$로 써도 상관없다. 편리한대로 쓰면 된다.

정의 16.1 두 개의 연산 $+$, $\cdot$를 가진 공집합이 아닌 집합 R이 다음과 같은 성질을 만족시킬 때 $(R, +, \cdot)$를 **환**(ring)이라고 부른다;

임의의 $a, b, c \in R$에 대하여

(1) $a+b \in R$ (합의 닫힘)

(2) $a+b=b+a$ (합의 교환법칙)

(3) $(a+b)+c=a+(b+c)$ (합의 결합법칙)

(4) 모든 $a \in R$에 대해서 $a+0=a=0+a$를 만족시키는 $0 \in R$가 존재한다. (합의 항등원)

(5) 임의의 $a \in R$에 대해서 $a+(-a)=0$을 만족시키는 $-a \in R$가 존재한다. (합의 역원)

(6) $a \cdot b \in R$ (곱의 닫힘)

(7) $(a \cdot b) \cdot c=a \cdot (b \cdot c)$ (곱의 결합법칙)

(8) $a \cdot (b+c) = a \cdot b + a \cdot c$, $(a+b) \cdot c = a \cdot c + b \cdot c$ (분배법칙)

위의 정의의 두 연산 +, ·를 각각 **합**(addition), **곱**(multiplication)이라고 부른다.

위의 정의를 자세히 보면 (1)에서 (5)까지의 공리로부터 $(R, +)$는 아벨군임을 알 수 있다. 또 공리 (6), (7)은 R은 연산 곱에 대해서 닫혀있고 결합적임을 말한다. 마지막 공리 (8)은 두 개의 연산 합과 곱을 연결시켜 주는 역할을 한다. 또 사실 위의 공리 (1)과 (6)은 +와 ·이 연산이므로 필요가 없다. 그러나 좀더 친절하게 하기 위해서 적어놓았다.

【예제 1】 $(\mathbb{Z}, +, \times)$, $(\mathbb{Q}, +, \times)$, $(\mathbb{R}, +, \times)$, $(\mathbb{C}, +, \times)$는 환이다.

【예제 2】 짝수집합 $(2\mathbb{Z}, +, \times)$는 환이다.

【예제 3】 $\mathbb{Z}_n = \{\overline{0}, \overline{1}, \overline{2}, \cdots, \overline{n-1}\}$에 군에서와 마찬가지로

$$\overline{a} \oplus \overline{b} = \overline{a+b}, \quad \overline{a} \odot \overline{b} = \overline{ab}$$

로 정의하면 $\oplus$와 $\odot$는 위의 정의 (1)~(8)을 만족시킨다. 따라서 $(R, \oplus, \odot)$는 환이 된다.

【예제 4】 $F(\mathbb{R}) = \{f \mid f : \mathbb{R} \to \mathbb{R}\}$이라고 하자. $F(\mathbb{R})$에 +와 ×를 모든 $x \in \mathbb{R}$에 대해서

$$(f+g)(x) = f(x) + g(x), \quad (f \times g)(x) = f(x) \times g(x)$$

라고 하면 $(F(\mathbb{R}), +, \times)$는 환이 된다. 이 환을 **실함수환**(ring of real functions)이라고 부른다.

【예제 5】 A를 홀수집합이라고 하면, 홀수+홀수=짝수이므로 $(A, +, \times)$는 환이 되지 않는다.

【예제 6】

$$M_n(\mathbb{R}) = \{A \mid A\text{는 실수성분의 } n \times n \text{행렬}\}$$

이라고 하면 $(M_n(\mathbb{R}), +, \cdot)$는 환이다. 이 환을 $n\times n$-실 **행렬환**($n\times n$-real matrix ring)이라고 부른다.

앞으로 환 $(R, +, \cdot)$는 연산을 생략하고 간단히 R로 표시한다. 또 두 원소의 곱 $a\cdot b$도 곱 $\cdot$를 생략하고 그냥 ab로 표시한다. 그러나 생략해서 혼동이 일어날 때는 연산을 생략하면 안된다.

【예제 7】

$$\mathbb{Z}[x]=\{a(x)\,|\,a(x)\text{는 계수가 정수인 다항식}\}$$

이라고 하자. 두 다항식 $a(x)$, $b(x)\in\mathbb{Z}[x]$에 대해서 $a(x)+b(x)$, $a(x)\cdot b(x)$는 보통 우리가 지금까지 계산하는 다항식의 합과 곱이라고 하면 $\mathbb{Z}[x]$는 환이 된다. 특히 이 환을 $\mathbb{Z}$상에서의 **다항식환**(polynomial ring over $\mathbb{Z}$)이라고 부른다. 이 환은 앞으로 가장 자주 나오는 환이므로 나중에 좀 더 자세히 설명하겠다.

문제 1 $\mathbb{Z}$에 연산 $*$, $\circ$를 다음과 같이 정의하면 $(\mathbb{Z}, *, \circ)$는 환이 됨을 보여라.

$$a*b=a+b-1,\quad a\circ b=a+b-ab$$

우선 $(\mathbb{Z}, *)$는 아벨군이 됨은 앞의 군에서 밝혔다.

$$\begin{aligned}(a\circ b)\circ c&=(a+b-ab)\circ c\\&=(a+b-ab)+c-(a+b-ab)c\\&=a+b-ab+c-ac-bc+abc\\ a\circ(b\circ c)&=a\circ(b+c-bc)\\&=a+(b+c-bc)-a(b+c-bc)\\&=a+b+c-bc-ab-ac+abc\end{aligned}$$

따라서 $\circ$는 결합적이다. 마지막으로 분배법칙을 살펴보면

$$\begin{aligned}(a*b)\circ c&=(a+b-1)\circ c\\&=(a+b-1)+c-(a+b-1)c\\&=a+b-1+c-ac-bc+c\\&=a+b+c-ac-bc-1+c\\(a\circ c)*(b\circ c)&=(a+c-ac)+(b+c-bc)-1\end{aligned}$$

또 $a \circ b = b \circ a$이므로

$$\begin{aligned} a \circ (b * c) &= (b * c) \circ a \\ &= (b \circ a) * (c \circ a) \\ &= (a \circ b) * (a \circ c) \end{aligned}$$

가 되어 분배법칙이 성립한다. 따라서 $(\mathbb{Z}, *, \circ)$는 환이다.

위의 문제에서 $*$, $\circ$의 순서를 바꾸어서 $(\mathbb{Z}, \circ, *)$로 하면 이때는 $(\mathbb{Z}, \circ, *)$는 환이 되지 않는다. 우선 연산 $\circ$에 대해서 항등원은 0이다. 그러나 1의 역원이 없으므로 $(\mathbb{Z}, \circ)$가 군이 되지 않는다. 또 $(a \circ b) * c = (a * c) \circ (b * c)$도 되지 않는다.

정의 16.2 환 R의 모든 $a, b \in R$에 대하여 $ab = ba$일 때 R을 **가환환**(commutative ring)이라고 부른다.

앞의 예제에서 $M_n(\mathbb{R})$은 가환환이 아니다.

정의 16.3 환 R의 모든 $a \in R$에 대해서 $a1 = 1a = a$를 만족시키는 원소 $1 \in R$이 존재할 때 R을 **곱에 관한 항등원을 갖은 환**(ring with multiplicative identity)이라고 부른다.

곱에 관한 항등원 1을 단위원(unity)라고도 부르며, 간단히 '항등원 1'이라고 표시한다.

【예제 8】 환 $\mathbb{Z}_6$에서 $\bar{a} \odot \bar{1} = \bar{a} = \bar{1} \odot \bar{a}$이므로 $\bar{1}$가 항등원이다. 또 $\bar{2} \odot \bar{4} = \bar{2}$, $\bar{3} \odot \bar{3} = \bar{3}$, $\bar{4} \odot \bar{3} = \bar{0}$이다. 또

$$\bar{3} - \bar{5} = \overline{3-5} = \overline{-2} = \bar{4}, \quad \bar{1} - \bar{2} = \overline{1-2} = \overline{-1} = \bar{5}$$

이다.

R이 환이면 $(R,\ +)$는 아벨군이므로 연산 $+$에 대해서는 아벨군의 모든 성질을 적용할 수 있다. 따라서 모든 환에서는

$$a+b=a+c \text{이면 } b=c$$
$$a+b=0 \text{이면 } a=-b,\ b=-a$$
$$-(a+b)=-a+(-b),\ -(-a)=a$$

가 자동으로 성립한다. 즉 $+$만 있는 식에서는 아벨군의 모든 법칙을 적용한다. 그러나 합과 곱이 같이 있는 식에서는 반드시 환의 정의 (8)을 이용하여야 한다. 이 법칙을 **분배법칙**(distributive law)이라고 부른다. 환에 대한 거의 대부분의 이론은 이 분배법칙에서부터 나온다. 환에 대한 가장 간단한 다음 정리를 살펴보자.

정리 16.1 환 R의 임의의 원소 $a,\ b$에 대해서

(1) $a0=0,\ 0a=0$

(2) $a(-b)=-(ab),\ (-a)b=-(ab)$

(3) $(-a)(-b)=ab$

증명 (1) 우선 여기서 0은 연산 $+$에 대한 항등원이다. 또 이 정리는 곱하기에 관한 성질이다. 따라서 이 정리를 증명하기 위해서는 $+$연산에 대한 항등원의 성질을 반드시 이용해야 한다. 따라서 항등원의 성질, 즉 합에 대한 성질을 이용하여 곱에 대한 법칙을 증명하는 것이므로 분배법칙을 쓰지 않으면 증명할 수가 없다는 사실도 알 수 있다.

$$\begin{aligned} ab+0 &= ab \\ &= a(b+0) \quad (0\text{의 성질}) \\ &= ab+a0 \quad (\text{분배법칙}) \end{aligned}$$

따라서 $ab+0=ab+a0$이다. 합에 대한 소거법칙에 의해서

$$0=0a$$

를 얻을 수 있다. 마찬가지로 $0a=0$도 구할 수 있다.

다음과 같이 증명할 수도 있다. $0=0+0$인 사실을 이용하여

$$a0=a(0+0)=a0+a0$$

이므로 $a0=0$이 된다.

(2) 이 식도 (1)과 마찬가지로 $-b$는 합에 대한 성질이므로 합에 대한 역원의 성질과 분배법칙을 이용해야 한다.

$$\begin{aligned} a(-b)+ab &= a(-b+b) && (\text{분배법칙}) \\ &= a0 && (\text{역원}) \\ &= 0 && (\text{1번}) \end{aligned}$$

따라서 $a(-b)+ab=0$이고 합의 성질에 의해서

$$a(-b)=-(ab)$$

이다. $(-a)b=-(ab)$도 마찬가지로 구할 수 있다.

(3) $$(-a)(-b)=-[a(-b)]=-[-(ab)]=ab$$ □

환에서 자주 나오는 다음과 같은 표시법을 혹시 혼동할까봐 다시 한 번 적는다. a, b는 환 R의 원소이고 m, n은 양의 정수이다.

$$a^n=aa\cdots a \quad (a\text{는 } n\text{번 곱한 것})$$

이고

$$na=a+a+\cdots+a(a\text{를 } n\text{번 합한 것})$$

이다. na는 n과 a를 곱한 것이 아님에 주의할 것. 또 $a-b$는 $a+(-b)$를 뜻한다. 즉 곱으로는 ab^{-1}인 셈이다. 따라서 우리는 다음과 같은 사실을 간단히 알 수 있다.

$$a^m a^n=a^{m+n},\ (a^m)^n=a^{mn}$$
$$-na=(-a)+\cdots+(-a)$$
$$(m+n)a=ma+na$$
$$m(na)=(mn)a$$

【예제 9】 $a, b\in R$이면

$$(a+b)^2=(a+b)(a+b)=a^2+ab+ba+b^2$$

이다. 여기서 R이 가환이면 $ab=ba$이므로

$$(a+b)^2=a^2+2ab+b^2$$

이다. 가환이 아니면 $ab \neq ba$이므로 이렇게 적으면 안된다.

정의 16.4 R은 항등원 1을 가진 환이고 $a \in R$이다.

$$ab=ba=1$$

을 만족시키는 $b \in R$가 존재할 때 a를 **단원**(unit) 또는 **가역원**(invertible)이라고 한다. 또 이때 이러한 b를 a의 곱에 대한 **역원**(multiplicative inverse)라 부르고 a^{-1}로 표시한다.

a가 단원이면 a의 곱에 대한 역원 a^{-1}도 당연히 단원이다.

【예제 10】 $\mathbb{Z}_{10}$에서

$$\overline{3} \odot \overline{7} = \overline{7} \odot \overline{3} = \overline{1}$$

이므로 $\overline{3}$, $\overline{7}$는 단원이고 $(\overline{3})^{-1}=\overline{7}$, $(\overline{7})^{-1}=\overline{3}$이다. 그러나 $\overline{4}$는 $\overline{4} \odot \overline{x} = \overline{1}$를 만족시키는 $\overline{x} \in \mathbb{Z}_{10}$가 없으므로 단원이 아니다.

$\mathbb{Z}_n$에서의 단원은 18장에서 자세히 배운다.

【예제 11】 $\mathbb{Z}$에서 단원은 1과 -1뿐이다.

【예제 12】 $(\mathbb{Q}, +, \times)$에서는 0이 아닌 모든 원소는 단원이다.

【예제 13】 행렬환 $M_2(\mathbb{R})$에서 $AB=BA=I$일 필요충분조건은 $|A| \neq 0$이다. 따라서 행렬 A가 단원일 필요충분조건은 A의 행렬식 $|A| \neq 0$이다. 이러한 행렬

을 **정칙**(non-singular)행렬이라고 부른다.

환에서 단원을 따질 때는 반드시 R이 항등원 1을 가져야만 한다. 항등원이 없으면 단원을 생각할 수가 없다. 또 $0x=0$이므로 0은 절대로 단원이 될 수 없다.

정의 16.5 R이 항등원 1을 가진 환이고 0이 아닌 모든 R의 원소가 단원일 때 이러한 R을 **나눗셈환**(division ring)이라고 한다.

【예제 14】 $\mathbb{Q}$, $\mathbb{R}$은 나눗셈환이다.

【예제 15】 $\mathbb{Z}$, $\mathbb{Z}_{10}$은 나눗셈환이 아니다.

【예제 16】 $M_2(\mathbb{R})$에서 $A=\begin{bmatrix}1 & 2\\3 & 6\end{bmatrix}$은 A^{-1}가 없으므로 $M_2(\mathbb{R})$은 나눗셈환이 아니다.

나눗셈환의 정의에서 R이 나눗셈환이면 $R^*=R-\{0\}$가 곱에 대해서 군이 됨을 알 수 있다. 물론 역도 성립한다.

정리 16.2 R은 항등원 1을 갖는 환이다. R이 나눗셈환이 될 필요충분조건은 $(R^*, \cdot)$가 군이다. 여기서 $R^*=R-\{0\}$이다.

증명 R이 나눗셈 환이라고 하자. $a, b\in R^*$이라고 하면 $ab\in R^*$임을 보이자. 우선

$$ax=xa=1,\ \ by=yb=1$$

이 되는 $x, y\in R$가 존재한다. 따라서

$$(ab)(yx)=a(by)x=a1x=1,\ \ (yx)(ab)=y(xa)b=1$$

이므로 ab도 역시 단원이다. 따라서 $ab\neq 0$에서 $ab\in R^*$이다. 또 R^*는 항등원 1을 가졌고 모든 원소가 곱에 대한 역원을 가지므로 $(R^*, \cdot)$는 군이 된다. 이번에

는 $(R^*, \cdot)$가 군이라고 하면 이 군의 항등원 e가 R의 항등원이 된다. 그 이유는 임의의 $a \in R$에 대해서 $a=0$이면 $0e=e0=0$이다. 또 $a \neq 0$이면 $a \in R^*$이므로

$$ae=ea=a$$

이므로 결국 e가 R의 곱에 대한 항등원이다. 또 임의의 $a \in R^*$에 대해서 R^*는 군이므로 $ax=xa=e$인 $x \in R^*$가 존재한다. 따라서 a는 단원이 되므로 R은 나눗셈환이다. □

정의 16.6 가환인 나눗셈환 R을 체(field)라고 한다.

이 정의는 군과 함께 대수에서 가장 많이 사용되는 정의이다. 앞으로 특별히 체만을 단독으로 단원 3에서 좀더 자세히 배우게 된다.

정의에서 체는 나눗셈환이 되므로 환 R가 체가 될 필요충분조건은 $(R^*, \cdot)$가 가환군일 때임도 쉽게 알 수 있다. 그런데 체가 아닌 나눗셈환의 예는 좀 어렵다. 대표적인 예로 아일랜드의 수학자 해밀턴이 찾아낸 사원수(real quaternion) H가 있다. 즉 H는 가환이 아닌 나눗셈환이다. 자세한 정의는 조금 복잡하다. 또 하나 재미있는 사실은 모든 유한인 나눗셈환은 체가 된다는 사실이다. 이 사실은 J. H. M. Wedderburn이 증명했는데 원소의 개수로부터 가환인 성질을 유도한 것으로 아주 유명한 정리이다. 자세한 내용은 I.N. Herstein [12]을 참고하기 바란다.

【예제 17】 유리수 $\mathbb{Q}$, 실수 $\mathbb{R}$, 복소수 $\mathbb{C}$는 모두 체이다.

【예제 18】 정수 $\mathbb{Z}$, 합동류 $\mathbb{Z}_{10}$, 행렬환 $M_n(\mathbb{R})$, $\mathbb{Z}$ 상에서의 다항식환 $\mathbb{Z}[x]$는 체가 아니다.

정수에서는 $a \neq 0$, $b \neq 0$이면 $ab \neq 0$이다. 그러나 환 $\mathbb{Z}_8$에서는 $\overline{6} \neq \overline{0}$, $\overline{4} \neq \overline{0}$이나 $\overline{6}\ \overline{4}=\overline{0}$가 된다. 또 $(\overline{6})^3=\overline{6}\ \overline{6}\ \overline{6}=\overline{0}$이다. 이와 같이 환에서는 0이 아닌 원소도 곱해서 0이 되는 수가 있다. 이와 같은 원소도 이름

을 붙여주자.

정의 16.7 R은 환이고 $a\neq 0\in R$이다. $ab=0$ 또는 $ba=0$이 되는 $b\neq 0$가 존재할 때 a를 영인자(zero-divisor)라고 부른다.

【예제 19】 $\mathbb{Z}_8$에서 $\overline{2}\,\overline{4}=\overline{0}$, $\overline{6}\,\overline{4}=\overline{0}$이므로 $\overline{2}$, $\overline{4}$, $\overline{6}$는 모두 영인자이다. 그러나 $\overline{3}\,\overline{x}=\overline{0}$가 되는 $\overline{x}$는 $\overline{0}$뿐이므로 $\overline{3}$는 영인자가 아니다.

【예제 20】 $\mathbb{Z}$, $\mathbb{Q}$, $\mathbb{R}$에는 영인자가 없다.

【예제 21】 행렬환 $M_2(\mathbb{R})$에서

$$\begin{bmatrix}0 & 1\\1 & 0\end{bmatrix}\begin{bmatrix}1 & 1\\0 & 0\end{bmatrix}=\begin{bmatrix}0 & 0\\0 & 0\end{bmatrix}$$

이므로 $\begin{bmatrix}0 & 1\\0 & 1\end{bmatrix}$, $\begin{bmatrix}1 & 1\\0 & 0\end{bmatrix}$는 모두 영인자이다.

정리 16.3 R은 항등원 1을 가진 환이다. $a\in R$가 단원이면 a는 영인자가 아니다.

증명 a가 단원이면 $ab=ba=1$이 되는 b가 존재한다. 만일 a가 영인자이면 $ax=0$ 또는 $xa=0$이 되는 $x\neq 0\in R$가 존재한다. 따라서 만일 $ax=0$이면

$$x=1x=(ba)x=b(ax)=b0=0$$

로부터 $x=0$이 되어 모순이다. $xa=0$이라도 마찬가지이다. □

【예제 22】 $x^2-5x+6=0$을 만족시키는 실수를 구하면 인수분해 해서 $(x-2)(x-3)=0$으로부터 $x=2$ 또는 $x=3$을 얻는다. 그러면 $x^2-\overline{5}x+\overline{6}=\overline{0}$를 만족시키는 $\mathbb{Z}_{12}$의 원소를 구해보자. 역시 x를 $\mathbb{Z}_{12}$의 원소라고 생각해서 이 식을 환에서 분배법칙을 이용하면 $(x-\overline{2})(x-\overline{3})=\overline{0}$로 고칠 수 있다.

그러면 여기에 $x=\overline{2}$, $x=\overline{3}$라고 하면 될까? 여기서는 그렇지 못하다. 왜냐하면 $\mathbb{Z}_{12}$에서는 모든 $\overline{a}\in\mathbb{Z}_{12}$에 대해서 $\overline{a}\,\overline{0}=\overline{0}\,\overline{a}=\overline{0}$이지만 또

$$\overline{4}\,\overline{3}=\overline{0},\ \overline{2}\,\overline{6}=\overline{0},\ \overline{3}\,\overline{8}=\overline{0},\ \overline{4}\,\overline{9}=\overline{0},\ \overline{6}\,\overline{10}=\overline{0},\ \cdots$$

등등 $\overline{0}$가 아니면서 곱해서 $\overline{0}$가 되는 원소가 너무나 많다. 따라서 $\overline{x}=\overline{6}$를 대입하면 $(\overline{6}-\overline{2})(\overline{6}-\overline{3})=\overline{4}\,\overline{3}=\overline{0}$가 되어 이 식을 만족시키므로 $x=\overline{6}$도 된다. 마찬가지로 $\overline{11}$도 이 식을 만족시킨다. 즉 $\overline{2}$, $\overline{3}$, $\overline{6}$, $\overline{11}$가 모두 $x^2-\overline{5}x+\overline{6}=\overline{0}$의 해가 된다. 이와 같이 정역이 아닌 경우에는 인수분해만 해서는 값을 다 구할 수 없다. 실제로 모든 원소를 대입해서 주어진 식을 만족시키는 값을 구해야 한다.

$\mathbb{Z}_n$에서 영인자를 구하는 방법과 기타 여러 가지 성질은 8장에서 다시 자세히 배운다.

우리는 지금까지 다항식이나 정수에서 근을 구하거나 인수분해 등에서 $ab=0$이면 $a=0$ 또는 $b=0$이라는 성질을 많이 이용했다. 그러나 R에 영인자가 있으면 $ab=0$이라고 해서 $a=0$ 또는 $b=0$이라고 함부로 말할 수 없다. 그래서 영인자가 없는 환이 매우 편리하므로 다음과 같이 영인자가 없는 환을 정의한다.

정의 16.8 R은 1을 가진 가환환이다. R이 영인자를 가지지 않을 때 R을 **정역**(integral domain)이라고 부른다.

【예제 23】 $\mathbb{Z}$, $\mathbb{Q}$, $\mathbb{R}$은 모두 정역이다.

【예제 24】 $\mathbb{Z}$상에서의 다항식환 $\mathbb{Z}[x]$는 정역이다.

【예제 25】 $\mathbb{Z}_8$, $\mathbb{Z}_{10}$은 정역이 아니다.

다음 정리에서 환이 정역이 될 필요충분조건을 알 수 있다.

정리 16.4 R이 1을 가진 가환환이면 다음은 동치이다.

(1) R은 정역이다.

(2) 임의의 $a, b, c \in R$에서 $a \neq 0$, $ab = ac$이면 $b = c$이다. (소거법)

(3) $ab = 0$이면 $a = 0$ 또는 $b = 0$이다.

증명 (1) ⇒ (2) $ab = ac$로부터

$$a(b-c) = 0$$

이다. 만일 $b-c \neq 0$이면 a는 영인자가 되므로 정역의 정의에 위배된다. 따라서 $b = c$이다.

(2) ⇒ (3) $ab = 0 = a0$이다. 만일 $a \neq 0$이면 $b = 0$이므로 결국 $a = 0$ 또는 $b = 0$이다.

(3) ⇒ (1) 만일 R이 영인자 c를 가진다면 $cx = 0$ 또는 $xc = 0$이 되는 $x \neq 0 \in R$가 존재할 것이다. 그러나 가정에서 $cx = 0$ 또는 $xc = 0$이면 $c = 0$ 또는 $x = 0$가 되므로 모순이다. 따라서 R은 영인자를 가질 수 없다. □

지금까지 우리는 여러 종류의 환을 정의했는데 이 환들의 관계를 정리해 보자. 우선 체, 나눗셈환, 정역, 가환환, 항등원을 가진 환, … 등이 있었다. 정의에서 체는 나눗셈환이다. 그냥 보기에는 정역과 체는 아무 관계가 없는 것처럼 보인다. 그러나 체는 항상 정역이 된다. 즉 체는 환 중에서 가장 높은 환이다. 즉 체가 되면 모두 다 된다.

정리 16.5 체는 정역이다.

증명 (1) F를 체라고 하자. F는 영인자를 가지지 않음을 보이면 된다. $F^* = F - \{0\}$의 모든 원소는 단원이다. 그런데 앞 정리 16.3에서 단원은 영인자가 될 수 없으므로 F^*는 영인자를 가지지 않는다. 따라서 F는 정역이다.

(2) 또는 정역의 동치조건을 이용해서

$$ab = ac, \ a \neq 0$$

라고 하자. $a \neq 0$이므로

$$ax = xa = 1$$

이 되는 x가 존재한다. 따라서 $ab=ac$의 왼쪽에 x를 곱하면 $x(ab)=x(ac)$로부터 $(xa)b=(xa)c$이고 따라서 $b=c$가 되어 F는 정역이다. □

보통의 환에서는 역원이 없으므로 나누기를 할 수 없다. 즉 사칙 $+$, $-$, $\times$, $\div$에서 $-$는 $+$의 역원을 연산한 $a-b=a+(-b)$이고 $\div$는 $\times$의 역원을 연산한 $a\div b=ab^{-1}$이므로 ab^{-1}를 $a\div b$로 생각한 체에서는 사칙을 할 수 있다. 실제로 정수 $\mathbb{Z}$에서는 $+$, $-$, $\times$는 할 수 있지만 $\div$는 할 수 없다. 그러나 $\mathbb{Q}$나 $\mathbb{R}$에서는 모든 사칙을 다 할 수 있다. $\mathbb{Z}$는 체가 아니지만 $\mathbb{Q}$, $\mathbb{R}$은 체이기 때문이다. 일반환에서는 삼칙 $+$, $-$, $\times$밖에는 못한다. 우리가 보통 말하는 사칙을 하기 위해서는 반드시 체가 되어야만 한다. 그래서 체 이상의 환은 없다. 체만 되면 모든 계산을 다 할 수 있기 때문이다. 또 $2\div 3=\dfrac{2}{3}$인데 실제로 $\div$부호를 쓰는 나라는 몇 곳 되지 않는다. 대부분의 국가에서는 $a\div b$ 대신 분수인 $\dfrac{a}{b}$를 사용한다. $\dfrac{a}{b}$의 정확한 뜻은 a에 b의 곱에 대한 역원 $\dfrac{1}{b}$을 곱한 것이므로 $a\div b$는 사실 필요가 없는 이중의 부담이다.

정수 $\mathbb{Z}$는 정역은 되나 체는 되지 않는다. 따라서 위의 정리 16.5의 역은 성립하지 않는다. 그러나 유한정역은 체가 된다. 체가 됨을 보이기 위해서는 0이 아닌 모든 원소는 곱에 대한 역원을 가짐을 보이면 된다.

정리 16.6 유한정역은 체이다.

증명 $R=\{a_1, a_2, \cdots, a_n\}$을 정역이라고 하자. $a\neq 0\in R$이라고 하고 $ab=ba=1$이 되는 b를 찾아보자.

$$X=\{aa_1, aa_2, \cdots, aa_n\}$$

이라고 하면 $X\subset R$이고 $|X|=n$이다. 왜냐하면 만일 $aa_i=aa_j$이면 정역의 성질에서 $a_i=a_j$가 되기 때문이다. 따라서 $R=X$가 되어서 X속에는 항등원 1이 존재한다. 따라서 $aa_i=1$이 되는 $a_i\in R$가 존재하므로 a는 곱에 대한 역원을 가진다. □

우리가 지금까지 다룬 여러 가지 환 중에서 가장 강한 조건을 가진 것이 체임을 알 수 있다. 그래서 보통 유리수, 실수, 복소수는 각각 유리수체(rational number field), 실수체(real number field), 복소수체

(complex number field)라고 부른다. 그러나 정수는 정수체라고 하지 않고 그냥 정수환(integer ring)이라고 부른다.

정역도 여러 종류의 다양한 정역이 존재하고 이 각각은 서로 다른 성질을 가진다. 부록 39장에서 정역에 대해서 보다 자세히 공부하도록 한다.

군에서 직적을 한 것과 마찬가지로 환에서도 직적을 할 수 있다. 정의는 군에서와 동일하게 하면 된다.

정의 16.9 R, S는 환이다. $R\times S$에 다음과 같이 합과 곱을 정의하면

$$(a, b)+(a', b')=(a+a', b+b')$$
$$(a, b)\cdot(a', b')=(a\cdot a', b\cdot b')$$

$(R\times S, +, \cdot)$는 환이 된다. 이 환 $(R\times S, +, \cdot)$를 R과 S의 **직적**(direct product)이라고 한다.

R, S가 가환이면 $R\times S$도 가환이고, 또 R, S가 각각 항등원을 가지면 $R\times S$도 항등원을 가진다. 두 개일 때 뿐만 아니라 n개의 환 R_1, R_2, $\cdots$, R_n에서도 마찬가지로 해서 직적

$$R_1\times R_2\times\cdots\times R_n$$

을 만들 수 있다.

보통 군과 구별하여 환에서는 직적을 **직합**(direct sum)이라고 부르고 표시도 $R_1\oplus R_2\oplus\cdots\oplus R_n$로 쓰는 경우가 많다. 이 책에서는 그냥 군과 같은 식으로 쓰겠다.

【예제 26】 $R=\mathbb{Z}_6\times\mathbb{Z}$에서

$$(\overline{3}, 5)+(\overline{4}, 9)=(\overline{3}\oplus\overline{4}, 5+9)=(\overline{1}, 14)$$
$$(\overline{3}, 5)\cdot(\overline{4}, 9)=(\overline{3}\odot\overline{4}, 5\times 9)=(\overline{0}, 45)$$

【예제 27】 $\mathbb{R} = \mathbb{Z} \times \mathbb{Z}$ 에서

$$(0,\ 3) \cdot (2,\ 0) = (0,\ 0)$$

이므로 (0, 3), (2, 0)는 R에서 영인자이다. 따라서 $\mathbb{Z}$는 정역이나 $\mathbb{Z} \times \mathbb{Z}$는 정역이 아니다.

위의 예와 같이 환의 직적은 각 환의 성질을 그대로 보존하는 것도 있고 하지 않는 것도 있다.

【예제 28】 직적 $\mathbb{Z}_6 \times \mathbb{Z}_{10}$에서

$$(\overline{4},\ \overline{4}) + (\overline{3},\ \overline{3}) = (\overline{1},\ \overline{7})$$
$$(\overline{4},\ \overline{4}) \cdot (\overline{3},\ \overline{3}) = (\overline{0},\ \overline{2})$$

이다.

부울(George Boole, 1815~1864)

부울은 1815년 영국의 링컨에서 태어났다. 그의 아버지는 가난한 상인이었고 부울은 겨우 초등학교만 다니고 그 후는 이렇다 할 정규교육을 받지 못했다. 그러나 그는 독학으로 그리스어와 라틴어를 익혔다. 그 후 그는 초등학교 교사로 재직하며 라플라스, 라그랑즈 등의 저서를 통하여 수학을 독학으로 공부하였다. 또 친구 드 모드간을 통하여 형식논리학도 알게 되었다.
1847년 그는 '논리의 수학적 해석'이라는 책을 발간하였다. 이 책에서 그는 수학의 본질은 내용보다는 형식에 존재하며 수학은 단순히 기호에 대한 정의와 무모순성만으로 구성되어진 하나의 체계라고 주장하였다. 즉 수학은 측정이나 수에 의해 계산하는 과학이 아니라 연산법칙에 따른 기호의 나열만으로 된 법칙으로 이루어진 연구라는 것이다. 이 이론은 오늘까지도 형식론적인 수학자에 의해서 계승되어지고 있다. 그 후 그는 아일랜드 콕에 있는 퀸스대학의 수학교수로 임명되어 1854년 그의 초기 저술을 더욱 다듬어서 '사고법칙에 대한 고찰'이라는 제목으로 책을 만들었는데 이 책에서 그는 형식논리와 오늘날 부울 대수라 불리는 새로운 대수학을 확립하였다. 최근에 부울대수는 컴퓨터, 전기회로, 수리논리 등에 많이 응용되고 있다.

연습문제(16)

1. 다음은 환이 됨을 보여라.
   (1) $(\mathbb{Z}, \oplus, \odot)$, $a \oplus b = a+b-1$, $a \odot b = ab-(a+b)+2$
   (2) $(\mathbb{R}, \oplus, *)$, $a \oplus b = a+b+1$, $a * b = ab+a+b$
   (3) $(\mathbb{R} \times \mathbb{R}, \oplus, \odot)$, $(a, b) \oplus (c, d) = (a+c, b+d)$, $(a, b) \odot (c, d) = (ac-bd, ad+bc)$
   (4) $A = \{a+b\sqrt{2} \mid a, b \in \mathbb{Z}\}$, 연산은 보통 수의 합과 곱.

2. 다음 중 환이 되는 것은?
   (1) $r \oplus s = 2(r+s)$, $r \cdot s = rs$일 때 $(\mathbb{R}, \oplus, \cdot)$
   (2) $r \oplus s = 2rs$, $r \cdot s = rs$일 때 $(\mathbb{R} - \{0\}, \oplus, \cdot)$
   (3) $r \oplus s = rs$, $r \cdot s = r^s$일 때 $(\mathbb{R}^+, \oplus, \cdot)$

3. $F = \{a+b\sqrt{2} \mid a, b \in \mathbb{Q}\}$는 보통 수의 합과 곱에서 체가 됨을 보여라.

4. $a * b = a+b-1$, $a \cdot b = a+b-ab$라 할 때 $(\mathbb{Q}, *, \cdot)$는 체가 되는가?

5. $F = \left\{ \begin{pmatrix} a & b \\ -b & a \end{pmatrix} \middle| a, b \in \mathbb{R} \right\}$는 행렬의 합과 곱에 대해서 체가 됨을 보여라.

6. 환 R의 원소 a가 $a^n = 0$이 되는 정수 n이 있을 때 a를 **멱영원**(nilpotent)이라고 부른다. $\mathbb{Z}_n$의 멱영원은 어떤 원소인가?

7. 1을 가진 환 R에서 $ax = 1$, $ya = 1$이면 $x = y$임을 보여라.

8. 환 R의 원소 a가 $a^2 = a$일 때 a를 **멱등원**(idempotent)이라고 부른다. R을 실함수의 집합이라고 하고 $f, g \in R$에서 모든 실수 x에 대해서

$$(f+g)(x) = f(x)+g(x), \quad (f \cdot g)(x) = f(x)g(x)$$

   라 하면
   (1) $(R, +, \cdot)$은 환이 됨을 보여라.

(2) R에서 모든 멱등원을 구하여라.

9. $R=\{f|f:[0, 1]\to\mathbb{R}, f$는 연속함수$\}$, R에서의 연산 $+$, $\cdot$은 8번과 같다. R에서의 멱등원을 구하여라.

10. R은 1을 가진 환이다. r이 멱등원이면 다음을 보여라.
(1) $1-r$도 멱등원이다.
(2) r 또는 $1-r$은 영인자이다.

11. R의 모든 원소가 멱등원일 때 이 R을 **부울환**(Boolean ring)이라고 부른다. 부울환에서는 다음이 성립함을 보여라.
(1) 임의의 $r\in R$에 대해서 $r+r=0$
(2) R은 가환이다.

12. R은 1을 가진 가환환이다. $x\in R$은 멱영원이다. 다음을 증명하여라.
(1) $1+x$는 단원이다.
(2) u가 단원이면 $x+u$도 단원이다.

13. $\mathbb{Z}_4\times\mathbb{Z}_6$에서 단원, 영인자, 멱등원, 멱영원을 모두 구하여라.

14. $X\neq\varnothing$, $R=\mathscr{P}(X)$, R의 원소 A, B에 대해서 $A\triangledown B=(A\cup B)-(A\cap B)$이다.
(1) $(R, \cup, \cap)$은 환인가?
(2) $(R, \triangledown, \cap)$는 부울환임을 보여라.
(3) $(R, \triangledown, \cap)$에서 영인자와 단원을 각각 찾아라.
(4) $(R, \triangledown, \cap)$는 정역이 아님을 보여라.

15. R은 1을 가진 환이며 영인자가 없다. $ab=1$이면 $ba=1$임을 보여라.

16. R은 1을 가진 환이다. $a\in R$에 대해서 $ax=1$을 만족시키는 x가 단 한 개만 있다면 $xa=1$임을 보여라.

17. $(R, +, \cdot)$은 1을 가진 환이다. $U=\{x\in R|x$는 R의 단원$\}$일 때 $(U, \cdot)$는 군이 됨을

보여라.

18. $\mathbb{Z}[i]=\{a+bi \mid a,\ b\in\mathbb{Z},\ i^2=-1\}$라면 $\mathbb{Z}[i]$는 $\mathbb{C}$의 부분집합이다.
   (1) $(\mathbb{Z}[i],\ +,\ \cdot)$는 1을 가진 가환환이 됨을 보여라. (이 환을 Gauss의 정수환이라 고 부른다)
   (2) $N(a+bi)=a^2+b^2$라고 하면 $x,\ y\in\mathbb{Z}[i]$일 때 $N(x\cdot y)=N(x)N(y)$임을 보여라.
   (3) $x=a+bi$가 단원일 필요충분조건은 $N(x)=1$임을 보여라.
   (4) $\mathbb{Z}[i]$의 모든 단원을 구하여라.
   (5) $\mathbb{Z}[i]$의 단원들의 군은 무엇과 같은가?

19. $R=\{a+b\sqrt{2} \mid a,\ b\in\mathbb{Z}\}$라고 하면
   (1) $(R,\ +,\ \cdot)$는 환이 됨을 보여라.
   (2) $N(a+b\sqrt{2})=a^2-2b^2$라고 하면 $x,\ y\in R$일 때 $N(x\cdot y)=N(x)N(y)$임을 보여라.
   (3) r가 단원일 필요충분조건은 $N(r)=\pm1$임을 보여라.
   (4) R에는 단원이 무한개임을 보여라.

20. 가환이 아닌 유한환의 예를 들어라.

21. 곱의 항등원 1을 가지지 않은 가환이 아닌 환의 예를 들어라.

22. $|R|=p$, p는 소수인 환 R은 항상 가환인가? 맞으면 증명하고 틀리면 그 예를 들어라.

23. R은 가환환이다. $a,\ b$가 멱영원이면 $a+b$도 멱영원임을 보여라.

24. R은 $a+b=b+a$ 조건만 제외한 환의 나머지 성질 모두를 만족시킨다. 만일 1이 R에 존재하면 $a+b=b+a$가 R에서 성립함을 보여라.

25. S는 실함수의 집합이다. $f,\ g\in S$에 대해서 모든 실수 x에 대해서

$$(f+g)(x)=f(x)+g(x),\ \ (f\circ g)(x)=f(g(x))$$

라 하면 $(S,\ +,\ \circ)$는 환이 되는가?

26. 환 R에서 다음이 성립함을 보여라.

(1) $a0=0$ (2) $(-a)b=-(ab)$

27. $7^{1000}\div 24$의 나머지를 구하여라.

28. (1) p는 소수이다. $\mathbb{Z}_p$에서 $a^2=\overline{1}$이면 a는 $\overline{1}$ 또는 $\overline{p-1}$임을 보여라.

(2) p가 소수이면 $(p-1)!+1$은 p의 배수임을 보여라.

29. R은 1을 가진 환이다. 모든 $a,\ b\in R$에 대해서 $(ab)^2=a^2b^2$이면 R은 가환임을 보여라.

30. 모든 $a,\ b\in R$에 대해서 $(ab)^2=a^2b^2$인 가환이 아닌 환의 예를 찾아라.

31. R은 0 이외의 멱영원이 없는 환이다. $(ab)^2=a^2b^2$이면 R은 가환임을 보여라.

32. 환 R에서 $(R,+)$가 순환군이면 R은 가환환임을 보여라.

33. 1을 가진 환 R에서

(1) $a^2=0$이면 $a+1$과 $a-1$은 단원임을 보여라.

(2) $a^n=0$이면 $a+1$과 $a-1$은 단원임을 보여라.

34. F는 체이고 $|F|=m$이면 임의의 $x\neq 0\in F$에 대해서 $x^{m-1}=1$임을 보여라.

35. R은 1을 가진 환이다. $a\in R,\ a\neq\pm 1,\ a^2=1$이면 $a+1$과 $a-1$은 영인자임을 보여라.

36. ab가 영인자이면 a 또는 b는 영인자임을 보여라.

37. R은 가환이다. $ab\neq 0$이고 a 또는 b가 영인자이면 ab도 영인자임을 보여라.

38. (1) R은 모든 원소가 $x^3=x$인 환이다. R은 가환임을 보여라.

(2) R은 모든 원소가 $x^4=x$인 환이면 R은 가환이 되는가?

17 아이디얼
(Ideal)

우리는 군의 내부구조나 위수를 파악하기 위해서 부분군과 정규부분군을 이용하였다. 이와 마찬가지로 환에서도 같은 수법을 사용한다. 환의 구조나 서로 다른 환과의 관계를 조사하기 위해서 부분군과 정규부분군에 해당하는 부분환과 아이디얼을 정의한다. 먼저 군의 부분군과 유사하게 부분환을 정의하자.

정의 17.1 $(R, +, \cdot)$는 환이다. $S \subset R$이고 $(S, +, \cdot)$가 역시 환이 될 때 S는 R의 부분환(subring)이라고 한다.

【예제 1】 $\mathbb{Z}$, $\mathbb{Q}$, $\mathbb{R}$에서 보통 실수의 합과 곱에 대해서 $\mathbb{Z}$는 $\mathbb{Q}$의 부분환, $\mathbb{Q}$는 $\mathbb{R}$의 부분환이다. 그러나 $\mathbb{Q}$와 $\mathbb{R}$은 체가 되지만 $\mathbb{Z}$는 체가 되지 않는다.

【예제 2】 짝수집합 $2\mathbb{Z}$는 $(\mathbb{Z}, +, \cdot)$의 부분환이다. 그러나 여기서 $\mathbb{Z}$는 곱에 대한 항등원 1을 가지나 $2\mathbb{Z}$는 항등원을 가지지 않는다.

위의 예제에서 본 바와 같이 부분환은 원래 환과 똑같은 성질을 가지지는 않는다. 그냥 부분집합이면서 원래 연산에 대해서 환의 정의를 만족시키면 된다. 항등원이 서로 다를 수도 있다.

【예제 3】 $R=\mathbb{Z}\times\mathbb{Z}$는 환이다. R은 곱에 대한 항등원 $(1, 1)$을 가진다.

$$S=\mathbb{Z}\times\{0\}=\{(a, 0)\mid a\in\mathbb{Z}\}$$

는 R의 부분환이 됨을 쉽게 알 수 있다. 그러나 $(1, 1)\notin S$이다. 이 경우 S는 자기 자신의 항등원 $(1, 0)$를 가진다. 즉 R은 항등원 $(1, 1)$을 가지고 부분환 S는 항등원 $(1, 0)$을 가진다.

【예제 4】 $\mathbb{Z}$는 유리수 집합 $(\mathbb{Q}, +, \times)$의 부분집합이다. $\mathbb{Z}$에

$$a*b=a+b-1,\ a\circ b=ab-(a+b)+2$$

와 같은 연산 $*$, $\circ$를 정의하면 $(\mathbb{Z}, *, \circ)$는 환이 된다. 그러나 이때는 연산이 다르므로 $(\mathbb{Z}, *, \circ)$는 $(\mathbb{Q}, +, \times)$의 부분환이 되지 않는다.

정의에서 S가 $(R, +, \cdot)$의 부분환이면 $(S, +)$는 $(R, +)$의 부분군이 된다. 따라서 R의 0은 역시 S의 0이 된다. 분배법칙이나 결합법칙은 R에서 성립하면 S에서도 항상 성립하므로 따라서 S가 R의 부분환이 됨을 보이기 위해서는 S가 합과 곱에 대해서 닫혀 있고 임의의 $a\in S$에 대해서 $-a\in S$가 됨을 밝히면 된다.

부분환은 환의 이론을 전개하는데 별로 쓰이지 않는다. 부분환은 그냥 말 그대로 정의만 알고 있으면 된다. 군의 정규부분군에 해당하는 것이 환의 아이디얼인데 이것이 진짜 중요하다.

정의 17.2 R은 환이다. I가 R의 부분환이고 모든 $a\in I$, $r\in R$에 대해서

$$ar\in I,\quad ra\in I$$

일 때 I를 R의 아이디얼(ideal)이라고 부른다.

【예제 5】 $m \in \mathbb{Z}$라 하고 $m\mathbb{Z} = \{mx | x \in \mathbb{Z}\}$는 m의 배수들의 집합이다. $m\mathbb{Z}$는 $\mathbb{Z}$의 부분환이 됨은 쉽게 알 수 있다. 또 임의의 정수 $a \in \mathbb{Z}$에 대해서 a와 m의 배수의 곱도 역시 m의 배수이므로 $m\mathbb{Z}$는 $(\mathbb{Z}, +, \cdot)$의 아이디얼이 된다.

임의의 $a \in R$에 대해서 $a0 = 0a = 0$이므로 어떠한 환 R도 최소한 2개의 아이디얼 $\{0\}$와 R을 가진다. 특히 R이 아닌 아이디얼을 **진아이디얼**(proper ideal)이라고 한다.

【예제 6】 $F(\mathbb{R}) = \{f | f : \mathbb{R} \to \mathbb{R}\}$는 보통의 함수의 합과 곱에서 환이 되었다. S를 원점을 지나는 함수들의 집합, 즉

$$S = \{f \in F(\mathbb{R}) | f(0) = 0\}$$

라고 하면 임의의 $f, g \in S$에 대해서

$$(f+g)(0) = f(0) + g(0) = 0, \ (fg)(0) = f(0)g(0) = 0$$

이고

$$(-f)(0) = -f(0) = 0$$

이다. 또 임의의 $h \in F(\mathbb{R})$에 대해서

$$(fh)(0) = f(0)h(0) = 0 = (hf)(0)$$

이므로 따라서 S는 $F(\mathbb{R})$의 아이디얼이다.

【예제 7】 $\mathbb{Z}$는 $\mathbb{Q}$의 부분환이다. 그러나 $\frac{1}{2} \in \mathbb{Q}$, $5 \in \mathbb{Z}$이지만 $\frac{5}{2} \notin \mathbb{Z}$이므로 $\mathbb{Z}$는 $\mathbb{Q}$의 아이디얼은 될 수 없다.

【예제 8】

$$R = \mathbb{Z} \times \mathbb{Z}, \ I = \mathbb{Z} \times \{0\}$$

라고 하면 I는 R의 부분환이고 임의의 $(a, 0) \in I$, $(m, n) \in R$에 대해서

$$(a, 0)(m, n) = (am, 0n) \in I, \quad (m, n)(a, 0) = (ma, 0) \in I$$

이므로 I는 R의 아이디얼이다. 그러나

$$J=\{(n, n) \mid n \in \mathbb{Z}\}$$

는 R의 부분환은 되나 아이디얼은 되지 못한다. $(2, 2) \in J$, $(3, 4) \in R$이지만 $(2, 2)(3, 4)=(6, 8) \notin J$이다.

다음 정리에서 환의 부분집합이 아이디얼이 될 필요충분조건을 쉽게 알 수 있다. 즉 부분환 대신에 부분군만 되면 된다. 그 이유는 I가 아이디얼이면 I는 당연히 곱에 대해서 닫혀있기 때문이다.

정리 17.1 R은 환이고 $I \subset R$이다. I가 R의 아이디얼이 될 필요충분조건은
(1) $(I, +)$는 $(R, +)$의 부분군이고
(2) 임의의 $a \in I$, $r \in R$에 대해서 $ar \in I$, $ra \in I$이다.

증명 I가 R의 아이디얼이면 I도 역시 환이므로 $(I, +)$는 아벨군이다. 따라서 $I \subset R$, $(I, +)$는 군이므로 $(I, +)$는 $(R, +)$의 부분군이다.
(2)는 I가 아이디얼이므로 당연하다.
역으로 (1), (2)가 성립한다고 하자. 우선 $I \subset R$이고 R에서 결합법칙과 분배법칙이 성립하므로 I에서도 성립한다. 또 (1)에서 $(I, +)$는 아벨군이므로 결국 $(I, +, \cdot)$도 역시 환의 모든 공리를 만족시킨다. 따라서 I는 R의 부분환이고 (2)가 성립하므로 I는 R의 아이디얼이다. □

참고 위의 정리 17.1에서 (1)은

(1′) 임의의 $a, b \in I$에 대해서 $a+b \in I$이고 $-a \in I$

와 같으므로 (1) 대신 (1′)를 써도 된다.

【예제 9】

$$\mathbb{Z}[x]=\{a(x) \mid a(x)\text{는 계수가 정수인 다항식}\}$$
$$I=\{p(x) \in \mathbb{Z}[x] \mid p(x)\text{는 상수항이 짝수인 다항식}\}$$

이라고 하면 $f(x), g(x) \in I$이면 $f(x)+g(x) \in I$, $-f(x) \in I$이다. 또 임의의 $h(x) \in \mathbb{Z}[x]$에 대해서 $f(x)h(x) \in I$, $h(x)f(x) \in I$이므로 I는 $\mathbb{Z}[x]$의 아이디얼이다.

정리 17.2 R은 항등원 1을 가진 가환환이고, $a \in R$이면

$$aR = \{ax \mid x \in R\}$$

은 a를 포함하는 R의 가장 작은 아이디얼이다.

증명 (1) 먼저 $(aR, +)$는 $(R, +)$의 부분군이 됨을 보이자.
임의의 $ax, ay \in aR$에 대해서

$$ax + ay = a(x+y) \in aR$$

이다. 또

$$-(ax) = a(-x) \in aR$$

따라서 $(aR, +)$는 $(R, +)$의 부분군이다. 임의의 $ax \in aR$, $r \in R$에 대해서

$$(ax)r = a(xr) \in aR, \quad r(ax) = a(rx) \in aR$$

이므로 aR은 R의 아이디얼이 됨을 알 수 있다. 또 $a = a1 \in aR$이다.

(2) I를 a를 포함하는 아이디얼이라고 하자. 임의의 $ax \in aR$에 대해서 $a \in I$이므로 $ax \in I$가 된다. 따라서 $aR \subset I$이다. □

정의 17.3 R은 항등원 1을 가진 가환환이다. $a \in R$일 때

$$aR = \{ax \mid x \in R\}$$

을 a에 의해서 생성되는 **주아이디얼**(principal ideal generated by a)이라고 부르고, $\langle a \rangle$ 또는 (a)로 표시한다.

【예제 10】 $m \in \mathbb{Z}$라고 하면 m의 배수들의 집합 $m\mathbb{Z}$는 m에 의해서 생성되는 $\mathbb{Z}$의 주아이디얼이다.

【예제 11】 $\mathbb{Z}$ 상에서의 다항식환 $\mathbb{Z}[x]$에서

$$J = \{p(x) \in \mathbb{Z}[x] \mid p(x)\text{는 상수항이 0인 다항식}\}$$

이라고 하면 임의의 $f(x), g(x) \in J$에 대해서 $f(x)+g(x) \in J$이고 또 임의의 다항식 $h(x) \in \mathbb{Z}[x]$에 대해서 $h(x)f(x), f(x)h(x) \in J$가 되어 J는 $\mathbb{Z}[x]$의 아이디얼이 됨을 쉽게 알 수 있다. 실제로 J의 모든 원소는 x로 인수분해되므로 $J=\langle x \rangle$가 된다. 따라서 J는 $\mathbb{Z}[x]$의 주아이디얼이다.

R의 주아이디얼 aR에서 $a=0$이면 $aR=\{0\}$, $a=1$이면 $aR=R$이 됨을 알 수 있다. R의 모든 아이디얼 I는 $\{0\} \subset I \subset R$이다.

【예제 12】 다항식 환 $\mathbb{Z}[x]$에서 $\langle x+1 \rangle=(x+1)\mathbb{Z}[x]$는 $x+1$에 의해서 생성되는 $\mathbb{Z}[x]$의 주아이디얼이다. 이 집합은 실제로 $x+1$로 인수분해되는 모든 정수계수 다항식들의 집합

$$\{(x+1)f(x) \mid f(x) \in \mathbb{Z}[x]\}$$

가 됨을 알 수 있다. 그러나

$$I=\{p(x) \in \mathbb{Z}[x] \mid p(x)\text{는 상수항이 짝수인 다항식}\}$$

은 $\mathbb{Z}[x]$의 아이디얼은 되나 주아이디얼은 아니다. 그 이유는 만일 $I=\langle h(x) \rangle$, $h(x) \in \mathbb{Z}[x]$라고 하면 $x+2, x+4 \in I$이므로

$$x+2=h(x)g(x),\ x+4=h(x)k(x),\ g(x), k(x) \in \mathbb{Z}[x]$$

꼴이 될 것이다. 따라서 $x+2$와 $x+4$는 $h(x)$를 공통인수로 가지는데 $x+2$, $x+4$의 공통인수는 1뿐이다. 따라서 $h(x)=1$이 된다. 그러나 이것은 $I=\langle 1 \rangle=\mathbb{Z}[x]$가 되어 모순이다.

정수환 $\mathbb{Z}$에서 I가 $\mathbb{Z}$의 아이디얼이면 $(I, +)$는 $(\mathbb{Z}, +)$의 부분군이다. 그런데 $(\mathbb{Z}, +)$는 순환군이므로 $\mathbb{Z}$의 부분군도 순환군이다. 따라서 $I=n\mathbb{Z}$ 꼴이 되므로 결국 $\mathbb{Z}$의 모든 아이디얼은 주아이디얼이 됨을 알 수 있다. 이것은 중요하므로 정리로 쓰자.

정리 17.3 정수환 $\mathbb{Z}$의 모든 아이디얼은 주아이디얼이다.

환 R에서 만일 $(R, +)$가 순환군이면 R의 아이디얼 I는 $(R, +)$의 부분군이므로 $(I, +)$도 순환군이다. 따라서 I는 항상 주아이디얼이 됨을 알 수 있다. 주아이디얼의 표시 $\langle a \rangle$도 사실 $(R, +)$의 부분군 $(aR, +)$이 순환부분군과 성질이 비슷하고 특히 정수에서는 순환군과 일치하므로 이렇게 같은 기호를 사용하였다. 책에 따라서는 (a)로도 표시한다.

【예제 13】 환 $\mathbb{Z}_{12}$에서

$$\langle \overline{2} \rangle = \{\overline{0}, \overline{2}, \overline{4}, \overline{6}, \overline{8}, \overline{10}\}$$
$$\langle \overline{3} \rangle = \{\overline{0}, \overline{3}, \overline{6}, \overline{9}\}$$
$$\langle \overline{4} \rangle = \{\overline{0}, \overline{4}, \overline{8}\}$$
$$\langle \overline{5} \rangle = \mathbb{Z}_{12}$$
$$\langle \overline{6} \rangle = \{\overline{0}, \overline{6}\}$$

는 모두 $\mathbb{Z}_{12}$의 주아이디얼이다. 실제로 $\mathbb{Z}_{12}$의 모든 아이디얼은 주아이디얼이다.

정리 17.4 I, J가 R의 아이디얼이면

$$I \cap J = \{a \mid a \in I,\ a \in J\},\ I+J = \{a+b \mid a \in I,\ b \in J\}$$

는 R의 아이디얼이다.

증명 우선 $(I, +)$, $(J, +)$는 $(R, +)$의 부분군이므로

(1) $(I \cap J, +)$는 $(R, +)$의 부분군이다. 임의의 $a \in I \cap J$, $x \in R$에 대해서

$$ax \in I,\ xa \in I,$$
$$ax \in J,\ xa \in J$$

이므로

$$ax \in I \cap J, \quad xa \in I \cap J$$

따라서 $I \cap J$는 R의 아이디얼이다.

(2) $(R, +)$는 아벨군이므로 $(I+J, +)$도 $(R, +)$의 부분군이다. 실제로 $I+J$는 I

와 J를 포함하는 R의 최소의 부분군이다. 임의의 $a+b\in I+J$, $x\in R$에 대해서

$$(a+b)x=ax+bx\in I+J,\ x(a+b)=xa+xb\in I+J$$

이므로 $I+J$는 R의 아이디얼이다. □

위의 증명에서도 나왔지만 $I+J$는 I와 J를 포함하는 R의 최소의 아이디얼이고 $I\cap J$는 I와 J에 포함되는 최대의 아이디얼이다. $I+J$를 두 아이디얼 I와 J의 **합**(sum)이라고 부른다. 다음 정리 17.5도 간단하지만 제법 많이 이용된다.

정리 17.5 R은 항등원 1을 가진 환이고 I는 R의 아이디얼이다. $1\in I$일 동치조건은 $I=R$이다.

증명 $1\in I$이면 임의의 $r\in R$에 대해서 $r=1r\in I$이므로 $R\subset I$이다. 따라서 $I=R$. 그 역은 당연하다. □

위의 정리 17.5에 의해서 R의 아이디얼 I가 단원을 포함하면 $I=R$이 됨도 쉽게 알 수 있다.

따름정리 17.6 F가 체이면 F의 아이디얼은 $\{0\}$과 F뿐이다.

증명 I를 F의 아이디얼, $I\neq\{0\}$이라고 하자. $a\neq 0\in I$를 택하면 a는 단원이므로 $ax=xa=1$인 $x\in F$가 존재한다. $a\in I$이므로 $1=ax\in I$. 따라서 위의 정리 17.5에서 $I=F$이다. □

해밀턴(William Rowan Hamilton, 1805~1865)

해밀턴은 아일랜드 듀브린에서 태어나 평생 그곳에서 살았다. 아버지는 변호사였고 어머니는 두뇌가 좋기로 유명한 가문 출신이었다. 어렸을 때부터 그의 뛰어난 자질을 발견한 그의 백부 제임스 해밀턴 목사는 그를 데려다가 진저리나게 어학공부를 시켰다. 그 결과 그는 13세에 벌써 13개 국어를 완벽하게 구사했는데 궁금한 독자를 위해 적어보면 3세 때 영어를 줄줄 읽었고 산수도 상당히 어려운 계산까지 할 수 있었다. 5세 때는 라틴어, 그리스어, 헤브라이어를 읽고 번역했으며 원어로 밀턴, 호메르스를 줄줄 암송하기를 좋아했다. 8세에 이탈리아어와 프랑스어를 정복했고 영어는 너무 통속적이라 시적표현을 할 수 없다면서 라틴어로 아일랜드의 아름다운 풍경을 즉석에서 시로 적기도 했다. 10세가 못되어 아라비아어와 산스크리트어에 손대어 동양에 대한 학식도 쌓았다. 그 외에 페르시아어, 힌두스탄어, 말레이어, 벵갈어까지 손을 대었으니 이쯤 되면 더 이상 할 말이 없이 양손을 드는 수밖에 없다.

그는 대학에 가기 전까지 학교에 가지 않고 백부 밑에서 개인지도를 받았는데 1813년 공개산술대회에서 2등을 하게 되었는데 이 하찮은 일로 인해서 그는 그리스, 라틴, 프랑스 원전으로 된 수학교과서를 독학하게 되었다. 14세 때 당시 런던의 웨스터민스터 부속학교에 유학 와 있던 미국의 천재 계산 소년 지라 콜번을 만남으로써 그는 수학을 하기로 결심하였다. 1823년 듀브린의 트리니티 대학에 수석으로 입학한 그는 22세의 대학생으로서 천문학 교수로 선출되었으니 그의 대학생활은 과연 극적이라 하지 않을 수 없다. 이 천재는 그 후 광학에 관한 많은 논문을 발표하고 1835년 아일랜드 대공으로부터 기사작위를 받았다. 그는 고전과 시에도 탁월한 재능이 있어서 계관시인 W. Wordworth, 콜리지 등과도 매우 친하게 지냈다. 그러면 여기서 그의 가장 큰 업적인 사원수에 대해서 알아보자. 실수를 직선 위의 점으로 생각할 수 있는 것과 마찬가지로 복소수를 이차원평면 위의 점과 동일시 할 수 있다. 즉, 복소수 $a+bi$를 실수의 순서쌍 $(a,\ b)$로 표현하는 것은 너무나 자연스럽다.

이와 같이 실수는 직선, 복소수는 평면 위의 점에 대응되므로 실수와 복소수를 포함하는 새로운 수를 3차원 공간에서 생각하는 것은 어쩌면 당연하다고 하겠다. 그러한 수의 형태는 $(x,\ y,\ z)$의 세 좌표축의 형태로 표현된다. 해밀턴은 13년 이상 이러한 수를 만들려고 시도했으나 실패했다. 하지만 그의 연구는 아일랜드 아카데미의 회의에 참석하러 가는 도중에 듀브린 근처 Royal Canal 강변의 길을 따라 그의 아내 헬렌과 걷는 동안 예기치 않은 상황에서 이루어졌다. 해밀턴은 세 좌표축이 아니라 이른바 사원수들의 사차원 공간이 적합하다는 것을 깨달았다. 그는 즉시 사원수에 관한 기본 공식을 강변의 다리에 적어놓았는데 이곳은 오늘날까지도 볼 수 있다. 당연히 사원수는 실수와 복소수를 포함하고 있으며 새로운 방대한 수 체계를 여는 길을 열어 놓았다. 이 발견은 1843년에 이루어졌는데 그 후 20년 동안 그는 사원수의 연구에만 몰두하였다. 일견 보면 그는 성공적인 삶을 살은 것 같으나 학문적으로는 몰라도 가정적으로는 그렇지 않다. 그는 일생에 큰 실수를 두 가지 했는데 결혼과 알콜중독이 그것이다. 알콜중독도 결국 그의 불행한 결혼에서부터 나왔으니 실수는 한 개뿐일지도 모르겠다. 그는 동정심에서 시골목사의 딸과 결혼했는데 이것은 재앙의 시작이었다. 동정심으로 결혼하면 절대로 안된다. 결혼 10년 후 해밀턴은 자기가 빠져든 함정이 어처구니없음을 깨닫고 거기서 몸을 빼려고 했으나 이미 때는 늦은 뒤였다. 결국 술병으로부터 그는 위안을 얻을 수밖에 없었다. 부인의 무능력과 병든 몸 때문에 해밀턴의 집은 항상 돼지우리 같이 지저분했고 1865년 9월 60세의 나이로 중풍으로 죽은 후 해밀턴의 유고더미 속에서는 손도 안댄 고기조각, 식기, 수많은 접시들이 섞여 있었는데 말년의 그는 세상을 버린 사람처럼 비참하게 지냈다고 한다. 우리는 해밀턴의 예에서 결혼의 중요성을 다시 한번 깨닫는다. 그러나 그가 죽음의 침상에 누워있을 때 그가 외국인 최초의 미합중국 국립과학 학사원 회원으로 선출된 것은 그 어떤 명예보다도 값지고 기쁜 일이었다. 이 명예는 사원수의 발견을 인정하여 주어지게 된 것이다. 그는 그의 묘비명에 '일을 사랑하고 진리를 사랑한 사람'이라고 쓰기를 희망했는데 확인을 안 해서 모르겠다.

연습문제(17)

1. I가 $(\mathbb{R}, +, \cdot)$의 아이디얼이 되는지 조사하여라.

(1) $I=\{a+b\sqrt{3} \mid a, b\in \mathbb{Z}\}$ (2) $I=\{x2^y \mid x, y\in \mathbb{Z}\}$

2. 다음 집합이 $R=\mathbb{Z}\times\mathbb{Z}$의 아이디얼이 되는지 조사하여라.

(1) $\{(n, n) \mid n\in\mathbb{Z}\}$ (2) $\{(5n, 0) \mid n\in\mathbb{Z}\}$

(3) $\{(m, n) \mid m+n$은 짝수$\}$ (4) $\{(m, n) \mid mn$은 짝수$\}$

(5) $\{(2m, 3n) \mid m, n\in\mathbb{Z}\}$

3. $R=\mathbb{Z}_3\times\mathbb{Z}_3$의 부분환은 되나 아이디얼이 안되는 예를 구하여라.

4. $R=M_2(\mathbb{R})$이다. 다음 집합 중 아이디얼이 되는 것을 찾아라.

(1) $S=\left\{\begin{pmatrix}0 & b\\ c & d\end{pmatrix} \middle| b, c, d\in\mathbb{R}\right\}$ (2) $S=\left\{\begin{pmatrix}a & 0\\ c & d\end{pmatrix} \middle| a, c, d\in\mathbb{R}\right\}$

(3) $S=\left\{\begin{pmatrix}a & b\\ b & a\end{pmatrix} \middle| a, b\in\mathbb{R}\right\}$ (4) $S=\left\{\begin{pmatrix}a & 0\\ c & 0\end{pmatrix} \middle| a, c\in\mathbb{R}\right\}$

5. A, B는 R의 부분환이다. $A\cup B$는 R의 부분환이 되는가? 만일 안되면 안되는 예를 찾아라. 또 어떤 경우에 $A\cup B$가 R의 부분환이 되는가?

6. $M_2(\mathbb{R})$의 아이디얼은 0과 자신밖에 없음을 보여라.

7. $Z(R)=\{x\in R \mid$ 모든 $r\in R$에 대해서 $xr=rx\}$는 R의 부분환이 되는가? 또 R의 아이디얼이 되는가?

8. R은 가환환이다. $X\subset R$일 때 $Ann(X)=\{r\in R \mid$ 모든 $x\in X$에 대해서 $rx=0\}$라면

(1) $Ann(X)$는 R의 아이디얼이 됨을 보여라.

(2) $R=\mathbb{Z}_{12}$일 때 $Ann(\overline{2})$를 구하여라.

9. I는 R의 아이디얼이다. $R^{-1}I=\{x\in R \mid$ 모든 $r\in R$에 대해서 $rx\in I\}$는 I를 포함하

는 R의 아이디얼임을 보여라.

10. R은 실함수의 집합, $+$, $\cdot$은 함수의 합과 곱이라고 하면(16장 연습문제 8번 참조) $(R, +, \cdot)$는 환이다. S는 R의 부분군이 되는가? 또 아이디얼이 되는가?
   (1) $S=\{f \in R \mid f(1)=0\}$
   (2) $S=\{f \in R \mid f(3)=f(4)\}$
   (3) $S=\{f \in R \mid f(1)=0$ 또는 $f(2)=0\}$

11. R은 가환환, $1 \in R$이다. $x, a \in R$, $axa=a$이면
   (1) $aR=eR$, $e=e^2$인 $e \in R$이 존재함을 보여라.
   (2) $aR \cap J=\{0\}$이고 $aR+J=R$인 R의 아이디얼 J를 구하여라.

12. A, B는 R의 아이디얼이고 $A \cap B=\{0\}$이다. 임의의 $a \in A$, $b \in B$에 대해서 $ab=0$임을 보여라.

18 환을 이용한 정수의 성질 (Properties of Integers)

본 단원에서는 환과 아이디얼을 이용해서 정수에 관한 기본적인 성질들을 조사해보자. 우선 약수와 배수를 간단히 표시하기 위해서 다음과 같은 정의를 한다.

정의 18.1 R은 가환환이고 $a, b \in R$이다. $ax = b$인 $x \in R$가 존재할 때 b는 a의 **배수**(multiple), a는 b의 **약수**(divisor) 또는 **인수**(factor)라 하고 $a|b$로 표시한다.

a가 b의 약수일 때 a는 b를 나눈다(divide)라고 하고 a가 b의 약수가 아닐 때 $a \nmid b$로 표시하고 a는 b를 나누지 않는다(not divide)라고 한다.

【예제 1】 정수 $\mathbb{Z}$에서 $3|9$, $2|6$, $3 \nmid 5$이다.

【예제 2】 환 $\mathbb{Z}_{12}$에서 $\overline{5} \cdot \overline{8} = \overline{4}$이므로 $\overline{5}, \overline{8}$는 $\overline{4}$의 약수이다. 또 $\overline{2} \cdot \overline{4} = \overline{8}$이므로 $\overline{2}, \overline{4}$는 $\overline{8}$의 약수이다.

약수의 정의에서 다음 사실은 금방 알 수 있다.

정리 18.1 R은 가환환, $a \neq 0$, $b \neq 0$, $c \in R$이다.
(1) $a|b$, $b|c$면 $a|c$
(2) $a|b$, $a|c$면 $a|b \pm c$
(3) $a|b$면 임의의 $r \in R$에 대해서 $a|br$이다.

【예제 3】 a가 단원일 필요충분조건은 $a|1$이다.

위의 예제 2에서 $\bar{4}$와 $\bar{8}$는 서로가 서로의 약수이다. 이와 같이 환에서는 두 원소가 서로서로 나눌 수가 있다. 정수에서는 n과 $-n$은 서로서로 나눈다.

정의 18.2 R은 항등원 1을 가진 가환환이고 $a, b \in R$이다. $a = bc$인 단원 $c \in R$가 존재할 때 a는 b와 **동반**(associate)한다고 한다. 이때 a는 b의 **동반원소**(associator)라고 한다.

【예제 4】 정수에서 단원은 ± 1뿐이므로 $a \neq 0$의 동반원소는 $\pm a$이다.

약수와 동반원의 정의로부터 다음 정리를 쉽게 얻을 수 있다.

정리 18.2 R은 항등원 1을 가진 가환환이고 $a, b \in R$이다. 다음은 동치이다.
(1) $a|b$ (2) $b \in \langle a \rangle = aR$ (3) $\langle b \rangle \subset \langle a \rangle$

증명 $a|b$이면 $b = ax$, $x \in R$이므로 $b \in \langle a \rangle$이다. 또 만일 $b \in \langle a \rangle$이면 $b = ac$, $c \in R$로 쓸 수 있다. 따라서 임의의 $x \in \langle b \rangle$에 대해서 $x = br$, $r \in R$꼴이므로

$$x = br = (ac)r = a(cr) \in \langle a \rangle$$

이다. 만일 $\langle b \rangle \subset \langle a \rangle$이면

$$b = b1 \in \langle b \rangle \subset \langle a \rangle$$

이므로 $b \in \langle a \rangle$이다. 따라서 $b = ax$인 $x \in R$가 존재하므로 $a|b$이다. □

따름정리 18.3 R은 항등원 1을 가진 가환환, $a, b \in R$이다.
(1) a가 단원일 필요충분조건은 $\langle a \rangle = R$이다.
(2) a가 b의 동반원소일 필요충분조건은 $\langle a \rangle = \langle b \rangle$이다.

증명 (1) $a|1$일 필요충분조건은 $1 \in \langle a \rangle$이므로 따라서 $\langle a \rangle = R$이다.
(2) a가 b와 동반하면 $a = bx$인 단원 x가 존재한다. 따라서 우선 $b|a$이므로 $\langle a \rangle \subset \langle b \rangle$이다. 또 x는 단원이므로 $xy = 1$인 $y \in R$가 존재한다. 따라서

$$ay = (bx)y = b(xy) = b$$

로부터 $a|b$이다. 따라서 다시 $\langle b \rangle \subset \langle a \rangle$가 되어 $\langle a \rangle = \langle b \rangle$이다. $\langle a \rangle = \langle b \rangle$이면 당연히 $a|b$, $b|a$이다. □

a가 b와 동반할 때 $a \sim b$라고 하면 $\sim$는 R에서 동치관계가 됨을 쉽게 알 수 있다. 또 위의 따름정리 18.3의 (1)에서 a가 단원이면 임의의 $b \in R$에 대해서 $\langle b \rangle \subset R = \langle a \rangle$이므로 a는 b의 약수가 된다. 즉 단원은 모든 원소의 약수이다. 단원은 정수 1과 거의 비슷하다.

【예제 5】 환

$$\mathbb{Z}[\sqrt{2}] = \{a + b\sqrt{2} \mid a, b \in \mathbb{Z}\}$$

에서 $(1+\sqrt{2})(-1+\sqrt{2}) = 1$이므로 $1+\sqrt{2}$는 단원이다. 또

$$\sqrt{2} = (2-\sqrt{2})(1+\sqrt{2})$$

이므로 $\sqrt{2}$는 $2-\sqrt{2}$와 동반한다. 따라서 $\sqrt{2}$와 $2-\sqrt{2}$는 이 환에서 서로서로 나눈다.

【예제 6】 $\mathbb{Z}_9$에서

$$\bar{2}\cdot\bar{5}=\bar{1},\ \bar{4}\cdot\bar{7}=\overline{28}=\bar{1},\ \bar{8}\cdot\bar{8}=\bar{1}$$

이므로 $\bar{2}$, $\bar{5}$, $\bar{4}$, $\bar{7}$, $\bar{8}$는 모두 단원이다. 따라서 $\bar{3}\cdot\bar{2}=\bar{6}$이므로 $\bar{3}$는 $\bar{6}$와 동반한다.

정수에서는 모든 아이디얼은 $\langle m\rangle$꼴인 주아이디얼이 됨을 명심하고 다음 정리를 증명하자.

정리 18.4 $m, n\in\mathbb{Z}$이다. m, n이 서로소일 필요충분조건은

$$mx+ny=1$$

이 되는 정수 x, y가 존재한다.

증명 ($\Rightarrow$) 정리 17.4에서 $\langle m\rangle+\langle n\rangle$은 $\mathbb{Z}$의 아이디얼이므로

$$\langle m\rangle+\langle n\rangle=\langle a\rangle$$

로 둘 수 있다. 그런데 $\langle m\rangle\subset\langle a\rangle$이므로 a는 m의 약수이다. 마찬가지로 $\langle n\rangle\subset\langle a\rangle$이므로 a는 n의 약수, 즉 a는 m, n의 공약수가 되므로 결국 $a=1$밖에 될 수가 없다. 따라서 $\langle m\rangle+\langle n\rangle=\langle 1\rangle=\mathbb{Z}$이므로

$$1\in\langle m\rangle+\langle n\rangle$$

이 되어

$$1=mx+ny,\ x,\ y\in\mathbb{Z}$$

가 된다.

($\Leftarrow$) $\gcd(m, n)=d$라고 하면 $d|m$, $d|n$이므로 정리 18.1에 의해서

$$d\,|\,mx+ny=1$$

이다. d는 1의 약수이므로 결국 $d=1$이다. □

$m, n\in\mathbb{Z}$, m, n이 서로 소일 때 보통 $(m, n)=1$로 표시한다.

따름정리 18.5 $m, n \in \mathbb{Z}$, $\gcd(m, n) = d$라고 하면 $d = mx + ny$인 $x, y \in \mathbb{Z}$가 존재한다.

증명 m, n을 각각 d로 나누어서 $m = da$, $n = db$라고 하면 a, b는 서로소이다. 따라서 $ax + by = 1$인 $x, y \in \mathbb{Z}$가 존재한다.

$$d = (ax + by)d = axd + byd = mx + ny$$

이다. □

따름정리 18.6 $p, a, b \in \mathbb{Z}$, p는 소수이다. $p | ab$이면 $p | a$ 또는 $p | b$이다.

증명 $p \nmid a$라고 하면 p, a는 서로소이다. 따라서 $px + ay = 1$인 $x, y \in \mathbb{Z}$가 존재한다. $b = pxb + ayb$이고 ab는 p의 배수이므로 $p | pxy + ayb = b$이다. □

따름정리 18.7 p는 소수이다. $a_1, a_2, \cdots, a_n \in \mathbb{Z}$, $p | a_1 a_2 \cdots a_n$이면 p는 적어도 한 개의 a_i의 약수이다. $(1 \le i \le n)$

정리 18.8 $a | bc$, $\gcd(a, b) = 1$이면 $a | c$이다.

증명 $\gcd(a, b) = 1$이므로 $ax + by = 1$인 정수 $x, y \in \mathbb{Z}$가 존재한다. 또 $a | bc$이므로 $bc = at$, $t \in \mathbb{Z}$로 쓸 수 있다.

$$acx + bcy = c$$

에 $bc = at$를 대입하면 $acx + aty = c$로부터 $a | c$이다. □

정리 18.9 $m, n \in \mathbb{Z}$이면 다음은 동치이다.

(1) m, n은 서로소이다.

(2) $\overline{m}$는 $\mathbb{Z}_n$의 단원이다.
(3) $\overline{m}$는 $\mathbb{Z}_n$의 영인자가 아니다.

증명 (1) ⇒ (2) m, n은 서로소이므로 $mx+ny=1$인 $x, y \in \mathbb{Z}$가 존재한다. 따라서 $\mathbb{Z}_n$에서 $\overline{mx+ny}=\overline{1}$가 되므로

$$\overline{1}=\overline{m}\,\overline{x}\oplus\overline{n}\,\overline{y}=\overline{m}\,\overline{x}\oplus\overline{0}\,\overline{y}=\overline{m}\,\overline{x}$$

따라서 $\overline{m}\,\overline{x}=\overline{1}$이므로 $\overline{m}$는 $\mathbb{Z}_n$의 단원이다.

(2) ⇒ (3) 만일 $\overline{m}\,\overline{k}=\overline{0}$인 $\overline{k}\in\mathbb{Z}_n$이 존재한다면, $\overline{m}$가 단원이면 $\overline{x}\,\overline{m}=\overline{1}$인 $\overline{x}$를 양변에 곱하면 $\overline{k}=\overline{x}\cdot\overline{0}=\overline{0}$이다. 따라서 단원이면 영인자가 될 수 없다.

(3) ⇒ (1) $d=\gcd(m, n)$라고 하면 $d|m$, $d|n$이므로 $m=ds$, $n=dt$인 $s, t\in\mathbb{Z}$가 존재한다. 따라서 $\mathbb{Z}_n$에서

$$\overline{m}\cdot\overline{t}=\overline{mt}=\overline{dst}=\overline{ns}=\overline{n}\cdot\overline{s}=\overline{0}$$

이고 $\overline{m}$는 $\mathbb{Z}_n$에서 영인자가 아니므로 결국 $\overline{t}=\overline{0}$이다. 따라서 $n|t$이 되고 따라서 $d=1$이 된다. □

정리 18.10 p가 소수이면 $\mathbb{Z}_p$는 체이다.

증명 p가 소수이면 p보다 작은 양수는 모두 p와 서로소이므로 $\mathbb{Z}_p$에서 단원이다. 따라서 $\mathbb{Z}_p$는 체가 된다. □

또 우리는 다음 정리를 얻을 수 있다.

정리 18.11 (Fermat's little theorem) p는 소수이고 a, p가 서로소이면 $a^{p-1}-1$은 p의 배수이다.

증명 $\mathbb{Z}_p$는 체이고 $p\nmid a$이다. 따라서 $\mathbb{Z}_p$에서 $\overline{a}\neq\overline{0}$이다. $\mathbb{Z}_p^*=\mathbb{Z}_p-\{\overline{0}\}$는 곱에 대해서 군이 되고 또 $|\mathbb{Z}_p^*|=p-1$이다. 따라서 $\overline{a}\in\mathbb{Z}_p^*$이므로 라그랑즈의 정리에 의하여

$$(\bar{a})^{p-1} = \bar{1}$$

이다. 이 식을 변형하면

$$\overline{a^{p-1}-1} = \overline{a^{p-1}} - \bar{1} = (\bar{a})^{p-1} - \bar{1} = \bar{0}$$

이므로 $p \mid a^{p-1}-1$이다. □

또 $a^{p-1}-1$이 p의 배수이면 $a^p - a = (a^{p-1}-1)a$도 p의 배수이므로 다음 따름정리를 얻는다.

따름정리 18.12 p가 소수면 임의의 $a \in \mathbb{Z}$에 대해서 $a^p - a$는 p의 배수이다.

Euler는 위의 Fermat의 정리를 좀 더 일반화하여 p가 소수가 아닌 임의의 정수일 때도 이와 비슷한 성질을 증명하였다.

가환환에서 두 단원의 곱도 단원이고 단원의 역원도 단원이므로 V_n을 $\mathbb{Z}_n$의 모든 단원들의 집합이라고 하면 V_n은 곱에 대해서 군이 된다. 즉

$$V_n = \{\bar{a} \in \mathbb{Z}_n \mid \bar{a}\text{는 단원}\}$$

이라고 하면 $(V_n, \odot)$는 군이 된다. 또 앞 정리 18.9에서

$$\begin{aligned} V_n &= \{\bar{a} \in \mathbb{Z}_n \mid \bar{a}\text{는 단원}\} \\ &= \{\bar{a} \in \mathbb{Z}_n \mid a\text{와 } n\text{은 서로소}\} \end{aligned}$$

가 됨을 알 수 있다. 특히 n보다 작고 n과 서로소인 수의 개수를 오일러수(Euler-number)라고 하고 $\varphi(n)$이라고 적는다. 간단한 예로 $\varphi(8)$은 4이다. 우리는 $|V_n| = \varphi(n)$이 됨을 바로 알 수 있다.

정리 18.13 (Euler) a, n이 서로소이면 $a^{\varphi(n)}-1$은 n의 배수이다.

증명 환 $\mathbb{Z}_n$에서 a, n은 서로소이므로 $\bar{a} \in V_n$이다. 또 $(V_n, \odot)$은 군이고 $|V_n| = \varphi(n)$

이므로 역시 라그랑즈정리에서

$$(\overline{a})^{\varphi(n)} = \overline{1}$$

이 성립한다. 따라서

$$n \mid a^{\varphi(n)} - 1$$

이다. □

또 순환군 $(\mathbb{Z}_n, \oplus)$의 생성원의 개수도 $\varphi(n)$이 됨을 쉽게 알 수 있다. 일반적으로 $\varphi(n)$은 다음과 같은 성질이 있다.

정리 18.14 p가 소수이면

(1) $\varphi(p) = p - 1$

(2) $\varphi(p^n) = p^{n-1}(p-1) = p^n\left(1 - \frac{1}{p}\right)$

(3) a, b가 서로소이면 $\varphi(ab) = \varphi(a)\varphi(b)$

위의 정리를 이용하면 정수 m을 소인수분해하여

$$m = p_1^{n_1} p_2^{n_2} \cdots\ p_t^{n_t}$$

가 되었다면

$$\begin{aligned}\varphi(m) &= \varphi(p_1^{n_1})\varphi(p_2^{n_2}) \cdots\ \varphi(p_t^{n_t}) \\ &= p_1^{n_1-1} p_2^{n_2-1} \cdots\ p_t^{n_t-1}(p_1-1)(p_2-1) \cdots\ (p_t-1) \\ &= m\left(1 - \frac{1}{p_1}\right)\left(1 - \frac{1}{p_2}\right) \cdots\ \left(1 - \frac{1}{p_t}\right)\end{aligned}$$

가 됨을 알 수 있다. 만일 p가 소수이면 $\varphi(p) = p - 1$이므로 Fermat의 소정리는 Euler의 정리에서 특별히 n이 소수일 경우에 해당한다.

【예제 7】 155, 8은 서로소이고 $\varphi(8) = 4$이므로 $155^4 - 1$은 8의 배수이다.

정리 18.15 $a, b \in \mathbb{Z}$ 이다. $\overline{a}\overline{x} = \overline{b}$인 $\overline{x} \in \mathbb{Z}_n$가 존재할 필요충분조건은 $\gcd(a, n)$이 b의 약수일 경우이다.

증명 ($\Leftarrow$) $\gcd(a, n) = d$라고 하면 $ar + ns = d$인 $r, s \in \mathbb{Z}$가 존재한다. 만일 $d|b$면 $b = dt$, $t \in \mathbb{Z}$로 적을 수 있다. 따라서 $art + nst = dt$ 이다. $\mathbb{Z}_n$에서

$$\overline{a}\,\overline{rt} + \overline{n}\,\overline{st} = \overline{b}$$

이므로 $\overline{a}(\overline{rt}) = \overline{b}$가 성립한다. $rt = x$라 두면 $\overline{a}\,\overline{x} = \overline{b}$이다.

($\Rightarrow$) 역으로 $\overline{a}\,\overline{x} = \overline{b}$인 $\overline{x} \in \mathbb{Z}_n$가 존재한다고 하자. $ax - b = nt$로 적을 수 있다. 따라서 $ax - nt = b$이다. $\gcd(a, n) = d$라 하면 $d|a$, $d|n$이므로

$$d \mid ax - nt$$

따라서 d는 b의 약수가 된다. □

계수가 정수인 다항식을 **디오판틴식**(Diophantine equation)이라고 부른다. 디오판틴식을 만족시키는 정수를 디오판틴식의 해라고 하는데 이 해를 구해보자. 간단한 예로 식 $4x + 2y = 5$는 왼편항은 어떠한 정수 x, y를 대입해도 짝수가 되므로 이 식은 해가 없음을 알 수 있다.

간단한 디오판틴식 $ax + by = c$의 해를 구해보면 환 $\mathbb{Z}_b$에서 생각하면

$$\overline{ax} \oplus \overline{by} = \overline{c}$$

이므로

$$\overline{a}\,\overline{x} = \overline{c}$$

가 된다. 여기서 $\overline{a}$가 $\mathbb{Z}_b$에서 단원이면 $\overline{a}\,\overline{t} = \overline{1}$인 $\overline{t}$가 존재하므로 $\overline{a}\,\overline{t}\,\overline{c} = \overline{a}\,\overline{tc} = \overline{c}$에서 결국 $\overline{x} = \overline{tc}$, 즉

$$x = tc + bk,\ k\text{는 정수}$$

꼴의 해를 구할 수 있다. 물론 여기서 $\overline{a}\,\overline{x} = \overline{c}$인 $\overline{x}$가 존재하기 위해서는 $\gcd(a, b)$가 c의 약수가 되어야 한다.

【예제 8】 $14x+15y=11$의 정수해를 구해보자. $\mathbb{Z}_{15}$에서 생각하면 $\overline{14}\,\overline{x}=\overline{11}$인 $\overline{x}$를 찾으면 된다. $\overline{14}$를 없애기 위해서 14, 15는 서로소이므로 $14(-1)+15(1)=1$이다. 따라서 $\overline{14}\,\overline{(-1)}=\overline{1}$이므로 $\overline{14}\,\overline{x}=\overline{11}$의 양변에 $\overline{(-1)}$를 곱하면

$$\overline{14}\,\overline{(-1)}\,\overline{x}=\overline{11}\,\overline{(-1)}$$

에서 $\overline{x}=\overline{-11}=\overline{4}$를 얻는다. 즉

$$x=15k+4,\ k\in\mathbb{Z}$$

꼴의 해를 구할 수 있다.

$$k=0\text{이면 } x=4,\ y=-3$$
$$k=1\text{이면 } x=19,\ y=-17$$

등이다.

【예제 9】 $30x^2+24y=18$의 정수해를 구해보면 우선 양변을 6으로 나누면

$$5x^2+4y=3$$

이므로 $\mathbb{Z}_4$에서 $\overline{5}(\overline{x})^2=\overline{3}$가 된다. 그런데 $\overline{5}=\overline{1}$이므로 $(\overline{x})^2=\overline{3}$인 $\overline{x}$를 찾는다. 그러나 $\mathbb{Z}_4$에서는 이러한 원소가 없으므로 결국 이 식은 해가 없다.

문제 1 $n=2, 3, 7, 8$이면 $x^2-10y^2=n$은 정수 해가 없음을 보여라.

풀이 만일 이 식을 만족시키는 정수 x, y가 존재한다면 $\mathbb{Z}_{10}$에서 $(\overline{x})^2=\overline{n}$가 된다. 그런데 $\mathbb{Z}_{10}$의 임의의 원소는 제곱하면 $\overline{0}, \overline{1}, \overline{4}, \overline{9}, \overline{5}, \overline{6}$가 되므로 $\overline{2}, \overline{3}, \overline{7}, \overline{8}$는 될 수가 없다. 따라서 이 식을 만족시키는 정수해는 존재하지 않는다. ■

정리 18.16 $m, n\in\mathbb{Z}$ m, n이 서로소이면 임의의 $a, b\in\mathbb{Z}$에 대해서

$$m|x-a,\ n|x-b$$

인 정수 x가 항상 존재한다.

증명 m, n은 서로소이므로 $\mathbb{Z}_m\times\mathbb{Z}_n$은 순환군이다. $(\bar{1}, \bar{1})$는 $\mathbb{Z}_m\times\mathbb{Z}_n$의 생성원이므로 임의의 $a, b\in\mathbb{Z}$에 대해서 $(\bar{a}, \bar{b})\in\mathbb{Z}_m\times\mathbb{Z}_n$를 생각하면 $(\bar{1}, \bar{1})^x=(\bar{a}, \bar{b})$인 정수 x가 존재한다. 따라서

$$(\bar{x}, \bar{x})=(\bar{a}, \bar{b})\in\mathbb{Z}_m\times\mathbb{Z}_n$$

이므로 $\mathbb{Z}_m$에서 $\bar{x}=\bar{a}$이고 $\mathbb{Z}_n$에서 $\bar{x}=\bar{b}$이다. 즉 $m|x-a$, $n|x-b$가 된다. □

위의 정리 18.16은 k개의 수까지 확장해서 생각할 수 있다.
즉 $m_1, m_2, \cdots, m_k$가 서로소이면 군

$$G=\mathbb{Z}_{m_1}\times\mathbb{Z}_{m_2}\times\cdots\times\mathbb{Z}_{m_k}$$

는 순환군이므로 $(\bar{1}, \bar{1},\cdots\ \bar{1})$는 G의 생성원이다. 따라서 위와 같은 방법으로 생각하면 임의의 $c_1, c_2, \cdots, c_k\in\mathbb{Z}$에 대해서

$$m_1|x-c_1,\ m_2|x-c_2,\ \cdots,\ m_k|x-c_k$$

인 정수 x가 존재함을 알 수 있다. 이 이론은 중국 송나라 시대에 벌써 알려졌다. 그래서 이 정리를 **중국인의 나머지 정리**(Chinese Remainder Theorem)라고 부른다.

위의 정리 18.16의 보다 일반적인 정리로 다음과 같은 정리가 있다.

정리 18.17 $m, n\in\mathbb{Z}$, $\gcd(m, n)=d$이다. 만일 $d|a-b$이면 $m|x-a$, $n|x-b$인 정수 x가 존재하고 또 그 역도 성립한다.

증명 $\gcd(m, n)=d$이므로 $ms+nt=d$인 정수 s, t가 존재한다. 또 $d|a-b$이므로 $a-b=dk$로 둘 수 있다. 따라서

$$msk+ntk=dk=a-b$$

로부터 $a-msk=b+ntk$이고 이것을 x라고 두면

$$x-a=-msk\text{이므로 } m|x-a,\ x-b=ntk\text{이므로 } n|x-b$$

이다. 또 역으로 $m|x-a$, $n|x-b$이면

$$x-a=mp, \quad x-b=nq$$

인 $p, q \in \mathbb{Z}$가 존재한다. 따라서 $a-b=nq-mp$이고 우변은 d의 배수이다. □

위의 정리 18.17에서 만일 m, n이 서로소이면 임의의 $a, b \in \mathbb{Z}$에 대해서 $1|a-b$이므로 바로 중국의 나머지 정리를 얻을 수 있다.

문제 2 $6|x-5$, $10|x-7$인 정수 x를 구하라.

풀이 우선 $6|x-5$이므로

$$x=6q+5, \ q \in \mathbb{Z}$$

로 쓸 수 있다. 또 $10|x-7$이므로

$$10|(6q+5)-7$$

이 된다. 따라서 $5|3q-1$이므로 $\mathbb{Z}_5$에서 $\overline{3}\,\overline{q}=\overline{1}$이다. $\overline{2}\cdot\overline{3}=\overline{1}$이므로 $\overline{q}=\overline{2}$로 쓸 수 있고 따라서

$$q=5k+2, \ k \in \mathbb{Z}$$

꼴이므로 이 식을 대입하여

$$x=6(5k+2)+5=30k+17, \ k \in \mathbb{Z}$$

의 값을 구할 수 있다. 즉 $x=17, 47, -13, \cdots$ 등이다. ■

문제 3 식 $x^2-7y^2-24=0$은 정수해가 없음을 보여라.

풀이 만일 이 식을 만족시키는 정수 x, y가 존재한다면 $\mathbb{Z}_7$에서 $(\overline{x})^2-\overline{24}=\overline{0}$가 될 것이고 따라서 $(\overline{x})^2=\overline{3}$가 된다. 그러나 어떠한 정수 x도 $\mathbb{Z}_7$에서 $(\overline{x})^2=\overline{3}$가 되지 못한다. ■

【예제 10】 3, 11, 19, 27, $\cdots$, $8k+3$꼴은 두 정수의 제곱의 합으로 표시할 수 없다. 그 이유는 만일 이러한 수가 x^2+y^2의 꼴이 되었다면 결국 $\mathbb{Z}_8$에서

$$(\overline{x})^2+(\overline{y})^2=\overline{3}$$

가 된다. 그런데 실제로 $\mathbb{Z}_8$의 모든 원소의 제곱은 $\{\overline{0}, \overline{1}, \overline{4}\}$뿐이다. 따라서 이러한 원소를 아무리 두 개 합쳐도 $\overline{3}$가 되지 못한다.

페르마(Pierre de Fermat, 1601~1665)

페르마는 1601년 툴루즈 근교의 로망에서 태어났다. 그러나 출생년도는 확실하지는 않다. 그의 비석에는 57세로 죽은 날짜와 나이가 새겨져 있는데 이것을 근거로 하면 출생은 1608년이 된다. 따라서 작가에 따라 출생년도가 다르다. 그의 아버지는 가죽 상인이었고 초기에는 집에서 교육을 받았다. 30세 때 지방의회의원으로 재직했으며 변호사로 활동하였다. 다시 말해 그의 본업은 법률가였고 수학은 아마추어로 했다. 그러나 평생 발표는 거의 하지 않았지만 여가시간에 수학연구를 하여 다양한 분야에서 많은 공헌을 하여 17세기의 가장 위대한 수학자로 일컬어지고 있다. 그는 특히 정수론에 대해서 많은 공부를 했는데 그 동기는 1621년 메지리악이 지은 산학(Arithmetica)이라는 디오판투스의 라틴어 번역본을 본 것이었다. 이 분야의 페르마의 업적은 이 번역판의 여백에 쓰여진 각주에 나타나고 있다. 유명한 페르마의 정리도 여기에 쓰여진 것이다. 그는 직관으로 증명 없이 수학적 사실들을 발표했는데 나중에 이것은 모두 옳은 것으로 증명되었다. 1879년 라이덴 도서관에 있는 호이겐스의 원고 사이에서 페르마의 한 논문이 발견되었는데 페르마가 찾아낸 수학적 정리들의 발견원리를 적어 놓았다. 즉 어떤 성질이 자연수에서 성립되지 않음을 증명하려면 반대로 어떤 자연수에서 성립한다고 가정하고 여기서 자연수보다 더 작은 자연수들에도 같은 관계가 성립함을 보인다. 계속해서 무한히 적용하면 결국 자연수에서 무한히 작은 자연수는 없기 때문에 모순에 이르는 방법이다.

이러한 방법으로 그는 자연수와 정수에 관한 많은 성질들을 찾아내었다. 그런 예를 찾아보면

1. 모든 2가 아닌 소수는 두 수의 제곱의 차로 단 한 가지 방법으로 표시된다.
2. $4n+1$ 형태의 소수는 두 수의 제곱의 합으로 표시된다.
3. 모든 자연수는 네 개 이하의 제곱 수의 합으로 표시된다.
4. $x^2+2=y^3$의 정수해는 단 1개 있고 $x^2+4=y^3$의 정수해는 단 두 개다.
5. $x^2+y^4=z^2$을 만족시키는 자연수 x, y, z는 존재하지 않는다.
6. $n>2$이면 $x^n+y^n=z^n$을 만족시키는 양의 정수 x, y, z, n은 존재하지 않는다.

1~5번 문제는 모두 후세에 해결했으나 6번 문제는 최근까지지도 해결하지 못하여 페르마의 마지막 정리라고 불렀다. 페르마는 6번 문제를 간단히 기술하고는 "나는 이것의 감탄할 만한 증명을 하였지만 여백이 너무 좁아 여기에 쓸 수 없다." 라고 적어 놓았다. 그가 실제로 이 문제의 증명을 했는지는 영원히 수수께끼로 남아있다. 이 문제는 300여 년 동안 미해결인 채로 남아 있다가 1994년 Andrew Wiles에 의해서 비로서 증명되었다.

연습문제(18)

1. $a, b, c, d, x, y \in \mathbb{Z}$ 이다. 다음을 증명하라. $\gcd(a, b)=1$일 때 a, b는 서로소라 한다.
   (1) $c|a, c|b$면 $c|ax+by$이다.
   (2) $\gcd(a, b)=\gcd(a, b+ax)$이다.
   (3) $am+bn=1$인 정수 m, n이 존재하면 a, b는 서로 소이다.
   (4) $a+b$가 홀수면 $\gcd(a, b)=\gcd(a+b, a-b)$이다.
   (5) $a|d, c|d, \gcd(a, c)=1$이면 $ac|d$이다.
   (6) $a|ab, d|cb, \gcd(a, c)=1$이면 $d|b$이다.
   (7) $ac|b, ad|b, \gcd(c, d)=1$이면 $acd|b$이다.
   (8) $\gcd(a, b)=1$이면 임의의 n에 대해서 $\gcd(a, b^n)=1$이다.
   (9) $\gcd(a, b)=d$라 하면 $\langle a\rangle+\langle b\rangle=\langle d\rangle$이다.
   (10) $a\times \mathrm{lcm}(b, c)=\mathrm{lcm}(ab, ac)$이다.

2. 다음을 풀어라.
   (1) $60x\equiv 12 \pmod{24}$
   (2) $12x\equiv 7 \pmod{25}$
   (3) $3x^2-6x+6\equiv 0 \pmod{15}$
   (4) $30x^2+24y=18$

3. 다음을 증명하라. a는 임의의 정수이다.
   (1) $\gcd(m, n)=1$이면 $n^{\varphi(m)}+m^{\varphi(n)}\equiv 1 \pmod{mn}$이다.
   (2) p는 소수, $p\nmid a$, $p-1|m$이면 $a^m\equiv 1 \pmod{p}$이다.
   (3) $a^{19}\equiv a \pmod{133}$
   (4) $a^{49}\equiv a \pmod{1547}$ ($1547=7\times 13\times 17$을 이용)

19 상환과 환준동형사상
(Quotient Ring and Ring Homomorphisms)

I가 환 R의 아이디얼이면 $(I, +)$는 $(R, +)$의 정규부분군이다. 따라서 I의 잉여류집합 $R/I=\{a+I \mid a\in R\}$에서

$$(a+I)\oplus(b+I)=(a+b)+I$$

라고 하면 $\oplus$연산에서 아벨군이 됨을 알 수 있다.

이번에는 R/I의 원소에 곱하기 $*$를 다음과 같이 정의하자.

$$(a+I)*(b+I)=ab+I$$

그러면 과연 $*$는 R/I에서 연산이 되어서 $(R/I, *)$는 결합법칙이 성립할까? 또 이 두 연산 $\oplus$, $*$에 의해서 $(R/I, \oplus, *)$는 역시 환이 되는지를 조사해 보자. 편의상 $a+I$는 $\overline{a}$로 적는다.

정리 19.1 R은 환이고 I는 R의 아이디얼이다. 임의의 $\overline{a}, \overline{b}\in R/I$에 대해서

$$\overline{a}\oplus\overline{b}=\overline{a+b},\ \overline{a}*\overline{b}=\overline{ab}$$

라고 하면 $(R/I, \oplus, *)$는 환이 된다.

증명 $(R/I, \oplus)$는 군의 성질에서 아벨군이 된다. $*$가 R/I에서 연산이 잘 됨을 보이자.

$$\bar{a}=\bar{c},\ \bar{b}=\bar{d}$$

라고 하면

$$a-c\in I,\ b-d\in I$$

이다. I는 아이디얼이므로

$$ab-cd=(a-c)b+c(b-d)\in I$$

따라서 $\overline{ab}=\overline{cd}$가 되어 $\bar{a}*\bar{b}=\bar{c}*\bar{d}$가 성립한다. 또

$$(\bar{a}*\bar{b})*\bar{c}=(\overline{ab})*\bar{c}=\overline{(ab)c}=\overline{a(bc)}=\bar{a}*\overline{bc}=\bar{a}*(\bar{b}*\bar{c})$$

이다. 마지막으로 분배법칙이 성립함을 보이자.

$$\begin{aligned}(\bar{a}\oplus\bar{b})*\bar{c}&=(\overline{a+b})*\bar{c}\\&=\overline{(a+b)c}\\&=\overline{ac+bc}\\&=(\bar{a}*\bar{c})\oplus(\bar{b}*\bar{c})\end{aligned}$$

이다. 마찬가지로

$$\bar{a}*(\bar{b}\oplus\bar{c})=(\bar{a}*\bar{b})\oplus(\bar{a}*\bar{c})$$

가 됨도 쉽게 증명할 수 있다. □

위의 사실에 의해서 $(R/I,\ \oplus,\ *)$는 환의 모든 조건을 만족시키므로 환이 된다.

정의 19.1 R은 환, I는 R의 아이디얼이다. 상집합

$$R/I=\{a+I\mid a\in R\}$$

에 $\oplus$, $*$을 각각

$$(a+I)\oplus(b+I)=(a+b)+I,$$
$$(a+I)*(b+I)=ab+I$$

라고 하면 $(R/I,\ \oplus,\ *)$는 환이 되는데 이 환을 I에 의한 R의 **상환**(quotient ring), **잉여환**(residue class ring) 또는 **인자환**(factor ring)이라고 부른다.

【예제 1】 $R=\mathbb{Z}$, $I=n\mathbb{Z}$ 라고 하면 I는 R의 아이디얼이다. 따라서

$$R/I=\mathbb{Z}/n\mathbb{Z}=\{\overline{0},\ \overline{1},\ \overline{2},\ \cdots,\ \overline{n-1}\}$$

이고

$$\overline{i}\oplus\overline{j}=\overline{i+j},\quad \overline{i}*\overline{j}=\overline{ij}$$

에 의해서 $(\mathbb{Z}/n\mathbb{Z},\ \oplus,\ *)$는 환이 된다. 이 환은 보통 간단히 $\mathbb{Z}_n$이라 한다.

【예제 2】 $R=\mathbb{Z}_6$, $I=\{\overline{0},\ \overline{3}\}$ 라고 하면 I는 R의 아이디얼이다. 또

$$\overline{3}+I=I,\ \overline{4}+I=\overline{1}+I,\ \overline{5}+I=\overline{2}+I$$

이므로

$$R/I=\{I,\ \overline{1}+I,\ \overline{2}+I\}$$

이다. I는 $(R/I,\ \oplus)$의 항등원, $\overline{1}+I$는 $(R/I,\ *)$의 항등원이 됨을 쉽게 알 수 있다. 실제로 원소계산은

$$(\overline{1}+I)\oplus(\overline{2}+I)=(\overline{1}+\overline{2})+I=I,$$
$$(\overline{2}+I)*(\overline{2}+I)=\overline{2}\cdot\overline{2}+I=\overline{4}+I=\overline{1}+I$$

와 같다.

앞으로 특별히 구별할 필요가 없을 때는 $(R/I,\ \oplus,\ *)$는 그냥 R/I로 표시하고 $(a+I)\oplus(b+I)$도 간단히 $(a+I)+(b+I)$로, $(a+I)*(b+I)$도 $(a+I)(b+I)$로 표시한다. 그러나 특별히 혼동이 되거나 꼭 필요한 경우에는 연산을 정확히 적어준다. 여기서 만일 S가 R의 부분환일 경우에도 아이디얼과 마찬가지로 $R/S=\{a+S\mid a\in R\}$는 연산

$$\overline{a}\oplus\overline{b}=\overline{a+b},\quad \overline{a}*\overline{b}=\overline{ab}$$

으로 환이 될까? 이때는 곱하기 $*$가 연산이 되지 못한다. 그 이유를 간단히 예를 들어 살펴보자.

$R=\mathbb{Q}$, $S=\mathbb{Z}$라고 하면 S는 R의 부분환이다. 또

$$\mathbb{Q}/\mathbb{Z}=\{a+\mathbb{Z} \mid a\in\mathbb{Q}\}$$

는 0과 1 사이의 유리수집합으로 생각할 수 있다. 즉 임의의 $a\in\mathbb{Q}$에 대해서 $\overline{a-1}=\overline{a}=\overline{a+1}=\overline{a+2}=\cdots$이므로

$$\mathbb{Q}/\mathbb{Z}=\{x\in\mathbb{Q} \mid 0\le x<1\}$$

과 같다. $\mathbb{Q}/\mathbb{Z}$에서

$$\frac{1}{2}+\mathbb{Z}=\frac{3}{2}+\mathbb{Z},\quad \frac{1}{3}+\mathbb{Z}=\frac{4}{3}+\mathbb{Z}$$

이다. 그러나

$$\left(\frac{1}{2}+\mathbb{Z}\right)*\left(\frac{1}{3}+\mathbb{Z}\right)=\frac{1}{2}\cdot\frac{1}{3}+\mathbb{Z}=\frac{1}{6}+\mathbb{Z}$$
$$\left(\frac{3}{2}+\mathbb{Z}\right)*\left(\frac{4}{3}+\mathbb{Z}\right)=\frac{3}{2}\cdot\frac{4}{3}+\mathbb{Z}=2+\mathbb{Z}=\mathbb{Z}$$

이고 $\frac{1}{6}+\mathbb{Z}\neq\mathbb{Z}$이므로 $*$는 $\mathbb{Q}/\mathbb{Z}$에서 연산이 되지 못한다.
다음 정리는 간단히 증명할 수 있다.

정리 19.2 I는 환 R의 아이디얼이다.
(1) R이 가환이면 R/I도 가환이다.
(2) R이 곱의 항등원 1을 가지면 R/I도 곱에 대한 항등원 $1+I$를 가진다.

환에서의 준동형사상도 군과 동일하게 정의할 수 있다. 단, 군과 다른 점은 환에서는 연산이 두 개이므로 준동형사상도 두 개의 연산에 대해서 성립해야 한다.

정의 19.2 R과 S는 환이다. R에서 S로의 함수 $f: R\to S$가 임의의 $a, b\in R$에 대해서

$$f(a+b)=f(a)+f(b)$$
$$f(ab)=f(a)f(b)$$

를 만족시킬 때 f를 R에서 S로의 **환준동형사상**(ring homomorphism)이라고 한다.
또 전단사인 환준동형사상을 **환동형사상**(ring isomorphism)이라고 부른다. R에서 S로의 환동형사상이 존재할 때 R과 S는 **동형**(isomorphic)이라고 하고 $R \cong S$로 적는다.

【예제 3】 $f: \mathbb{Z}_6 \to \mathbb{Z}_3$, $f(\bar{a})=\bar{a}$, 즉

$$f=\begin{pmatrix} \bar{0} & \bar{1} & \bar{2} & \bar{3} & \bar{4} & \bar{5} \\ \bar{0} & \bar{1} & \bar{2} & \bar{0} & \bar{1} & \bar{2} \end{pmatrix}$$

라고 하면 모든 $\bar{a}, \bar{b} \in \mathbb{Z}_6$에 대해서

$$f(\bar{a} \oplus \bar{b})=f(\overline{a+b})=\overline{a+b}=\bar{a} \oplus \bar{b}=f(\bar{a}) \oplus f(\bar{b})$$
$$f(\bar{a}\,\bar{b})=f(\overline{ab})=\overline{ab}=\bar{a}\,\bar{b}=f(\bar{a})f(\bar{b})$$

가 성립하므로 f는 환준동형사상이다.

【예제 4】 $f: \mathbb{Z}_3 \to \mathbb{Z}_6$, $f(\bar{a})=\bar{a}$, 즉

$$f=\begin{pmatrix} \bar{0} & \bar{1} & \bar{2} \\ \bar{0} & \bar{1} & \bar{2} \end{pmatrix}$$

는 환준동형사상이 안된다. 그 이유는

$$f(\bar{2} \oplus \bar{2})=f(\bar{4})=f(\bar{1})=\bar{1},\ f(\bar{2}) \oplus f(\bar{2})=\bar{2} \oplus \bar{2}=\bar{4}$$

가 된다.

【예제 5】 $f: \mathbb{Z}_6 \to \mathbb{Z}_4$, $f(\bar{a})=\bar{a}$, 즉

$$f=\begin{pmatrix} \bar{0} & \bar{1} & \bar{2} & \bar{3} & \bar{4} & \bar{5} \\ \bar{0} & \bar{1} & \bar{2} & \bar{3} & \bar{0} & \bar{1} \end{pmatrix}$$

는 환준동형사상이 아니다. 그 이유는

$$f(\overline{3}\,\overline{3}) = f(\overline{9}) = f(\overline{3}) = \overline{3}, \quad f(\overline{3})f(\overline{3}) = \overline{3}\,\overline{3} = \overline{9} = \overline{1}$$

또

$$f(\overline{3} \oplus \overline{4}) = f(\overline{7}) = f(\overline{1}) = \overline{1}, \quad f(\overline{3}) \oplus f(\overline{4}) = \overline{3} \oplus \overline{0} = \overline{3}$$

가 되어 합과 곱 모두 성립하지 않는다.

위의 예제에서 본 바와 같이 환에서의 준동형사상은 안되는 경우가 매우 많으므로 하나하나 잘 따져보아야 한다.

【예제 6】 $f : \mathbb{Z} \to \mathbb{Z}$, $f(x) = 2x$는 $f(a+b) = f(a) + f(b)$이다. 그러나

$$f(ab) = 2ab, \ f(a)f(b) = 4ab$$

이므로 환준동형사상이 아니다. 실제로 $\mathbb{Z}$에서 $\mathbb{Z}$로의 환준동형사상은 $f(\mathbb{Z}) = 0$과 항등함수 두 개뿐이다.

【예제 7】

$$f : M_2(\mathbb{Z}) \to \mathbb{Z}, \ f(A) = |A| \quad (|A| \text{는 } A\text{의 행렬식})$$

이라고 하면 임의의 $A, B \in M_2(\mathbb{Z})$에 대해서

$$f(AB) = |AB| = |A|\,|B|$$

이다. 그러나 $|A+B| \neq |A| + |B|$이므로 환준동형사상이 아니다. 예를 들면

$$\begin{bmatrix} 1 & 0 \\ 3 & 4 \end{bmatrix} + \begin{bmatrix} 1 & 0 \\ 0 & 0 \end{bmatrix} = \begin{bmatrix} 2 & 0 \\ 3 & 4 \end{bmatrix}, \quad \begin{vmatrix} 1 & 0 \\ 3 & 4 \end{vmatrix} = 4, \quad \begin{vmatrix} 1 & 0 \\ 0 & 0 \end{vmatrix} = 0, \quad \begin{vmatrix} 2 & 0 \\ 3 & 4 \end{vmatrix} = 8$$

【예제 8】 I가 R의 아이디얼이면 함수 $\pi : R \to R/I$, $\pi(a) = \overline{a}$는

$$\pi(a+b) = \overline{a+b} = \overline{a} \oplus \overline{b}$$
$$\pi(ab) = \overline{ab} = \overline{a} * \overline{b}$$

이므로 환동형사상이다. 이 환준동형사상을 특히 **전형적 준동형**(canonical homomorphism)이라고 부른다.

군에서와 마찬가지로 $f : R \to S$가 환의 준동형사상일 때

$$\operatorname{Ker} f = \{a \in R \mid f(a) = 0\}$$

는 $(R, +)$의 부분군이 된다. 또 $a \in \operatorname{Ker} f$, $x \in R$이라고 하면

$$f(ax) = f(a)f(x) = 0f(x) = 0, \quad f(xa) = f(x)f(a) = 0$$

이므로 ax와 xa는 모두 $\operatorname{Ker} f$의 원소이다. 따라서 $\operatorname{Ker} f$는 R의 아이디얼이 된다.

정리 19.3 (환의 준동형사상의 기본정리) $f : R \to S$는 전사인 환준동형사상이다. $\operatorname{Ker} f = K$라고 하면 $R/K \cong S$이다.

증명 군과 동일한 방법으로 하면 된다.

$$\overline{f} : R/K \to S, \ \overline{f}(\overline{a}) = f(a)$$

로 정의하면 $\overline{f}$는 함수가 잘 정의되며, 동형사상이 됨을 보일 수 있다. □

【예제 9】 $\mathbb{Z}[x]$는 계수가 정수인 다항식의 집합이다. 이 집합은 보통의 다항식의 합과 곱에 의해서 환이 된다(다항식 환).

$$\phi_0 : \mathbb{Z}[x] \to \mathbb{Z}, \quad \phi_0(a_0 + a_1x + \cdots + a_nx^n) = a_0$$

즉 ϕ_0는 다항식의 상수항만 남기는 함수라고 하면 ϕ_0는 전사인 환준동형사상이 됨을 쉽게 알 수 있다.

$$\begin{aligned}\operatorname{Ker} \phi_0 &= \{p(x) \in \mathbb{Z}[x] \mid p(x)\text{의 상수항} = 0\} \\ &= \left\{p(x) \mid p(x) = a_1x + a_2x^2 + \cdots + a_nx^n\right\}\end{aligned}$$

즉 상수항이 없는 다항식이다. 그런데 다항식의 상수항이 없다는 말은 x로 인수분해된다는 뜻이므로 결국

$$\operatorname{Ker} \phi_0 = \langle x \rangle$$

가 된다. 따라서

$$\mathbb{Z}[x]/\langle x\rangle \cong \mathbb{Z}$$

가 된다.

다음은 군에서와 동일하므로 증명 없이 결과만 간단히 적어놓겠다.

정리 19.4 $f: R \to S$가 환준동형사상이면 다음이 성립한다.

(1) $f(0)=0$

(2) 모든 양의 정수 n에 대해서 $f(a^n)=(f(a))^n$, $f(na)=nf(a)$

(3) I가 S의 아이디얼이면 $f^{-1}(I)$는 R의 아이디얼이다.

(4) f가 단사일 필요충분조건은 $\mathrm{Ker}\, f=\{0\}$ 이다.

【예제 10】 $f: \mathbb{Z} \to \mathbb{R}$, $f(x)=x$는 환준동형사상이다. $2\mathbb{Z}$는 $\mathbb{Z}$의 아이디얼이다. 그러나 $2\mathbb{Z}$는 $\mathbb{R}$의 아이디얼은 아니다. 따라서 아이디얼의 상은 일반적으로 아이디얼이 될 수 없다. 그러나 $f: R \to S$가 전사인 환준동형사상이면 R의 아이디얼 I의 상 $f(I)$는 S의 아이디얼이 된다.

$\mathbb{Z}$와 $2\mathbb{Z}$는 군으로 생각하면 $(\mathbb{Z}, +)\cong(2\mathbb{Z}, +)$이다. 그러나 환으로는 동형이 아니다. 만일 $f: \mathbb{Z} \to 2\mathbb{Z}$가 환동형사상이면 $f(1)=x$라고 두면

$$f(2)=f(1+1)=x+x$$
$$f(2)=f(1\cdot 2)=f(1)f(2)$$

따라서

$$x(x+x)=x+x$$

이다.

$$(x+x)(x-1)=0$$

으로부터 $x=0$ 또는 $x=1$이 되는데 $x=0$이면 $f(\mathbb{Z})=0$가 되어 전단사

가 될 수 없다. 또 $x=1$은 $1 \not\in 2\mathbb{Z}$이므로 이 경우는 될 수가 없다.

$m\mathbb{Z}$와 $n\mathbb{Z}$를 연산 $+$에 관한 군으로 생각하면 $m\mathbb{Z} \cong n\mathbb{Z}$이다. 그러나 환에서는 일반적으로 $m \neq n$이면 $m\mathbb{Z} \not\cong n\mathbb{Z}$이다.

【예제 11】

$$f : \mathbb{Z} \to \mathbb{Z}_n,\ f(a) = \overline{a}$$

는 전사인 환준동형사상이다. 또 $\mathrm{Ker}\, f = n\mathbb{Z}$가 됨을 알 수 있다. 따라서 $\mathbb{Z}/n\mathbb{Z} \cong \mathbb{Z}_n$이다.

【예제 12】 $f : \mathbb{Z}_6 \to \mathbb{Z}_2,\ f(\overline{i}) = \overline{i}$ 즉

$$f = \begin{pmatrix} \overline{0} & \overline{1} & \overline{2} & \overline{3} & \overline{4} & \overline{5} \\ \overline{0} & \overline{1} & \overline{0} & \overline{1} & \overline{0} & \overline{1} \end{pmatrix}$$

는 준동형사상이다. f의 함수표에서 $\mathrm{Ker}\, f = \{\overline{0}, \overline{2}, \overline{4}\} = \langle \overline{2} \rangle$가 됨을 알 수 있다. 또 f는 전사이므로 환준동형사상의 기본정리에 의해서

$$\mathbb{Z}_6 / \langle \overline{2} \rangle \cong \mathbb{Z}_2$$

이다.

정리 19.5 $f : R \to S$가 환준동형사상이고 $\mathrm{Ker}\, f = K$이면 R/K는 S의 부분환 $\mathrm{Im}\, f$와 동형이다.

증명 $f : R \to S$는 전사가 아니지만

$$\overline{f} : R \to \mathrm{Im}\, f,\ \overline{f}(x) = f(x)$$

는 f와 똑같은 함수지만 전사가 된다. 또 $\mathrm{Im}\, f$는 역시 환이 되므로 환의 준동형사상의 기본정리에 의해서 $\overline{f} : R \to \mathrm{Im}\, f$는 전사인 준동형사상이고 $\mathrm{Ker}\, \overline{f} = \mathrm{Ker}\, f = K$이므로

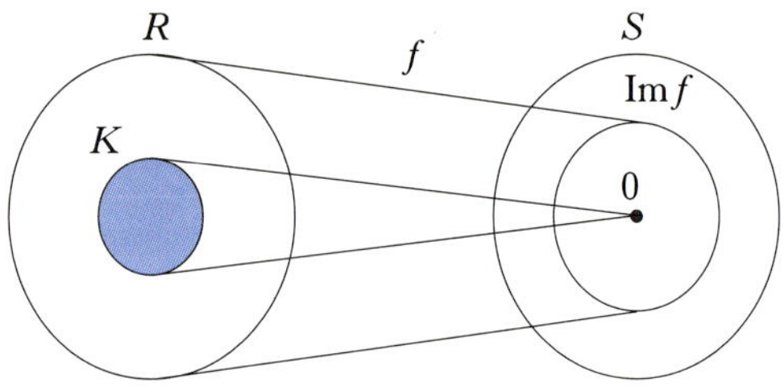

[그림 19.1]

$$R/K \cong \text{Im} f \subset S$$

이다. □

정수에서 소수는 매우 중요한 역할을 한다. 환에서 이와 같은 역할을 하는 것이 소아이디얼이다. 물론 소아이디얼보다 더 중요한 아이디얼이 극대아이디얼이다. 간단히 정의해 보자.

정의 19.3 R은 가환환이다. P는 R의 아이디얼이고 $P \neq R$이다. 만일 $ab \in P$이면 $a \in P$ 또는 $b \in P$일 때 P를 R의 **소아이디얼**(prime ideal)이라고 부른다.

【예제 13】 $\{0\}$는 $\mathbb{Z}$에서 소아이디얼이 됨을 쉽게 알 수 있다. $\{0\}$ 이외의 소아이디얼을 구해보자. p는 소수이다. 정수환 $\mathbb{Z}$에서 $I = \langle p \rangle$라고 하면 I는 $\mathbb{Z}$의 아이디얼이다. 만일 $ab \in I = \langle p \rangle$이면 $p \mid ab$이다. p는 소수이므로 $p \mid a$ 또는 $p \mid b$이다. 따라서 $a \in \langle p \rangle$ 또는 $b \in \langle p \rangle$가 되어 I는 $\mathbb{Z}$의 소아이디얼이 된다.

역으로 $I \neq 0$가 $\mathbb{Z}$의 소아이디얼이라고 하면 $\mathbb{Z}$의 모든 아이디얼은 주아이디얼이므로 $I = \langle m \rangle$으로 둘 수 있다. m은 소수임을 보이자. 만일 $m = ab$라고 하면 $ab \in \langle m \rangle = I$이다. I는 소아이디얼이므로 $a \in I$ 또는 $b \in I$가 된다. 만일 $a \in I$면 $a \in \langle m \rangle$이므로 $a = mt$, $t \in \mathbb{Z}$ 꼴이므로

$$m = ab = mtb$$

에서 $b = 1$이다. $b \in I$면 $b \in \langle m \rangle$이므로 $b = mk$, $k \in \mathbb{Z}$ 꼴이므로

$$m = ab = amk$$

에서 $a = 1$이다. 따라서 m은 소수가 된다. 결국 정수환 $\mathbb{Z}$에서 $\langle p \rangle$, $p \neq 0$가 소아이디얼이 될 필요충분조건은 p가 소수인 경우이다.

【예제 14】 R은 정역이다. 만일 $ab = 0$이면 $a = 0$ 또는 $b = 0$이므로 영-아이디얼 $\{0\}$은 정역의 소아이디얼이다.

【예제 15】 환 $\mathbb{Z}[x]$에서

$$I = \{p(x) \in \mathbb{Z}[x] \mid p(x)\text{는 상수항이 짝수인 다항식}\}$$

이라고 하면 $I \neq \mathbb{Z}[x]$이고 I는 $\mathbb{Z}[x]$의 아이디얼이다. $f(x), g(x) \in \mathbb{Z}[x]$,

$$f(x) = a_0 + a_1 x + \cdots + a_n x^n, \ g(x) = b_0 + b_1 x + \cdots + b_m x^m$$

라고 하자. $f(x)g(x) \in I$이면 $a_0 b_0$는 짝수이다. 홀수의 곱은 홀수이므로 a_0 또는 b_0는 짝수이다. 따라서 $f(x) \in I$ 또는 $g(x) \in I$가 되므로 I는 $\mathbb{Z}[x]$의 소아이디얼이다.

다음은 아이디얼 중 가장 중요한 아이디얼이다. 이 아이디얼은 환의 이론에 다양하게 이용되고 특히 환에서 체를 만드는데 많이 사용한다. 꼭 기억해 둘 것.

정의 19.4 M은 R의 아이디얼이고 $M \neq R$이다. 만일 임의의 아이디얼 I가

$$M \subset I \subset R\text{이면 } M = I \text{ 또는 } I = R$$

일 때 M을 R의 **극대아이디얼**(maximal ideal)이라고 부른다.

위의 정의는 결국 M이 R의 극대아이디얼이라는 말은 M을 포함하는 아이디얼은 M 자신과 R뿐임을 뜻한다.

【예제 16】 $$R=\mathbb{Z}_6,\ I=\{\bar{0},\ \bar{2},\ \bar{4}\}$$

라고 하면 I는 R의 아이디얼이다. 또 $|I|=3$, $|R|=6$이므로 I와 R 사이에는 아이디얼이 없다. 따라서 I는 $\mathbb{Z}_6$의 극대아이디얼이다. 마찬가지로 $J=\{\bar{0},\ \bar{3}\}$도 $\mathbb{Z}_6$의 극대아이디얼이 됨을 알 수 있다.

【예제 17】 p가 소수이면 $M=\langle p\rangle$는 $\mathbb{Z}$의 극대아이디얼이 된다. 또한 그 역도 성립한다. 그 이유는 만일

$$M\subset I\subset \mathbb{Z},\ I\text{는 }\mathbb{Z}\text{의 아이디얼}$$

이라고 하면 $I=\langle m\rangle$꼴로 쓸 수 있으므로 $\langle p\rangle\subset\langle m\rangle$으로부터 $p=mt$, $t\in\mathbb{Z}$이다. 그런데 p는 소수이므로 $m=1$ 또는 $m=p$ 둘 중 한 개다.

$m=1$이면 $I=\langle 1\rangle=\mathbb{Z}$이고 $m=p$이면 $I=\langle p\rangle=M$이 되어 M은 $\mathbb{Z}$의 극대아이디얼이다. 또 역으로 만일 $I=\langle m\rangle$, $m>0$가 $\mathbb{Z}$의 극대아이디얼이면 m은 소수가 된다. 그 이유는

$$m=ab,\ a,\ b\in\mathbb{Z},\ a,\ b\geq 0$$

라고 하면 $m\in\langle a\rangle$이므로 $\langle m\rangle\subset\langle a\rangle$이다. 그런데 $\langle m\rangle$은 $\mathbb{Z}$의 극대아이디얼이므로 $\langle m\rangle=\langle a\rangle$ 또는 $\langle a\rangle=\mathbb{Z}$이다. 만일 $\langle m\rangle=\langle a\rangle$이면 $a=m$, $\langle a\rangle=\mathbb{Z}$이면 $a=1$되므로 결국 m은 소수이다.

위의 예제에서 알 수 있듯이 결국 정수환 $\mathbb{Z}$에서는 $\{0\}$는 소아이디얼이지만 극대아이디얼은 아니다. $\{0\}$ 이외에는 소아이디얼과 극대아이디얼은 같다. 그러나 보통 일반 환에서는 이 둘은 서로 틀린다. 모든 극대아이디얼은 소아이디얼이 되지만 소아이디얼은 극대아이디얼이 되지 못하는 경우가 있다.

정리 19.6 R이 1을 가진 가환환이면 R의 모든 극대아이디얼은 소아이디얼이다.

증명 M을 R의 극대아이디얼이라고 하자. 만일 $ab\in M$이라고 하면 $a\in M$ 또는 $b\in M$이 됨을 보이면 된다. 만일 $a\notin M$이면

$$a \in \langle a \rangle \subset M + \langle a \rangle, \quad a \notin M$$

이므로

$$M \subset M + \langle a \rangle \subset R, \quad M \neq M + \langle a \rangle$$

이다. M은 극대아이디얼이므로 $M + \langle a \rangle = R$이 된다. 따라서

$$1 = m + at, \quad m \in M, \quad t \in R$$

로 쓸 수 있고

$$b = mb + atb = mb + (ab)t \in M$$

이다. □

극대아이디얼이 환에서 중요한 이유는 극대아이디얼로 만든 상환은 체가 된다는 사실이다. 이것은 앞으로 체를 공부하는데 기본이 된다.

정리 19.7 R은 1을 가진 가환환이다. M이 극대아이디얼이 될 필요충분조건은 상환 R/M이 체이다.

증명 R이 1을 가진 가환환이면 R/M도 단위원 $\overline{1} = 1 + M$을 가지고 역시 가환이다. 따라서 R/M의 $\overline{0}$이 아닌 모든 원소는 단원임을 보이자. R/M에서 $\overline{a} \neq \overline{0}$라고 하면 $a + M \neq M$이므로 $a \notin M$이다. 따라서

$$M \subset M + \langle a \rangle \subset R, \quad M \neq M + \langle a \rangle$$

이므로 $M + \langle a \rangle = R$이 되어

$$1 = m + at, \quad m \in M, \quad t \in R$$

로 쓸 수 있다. 따라서 R/M에서

$$\overline{1} = \overline{m + at} = \overline{m} + \overline{a}\,\overline{t} = \overline{a}\,\overline{t}$$

이므로 $\overline{a}$는 역원 $\overline{t}$를 가지므로 단원이다.
역으로 R/M이 체라고 하고 J는 $M \subset J \subset R$인 R의 아이디얼이라고 하자. 만일 $M \neq J$이면 $a \in J$, $a \notin M$인 원소 a가 존재한다. 따라서 R/M에서

$$\bar{a} = a + M \neq M = \bar{0}$$

이고 R/M은 체이므로 $\bar{a}\,\bar{b} = \bar{1}$가 되는 $\bar{b} \in R/M$이 존재한다. 이 식을 다시 쓰면

$$ab + M = 1 + M$$
$$1 - ab \in M \subset J$$

이다. 따라서

$$1 - ab = c, \quad c \in J$$

로 두면 $1 = c + ab$이다. 그런데 $c \in J$, $a \in J$이므로 $c + ab \in J$이다. 즉 $1 \in J$가 되어 $J = R$이 된다. 이 사실로부터 M은 R의 극대아이디얼이 됨을 알 수 있다. □

위와 똑같은 방법으로 다음 사실도 증명할 수 있다.

정리 19.8 R은 1을 가진 가환환이다. P가 R의 소아이디얼이 될 필요충분조건은 상환 R/P가 정역이다.

증명 R의 임의의 아이디얼 I에서 $a + I = I$일 필요충분조건은 $a \in I$이라는 사실을 명심하자. 우선 P를 R의 소아이디얼이라고 하자. 상환 R/P에서 $\bar{a}\,\bar{b} = \bar{0}$라고 하면

$$ab + P = P$$

따라서 $ab \in P$이다. P는 소아이디얼이므로 $a \in P$ 또는 $b \in P$이다.
$a \in P$이면 $a + P = P$이므로 $\bar{a} = \bar{0}$이다. $b \in P$이면 $b + P = P$이므로 $\bar{b} = \bar{0}$이다. 따라서 R/P는 정역이다.
역으로 R/P가 정역이라고 하고 $ab \in P$라고 하자. 역시 $ab + P = P$이므로 R/P에서 $\overline{ab} = \bar{0}$이다. 따라서 $\bar{a} = \bar{0}$ 또는 $\bar{b} = \bar{0}$이므로 $a \in P$ 또는 $b \in P$가 되어 P는 소아이디얼이 됨을 알 수 있다. □

위의 두 정리로부터 체는 항상 정역이므로 극대아이디얼은 소아이디얼이 됨을 쉽게 알 수 있다. 또 정수환에서 $\mathbb{Z}/\langle p \rangle \cong \mathbb{Z}_p$이므로 $\langle p \rangle$가 $\mathbb{Z}$의 극대아이디얼이 될 필요충분조건은 p가 소수임을 알 수 있다.

$\mathbb{Z}$는 체가 아니므로 $\{0\}$는 $\mathbb{Z}$에서 극대아이디얼이 아니다. 그러나 $\mathbb{Z}$는 정역이므로 $\{0\}$는 소아이디얼은 된다. 다음 예제에서 소아이디얼은

되지만 극대아이디얼이 아닌 다른 예를 살펴보자.

【예제 18】 정수계수 다항식환 $\mathbb{Z}[x]$에서 주아이디얼 $\langle x \rangle$는 소아이디얼이다. 왜냐하면

$$f,\ g \in \mathbb{Z}[x],\ fg \in \langle x \rangle$$

라고 하자.

$$f = a_0 + a_1 x + \cdots + a_n x^n,\ g = b_0 + b_1 x + \cdots + b_m x^m$$

라고 하면 $fg \in \langle x \rangle$이므로 $a_0 b_0 = 0$이 되어야 한다. 따라서 $a_0 = 0$ 또는 $b_0 = 0$, 즉 $f \in \langle x \rangle$ 또는 $g \in \langle x \rangle$가 되어 $\langle x \rangle$는 소아이디얼이다.

그러나 앞 예제 11의

$$I = \{p(x) \in Z[x] \mid p(x)\text{는 상수항이 짝수인 다항식}\}$$

이라고 하면 I는 $\mathbb{Z}[x]$의 아이디얼이고

$$\langle x \rangle \subset I \subset \mathbb{Z}[x],\ \langle x \rangle \neq I,\ I \neq \mathbb{Z}[x]$$

이므로 $\langle x \rangle$는 $\mathbb{Z}[x]$의 극대아이디얼은 되지 못한다.

실제로 앞 예제 9에서 우리는 $\mathbb{Z}[x]/\langle x \rangle \cong \mathbb{Z}$가 됨을 알고 있다. $\mathbb{Z}$는 체가 아니므로 $\langle x \rangle$는 $\mathbb{Z}[x]$의 극대아이디얼이 될 수 없다. 그러나 $\mathbb{Z}$는 정역이므로 $\langle x \rangle$는 $\mathbb{Z}[x]$의 소아이디얼은 된다. 여기서 한 가지 주의할 점은 $\mathbb{R}[x]$를 계수가 실수인 다항식들의 집합이라고 하면 $\mathbb{R}[x]/\langle x \rangle \cong \mathbb{R}$가 되어 이때는 $\mathbb{R}$은 체이므로 $\langle x \rangle$는 $\mathbb{R}[x]$에서는 극대아이디얼이 된다. 즉 $\langle x \rangle \subset \mathbb{Z}[x] \subset \mathbb{R}[x]$이므로 $\mathbb{Z}[x]$는 $\mathbb{R}[x]$의 부분환인데 $\langle x \rangle$를 어느 환의 아이디얼로 보느냐에 따라서 극대가 될 수도 있고 안될 수도 있다.

마지막으로 극대아이디얼의 예를 하나만 더 들고 이 단원을 마치자.

【예제 19】

$$C(I) = \{f : [0,\ 1] \to \mathbb{R} \mid f\text{는 연속함수}\}$$

라고 하자. $f,\ g \in C(I)$에 대해서

$$(f+g)(x)=f(x)+g(x), \quad (f\cdot g)(x)=f(x)g(x)$$

라고 하면 $(C(I), +, \cdot)$는 환이 됨은 당연하다.

$$0\le r\le 1,\ I(r)=\{f\in C(I)\mid f(r)=0\}$$

라고 하면 $I(r)$은 $C(I)$의 극대아이디얼이 됨을 보이자. 우선 $f, g\in I(r)$이면

$$(f+g)(r)=f(r)+g(r)=0$$

이다. 또 임의의 $h\in C(I)$에 대해서

$$(f\cdot h)(r)=f(r)h(r)=0h(r)=0,\ (h\cdot f)(r)=0$$

이므로 $I(r)$은 $C(I)$의 아이디얼이 됨을 알 수 있다.

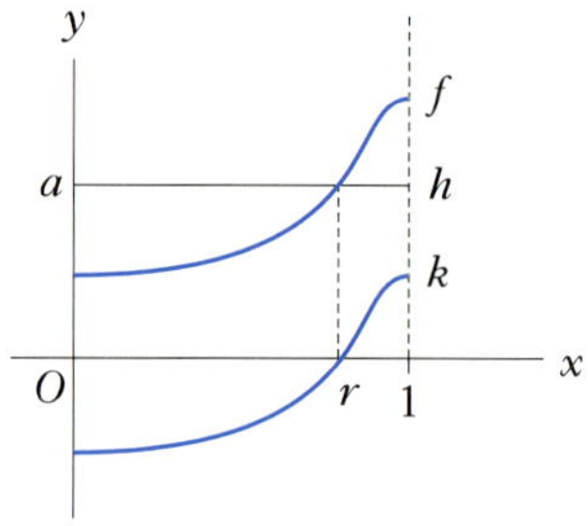

[그림 19.2]

$$I(r)\subset J\subset C(I),\ J\text{는 } C(I)\text{의 아이디얼},\ I(r)\neq J$$

라고 하면 $f\in J$, $f\not\in I(r)$인 함수 $f\in C(I)$가 존재한다. 당연히 $f(r)\neq 0$이므로 $f(r)=a$로 두면 $a\neq 0$이다.

$$h:[0, 1]\to \mathbb{R},\ h(x)=a$$

인 상수함수 h에 대해서 $k=f-h$라고 하면 $k(r)=0$이므로 $k\in I(r)$이다. 따라서 $h=f-k\in J$이다. 또

$$p:[0, 1]\to \mathbb{R},\ p(x)=\frac{1}{a}$$

인 상수함수 p를 생각하면 임의의 $x\in[0, 1]$에 대해서 $(hp)(x)=1$이다.

$h \in J$이므로 $hp \in J$이다. 결국 $hp = 1 \in J$가 되어 $J = C(I)$이다. 따라서 $I(r)$은 $C(I)$의 극대아이디얼이다.

실제로 임의의 $r \in [0, 1]$에 대해서

$$\phi : C(I) \to \mathbb{R}, \ \phi(f) = f(r)$$

이라고 하면 ϕ는 전사인 준동형사상이 되고

$$\text{Ker } \phi = \{f \in C(I) \mid f(r) = 0\} = I(r)$$

이 된다. 따라서 동형사상의 기본정리에 의해서

$$C(I)/I(r) \cong \mathbb{R}$$

이 되어서 $I(r)$은 $C(I)$의 극대아이디얼이 된다. 역으로 $C(I)$의 모든 극대아이디얼은 $I(r)$꼴이 됨을 보일 수 있다. 이때는 [0, 1]은 콤펙트, $f \in C(I)$는 연속이라는 위상적 성질을 이용해야만 한다.

몇 가지 재미있는 극대아이디얼의 예를 들면 복소수 $\mathbb{C}$의 부분집합

$$\mathbb{Z}[i] = \{a + bi \mid a, b \in \mathbb{Z}\}$$

는 역시 환이 되므로 $\mathbb{C}$의 부분환이다. 이 환에서

$$I = \{a + bi \in \mathbb{Z}[i] \mid a, b\text{는 3의 배수}\}$$

즉 $\langle 3 \rangle$는 $\mathbb{Z}[i]$의 극대아이디얼이 된다. 그러나

$$\langle 5 \rangle = \{a + bi \in \mathbb{Z}[i] \mid a, b\text{는 5의 배수}\}$$

는 $\mathbb{Z}[i]$의 극대아이디얼이 되지 못한다. ($5 = 1^2 + 2^2$로 표시가능)
또 환

$$\mathbb{Z}[\sqrt{2}] = \{a + b\sqrt{2} \mid a, b \in \mathbb{Z}\}$$

에서

$$\langle 5 \rangle = \{a + b\sqrt{2} \in \mathbb{Z}[\sqrt{2}] \mid a, b\text{는 5의 배수}\}$$

는 $\mathbb{Z}[\sqrt{2}]$의 극대아이디얼이 된다. 증명은 각자가 해보기 바란다.
(부록 39장. 여러 가지 정역참조)

연습문제(19)

1. 다음은 환준동형사상이 되는가?

   (1) $\phi : \mathbb{R} \to \mathbb{R}$, $\phi(x) = |x|$

   (2) $\phi : \mathbb{C} \to \mathbb{C}$, $\phi(a+bi) = a-bi$

   (3) $\phi : \mathbb{C} \to \mathbb{R}$, $\phi(a+bi) = a$

   (4) $\mathbb{Z}[\sqrt{2}] = \{a+b\sqrt{2} \mid a, b \in \mathbb{Z}\}$, $\mathbb{Z}[\sqrt{3}] = \{a+b\sqrt{3} \mid a, b \in \mathbb{Z}\}$일 때
   $\phi : \mathbb{Z}[\sqrt{2}] \to \mathbb{Z}[\sqrt{3}]$, $\phi(a+b\sqrt{2}) = a+b\sqrt{3}$

2. $\phi : \mathbb{Z}_3 \to \mathbb{Z}_6$, $\phi(\bar{x}) = \bar{x} \oplus \bar{x}$는 환준동형사상이 되느냐? 또 $\phi : \mathbb{Z}_3 \to \mathbb{Z}_6$, $\phi(\bar{x}) = \overline{4x}$는 환준동형사상이 되느냐?

3. $2\mathbb{Z}$와 $3\mathbb{Z}$는 환동형인가?

4. $\mathbb{Z}$에서 $\mathbb{Z}$로의 환준동형사상을 모두 구하여라.

5. $\mathbb{Z}[\sqrt{2}] = \{a+b\sqrt{2} \mid a, b \in \mathbb{Z}\}$일 때 $\mathbb{Z}[\sqrt{2}]$에서 $\mathbb{Z}[\sqrt{2}]$로의 환동형사상을 모두 구하여라.

6. I, J는 R의 아이디얼이다. $I+J=R$이면

   (1) $R/(I \cap J) \cong R/I \times R/J$를 보여라.

   (2) 만일 $I \cap J = 0$이면 $R/I \cong J$, $R \cong I \times J$임을 보여라.

7. $\phi : R \to T$는 환의 환준동형사상이다. ϕ가 전사이면 R의 아이디얼 I의 상 $\phi(I)$는 T의 아이디얼임을 증명하여라.

8. R은 환, F는 체, $\phi : R \to F$는 전사인 준동형사상이다. $\text{Ker}\,\phi$는 R의 극대아이디얼임을 보여라.

9. $\mathbb{Z}[\sqrt{2}] = \{a+b\sqrt{2} \mid a, b \in \mathbb{Z}\}$는 환이다. $\phi : \mathbb{Z}[\sqrt{2}] \to \mathbb{Z}[\sqrt{2}]$, $\phi(m+n\sqrt{2}) =$

$m-n\sqrt{2}$ 는 단사인 환준동형사상임을 증명하여라.

10. $\phi : R \to S$는 전사인 환준동형사상이고 R은 1을 가진 환이다. u가 R의 단원일 때 $\phi(u)$가 S의 단원일 필요충분조건은 $u \notin \mathrm{Ker}\,\phi$임을 보여라.

11. $\phi : \mathbb{C} \to M_2(\mathbb{R})$을 $\phi(a+bi)=\begin{pmatrix} a & b \\ -b & a \end{pmatrix}$라면 ϕ는 단사인 환준동형사상이 됨을 보여라.

12. 다음 환에서 극대아이디얼을 구하여라.

(1) $\mathbb{Z}_6$ (2) $\mathbb{Z}_{12}$ (3) $\mathbb{Z}_{18}$

13. $\mathbb{Z}_n$의 모든 극대아이디얼을 구하여라.

14. $I=4\mathbb{Z}$는 환 $R=2\mathbb{Z}$의 극대아이디얼이 되는가?

15. 환 $R=\{a/b \in \mathbb{Q} \mid a, b \in \mathbb{Z}, b$는 홀수$\}$는 극대아이디얼이 유일함을 보여라.

16. $R=\mathbb{Z}\times\mathbb{Z}$에서

(1) $M=\mathbb{Z}\times p\mathbb{Z}$ (p는 소수)는 R의 극대아이디얼이 됨을 증명하여라.

(2) R에서 극대아이디얼이 아닌 소아이디얼을 구하라.

17. R은 1을 가진 가환환이다. R이 체가 될 필요충분조건은 $\{0\}$이 R의 극대아이디얼이 됨을 보여라.

18. 정수환 $\mathbb{Z}$에서 $6\mathbb{Z}+14\mathbb{Z}$를 구하여라.

19. $R=\{f \mid f : [0, 1] \to \mathbb{R}$ 인 연속함수$\}$는 보통 함수의 $+$, $\cdot$에서 환이 된다. $r \in [0, 1]$, $I(r)=\{f \in R \mid f(r)=0\}$라고 하면 R의 모든 극대아이디얼은 $I(r)$과 같은 모양이 됨을 보여라. (**힌트** $[0, 1]$의 compact 성질과 f의 연속성을 이용.)

20. $(R, \triangledown, \cap)$는 16장 연습문제 14의 (2)이다.

(1) $Y\subset X$면 $\mathscr{P}(Y)=\{A \mid A\subset Y\}$는 R의 아이디얼임을 보여라.

(2) R의 극대아이디얼을 모두 구하여라.

21. 환 R에서

(1) I는 R의 아이디얼이고 J는 I의 아이디얼이나 J는 R의 아이디얼이 아닌 예를 들어라.

(2) I는 R의 아이디얼이고 J는 I의 소아이디얼이면 J는 R의 아이디얼이 됨을 보여라.

22. 가환환 R에서 모든 멱영원의 집합 N은 아이디얼이 됨을 보여라. 또 상환 R/N은 $\overline{0}$ 이외의 멱영원이 없음을 보여라.

23. R은 1을 가진 가환환이고 M은 R의 극대아이디얼, I, J는 R의 아이디얼이다. $IJ \subset M$이면 $I \subset M$ 또는 $J \subset M$임을 보여라.

24. $\mathbb{Z}[i]$는 가우스의 정수환이다(16장 연습문제 18 참조). $I = \langle 2+2i \rangle$라고 할 때 $\mathbb{Z}[i]/I$의 원소는 몇 개인가?

25. R은 가환환, I는 R의 아이디얼이다. $\sqrt{I} = \{r \in R \mid$ 적당한 정수 n에 대해서 $r^n \in I\}$라 하면

(1) $\sqrt{I}$는 R의 아이디얼이 됨을 보여라.

(2) $\sqrt{I} = I$일 필요충분조건은 R/I는 $\overline{0}$ 이외에 멱영원이 없음을 보여라.

26. 부울환에서는 모든 소아이디얼은 극대아이디얼이 됨을 보여라.

27. $\mathbb{Z} \times \mathbb{Z}$에서 $\mathbb{Z} \times \mathbb{Z}$로의 환준동형사상을 모두 구하여라.

28. G는 $\mathbb{Z}$의 무한개의 직적이다. R을 G에서의 준동형사상의 집합이라고 하면

(1) $(R, +, \circ)$는 환이 되는가? 단 여기서 $\circ$는 함수의 합성이다.

(2) $f \circ g = 1$, $g \circ f \neq 1$인 R의 원소 f, g가 존재함을 보여라.

20 정역과 분수체
(Field of Quotients)

환 중에서 가장 간단한 환이 정수 집합 $\mathbb{Z}$이다. 특히 이 정수 $\mathbb{Z}$와 비슷한(integerlike) 성질을 가진 환을 정역이라고 불렀다. 즉 환 R이 1을 가진 가환환이고 $ab=0$이면 $a=0$ 또는 $b=0$일 때 R을 정역(integral domain)이라고 정의하였다. 물론 정수 집합이외의 정역도 많이 있다. p가 소수일 때 $\mathbb{Z}_p$는 정역이다. 또 정수계수 다항식환 $\mathbb{Z}[x]$도 정역이다. 지금부터 정역의 몇 가지 성질을 더 알아보고 정역을 포함하는 체를 만들어 보겠다. 환에는 연산이 두 개 있으므로 원소를 n번 연산하는 것도 두 가지로 구분해야 한다.

a를 환 R의 임의의 원소라고 하고 n을 임의의 양의 정수라고 하면 na는 a를 n번 합한 원소 $a+a+\cdots+a$를 뜻하고 a^n은 a를 n번 곱한 $a\cdot a\cdot a\cdots\cdot a$를 뜻한다. 특히 여기서 환은 연산 $+$에 대해서 군이 되므로 a의 위수를 생각할 수 있다. 따라서 이 경우 a의 위수는 $na=0$이 되는 최소의 양의 정수 n을 말한다. 만일 이러한 정수 n가 없으면 a의 위수는 무한이다.

정의 20.1 R은 단위원 1을 가진 환이다. $n1=0$이 되는 최소의 양의 정수 n가 존재할 때 n을 R의 표수(characteristic)라고 한다. 만일 이러한 n이 없으면 R의 표수는 0이라고 한다. R의 표수는 $\mathrm{char}\,R$로 표시한다.

위의 정의에서 R의 표수란 결국 R의 단위원 1의 위수임을 알 수 있다. 물론 여기서 위수란 $(R, +)$의 원소로 생각한 위수이다.

【예제 1】 $\mathbb{Z}$의 표수는 0이고 $\mathbb{Z}_n$의 표수는 n이다. 또 $\mathbb{Z}_8 \times \mathbb{Z}_6$의 표수는 24이다.

정리 20.1 R이 정역이면 R의 모든 0이 아닌 원소의 위수는 같다.

증명 $a \in R$, $a \neq 0$이라고 하자.

$$\begin{aligned} na &= a + \cdots + a \\ &= 1 \cdot a + 1 \cdot a + \cdots + 1 \cdot a \\ &= (1 + 1 + \cdots + 1) \cdot a \end{aligned}$$

이므로 $na = 0$일 필요충분조건은 $1 + 1 + \cdots + 1 = 0$이다. 따라서 a의 위수는 1의 위수와 같다. □

위의 정리 20.1에 의해서 정역 R의 표수가 n이면 임의의 $x \in R$에 대해서 $nx = 0$이다.

정리 20.2 R은 정역이다. R의 표수가 $p \neq 0$이면 p는 소수이다.

증명 $p = mn$, $m > 0$, $n > 0$이라고 하면

$$0 = p1 = (mn)1 = \underbrace{1 + \cdots + 1}_{mn\text{개}} = (\underbrace{1 + \cdots + 1}_{m\text{개}}) \cdot (\underbrace{1 + \cdots + 1}_{n\text{개}})$$

이다. 따라서

$$m1 = 0 \quad \text{또는} \quad n1 = 0$$

이다. 표수의 정의에서 $p \leq m$ 또는 $p \leq n$이므로 결국 $p = m$ 또는 $p = n$가 되어 p는 소수이다. □

R이 원소가 n개인 유한환이면 라그랑즈의 정리에 의해서 R의 모든 원소는 n번 합하면 0이 된다. 따라서 R의 표수는 0이 될 수 없다. 그러

므로 우리는 다음과 같은 따름정리를 얻을 수 있다.

따름정리 20.3 유한체의 표수는 소수이다.

p는 소수, $0<r<p$인 정수이면 조합

$$_{p}C_{r}=\frac{p!}{r!(p-r)!}$$

은 정수이다. $\frac{p!}{r!(p-r)!}=t$라 두면 $p|p!$이므로 $p|r!(p-r)!t$이다. 그런데 $r<p$, $p-r<p$이므로 $r!(p-r)!$를 소인수분해하면 모두 p보다 작은 수로 소인수분해되므로 p의 배수가 될 수 없다. 따라서 $p|t$, 즉 $_{p}C_{r}$은 p의 배수가 된다.

정리 20.4 (The Freshman's dream) R이 표수 $p(\neq 0)$인 정역이면 임의의 $a, b\in R$에 대해서 $(a+b)^{p}=a^{p}+b^{p}$이다.

증명 $(a+b)^{p}$를 이항전개하면

$$(a+b)^{p}={}_{p}C_{0}a^{p}+{}_{p}C_{1}a^{p-1}b+\cdots+{}_{p}C_{r}a^{p-r}b^{r}+\cdots+{}_{p}C_{p-1}ab^{p-1}+{}_{p}C_{p}b^{p}$$

이다. 그런데 처음 항과 마지막 항을 제외한 모든 항은 계수가 p의 배수이므로 0이 된다. 따라서 $(a+b)^{p}=a^{p}+b^{p}$이다. □

위와 같은 식을 반복하면 다음과 같은 따름정리도 얻을 수 있다.

따름정리 20.5 R은 표수 $p(\neq 0)$인 정역이다. $a, b\in R$, $n\in\mathbb{Z}$이면

$$(a+b)^{p^{n}}=a^{p^{n}}+b^{p^{n}}$$

이다.

우리는 정수집합 $\mathbb{Z}$는 유리수집합 $\mathbb{Q}$에 포함되는 것으로 본다. 그러나 여기서 유리수집합을 보면

$$\mathbb{Q}=\left\{\frac{n}{m}\,\middle|\, m,\ n\in\mathbb{Z},\ m\neq 0\right\}$$

이다. 따라서 엄밀하게 이야기하면 유리수는 항상 두 개의 정수가 있어야만 표시할 수 있다. 따라서 5는 정수이고 $\frac{15}{3}$는 유리수이다. 그러나 우리는 정수 5와 유리수 $\frac{15}{3}$는 같은 것으로 취급해서 유리수는 정수를 포함한다고 한다. 군에서도 했지만 아래에 좀 더 엄밀히 이 관계를 밝히고 넘어가자.

정의 20.2 R, S는 환이다. R에서 S로의 단사인 준동형사상이 존재할 때 R은 S에 매입(embed)된다고 한다.

【예제 2】

$$f: \mathbb{Z}\to\mathbb{Q},\ f(n)=\frac{n}{1}$$

이라고 하면 f는 단사인 환준동형사상이다. 따라서 $\mathbb{Z}$는 $\mathbb{Q}$에 매입된다.

【예제 3】

$$h: \mathbb{R}\to\mathbb{C},\ h(a)=a+0i$$

라고 하면 h는 단사인 환준동형사상이다. 따라서 실수 $\mathbb{R}$은 복소수 $\mathbb{C}$에 매입된다.

환 R이 환 S에 매입되면 S는 R과 동형인 R'를 포함하게 된다. 예를 들면 $\mathbb{Z}$는

$$\mathbb{Z}'=\left\{\frac{n}{1}\in\mathbb{Q}\,\middle|\, n\in\mathbb{Z}\right\}$$

와 동형이다. 이 동형인 환을 같은 환으로 생각해서 R이 S에 매입되면 R은 S에 포함되는 것으로 이해(consider)한다. 정수는 정역이고 유리수는 체이다. 또 유리수는 서로 다른 모양이라도 같은 유리수가 된다는

사실, 즉

$$\frac{a}{b}=\frac{c}{d}\text{일 필요충분조건은 } ad=bc$$

라는 사실을 이용하여 정역에서부터 체를 만들어보자.

정리 20.6 R이 정역이면 R은 적당한 체 F에 매입된다.

증명 증명은 매우 길므로 다음과 같은 몇 단계로 나누어서 증명한다.

(1) R로부터 적당한 집합 T를 만든다.

(2) T에 적당한 동치관계 $\sim$를 정의한다.

(3) 동치류집합 $T/\sim$에 적당한 연산 $+$, $\cdot$를 정의하여 $(T/\sim, +, \cdot)$가 체가 되도록 한다.

(4) R은 $T/\sim$에 매입됨을 보인다. □

정리 20.7 R은 정역이라 하고 집합 T를

$$T=\{(a, b)\,|\,a, b\in R,\ b\neq 0\}$$

라고 하자. 집합 T에 관계 $\sim$를

$$(a, b)\sim(c, d)\text{일 필요충분조건은 } R\text{에서 } ad=bc$$

라 하면 $\sim$는 T에서 동치관계이다.

증명 (1) 모든 $(a, b)\in T$에 대해서 R은 가환이므로 $ab=ba$이다. 따라서 $(a, b)\sim(a, b)$이다.

(2) 만일 $(a, b)\sim(c, d)$이면 $ad=bc$이다. 가환이므로 $cb=da$이고 따라서

$$(c, d)\sim(a, b)$$

이다.

(3) 마지막으로

$$(a, b)\sim(c, d),\quad (c, d)\sim(r, s)$$

라고 하면 $ad=bc$, $cs=dr$이다. $ad=bc$에 s를 곱하면

$$ads=(bc)s=b(cs)=b(dr)$$

이다. $d\neq 0$이므로 정역의 성질에서 $as=br$이 되고 따라서 $(a, b)\sim(r, s)$이다.

□

위의 정리 20.7에 의해서 집합 T는 동치관계 $\sim$에 의해서 동치류들로 나누어진다. (a, b)의 동치류를 $\overline{(a, b)}$라고 하면

$$T/\sim=\{\overline{(a, b)} \mid (a, b)\in T\}$$

이다. 이 동치류들의 집합 $T/\sim$를 F라고 하자. F에서 $\overline{(a, b)}=\overline{(c, d)}$일 필요충분조건은 T에서 $(a, b)\sim(c, d)$이고 다시 이것은 R에서 $ad=bc$와 같다.

정리 20.8 R은 정역, $F=\{\overline{(a, b)} \mid a, b\in R, b\neq 0\}$이다. F에 연산 $+$, $\cdot$을

$$\overline{(a, b)}+\overline{(c, d)}=\overline{(ad+bc, bd)}$$
$$\overline{(a, b)}\cdot\overline{(c, d)}=\overline{(ac, bd)}$$

와 같이 정의하면 $(F, +, \cdot)$는 체가 된다.

증명 편의상 $\overline{(a, b)}$를 $\frac{a}{b}$로 표시하자. 그러면

$$\frac{a}{b}+\frac{c}{d}=\frac{ad+bc}{bd}$$

가 되어 유리수의 합과 같게 된다. 곱도 마찬가지이다. 우선 $\frac{a}{b}+\frac{c}{d}$, $\frac{a}{b}\cdot\frac{c}{d}$는 F의 원소가 되어야 한다. 그런데 $b\neq 0$, $d\neq 0$이므로 $bd\neq 0$이다. 따라서 연산은 닫혀있다. 이 연산이 잘 정의됨을 보이기 위해서

$$\frac{a}{b}=\frac{a'}{b'},\quad \frac{c}{d}=\frac{c'}{d'}$$

라고 하자.

$$\frac{ad+bc}{bd}=\frac{a'd'+b'c'}{b'd'}$$

가 됨을 보이기 위해서는 R에서

$$(ad+bc)b'd'=bd(a'd'+b'c')$$

임을 보이면 된다. $\frac{a}{b}=\frac{a'}{b'}$, $\frac{c}{d}=\frac{c'}{d'}$ 로부터

$$ab'=ba',\quad cd'=dc'$$

이다. 처음 식의 양변에 dd'를 둘째 식에는 bb'를 각각 곱해서 합하면

$$db'dd'+cd'bb'=ba'dd'+dc'bb'$$

가 되어 바로 나온다. 곱에 대해서는 이번에는 처음식의 양변에 cd'를, 둘째식에는 ba'를 각각 곱하면

$$ab'cd'=ba'cd',\ cd'ba'=dc'ba'$$

이므로 $ab'cd'=dc'ba'$이다. 따라서 $(ac)(b'd')=(bd)(a'c')$가 되어

$$\frac{ac}{bd}=\frac{a'c'}{b'd'}$$

가 되어 합과 곱은 잘 정의됨을 알 수 있다.

이번에는 $(F, +, \cdot)$가 체가 됨을 보이자. 대략 짐작하겠지만 $\frac{0}{1}$, $\frac{1}{1}$이 각각 합과 곱의 항등원이고 $\frac{a}{b}$의 합과 곱의 역원은 $\frac{-a}{b}$, $\frac{b}{a}$이 될 것으로 추측할 수 있다. 우선

$$\frac{a}{b}+\frac{c}{d}=\frac{ad+bc}{bd}=\frac{cb+da}{db}=\frac{c}{d}+\frac{a}{b}$$

이므로 F는 $+$에서 가환이다. 임의의 $\frac{a}{b}\in F$에 대해서

$$\frac{a}{b}+\frac{0}{1}=\frac{a1+b0}{b1}=\frac{a}{b}$$

이므로 $\frac{0}{1}$이 F의 0이다. 또

$$\frac{a}{b}+\left(\frac{-a}{b}\right)=\frac{ab+b(-a)}{b^2}=\frac{0}{b^2}$$

이다. 그런데 $\frac{0}{b^2}=\frac{0}{1}$이므로 결국 $\frac{a}{b}$의 합의 역원은 $\frac{-a}{b}$가 된다.

합과 곱에 대한 결합법칙, 분배법칙, 가환환이 됨은 각자 해보기 바란다. $\frac{a}{b}\cdot\frac{1}{1}=\frac{a}{b}$이므로 $\frac{1}{1}$이 곱의 항등원이다. 또

$$\frac{a}{b}\cdot\frac{b}{a}=\frac{ab}{ba}=\frac{1}{1}$$

이므로 $\frac{a}{b}$의 곱의 역원은 $\frac{b}{a}$가 된다. 결국 $(F, +, \cdot)$는 체가 됨을 알 수 있다. 실제로 모든 $a, b, c\neq 0\in R$에 대해서

$$\frac{a}{a}=\frac{1}{1},\ \frac{0}{a}=\frac{0}{1},\ \frac{ac}{bc}=\frac{a}{b}$$

이다. □

정리 20.9 R은 정역, $F=\left\{\frac{a}{b}\,\middle|\,a, b\in R,\ b\neq 0\right\}$이다. $h: R\to F$, $h(a)=\frac{a}{1}$은 단사 준동형사상이다.

증명

$$h(a+b)=\frac{a+b}{1}$$

$$h(a)+h(b)=\frac{a}{1}+\frac{b}{1}=\frac{a1+1b}{1\cdot 1}=\frac{a+b}{1}$$

$$h(ab)=\frac{ab}{1}=\frac{a}{1}\cdot\frac{b}{1}=h(a)\cdot h(b)$$

따라서 h는 준동형사상이다. 만일 $h(a)=h(b)$이면 $\frac{a}{1}=\frac{b}{1}$이고 따라서 $a1=1b$이므로 h는 단사이다. □

위의 모든 정리를 종합하면 우리는 다음과 같은 정리를 얻는다.

정리 20.10 R은 정역이다. $F=\left\{\frac{a}{b}\,\middle|\,a, b\in R,\ b\neq 0\right\}$이고 F에서 $\frac{a}{b}=\frac{c}{d}$일 필요충분조건은 R에서 $ad=bc$이다. F에서 $+$, $\cdot$은

$$\frac{a}{b}+\frac{c}{d}=\frac{ad+bc}{bd},\quad \frac{a}{b}\cdot\frac{c}{d}=\frac{ac}{bd}$$

이면 $(F, +, \cdot)$는 체이고 R은 F에 매입된다.

정의 20.3 위 정리 20.10에서 정역 R로 만든 체 $(F, +, \cdot)$를 R의 **분수체**(field of quotient)라고 부른다.

위의 정리 20.10은 결국 정수 $\mathbb{Z}$에서 유리수 $\mathbb{Q}$를 만드는 것과 같다.

【예제 4】 $\mathbb{Q}$는 $\mathbb{Z}$의 분수체이다.

【예제 5】

$$\mathbb{Z}[x]=\{a(x)\mid a(x)\text{는 정수계수다항식}\}$$

이라고 하면 $\mathbb{Z}[x]$는 정역이다. 위와 같이 F를

$$F=\left\{\frac{f(x)}{g(x)}\,\middle|\, f(x),\, g(x)\in\mathbb{Z}[x],\, g(x)\neq 0\right\}$$

라 하면 F는 $\mathbb{Z}[x]$를 포함하는 체가 된다. 이 체를 $\mathbb{Z}$상에서 **유리함수체**(field of rational function)라고 하고 $\mathbb{Z}(x)$로 표시한다.

$\mathbb{Z}$는 정역이고 $\mathbb{Z}$를 포함하는 체는 유리수 $\mathbb{Q}$, 실수 $\mathbb{R}$, 복소수 $\mathbb{C}$ 등 많이 있다. 그러면 $\mathbb{Q}$보다 작은 체는 없을까? $\mathbb{Q}$는 $\mathbb{Z}$의 분수체인데 정역의 분수체는 실제로 정역을 포함하는 가장 작은 체이다. 다음 정리를 보자.

정리 20.11 R은 정역이고 F가 R의 분수체이면 F는 R을 포함하는 가장 작은 체이다.

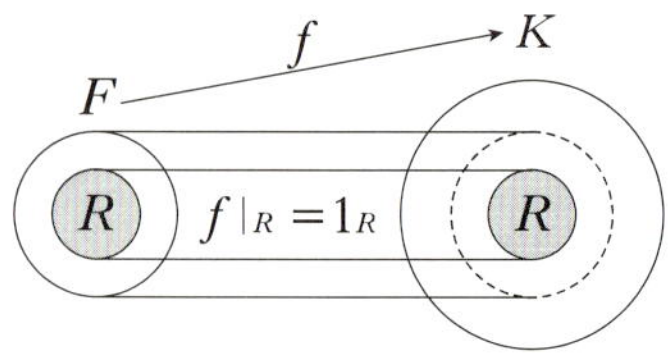

[그림 20.1]

증명 F를 R의 분수체, K를 R을 포함하는 임의의 체라고 하자. 임의의 $\frac{a}{b}\in F$에 대해서 $0\neq b\in R\subset K$이므로 $b^{-1}\in K$가 존재한다.

$$f: F\to K,\ f\left(\frac{a}{b}\right)=ab^{-1}$$

라고 하면 f는 잘 정의되며 단사인 환준동형사상이 됨을 보이자.

임의의 $\frac{a}{b}, \frac{c}{d}\in F$에서 만일 $\frac{a}{b}=\frac{c}{d}$이면 $ad=bc$이다. 따라서

$$ab^{-1}=ad(bd)^{-1}=bc(bd)^{-1}=cd^{-1}$$

이므로 $f\left(\frac{a}{b}\right)=f\left(\frac{c}{d}\right)$가 되어 잘 정의된다. 또 거꾸로 만일 $f\left(\frac{a}{b}\right)=f\left(\frac{c}{d}\right)$이면 $ab^{-1}=cd^{-1}$이므로 $\frac{a}{b}=\frac{c}{d}$가 되어 f는 단사이다.

$$f\left(\frac{a}{b}+\frac{c}{d}\right)=f\left(\frac{ad+bc}{bd}\right)=(ad+bc)(bd)^{-1}=ab^{-1}+cd^{-1}=f\left(\frac{a}{b}\right)=f\left(\frac{c}{d}\right)$$

$$f\left(\frac{a}{b}\cdot\frac{c}{d}\right)=f\left(\frac{ac}{bd}\right)=ac(bd)^{-1}=(ab^{-1})(cd^{-1})=f\left(\frac{a}{b}\right)f\left(\frac{c}{d}\right)$$

따라서 위의 사실로부터 F는 K에 매입되므로 F는 K에 포함되는 것으로 간주하면 F는 R을 포함하는 어떠한 체에도 포함되므로 분수체는 정역을 포함하는 가장 작은 체이다.

또 임의의 $x\in R$에 대해서 $h(x)=\frac{x}{1}\in F$이므로 $f\left(\frac{x}{1}\right)=x$이다. $\frac{x}{1}$와 x를 같은 원소로 생각하면 f는 R에서는 항등함수가 된다. 즉 R에서는 f는 h의 역함수이다. □

위의 정리에 의해서 $\mathbb{Z}$와 $\mathbb{Q}$ 사이에는 체가 없다. 그러나 $\mathbb{Q}$와 $\mathbb{R}$ 사이에는 체가 무수히 많이 있다. 예를 들어

$$\mathbb{Q}(\sqrt{2})=\{a+b\sqrt{2}\,|\,a,\ b\in\mathbb{Q}\}$$

는 $\mathbb{Q}$와 $\mathbb{R}$ 사이의 체이다. 그러나 $\mathbb{R}$과 $\mathbb{C}$ 사이에는 체가 없다.

체를 무한체와 유한체로 나누면 $\mathbb{Z}_3$, $\mathbb{Z}_5\cdots$ 등은 유한체이고 $\mathbb{Q}$, $\mathbb{R}$ 등은 무한체이다. 무한체 중에서 제일 작은 체가 $\mathbb{Q}$이다. 그리고 유한체는 반드시 $\mathbb{Z}_p$, p는 소수꼴의 체를 포함한다. 그 이유를 알아보자.

정리 20.12 R은 단위원 1을 가진 환이다. 만일 R의 표수가 0이면 R은 $\mathbb{Z}$를 포함하고 R의 표수가 n이면 R은 $\mathbb{Z}_n$을 포함한다.

증명 여기서 포함한다는 말은 매입된다는 뜻이다.

$$h:\mathbb{Z}\to R,\ \ h(m)=m1$$

라고 하면

$$h(m+n)=(m+n)1=m1+n1=h(m)+h(n)$$
$$h(mn)=(mn)1=(m1)\cdot(n1)=h(m)\cdot h(n)$$

이므로 h는 환준동형사상이다. 준동형사상의 기본정리에서 $\mathrm{Ker}\,h=K$라고 하면 $\mathbb{Z}/K$는 R의 부분환과 동형이 된다. 그러면 K를 구해보자.

(1) 만일 R의 표수가 n이면 $K=\langle n\rangle$이다. 그 이유는 군 G에서 $a\in G$, $|a|=n$라고 하면 $a^m=e$일 필요충분조건은 $n|m$이다. 그런데 $(R,\ +)$은 군이므로 여기서 $a=1$로 보면 $|1|=n$이다. 따라서 $m1=0$일 필요충분조건은 $n|m$, 즉 $m\in\langle n\rangle$이다. 그런데 $m1=0$은 $h(m)=0$, 즉 $m\in\mathrm{Ker}\,h$이므로 결국 이 말은 $m\in K$일 필요충분조건은 $m\in\langle n\rangle$이고 따라서 $K=\langle n\rangle$이다. 따라서

$$\mathbb{Z}/K=\mathbb{Z}/n\mathbb{Z}\cong\mathbb{Z}_n\subset R$$

이다.

(2) 만일 R의 표수가 0이면 $m1=0$이 되는 양의 정수 m은 없다. 따라서 $\mathrm{Ker}\,h=\{0\}$ 뿐이므로

$$\mathbb{Z}/K=\mathbb{Z}/\{0\}=\mathbb{Z}\subset R$$

이다. □

따름정리 20.13 임의의 체는 $\mathbb{Q}$ 또는 $\mathbb{Z}_p$(p는 소수)와 동형인 체를 포함한다.

증명 F를 체, F의 표수를 p라고 하면 $p=0$ 또는 소수이다. 만일 $p=0$이면 F는 $\mathbb{Z}$를 포함한다. 또 앞 정리 20.11에서 $\mathbb{Q}$는 $\mathbb{Z}$를 포함하는 모든 체에 포함되므로 $\mathbb{Q} \subset F$이다. 만일 p가 소수이면 $\mathbb{Z}_p$는 체이다. 따라서 F는 체 $\mathbb{Z}_p$를 포함한다. □

정의 20.4 체 $\mathbb{Q}$와 $\mathbb{Z}_p$(p는 소수)를 소체(prime field)라고 한다.

위의 정의 20.4의 $\mathbb{Q}$와 $\mathbb{Z}_p$는 체 중에서 가장 작은 체이다. 즉 $\mathbb{Q}$는 무한체 중 가장 작고 체 $\mathbb{Z}_p$는 유한체 중 가장 작은 체이다. 또 정의에 의해 임의의 체는 $\mathbb{Q}$와 $\mathbb{Z}_p$를 동시에 포함할 수는 없다. 물론 서로 다른 $\mathbb{Z}_p$, $\mathbb{Z}_q$(p, q는 소수)를 동시에 포함할 수도 없다. 또 F가 유한체면 $\mathbb{Q}$를 포함할 수 없으므로 반드시 $\mathbb{Z}_p$꼴의 체를 포함한다. 앞으로 배우겠지만 모든 유한체의 위수는 p^n, p는 소수, $n \in \mathbb{Z}$꼴이다. 따라서 원소가 6개, 10개인 체는 있을 수가 없다.

【예제 6】 $\mathbb{Z}_3$, $\mathbb{Z}_5$는 각각 체지만 $\mathbb{Z}_3 \times \mathbb{Z}_5$는 체가 아니다. 우선 위수가 15이므로 체가 될 수 없다. 실제로 $(\overline{2}, \overline{0}) \cdot (\overline{0}, \overline{3}) = (\overline{0}, \overline{0})$가 되어 영인자가 존재하므로 정역도 아니다.

연습문제(20)

1. D는 정역이고 $F=\{a/b \mid a, b\in D, b\neq 0\}$이다. $(a/b)+(c/d)=(ad+bc)/bd$, $(a/b)\cdot(c/d)=ac/bd$로 정의하면 분배법칙이 성립함을 보여라.

2. 1을 가진 모든 환은 $\mathbb{Z}$나 $\mathbb{Z}_n$과 동형인 부분환을 가짐을 보여라.

3. 1을 가진 환이 동시에 $\mathbb{Z}_n$, $\mathbb{Z}_m(n\neq m)$과 동형인 부분환을 가질 수 있는가?

4. 정역이 동시에 $\mathbb{Z}_p$와 $\mathbb{Z}_q(p\neq q,\ p,\ q$는 소수)인 두 체를 포함할 수 있는가?

5. 무한정역으로서 표수는 유한인 예를 들어라.

6. D는 정역이다. $a\neq 0\in D$이고 $na=0$인 정수 $n\neq 0$이 존재하면 D는 유한표수임을 보여라.

7. (1) $\mathbb{Z}[i]=\{m+ni \mid m, n\in\mathbb{Z}\}$의 분수체를 구하여라.
   (2) $\mathbb{Z}[\sqrt{2}]=\{m+n\sqrt{2} \mid m, n\in\mathbb{Z}\}$의 분수체를 구하여라.

8. R은 환이고 $xy=0$이면 $x=0$ 또는 $y=0$이다. $a^n=b^n$, $a^m=b^m$, $\gcd(m, n)=1$이면 $a=b$임을 보여라.

9. D는 정역, Q는 D의 분수체이다. T는 정역으로써 $D\subset T\subset Q$이면 Q는 T의 분수체와 동형임을 보여라.

10. R은 1을 가진 가환환이고 R의 표수는 소수 p이다. $\phi_p : R\to R$, $\phi_p(a)=a^p$은 준동형사상임을 보여라. (이 함수를 Frobenius 준동형사상이라고 함)

21 다항식 환과 그 성질
(Polynomial Rings)

지금부터 다항식에 대해서 공부한다. 고등학교 때 우리는 다항식에 대해서 많은 공부를 했다. 방정식의 근을 구하고 여러 다항식을 곱하고 나누기도 했으며 최대공약수를 구하고 인수분해도 하였다. 여러 가지 면에서 다항식은 정수와 매우 닮은 점이 있다. 정수에서의 계산은 대부분 다항식의 계산에 그대로 적용할 수 있다.

앞으로 배우겠지만 다항식의 가장 중요한 성질은 대부분 다항식의 계수와 차수에 의해서 결정된다. 차수는 정수이기 때문에 정수의 성질과 다항식의 성질은 99% 비슷하다. 사실 다항식의 미지수 x는 말 그대로 아무 뜻도 없다. x를 t나 다른 문자로 바꾸어도 그만이다. 먼저 다항식을 정의부터 하고 시작하자.

정의 21.1 R은 환이다. 계수가 R의 원소인 다항식이란

$$a_0 + a_1x + a_2x^2 + \cdots + a_nx^n, \quad a_i \in R$$

꼴로 표시(expression of the form)된 모양을 뜻한다. 여기서 R의 원소 $a_0, a_1, a_2, \cdots$를 이 다항식의 **계수**(coefficient)라 하고 x를 **부정원**(indeterminate)라고 한다. 또 a_ix^i $(i=0, 1, 2, \cdots, n)$을 이 다항식의 **항**(terms)이라고 한다. 또 a_i를 특히 x^i의 계수라고 부른다.

다항식에서 x를 환 R의 원소로 생각하면 $a_0+a_1x+\cdots+a_nx^n$은 R의 원소들끼리 연산한 것이므로 다항식을 쉽게 이해할 수 있다. 그러나 이러한 사고방식은 고등학교까지의 생각이고 실제로 부정원 x는 R의 원소가 아니다. 따라서 ax는 R의 원소 a와 부정원 x의 곱이 아니라 그냥 하나의 형식이다. 이 자체는 아무 뜻도 없다. 우리는 여기에 여러 가지 의미를 줄 수 있다. 조금 생소하지만 다항식을 좀더 구체적으로 정의해 보자. R을 환이라 하고 $R[x]$를 R의 원소들의 수열 $(a_0, a_1, \cdots)$의 집합이라고 한다. 즉

$$R[x]=\{(a_0, a_1, \cdots) \mid a_i \in R\}$$

이다. 단, 이 수열은 유한항 이상의 항은 모두 0이다. $R[x]$에 $+$와 $\cdot$을

$$(a_0, a_1, \cdots)+(b_0, b_1, \cdots)=(a_0+b_0, a_1+b_1, \cdots)$$
$$(a_0, a_1, \cdots)\cdot(b_0, b_1, \cdots)=(c_0, c_1, \cdots),\ c_i=\sum_{k=0}^{i}=a_kb_{i-k}$$

이라고 하면 $R[x]$는 환이 된다.

함수 $\phi: R \to R[x]$를 $\phi(r)=(r, 0, 0, \cdots)$라 하면 ϕ는 단사인 준동형사상이 되어 R은 $R[x]$에 매입된다. 따라서 R의 원소 r은 $R[x]$의 원소 $(r, 0, 0, \cdots)$와 동일하게 취급한다. R을 1을 가진 환이라고 하고

$$(0, 1, 0, \cdots)=x\in R[x]$$

라고 하면

$$x^2=(0, 0, 1, 0, \cdots),\ x^3=(0, 0, 0, 1, \cdots), \cdots$$

가 된다. R의 임의의 원소 r에 대해서

$$rx=(r, 0, 0, \cdots)\cdot(0, 1, 0, \cdots)=(0, r, 0, \cdots),$$
$$rx^2=(r, 0, 0, \cdots)\cdot(0, 0, 1, 0, \cdots)=(0, 0, r, 0, \cdots),$$
$$rx^3=(0, 0, 0, r, 0, \cdots)$$

가 되어서 결국 $R[x]$의 임의의 원소 $(a_0, a_1, a_2, \cdots)$는

$$(a_0, a_1, a_2, \cdots)=(a_0, 0, 0, \cdots)+(0, a_1, 0, \cdots)+(0, 0, a_2, 0, \cdots)$$

$$= a_0 + a_1x + a_2x^2 + \cdots$$

꼴로 표시되고, 결국

$$R[x] = \{a_0 + a_1x + a_2x^2 + \cdots \mid a_i \in R,\ \text{유한개 이상의 계수는 } 0\}$$

이다. 또

$$a_0 + a_1x + a_2x^2 + \cdots = b_0 + b_1x + b_2x^2 + \cdots$$

일 필요충분조건은

$$a_i = b_i\ (i = 0,\ 1,\ 2,\ \cdots)$$

가 됨을 알 수 있다.

보통 다항식을 표시할 때는 간단하게 계수가 0인 항은 생략한다. 또 계수가 1일 때는 1을 역시 생략한다. 그러나 계수가 전부 0일 때는 공백으로 둘 수 없으므로 0으로 적는다. 즉 $0 + 0x + 0x^2 + \cdots = 0$이다. 이 다항식을 **영다항식**(zero polynomial)이라 한다.

【예제 1】 $2 + 0x - 1x^2 + 0x^3 + 1x^4 + 5x^4$는 간단히 $2 - x^2 + x^4 + 5x^4$로 쓴다.

【예제 2】 $x^2 + 3x - 5$, $x^8 - 1$은 계수가 정수인 다항식이다. 물론 계수가 실수인 다항식으로도 볼 수 있다.

【예제 3】 $3x^5 - \sqrt{2}x^2 + \pi x$는 계수가 실수인 다항식이다.

【예제 4】 $f(x) = \bar{2}x^4 + \bar{4}x^3 - \bar{1}x^2 + \bar{5}x + \bar{1}$, $\bar{i} \in \mathbb{Z}_6$이라고 하면 $f(x)$는 계수가 $\mathbb{Z}_6$의 원소인 다항식이다.

【예제 5】 어떤 수의 제곱의 3배에 1을 뺀 수를 7로 나누면 나머지가 4이다. 이 수를 구해보자. 이 수를 x라고 하면

$$(3x^2 - 1) \div 7 = q \cdots 4$$

로 쓸 수 있다. 따라서 $\mathbb{Z}_7$에서 생각하면 $\overline{3x^2-1}=\overline{4}$이므로 이 모양은 $\overline{3}x^2-\overline{5}=\overline{0}$이다. 따라서 $\mathbb{Z}_7$상에서의 다항식의 꼴로 표시할 수 있고 $\mathbb{Z}_7$의 원소 중 이 식을 만족시키는 x를 구하면 된다.

정의 21.2 R이 환일 때 계수가 R의 원소인 모든 다항식의 집합을 $R[x]$로 표시한다. 즉

$$R[x]=\{a(x)\,|\,a(x)\text{는 계수가 } R\text{의 원소인 다항식}\}$$
$$=\{a(x)\,|\,a(x)=a_0+a_1x+\cdots+a_nx^n,\ a_i\in R,\ n\geq 0\}$$

【예제 6】 $a(x)=(1+i)+2ix-3x^2$라 하면 $a(x)\in\mathbb{C}[x]$이다. 그러나 $a(x)\notin\mathbb{R}[x]$이다.

두 다항식 $1+x^2$과 $4+x+2x^3$을 차수가 같게 표시할 때는 구체적으로 $1+0x+1x^2+0x^3$과 $4+1x+0x^2+2x^3$으로 표시하여 계수를 비교할 수 있다.

【예제 7】 $ax^2+3x+c=bx-2$이면 $ax^2+3x+c=0x^2+bx-2$이므로 $a=0$, $b=3$, $c=-2$이다.

정의 21.3 R은 환이고 $a(x),\ b(x)\in R[x]$이다.

$$a(x)=a_0+a_1x+\cdots+a_nx^n,\quad b(x)=b_0+b_1x+\cdots+b_mx^m$$

이라 할 때

$$a(x)+b(x)=(a_0+b_0)+(a_1+b_1)x+\cdots+(a_i+b_i)x^i+\cdots$$
$$a(x)\cdot b(x)=a_0b_0+(a_0b_1+a_1b_0)x+(a_0b_2+a_1b_1+a_2b_0)x^2+\cdots+a_nb_mx^{n+m}$$

즉 곱의 x^i의 계수는

$$a_0b_i+a_1b_{i-1}+\cdots+a_{i-1}b_1+a_ib_0=\sum_{k=0}^{i}a_kb_{i-k}$$

와 같이 정의하고 각각 **다항식합**(polynomial addition), **다항식곱**(polynomial multiplication)이라고 부른다.

잘 알겠지만 위의 다항식의 합을 정의할 때 차수 m, n이 틀릴 경우는 한쪽에 계수 0을 붙여서 차수를 같게 한 다음 같은 차수의 계수끼리 합한 것이다. 또 두 다항식의 곱은 모든 항들을 곱해서 동류항끼리 묶은 것이다.

【예제 8】

$$a(x)=1+x-x^2,\ b(x)=2+x^2+x^3 \in \mathbb{R}[x]$$

이면

$$a(x)\cdot b(x)=2+2x-x^2+2x^3-x^5,\ a(x)+b(x)=3+x+x^3$$

이다.

정의 21.4

$$a(x)=a_0+a_1x+\cdots+a_nx^n \in R[x]$$

에서 x^i의 계수 a_i가 0이 아닌 것 중 가장 큰 정수 i를 $a(x)$의 **차수**(degree)라 하고 $\deg a(x)$로 표시한다. 또 $\deg a(x)=m$일 때 x^m의 0이 아닌 계수 a_m을 $a(x)$의 **선두계수**(leading coefficient) 또는 **최고차계수**라고 한다. 특히 a_0를 $a(x)$의 **상수항**(constant term)이라고 한다.

【예제 9】

$$f(x)=3-2x+5x^2+0x^3-7x^4-0x^5 \in \mathbb{Z}[x]$$

에서 $\deg f(x)=4$이고 $f(x)$의 상수항은 3이다. 최고차 계수는 -7이다.

다항식 $a(x)$의 차수가 n일 필요충분조건은 $a_n \neq 0$이고 $t>n$이면 $a_t=0$임을 알 수 있다. $a(x)$가 계수가 R의 원소인 다항식인데 $a(x)=a_0$ 꼴, 즉 상수항만 있는 다항식일 때 $a(x)$를 **상수다항식**(constant polynomial)이라고 부른다. 그런데 상수항 a_0는 R의 원소이므로 R의 모든 원소는

상수다항식으로 볼 수 있다. 따라서 $R \subset R[x]$로 생각할 수 있다. 즉

$$h : R \to R[x],\ h(a) = a$$

는 매입함수가 된다. 따라서 R은 $R[x]$에 매입되므로 R의 원소 a는 $R[x]$의 원소로 생각하면 상수다항식이다.

상수다항식의 차수는 당연히 0이다. 또 차수가 0인 다항식은 상수다항식이다. 여기서 한 가지 주의할 점은 영다항식 0은 차수가 없다. 차수의 정의에서 계수가 0이 아닌 것이 있어야 차수를 구할 수 있다. 따라서 $\deg 0$는 정의되지 않는다. 상수다항식은 그냥 상수(constant)라고도 한다.

【예제 10】

$$f(x) = 1 - 7x + x^2,\ g(x) = 1 + 2x \in \mathbb{Z}[x]$$

이면

$$\begin{aligned} f(x) + g(x) &= 2 - 5x + x^2 \\ f(x) \cdot g(x) &= 1 + (2-7)x + (-14+1)x^2 + 2x^3 \\ &= 1 - 5x - 13x^2 + 2x^3 \end{aligned}$$

【예제 11】

$$f(x) = \bar{1} + \bar{5}x - x^3 + \bar{2}x^4,\ g(x) = \bar{4} + \bar{2}x + \bar{3}x^2 + x^3 \in \mathbb{Z}_7[x]$$

라고 하면

$$\begin{aligned} f(x) + g(x) &= (\bar{1} + \bar{4}) + (\bar{5} + \bar{2})x + (\bar{0} + \bar{3})x^2 + (-\bar{1} + \bar{1})x^3 + (\bar{2} + \bar{0})x^4 \\ &= \bar{5} + \bar{3}x^2 + \bar{2}x^4 \\ f(x) \cdot g(x) &= \bar{1} \cdot \bar{4} + (\bar{2} + \overline{20})x + (\bar{3} + \overline{10})x^2 + (\bar{1} + \overline{15} - \bar{4})x^3 + (\bar{8} - \bar{2} + \bar{5})x^4 \\ &\quad + (\bar{4} - \bar{3})x^5 + (\bar{6} - \bar{1})x^6 + \bar{2}x^7 \\ &= \bar{4} + x + \bar{6}x^2 + \bar{5}x^3 + \bar{4}x^4 + x^5 + \bar{5}x^6 + \bar{2}x^7 \end{aligned}$$

정리 21.1 R은 환이다. $R[x]$은 위 정의 21.3에서 정의한 다항식합과 다항식곱에 의해서 $(R[x], +, \cdot)$은 환이 된다.

증명 $R[x]$의 $+$에 대한 항등원은 영다항식 0이다.

$$a(x) = a_0 + a_1x + \cdots + a_nx^n$$

의 역원 $-a(x)$는

$$(-a_0) + (-a_1)x + \cdots + (-a_n)x^n$$

이다. 곱의 결합법칙은 증명하기가 좀 복잡하다. 각자 해보기 바란다(21장 연습문제 21). 자세한 내용은 Pinter([6] p. 244)를 참고하면 된다. □

위의 환 $(R[x], +, \cdot)$은 간단히 $R[x]$로 적고 R상에서의 **다항식환**이라고 한다. 앞으로 두 다항식 $a(x), b(x) \in R[x]$의 곱 $a(x) \cdot b(x)$는 그냥 $a(x)b(x)$로 적는다.

【예제 12】 $\mathbb{Z}_2[x]$에서

$$(x+\overline{1})^2 = (x+\overline{1})(x+\overline{1}) = x^2 + (\overline{1} \oplus \overline{1})x + \overline{1} = x^2 + \overline{1}$$
$$(x+\overline{1}) + (x+\overline{1}) = (\overline{1} \oplus \overline{1})x + (\overline{1} \oplus \overline{1}) = \overline{0}x + \overline{0} = \overline{0}$$

이다.

보통의 다항식환 $R[x]$에서 $a(x)$, $b(x)$, $a(x)+b(x)$, $a(x)b(x)$가 모두 0이 아니면

$$\deg(a(x)b(x)) \leq \deg a(x) + \deg b(x)$$
$$\deg(a(x)+b(x)) \leq \max\{\deg a(x), \deg b(x)\}$$

가 됨은 쉽게 증명할 수 있다.

【예제 13】 $f(x) = \overline{2}x^4$, $g(x) = \overline{1} + \overline{3}x^2 \in \mathbb{Z}_6[x]$에서 $f(x)g(x) = \overline{2}x^4$이므로

$$4 = \deg(f(x)g(x)) < \deg f(x) + \deg g(x) = 4 + 2 = 6$$

이다. 또 $f(x) = \overline{2}x^2$, $g(x) = \overline{1} + \overline{4}x^2 \in \mathbb{Z}_6[x]$라면

$$0 = \deg(f(x)+g(x)), \ \deg f(x) = 2, \ \deg g(x) = 2$$

이다.

그러나 R이 정역이면 곱의 차수는 각각의 차수의 합과 같다.

정리 21.2 R이 정역이고 $a(x)\neq 0$, $b(x)\neq 0\in R[x]$이면

$$\deg(a(x)b(x))=\deg a(x)+\deg b(x)$$

이다.

증명
$$a(x)=a_0+a_1x+\cdots+a_nx^n,\ b(x)=b_0+b_1x+\cdots+b_mx^m,\ a_n\neq 0,\ b_m\neq 0$$

라고 하면 $\deg a(x)=n$, $\deg b(x)=m$이다.

$$a(x)b(x)=a_0b_0+\cdots+a_nb_mx^{n+m}$$

인데 R은 정역이므로 $a_nb_m\neq 0$이다. 따라서

$$\deg(a(x)b(x))=n+m=\deg a(x)+\deg b(x)$$ □

다음 정리는 별것 아닌 것 같지만 사실은 중요하다.

정리 21.3 R이 정역이면 $R[x]$도 정역이다.

증명 $a(x)\neq 0$, $b(x)\neq 0\in R[x]$라고 하면 앞 정리 21.2의 증명과 마찬가지로 해서 $a(x)$, $b(x)$의 계수 중 0이 아닌 것이 존재한다. a_n을 $a(x)$의 선두계수, b_m을 $b(x)$의 선두계수라고 하면 $a_n\neq 0$, $b_m\neq 0$이고 R은 정역이므로 $a_nb_m\neq 0$이다. 따라서 $a(x)b(x)$의 선두계수는 a_nb_m이므로 $a(x)b(x)\neq 0$이다. $R[x]$가 단위원을 가진 가환환이 됨은 당연하다. □

이와 같이 R의 성질이 그대로 $R[x]$로 계승되는 것도 있지만 그렇지 않는 것도 있다. 예를 들면 F는 체이지만 $F[x]$는 체가 아니다. $x\in\mathbb{Q}[x]$는 역원이 없으므로 $\mathbb{Q}[x]$는 체가 되지 못한다. $\frac{1}{x}$은 다항식이 아니다.

그러나 $\mathbb{Q}[x]$는 정역임은 위의 정리 21.3에서 분명하다. 앞으로 우리는 계수가 체 F의 원소인 다항식, 즉 $F[x]$를 주로 취급한다. $F[x]$는 정역이 됨은 당연하다. 구체적인 체 상에서의 다항식환은 $\mathbb{Q}[x]$, $\mathbb{R}[x]$, $\mathbb{Z}_5[x]$ 등이 있다. 이러한 다항식환은 정수의 성질과 많이 닮았다. 다음 정리는 너무나 당연한 상식이지만 증명은 상당히 어렵다.

정리 21.4 ($F[x]$에서의 나누기 호제법) F는 체이다. $a(x), b(x) \in F[x]$, $b(x) \neq 0$이면

$$a(x) = b(x)q(x) + r(x), \quad r(x) = 0 \text{ 또는 } \deg r(x) < \deg b(x)$$

인 $q(x), r(x) \in F[x]$가 단 1개 존재한다.

증명 $b(x) = b_0 + b_1x + \cdots + b_mx^m$, $b_m \neq 0$라 하자. 집합

$$S = a(x) - \langle b(x) \rangle = \{a(x) - b(x)h(x) \mid h(x) \in F[x]\}$$

라고 하자. 만일 $0 \in S$면

$$a(x) = b(x)q(x), \quad q(x) \in F[x]$$

꼴로 적을 수 있으므로 증명되었다. 만일 $0 \notin S$면 S의 원소 중 차수가 가장 낮은 원소가 존재할 것이다. 이 원소를 $r(x)$라 하자. 유리수에서 생각하면 $a=5$, $b=3$이라고 하면 S는

$$S = 5 - \langle 3 \rangle = 5 - 3\mathbb{Z} = \{\cdots, -1, 2, 5, 8, \cdots\}$$

이 되고 이때 $r(x)$는 2가 된다. $r(x) \in S$이므로

$$r(x) = a(x) - b(x)q(x), \quad q(x) \in F[x]$$

꼴이 될 것이다. 따라서

$$a(x) = b(x)q(x) + r(x), \quad q(x) \in F[x]$$

꼴로 표시된다. 만일 $\deg r(x) \geq m$이면 모순이 됨을 보이자.

$$r(x) = c_0 + c_1x + \cdots + c_tx^t, \quad c_t \neq 0$$

라고 하면 $\deg r(x) = t \geq m$이다.

$$c_t b_m^{-1} b(x) x^{t-m} = c_t b_m^{-1} b_0 x^{t-m} + \cdots + c_t x^t$$

이므로

$$r(x) - c_t b_m^{-1} b(x) x^{t-m} \in S,\ \deg\left(r(x) - c_t b_m^{-1} b(x) x^{t-m}\right) < t$$

가 되어 모순이 된다. 따라서 $\deg r(x) < \deg b(x)$이다. $q(x),\ r(x) \in F[x]$는 유일함을 보이기 위해서

$$a(x) = b(x) q_1(x) + r_1(x), \quad a(x) = b(x) q_2(x) + r_2(x)$$

꼴로 표시되었다면

$$b(x)(q_1(x) - q_2(x)) = r_2(x) - r_1(x)$$

이다. 만일 $q_1(x) - q_2(x) \neq 0$면 앞 정리 21.2에서 $\deg[r_2(x) - r_1(x)] \geq \deg b(x)$이다. 그런데

$$\deg(r_2(x) - r_1(x)) < \deg b(x)$$

이므로 이 식이 성립하기 위해서는 결국 $q_1(x) - q_2(x) = 0$이고 따라서 $r_2(x) = r_1(x)$가 되어야 한다. □

【예제 14】 $\mathbb{Z}_5[x]$에서 $a(x) = x^4 - \bar{3}x^3 + \bar{2}x^2 + \bar{4}x - \bar{1}$를 $b(x) = x^2 - \bar{2}x + \bar{3}$로 나눈 몫과 나머지를 구해보자.

$$\begin{array}{r|l}
 & x^2 - x - \bar{3} \\
\hline
x^2 - \bar{2}x + \bar{3} & x^4 - \bar{3}x^3 + \bar{2}x^2 + \bar{4}x - \bar{1} \\
 & x^4 - \bar{2}x^3 + \bar{3}x^2 \\
\hline
 & \quad -x^3 - x^2 + \bar{4}x \\
 & \quad -x^3 + \bar{2}x^2 - \bar{3}x \\
\hline
 & \qquad -\bar{3}x^2 + \bar{2}x - \bar{1} \\
 & \qquad -\bar{3}x^2 + \bar{6}x - \bar{9} \\
\hline
 & \qquad\qquad -\bar{4}x + \bar{8}
\end{array}$$

따라서 $a(x) = b(x)(x^2 - x - \bar{3}) + (x + \bar{3})$이고 몫은 $x^2 - x - \bar{3}$, 나머지는 $x + \bar{3}$이다.

다음은 다항식의 근에 대해서 생각해 보자. 다항식의 근은 준동형사상의 상으로 생각하는 것이 여러 가지로 편리하다.

정의 21.5 F는 E의 부분체이고 $u \in E$이다. 함수

$$\phi_u : F[x] \to E,\ \phi_u(a_0 + a_1 x + \cdots + a_n x^n) = a_0 + a_1 u + \cdots + a_n u^n$$

를 **대입함수**(substitution function) 또는 **평가함수**(evaluation function)라고 한다. 또 $a(x)$의 상 $\phi_u(a(x))$는 $a(u)$로 적는다.

정의에서 다항식 $a(x)$의 대입함수 ϕ_u의 함수값은 말 그대로 x 대신 E의 원소 u를 대입한 값이다. $a(x)$의 계수는 F의 원소이나 F는 E의 부분체이므로 E의 원소로 볼 수 있다. 따라서 이 값은 E에서 계산할 수 있다.

【예제 15】 $\phi_{\sqrt{2}} : \mathbb{Q}[x] \to \mathbb{R}$에서

$$\phi_{\sqrt{2}}(3x^2 + x - 1) = 6 + \sqrt{2} - 1 = 5 + \sqrt{2}$$

또 $\phi_0 : \mathbb{Q}[x] \to \mathbb{R}$에서 $\phi_0(f(x))$는 $f(x)$의 상수항이 된다.

$\phi_i : \mathbb{Q}[x] \to \mathbb{C}$에서 $\phi_i(x^2+1) = i^2 + 1 = 0$, $\phi_i(x) = i$이다.

정리 21.5 F는 E의 부분체, $u \in E$일 때 대입함수 $\phi_u : F[x] \to E$는 준동형사상이다. 또 모든 $a \in F$에 대해서 $\phi_u(a) = a$이다. 즉 $\phi_u|_F = 1_F$이다.

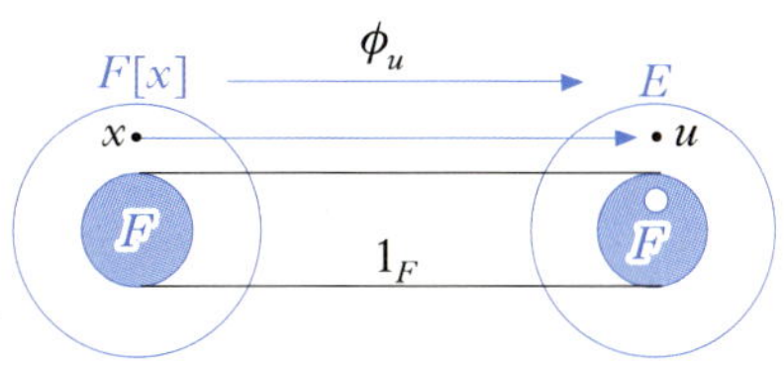

[그림 21.1]

증명 우선 임의의 $a(x) \in F[x]$에 대해서 $a(u) = \phi_u(a(x)) \in E$가 됨은 쉽게 알 수 있다. 임의의 $f, g \in F[x]$에 대해서

$$\phi_u(f+g) = \phi_u(f) + \phi_u(g), \quad \phi_u(fg) = (\phi_u(f))(\phi_u(g))$$

가 됨은 왼편은 $F[x]$에서 다항식의 연산, 오른편은 체 E에서의 연산인데 다항식의 연산에서 바로 구할 수 있다. 또 F의 원소는 상수항만 있는 다항식으로 생각하면 ϕ_u는 F에서는 항등함수가 된다. 물론 $\phi_u(x) = u$이다. □

정의 21.6 F는 E의 부분체이고 $u \in E$이다. $a(x) \neq 0 \in F[x]$에 대해서 $a(u) = 0$일 때 u는 $a(x)$의 근(root) 또는 영(zero)이라고 한다.

$a(x) \in F[x]$는 다항식이고 $a(x) = 0$은 방정식이다. $a(x) = 0$을 만족시키는 값을 이 방정식의 해(solution)라고 부르고 이 값은 다항식 $a(x)$의 근과 같다. 정의에서 u가 $a(x)$의 근이 될 필요충분조건은 $a(x) \in \text{Ker } \phi_u$이다.

【예제 16】 방정식 $x^2 + x - 6 = 0$의 해를 구해보자. 우리가 구하는 해는

$$\{u \in \mathbb{R} \mid \phi_u(x^2 + x - 6) = 0\} = \{u \mid u^2 + u - 6 = 0\}$$

이다.

$$u^2 + u - 6 = (u+3)(u-2)$$

이므로 해는 $\{2, -3\}$이다.

위의 예제 15에서 $\phi_{\sqrt{2}}(3x^2 + x - 1) = 5 + \sqrt{2} \neq 0$이므로 $\sqrt{2}$는 $3x^2 + x - 1$의 근이 아니다. 그러나 $\phi_i(x^2 + 1) = 0$이므로 $i \in \mathbb{C}$는 $x^2 + 1$의 근이다.

【예제 17】 $\phi_2 : \mathbb{Q}[x] \to \mathbb{R}$에서 $\text{Ker } \phi_2 = K$라고 하면

$$\phi_2(x^2 + x - 6) = 0$$

이므로 $x^2+x-6\in K$이다. 또 임의의 $f(x)\in\langle x-2\rangle$에 대해서 $\phi_2(f(x))=0$이므로 $\langle x-2\rangle\subset K$이다. 뒤의 나머지 정리에서 배우겠지만 만일 $\phi_2(f(x))=0$이면 $f(x)\in\mathbb{Q}[x]$는 $x-2$로 나누어진다. 따라서 $K\subset\langle x-2\rangle$가 되어 $K=\langle x-2\rangle$이다. 한편

$$\mathbb{Q}\supset\phi_2(\mathbb{Q}[x])\supset\phi_2(\mathbb{Q})=\mathbb{Q}$$

이므로 $\phi_2(\mathbb{Q}[x])=\mathbb{Q}$ 이다. 준동형사상의 기본정리에 의하여 $\mathbb{Q}[x]/K\cong\mathbb{Q}$ 이다. 또 $\mathbb{Q}$는 체이므로 $\langle x-2\rangle$는 $\mathbb{Q}[x]$의 극대아이디얼이 됨을 알 수 있다.

【예제 18】 $\phi_0:\mathbb{Q}[x]\to\mathbb{R}$ 에서

$$\text{Ker }\phi_0=\{a(x)\in\mathbb{Q}[x]\mid a(x)\text{의 상수항}=0\}$$

이다. 또 $\phi_0(\mathbb{Q}[x])=\mathbb{Q}$ 이므로 $\mathbb{Q}[x]/\text{Ker }\phi_0\cong\mathbb{Q}$ 이다. 마찬가지로 $\mathbb{Q}$는 체이므로

$$\{a(x)\in\mathbb{Q}[x]\mid a(x)\text{의 상수항}=0\}=\langle x\rangle$$

은 $\mathbb{Q}[x]$의 극대아이디얼이다.

다음 정리는 우리가 잘 알고 있는 나머지 정리인데 비교적 간단한 정리지만 수학의 여러 분야에서 매우 유용하게 이용된다.

> **정리 21.6** (나머지 정리) F는 체이다. $a(x)\neq 0\in F[x]$, $u\in F$이다. u가 $a(x)$의 근이 될 필요충분조건은 $x-u\mid a(x)$이다.

증명 $u\in F$, $a(u)=0$이라고 하자. 정리 21.4에 의해서

$$a(x)=(x-u)q(x)+r(x),\quad r(x)=0 \text{ 또는 } \deg r(x)<1$$

인 $q(x)$, $r(x)\in F[x]$가 존재한다. 그런데 만일 $r(x)\neq 0$이면 $\deg r(x)<1$이므로 $r(x)=c\in F$이다. 따라서 $a(u)=0q(u)+c$에서 $c=0$이 되므로 모순이다. 따라서

$$x-u \mid a(x)$$

이다. 역으로 $x-u \mid a(x)$면

$$a(x)=(x-u)q(x),\ q(x)\in F[x]$$

이므로 $a(u)=0$이다. □

【예제 19】 $a(x)=x^3+\overline{2}\in\mathbb{Z}_3[x]$는 $a(\overline{1})=\overline{0}$이므로 $x-\overline{1}=x+\overline{2}$는 $x^3+\overline{2}$의 인수이다.

따름정리 21.7 F는 체, $a(x)\neq 0\in F[x]$, $\deg a(x)=n$이면 $a(x)$는 F에서 n개 이하의 근을 가진다.

증명 $u_1, u_2, \cdots, u_t$를 F에서 $a(x)$의 서로 다른 근이라고 하자. $u_1\in F$가 $a(x)$의 근이므로 $a(x)=(x-u_1)q_1(x)$이고 $\deg q_1(x)=n-1$이다. 또 $u_2\in F$가 $a(x)$의 근이므로 $a(u_2)=0$으로부터

$$a(x)=(x-u_1)(x-u_2)q_2(x)$$

이고 $\deg q_2(x)=n-2$이다. 이와 같은 과정을 반복하여

$$a(x)=(x-u_1)(x-u_2)\cdots(x-u_t)q_t(x)$$

가 되었고 $q_t(x)$는 더 이상 F에서 근이 없다.

$$\deg a(x)=t+\deg q_t(x)=n$$

이므로 $t\le n$이다. □

참고 다항식의 계수가 체가 아닌 그냥 환의 원소일 경우에는 차수보다 훨씬 많은 근을 가질 수도 있다.

【예제 20】 $f(x)=x^2+\overline{2}x-\overline{3}\in\mathbb{Z}_{12}[x]$에서 $f(x)=(x+\overline{3})(x-\overline{1})$로 인수분해되지만 $\overline{1}, \overline{3}, \overline{7}, \overline{9}$는 모두 이 다항식의 근이다.

연습문제(21)

1. $a(x)=\bar{2}x^2+\bar{3}x+\bar{1}$, $b(x)=x^3+\bar{5}x^2+x$이다. $a(x)+b(x)$와 $a(x)b(x)$를 다음 각 원소로 생각했을 때 계산하여라.

   (1) $\mathbb{Z}_5[x]$ (2) $\mathbb{Z}_6[x]$

   (3) $\mathbb{Z}_7[x]$ (4) $\mathbb{Z}[x]$

2. (1) $(x^3+x^2+x+\bar{1})\div(x^2+\bar{3}x+\bar{2})$의 몫과 나머지를 $\mathbb{Z}_5[x]$에서 구하여라.

   (2) $(x^3+\bar{2})\div(\bar{2}x^2+\bar{3}x+\bar{4})$를 $\mathbb{Z}_3[x]$에서 구하여라.

3. (1) n이 홀수면 x^n+1은 $x+1$의 배수임을 보여라.

   (2) $\mathbb{Z}_3[x]$에서 $x+\bar{2}$는 $x^m+\bar{2}$의 약수임을 보여라.

   (3) $\mathbb{Z}_n[x]$에서 $x+\overline{n-1}$는 $x^m+\overline{n-1}$의 약수임을 보여라.

4. 임의의 정수 m에 대해서 $3x^2+4x+m$은 $6x^4+50$의 약수가 아님을 보여라.

5. $\mathbb{Z}_8[x]$에서 영인자와 단원을 각각 한 개씩 구하여라.

6. $\mathbb{Z}_9[x]$에서 $\deg[a(x)b(x)]<\deg a(x)+\deg b(x)$가 되는 다항식 $a(x)$, $b(x)$를 찾아라.

7. $\mathbb{Z}_9[x]$에서 x^2을 인수분해하라.

8. R의 표수가 p이면 $R[x]$의 표수도 p임을 보여라. 단, p는 소수이다.

9. $J=\{a(x)\in R[x]\mid a(x)$의 모든 계수의 합$=0\}$은 $R[x]$의 아이디얼이 됨을 보여라.

10. $h: R[x]\to R$, $h(a_0+a_1x+\cdots+a_nx^n)=a_0+a_1+\cdots+a_n$은 전사인 준동형사상임을 보여라. 또 Ker h를 구하라.

11. x^4-4를 $\mathbb{Q}[x]$, $\mathbb{R}[x]$, $\mathbb{C}[x]$에서 각각 인수분해하라.

12. $\overline{2}x^3+\overline{4}x+\overline{1}\in \mathbb{Z}_5[x]$를 인수분해하라.

13. $\mathbb{Z}_5[x]$에서 다음 다항식의 근을 구하여라.

(1) $\overline{1}+x+x^2+x^3$

(2) $\overline{1}+x^2+\overline{3}x^4$

(3) $\overline{1}+x^5$

(4) $\overline{4}+x^4$

(5) $\overline{1}+x^4$

14. $R=\left\{\begin{pmatrix} a & b \\ c & d \end{pmatrix} \middle| a, b, c, d \in \mathbb{Z}\right\}$는 보통의 행렬의 합과 곱에 의해서 환이다.

(1) $R[x]$상에서의 두 다항식 $x+a$, $x-a$에서 $(x+a)(x-a)=x^2-a^2$임을 보여라.

(2) $(a+b)(a-b)\neq a^2-b^2$인 R의 두 원소 a, b를 찾아라.

15. R은 1을 가진 환이다. $f(x)=a_0+a_1x+\cdots+a_nx^n$이 $R[x]$의 영인자이면 $a_0b=a_1b=\cdots=a_nb=0$이 되는 $b\neq 0$가 R에 존재함을 보여라.

16. F는 체이다.

(1) $\langle x\rangle$는 $F[x]$의 극대아이디얼임을 보여라.

(2) $\langle x\rangle$ 아닌 $F[x]$의 또 다른 극대아이디얼을 구하여라.

17. m, n은 정수이다. $m>0$이면 $m=qn+r$, $|r|\leq \dfrac{n}{2}$이 되는 정수 q, r을 찾아라.

18. $f, g\in \mathbb{Z}_5[x]$이다. $f=\overline{2}x^3+\overline{4}x^2+\overline{3}x+\overline{2}$, $g=\overline{3}x^4+\overline{2}x+\overline{4}$일 때 $f+g$, $f-g$, fg, $g\div f$를 각각 구하여라.

19. $f(x, y)=(3x^3+2x)+(x^2-6x+1)y+(x^4-2x)y^2+(x^4-3x^2+2)y^3$는 $(\mathbb{Z}[x])[y]$의 원소이다. $f(x, y)$를 $(\mathbb{Z}[y])[x]$의 원소로 나타내어라.

20. D는 정역이다. $D[x]$의 단원은 어떤 모양인가?

21. 환 R상에서의 두 다항식 $f(x)=(a_0, a_1, \cdots)$, $g(x)=(b_0, b_1, \cdots)$의 합과 곱을

$$f(x)+g(x)=(a_0+b_0,\ a_1+b_1,\ \cdots)$$
$$f(x)\cdot g(x)=(c_0,\ c_1,\ \cdots)\ (\text{단, } c_i=a_0b_i+\cdots+a_ib_0)$$

과 같이 정의하면 $(R[x], +, \cdot)$는 환이 됨을 보여라.

22. R은 1을 가진 가환환, $f=a_0+a_1x+\cdots+a_nx^n\in R[x]$이다. 다음을 증명하여라.
(1) f가 단원일 필요충분조건은 a_0는 단원, $a_i(1\le i\le n)$은 멱영원이다.
(2) f가 멱영원일 필요충분조건은 $a_0, \cdots, a_n$가 멱영원이다.

23. F는 체이고 $b_1, \cdots, b_{n+1}$은 $n+1$개의 F의 서로 다른 원소이고 $c_1, \cdots, c_{n+1}$은 F의 원소(반드시 서로 다를 필요 없다)이다.
(1) $\deg f(x)\le n$이고, $f(b_i)=c_i(1\le i\le n+1)$인 다항식 $f(x)\in F[x]$를 찾아라.
(2) (1)을 만족시키는 다항식 $f(x)$는 유일함을 보여라.
(특히 이 정리를 Lagrange의 interpolation 정리라고 한다.)

24. (1) $\mathbb{Z}[x]$의 단원을 구하여라.
(2) $\mathbb{Z}_7[x]$의 단원을 구하여라.

25. F는 체이다. $F[x]/\langle x\rangle\cong F$임을 보여라.

26. $f(x)=x^6+\overline{3}x^5+\overline{4}x^2-\overline{3}x+\overline{2}$, $g(x)=x^2+\overline{2}x-\overline{3}\in\mathbb{Z}_7[x]$이다. $f(x)/g(x)$의 몫과 나머지를 구하여라.

27. F는 체이다. $F[x, y]=(F[x])[y]$의 아이디얼 중 주아이디얼이 아닌 것을 찾아라.

28. F는 유한체이다.
(1) $F[x]$의 표수는 소수 p임을 보여라.
(2) $|F|=p^n$(n은 정수)임을 보여라.
(3) 모든 $a\in F$에 대해서 $a^{p^n}=a$임을 보여라.

29. $\mathbb{Z}_{10}$에서 x^2-x의 모든 근을 구하라.

30. $f(x) \in \mathbb{R}[x]$이고 $z=a+bi \in \mathbb{C}$는 $f(x)$의 근이다. $\bar{z}=a-bi$도 $f(x)$의 근이 됨을 보여라.

31. 임의의 다항식 $f(x) \in \mathbb{C}[x]$는 $f(x)=(x-z_1)(x-z_2)(x-z_3)\cdots(x-z_n)$의 꼴로 $\mathbb{C}[x]$에서 인수분해된다. 모든 $f(x) \in \mathbb{R}[x]$는 $\mathbb{R}[x]$에서 차수가 1 또는 2인 다항식의 곱으로 인수분해됨을 보여라.(30번 문제 이용)

32. $6x^4+17x^3+7x^2+x-10$의 $\mathbb{Q}$에서의 근을 구하여라.

33. $n \neq 0$이다. $u \in F$가 $f(x)=a_0+a_1x+\cdots+a_nx^n \in F[x]$의 근이면 u^{-1}는 $g(x)=a_n+a_{n-1}x+\cdots+a_0x^n$의 근임을 보여라.

34. R은 멱영원이 없는 가환환이다. $f(x)=a_0+a_1x+\cdots+a_nx^n \in R[x]$이 영인자이면 $ba_0=ba_1=\cdots=ba_n=0$인 $b \neq 0$가 R에 존재함을 보여라.

22 기약다항식
(Irreducible Polynomials)

$a(x), b(x) \in F[x]$이고 $a(x)$가 $b(x)$의 인수(factor)란 말은 $a(x)$가 $b(x)$로 나누어진다는 뜻이므로 $a(x)$가 $b(x)$의 인수가 될 필요충분조건은 $a(x) | b(x)$, 즉 $b(x) \in \langle a(x) \rangle$가 됨을 다시 한 번 기억하기 바란다.

정의 22.1 $p(x) \in F[x]$가 $F[x]$에서 **기약**(irreducible in $F[x]$) 또는 F상에서 기약(irreducible over F)이라는 말은 $p(x) \neq$상수이고

$$p(x) = a(x)b(x),\ a(x), b(x) \in F[x]$$

이면 $a(x)$ 또는 $b(x)$가 상수가 될 때를 말한다. 기약이 아닐 때를 **가약**(reducible)이라고 한다.

다항식의 기약은 이 다항식이 속하는 체의 성질에 따라서 달라진다.

【예제 1】 $x^2 - 2 \in \mathbb{Q}[x]$는 기약이다. 그러나 $x^2 - 2 \in \mathbb{R}[x]$는

$$x^2 - 2 = (x + \sqrt{2})(x - \sqrt{2})$$

이므로 기약이 아니다. 또 $x^2 + 1 \in \mathbb{R}[x]$는 기약이지만 $x^2 + 1 \in \mathbb{C}[x]$는

가약이다. 따라서 x^2-2는 $\mathbb{Q}$상에서는 기약, $\mathbb{R}$상에서는 가약이고 마찬가지로 x^2+1은 $\mathbb{R}$상에서는 기약, $\mathbb{C}$상에서는 가약이다.

【예제 2】

$$a(x)=x^3+\bar{3}x+\bar{2}\in\mathbb{Z}_5[x]$$

는 $\mathbb{Z}_5$상에서 기약이다. 그 이유는 만일 $a(x)$가 가약이면 상수가 아닌 두 다항식의 곱으로 표시될 것이다. 당연히 그중 한 개는 1차식이 될 것이므로

$$a(x)=(x-u)b(x),\ x-u,\ b(x)\in\mathbb{Z}_5[x]$$

꼴이 될 것이고 $a(u)=0$이므로 $u\in\mathbb{Z}_5$는 $a(x)$의 근이 된다. 그런데

$$a(\bar{0})=\bar{2},\ a(\bar{1})=\bar{1},\ a(\bar{2})=\bar{1},\ a(\bar{3})=\bar{3},\ a(\bar{4})=\bar{3}$$

이므로 $\mathbb{Z}_5$의 어떤 원소도 $a(x)$의 근이 되지 않는다. 따라서 $a(x)$는 $\mathbb{Z}_5$상에서 기약이다.

정리 22.1 $a(x)\in F[x]$이다. $a(x)$가 단원일 필요충분조건은 $a(x)$는 0이 아닌 상수다항식이다.

증명 너무나 당연한 이야기지만 증명하자. $a(x)$가 단원이라면 $a(x)b(x)=1$인 $b(x)\in F[x]$가 존재한다. 따라서

$$\deg a(x)+\deg b(x)=\deg[a(x)\,b(x)]=0$$

이므로 $\deg a(x)=0$, $\deg b(x)=0$이다. 따라서 $a(x)$는 0이 아닌 상수다항식이다. 역으로 $a(x)=c\in F$, $c\neq 0$이라고 하면 c는 F에서 단원이다. 따라서 $c\in F[x]$이고 $a(x)c^{-1}=cc^{-1}=1$이므로 $a(x)$는 $F[x]$에서 단원이다. □

$a\in F$를 $a\in F[x]$로 볼 때는 상수다항식이고 그냥 F의 원소로 생각하면 상수이다. 우리가 정수환 $\mathbb{Z}$에 대해서 다시 한번 생각해 보면 정수환의 모든 아이디얼은 주아이디얼임을 알고 또 증명도 역시 정수의 나눗셈을 이용하였다. 이와 마찬가지로 체 상에서의 다항식환 $F[x]$에

서도 모든 아이디얼은 주아이디얼이 된다. 특히 정역 R의 모든 아이디얼이 주아이디얼이 될 때 이 정역을 **주아이디얼역**(principal ideal domain) 또는 간단히 PID라고 부른다. 다음 정리는 $F[x]$가 PID가 됨을 뜻한다. 이 정리는 중요한 정리이다. PID에 대한 여러 가지 성질은 39장 여러 가지 정역을 참조하기 바람.

정리 22.2 F가 체이면 다항식 환 $F[x]$의 모든 아이디얼은 주아이디얼이다.

증명 정수환의 아이디얼은 주아이디얼이 되는 것과 비슷하게 증명하자. 단지 $F[x]$의 원소는 차수가 정수이므로 다항식의 차수를 가지고 따진다. N을 $F[x]$의 아이디얼이라고 하자. $N=\{0\}$이면 $N=\langle 0\rangle$이므로 끝. $N\neq\{0\}$이라고 하면 N에는 0이 아닌 다항식이 들어있다. 그중 차수가 가장 낮은 다항식 $a(x)$를 하나 택하자. 따라서 N의 어떠한 원소도 $a(x)$보다 더 낮은 차수를 가질 수 없다. 같을 수는 있다. $a(x)$가 상수라도 상관없다. 만일 $a(x)$가 상수면 $a(x)\in F$는 단원이므로 $N=\langle 1\rangle=F[x]$가 된다. 임의의 $b(x)\in N$에 대해서 $b(x)$를 $a(x)$로 나누면

$$b(x)=a(x)q(x)+r(x),\quad r(x)=0 \text{ 또는 } \deg r(x)<\deg a(x)$$

로 쓸 수 있다. 만일 $r(x)\neq 0$이면 $b(x)\in N$, $a(x)\in N$이므로

$$r(x)=b(x)-a(x)q(x)\in N$$

이다. 그런데 $a(x)$는 N의 원소 중 차수가 가장 최소이므로 모순이다. 따라서

$$b(x)=a(x)q(x)\in\langle a(x)\rangle$$

이다. 따라서 $N\subset\langle a(x)\rangle$. 한편 $a(x)\in N$이므로 $\langle a(x)\rangle\subset N$이다. 결국 $N=\langle a(x)\rangle$가 되어 N은 주아이디얼이다. □

따름정리 22.3 $a(x), b(x)\neq 0\in F[x]$이다. $a(x), b(x)$가 공통인수가 상수뿐이면(서로소)

$$a(x)f(x)+b(x)g(x)=1$$

이 되는 $f(x), g(x)\in F[x]$가 존재한다.

증명 $F[x]$에서 $\langle a(x)\rangle+\langle b(x)\rangle$는 아이디얼이므로

$$\langle a(x)\rangle+\langle b(x)\rangle=\langle c(x)\rangle,\ c(x)\in F[x]$$

로 둘 수 있다. 그런데 $a(x)\in\langle c(x)\rangle$, $b(x)\in\langle c(x)\rangle$이므로 $c(x)|a(x)$, $c(x)|b(x)$가 되어 $c(x)$는 $a(x)$, $b(x)$의 공통인수이므로 $c(x)=c\in F$이다. 따라서

$$\langle c(x)\rangle=F[x]=\langle 1\rangle$$

이므로 $1\in\langle a(x)\rangle+\langle b(x)\rangle$가 되어 정리가 성립한다. □

따름정리 22.4 $a(x)$, $b(x)\in F[x]$이다. $\gcd(a(x), b(x))=d(x)$라고 하면

$$a(x)f(x)+b(x)g(x)=d(x)$$

가 되는 $f(x)$, $g(x)\in F[x]$가 존재한다.

다음 정리는 아주 중요한 정리이다.

정리 22.5 $p(x)\neq 0\in F[x]$이다. $\langle p(x)\rangle$가 $F[x]$의 극대아이디얼이 될 필요충분조건은 $p(x)$가 F상에서 기약이다.

증명 $p(x)\in F[x]$가 F상에서 기약이라고 하자.

$$\langle p(x)\rangle\subset N\subset F[x]$$

인 아이디얼 N이 있다고 하면 정리 22.2에 의해서 $N=\langle g(x)\rangle$, $g(x)\in F[x]$, $g(x)\neq 0$꼴로 쓸 수 있다. $p(x)\in\langle g(x)\rangle$이므로

$$p(x)=g(x)h(x),\ h(x)\in F[x],\ h(x)\neq 0$$

꼴로 쓸 수 있다. $p(x)$는 기약이므로 $g(x)$가 상수 또는 $h(x)$가 상수이다. $g(x)$가 상수이면 단원이므로

$$N=\langle g(x)\rangle=F[x]$$

이다. 또 $h(x)$가 상수이면 $h(x)$가 단원이므로 $h(x)b(x)=1$인 $b(x)\in F(x)$가 존재

한다. 실제로 $h(x)$, $b(x)$는 모두 상수이다. 따라서

$$p(x)b(x)=g(x)h(x)b(x)=g(x)$$

이므로 $g(x)\in\langle p(x)\rangle$이다. 따라서 $N=\langle g(x)\rangle\subset\langle p(x)\rangle$가 되어

$$\langle p(x)\rangle=N$$

이다. 역으로 $\langle p(x)\rangle$가 $F[x]$의 극대아이디얼이라고 하자. $\langle p(x)\rangle\neq F[x]$이므로 $p(x)\neq$상수이다.

$$p(x)=a(x)b(x)$$

라고 하면 $\langle p(x)\rangle\subset\langle a(x)\rangle$이다. 따라서

$$\langle p(x)\rangle=\langle a(x)\rangle \text{ 또는 } \langle a(x)\rangle=F[x]$$

이다. 만일 $\langle p(x)\rangle=\langle a(x)\rangle$이면 $a(x)\in\langle p(x)\rangle$이므로 $a(x)=p(x)c(x)$로 쓸 수 있다. 따라서

$$p(x)=a(x)b(x)=[p(x)c(x)]b(x)$$

에서 $c(x)b(x)=1$이 되어 $b(x)$의 차수는 0이고 따라서 $b(x)$는 상수이다. 만일 $\langle a(x)\rangle=F[x]$이면 $1\in\langle a(x)\rangle$이므로 역시 $a(x)$는 상수이다. 따라서 $p(x)$는 F 상에서 기약이다. □

【예제 3】 $a(x)=x^3+\bar{3}x+\bar{2}\in\mathbb{Z}_5[x]$는 기약이다. 따라서 $\langle a(x)\rangle$는 $\mathbb{Z}_5[x]$의 극대아이디얼이다. 따라서 $\mathbb{Z}_5[x]/\langle a(x)\rangle$는 체이다. 마찬가지로 $x^2-2\in\mathbb{Q}[x]$는 기약이므로 $\mathbb{Q}[x]/\langle x^2-2\rangle$는 체이다.

다음은 앞에서 여러 번 나왔지만 자주 쓰이므로 적어놓는다. 앞으로 F는 체를 의미한다.

정리 22.6 $f(x)\in F[x]$, $f(x)\neq 0$이다. 다음은 모두 동치이다.

(1) $f(x)$는 상수
(2) $f(x)\in F$
(3) $\deg f(x)=0$
(4) $\langle f(x)\rangle=F[x]$
(5) $f(x)$는 단원

따름정리 22.7 $p(x)$가 $F[x]$의 상수가 아닌 다항식이면 다음은 동치이다.

(1) $p(x)$는 $F[x]$에서 기약이다.

(2) $\langle p(x) \rangle$는 $F[x]$의 극대아이디얼이다.

(3) $F[x]/\langle p(x) \rangle$는 체이다.

(4) $F[x]/\langle p(x) \rangle$는 정역이다.

증명 (1), (2), (3)은 서로 동치가 됨을 쉽게 알 수 있다. 또 체는 항상 정역이 되므로 (3)이면 (4)이다. 그러면 (4)면 (1)이 된다는 사실만 증명하면 되는데 이 증명은 다음 정리 22.8을 보면 알 수 있다. □

$F[x]/\langle p(x) \rangle$에서 $\overline{f(x)} = \overline{0}$란 말은 $f(x) \in \langle p(x) \rangle$, 즉 $p(x) \mid f(x)$란 뜻이다. 기약다항식은 정수에서의 소수와 여러모로 닮았다. 다음 정리를 살펴보자.

정리 22.8 $p(x) \in F[x]$, $p(x) \neq$상수이다. $p(x)$가 기약일 필요충분조건은 임의의 $a(x)$, $b(x) \in F[x]$에 대해서

$$p(x) \mid a(x)b(x)\text{면 } p(x) \mid a(x) \text{ 또는 } p(x) \mid b(x)$$

이다.

증명 $p(x)$가 기약이라고 하자. $p(x) \mid a(x)b(x)$면

$$a(x)b(x) = p(x)c(x),\ c(x) \in F[x]$$

꼴로 쓸 수 있다. 그런데 $F[x]/\langle p(x) \rangle$는 체이므로 정역이다. 따라서 $a(x)b(x) \in \langle p(x) \rangle$이므로

$$\overline{a(x)}\ \overline{b(x)} = \overline{0} \in F[x]/\langle p(x) \rangle$$

에서 $\overline{a(x)} = \overline{0}$ 또는 $\overline{b(x)} = \overline{0}$가 된다. $\overline{a(x)} = \overline{0}$이면 $a(x) \in \langle p(x) \rangle$, $\overline{b(x)} = \overline{0}$이면 $b(x) \in \langle p(x) \rangle$이다. 즉

$$p(x) \mid a(x) \text{ 또는 } p(x) \mid b(x)$$

이다. 역으로 $p(x)\mid a(x)b(x)$면 $p(x)\mid a(x)$ 또는 $p(x)\mid b(x)$라고 하자. 만일 $p(x)=f(x)g(x)$라고 하면 당연히 $p(x)\mid f(x)g(x)$이다. 따라서 $p(x)\mid f(x)$ 또는 $p(x)\mid g(x)$이다. $p(x)\mid f(x)$면

$$f(x)=p(x)h(x),\ h(x)\in F(x)$$

꼴이므로 $p(x)=(p(x)h(x))g(x)$로부터 $g(x)$는 상수이다. $p(x)\mid g(x)$면 마찬가지로 해서 $f(x)$가 상수가 된다. 따라서 $p(x)$는 기약이다. □

따름정리 22.9 $p(x)$는 $F[x]$에서 기약이다. $p(x)\mid r_1(x)r_2(x)\cdots r_t(x)$면 $p(x)$는 적어도 한 개의 $r_i(x)$를 나눈다$(1\le i\le t)$.

정리 22.10 $a(x)\in F[x]$가 F상에서 기약이고 $\deg a(x)\ge 2$이면 $a(x)$는 F에서 근이 없다.

증명 만일 $u\in F$가 $a(x)$의 근이면 앞 나눗셈 정리에서

$$a(x)=(x-u)b(x),\ x-u,\ b(x)\in F[x]$$

가 되는데 $\deg b(x)\ge 1$이므로 이것은 기약에 모순이다. □

$a(x)\in F[x]$가 $\deg a(x)=1$이면 $a(x)$는 항상 기약이다. 또 F상에서 1차식인 다항식은 $ax+b,\ a\neq 0$꼴로 적을 수 있으므로 이 식은 항상 F에서 근 $-a^{-1}b$를 가짐도 알 수 있다.

정리 22.11 F가 체이면 상수가 아닌 임의의 $a(x)\in F[x]$는 F상에서 기약인 다항식의 곱으로 표시된다. 또 순서와 단원을 무시하면 단 한가지로 인수분해된다.

증명 $a(x)\in F[x]$, $a(x)\neq$ 상수라고 하자. 만일 $a(x)$가 가약이면

$$a(x)=b(x)c(x),\ \deg b(x)\ge 1,\ \deg c(x)\ge 1$$

인 다항식의 곱으로 표시될 것이다. 만일 $b(x)$, $c(x)$가 기약이면 여기서 끝낸다. $b(x)$나 $c(x)$중 가약인 다항식이 있으면 이것은 다시 차수가 더 낮은 두 다항식의 곱으로 표시된다. 이러한 과정을 반복하면 결국 귀납적으로

$$a(x)=p_1(x)p_2(x)\cdots p_t(x),\ p_i(x)\text{는 } F\text{상에서 기약}(1\le i\le t)$$

꼴로 표시된다. 물론 $t\le\deg a(x)$이다. 단 한 가지로 표시됨을 보이자. 만일

$$a(x)=p_1(x)p_2(x)\cdots p_t(x)=h_1(x)h_2(x)\cdots h_r(x),\ (p_i(x),\ h_j(x)\text{는 기약})$$

으로 표시되었다면

$$p_1(x)\mid h_1(x)h_2(x)\cdots h_r(x)$$

이므로

$$p_1(x)\mid h_j(x)\quad(1\le j\le r)$$

이다. 따라서

$$h_j(x)=p_1(x)q_1(x),\ q_1(x)\in F[x]$$

인데 $h_j(x)$ 역시 기약이므로 결국 $q_1(x)$가 상수 c_1이 된다. 따라서 원래 식

$$p_1(x)p_2(x)\cdots p_t(x)=h_1(x)h_2(x)\cdots p_1(x)c_1\cdots h_r(x)$$

에서 $p_1(x)$를 소거시킬 수 있다. 이와 같이 차례대로 소거시키면 결국

$$1=c_1c_2c_2\cdots c_th_{t+1}(x)\cdots h_r(x)$$

이다. 여기서 이 식을 자세히 들여다보면 뒤의 다항식 $h(x)$는 붙어있으면 안된다. 따라서 $t=r$이 된다. 물론 상수는 붙어있어도 상관없다. □

위의 정리에서 F상에서 0이 아닌 모든 다항식은 기약다항식의 곱으로 인수분해됨을 알 수 있지만 실제로 인수분해하는 법은 매우 어렵다. 예를 들어

$$x^6+3x^5+4x^2-3x+8\in\mathbb{Q}[x]$$

는 기약인지 가약인지도 쉽게 알 수 없고 또 어떻게 기약다항식의 곱으로 인수분해할지 그 방법도 잘 모른다.

【예제 4】 $4x^2-1 \in \mathbb{Q}[x]$를 인수분해하면 $4\left(x+\frac{1}{2}\right)\left(x-\frac{1}{2}\right)$ 또는 $(2x+1)(2x-1)$ 또는 $\left(x+\frac{1}{2}\right)(4x-2)$ 등으로 인수분해되는데 결국 각 인수는 모두 적당한 상수를 곱하면 같게 된다.

위의 예제 4에서 한 식이 여러 가지로 인수분해 되었는데 보기는 틀리는 것 같으나 $x-\frac{1}{2}$, $2x-1$, $4x-2$는 모두 동반원이다. 정수환 $\mathbb{Z}$에서 $12=2\cdot3\cdot2=(-2)\cdot(-3)\cdot2$ 등으로 소인수분해되지만 2와 -2, 3과 -3은 각각 동반원이다. 이와 같이 동반원은 같은 원소로 취급해서 생각하는 것이 편할 때가 많다. 따라서 우리는 다항식에서 상수는 인수로 생각하지 않는다. 인수분해는 항상 1차 이상의 인수로 분해하는 것을 의미한다.

【예제 5】 $x^4+\bar{3}x^3+\bar{2}x+\bar{4} \in \mathbb{Z}_5[x]$는 $(x-\bar{1})^3(x+\bar{1})$로 인수분해된다. 또 이 식을 다르게 $(x-\bar{1})^2(\bar{2}x-\bar{2})(\bar{3}x+\bar{3})$로 써도 된다.

따름정리 22.12 $a(x) \in F[x]$, $a(x) \neq$상수이면 $a(x)=kp_1(x)p_2(x)\cdots p_t(x)$, k는 상수, $p_i(x)$는 선두계수가 1인 기약다항식으로 단 한 가지로 표시된다.

【예제 6】 $4x^2-1 \in \mathbb{Q}[x]$는 $4\left(x+\frac{1}{2}\right)\left(x-\frac{1}{2}\right)$꼴로 단 한 가지 모양으로 표시하는 것이 좋다.

$\mathbb{Z}$와 $\mathbb{Q}$상에서의 다항식

계산으로 어떤 함수값을 구하는 경우 우리는 이 함수를 계수가 정수 또는 유리수인 다항식으로 표시하여 구하는 경우가 많다. $a(x)$가 유리계수의 다항식이라면 즉

$$a(x)=\frac{b_0}{a_0}+\frac{b_1}{a_1}x+\cdots+\frac{b_n}{a_n}x^n \quad (a_i,\ b_i\in\mathbb{Z})$$

라고 하면 이 계수들을 통분해서

$$a(x)=\frac{1}{a_0a_1\cdots a_n}(c_0+c_1x+\cdots+c_nx^n),\quad c_i\in\mathbb{Z}$$

꼴로 고쳐 쓸 수 있고 이때 정수계수 다항식

$$b(x)=c_0+c_1x+\cdots+c_nx^n$$

는 $a(x)$에 상수만큼 곱한 것이므로 $a(x)$와 같은 근을 가진다. 따라서 모든 유리계수 다항식은 같은 근을 가지는 정수계수 다항식으로 고칠 수 있다. 따라서 모든 유리계수 다항식은 정수계수 다항식으로 변형시켜서 생각할 수 있다. 우선 다음과 같은 간단한 성질을 밝혀보자.

정리 22.13 $$a(x)=a_0+a_1x+\cdots+a_nx^n\in\mathbb{Z}[x]$$

에서 유리수 $\frac{s}{t}$가 $a(x)$의 근이면 $s\mid a_0$, $t\mid a_n$이다.

증명 $\frac{s}{t}$가 $a(x)$의 근이므로

$$a_0+a_1\frac{s}{t}+\cdots+a_n\frac{s^n}{t^n}=0$$

이므로

$$a_0t^n+a_1st^{n-1}+\cdots+a_ns^n=0$$

이다. 따라서

$$-a_0t^n=s(a_1t^{n-1}+\cdots+a_ns^{n-1})$$

에서 $s\mid a_0t^n$이고 $\gcd(s,\ t)=1$이므로 $s\mid a_0$이다. 마찬가지로

$$-a_ns^n=t(a_0t^{n-1}+\cdots+a_{n-1}s^{n-1})$$

에서 $t|a_n$을 얻을 수 있다. □

【예제 7】 $$a(x)=2x^4+7x^3+5x^2+7x+3$$

에서 유리수 $\frac{s}{t}$가 $a(x)$의 근이라면 $t=\pm1, \pm2; s=\pm1, \pm3$ 중 하나이다. 따라서 근은 $\pm1, \pm3, \pm\frac{1}{2}, \pm\frac{3}{2}$중 한 개다. 이 값을 $a(x)$에 대입하면 $-\frac{1}{2}$과 -3이 $a(x)$의 근이 됨을 알 수 있다.

【예제 8】 $a(x)=x^3+4x^2+x-1$의 유리수 근 후보는 ±1뿐이다. 실제 대입하면 $a(1)\neq0$, $a(-1)\neq0$이므로 $a(x)$는 $\mathbb{Q}[x]$에서 기약이다.

정의 22.2 $$a(x)=a_0+a_1x+\cdots+a_nx^n\in\mathbb{Z}[x]$$

에서 계수 $a_0, a_1, \cdots, a_n$의 최대공약수가 1일 때 이 다항식을 **원시다항식**(primitive polynomial)이라고 부른다.

임의의 정수계수 다항식은 계수의 최대공약수를 묶어내면 항상 상수 ×원시다항식의 꼴로 고쳐 쓸 수 있다. 다음 정리는 너무나 당연하다.

정리 22.14 $a(x), b(x)\in\mathbb{Z}[x]$, p는 소수이다. $p|a(x)b(x)$면 $p|a(x)$ 또는 $p|b(x)$이다.

증명
$$a(x)=a_0+a_1x+\cdots+a_nx^n,\quad b(x)=b_0+b_1x+\cdots+b_mx^m,$$
$$c(x)=c_0+c_1x+\cdots+c_tx^t=a(x)b(x)$$

라고 하자. 결론을 부정해 보자. 그러면 p의 배수가 아닌 계수 a_j, b_k가 존재할 것이다. 그러한 $a(x)$의 계수 중 맨 처음 나온 계수를 a_r, $b(x)$의 계수 중 맨 처음 나온 계수를 b_s라고 하자. 그러면

$$p|a_0,\ p|a_1,\ \cdots,\ p|a_{r-1},\ p\nmid a_r,\ p|b_0,\ \cdots,\ p|b_{s-1},\ p\nmid b_s$$

이다. 물론 $0 \le r \le n$, $0 \le s \le m$이다. $c(x)$의 x^{r+s}의 계수 c_{r+s}를 살펴보면

$$c_{r+s} = a_0 b_{r+s} + a_1 b_{r+s-1} + \cdots + a_{r-1} b_{s+1} + a_r b_s + a_{r+1} b_{s-1} + \cdots + a_{r+s} b_0$$

이다. 따라서

$$a_r b_s = c_{r+s} - (a_0 b_{r+s} + \cdots + a_{r-1} b_{s+1}) - (a_{r+1} b_{s-1} + \cdots + a_{r+s} b_0)$$

그런데 가정에서 $p|c_{r+s}$이고 $p|a_0$, $\cdots$, $p|a_{r-1}$, $p|b_0$ $\cdots$, $p|b_{s-1}$
이므로 결국 $p|a_r b_s$이다. 따라서 $p|a_r$ 또는 $p|b_s$가 되는데 이것은 거짓말이다. 결국 결론을 부정하면 엉터리가 되므로 결론을 받아들여야 한다. □

보조정리 22.15 $a(x) \in \mathbb{Z}[x]$이다. 만일

$$a(x) = c_1 b_1(x) = c_2 b_2(x), \ b_1(x), \ b_2(x)\text{는 원시다항식}$$

이면 $c_1 = c_2$이다.

증명 $c_1 | c_2 b_2(x)$, $c_2 | c_1 b_1(x)$이다. c_1, c_2를 소인수분해해서 각각

$$c_1 = p_1 p_2 \cdots p_n, \ c_2 = q_1 q_2 \cdots q_m$$

이라고 하면 임의의 p_i에 대해서 $p_i | c_2 b_2(x)$이고 $p_i \nmid b_2(x)$이므로 $p_i | c_2$이다. 따라서 $c_1 | c_2$가 되고 마찬가지로 $c_2 | c_1$가 되어 결국 $c_1 = c_2$가 된다. □

보조정리 22.16 $f(x)$, $g(x) \in \mathbb{Z}[x]$이다. $f(x)$, $g(x)$가 각각 원시다항식이면 그 곱 $f(x)g(x)$도 역시 원시다항식이다.

증명

$$f(x) = a_0 + a_1 x + \cdots + a_n x^n, \ g(x) = b_0 + b_1 x + \cdots + b_m x^m$$

은 원시다항식이라고 하자. 만일 $f(x)g(x)$가 원시다항식이 아니라면 $f(x)g(x)$의 모든 계수는 어떤 소수 p의 배수가 될 것이다. 그러면 정리 22.14에 의해서 $p | f(x)$ 또는 $p | g(x)$가 되어 모순이다. 따라서 $f(x)g(x)$은 원시다항식이 될 수밖에 없다. □

정리 22.17 (Gauss의 정리) $f(x) \in \mathbb{Z}[x]$는 원시다항식이다. 만일 $f(x)$가 $\mathbb{Q}[x]$에서 가약이면 $f(x)$는 $\mathbb{Z}[x]$에서도 가약이다.

증명 $f(x)$가 $\mathbb{Q}[x]$에서 가약이므로

$$f(x) = g(x)h(x),\ g(x),\ h(x) \in \mathbb{Q}[x],\ \deg g(x) \geq 1,\ \deg h(x) \geq 1$$

라고 하자. $g(x)$, $h(x)$의 각 계수의 분모의 곱을 각각 b와 c라 하면

$$g(x) = \frac{1}{b} g_1(x),\ h(x) = \frac{1}{c} h_1(x),\ g_1(x),\ h_1(x) \in \mathbb{Z}[x]$$

꼴로 쓸 수 있다. 따라서

$$f(x) = \frac{1}{bc} g_1(x)h_1(x),\ g_1(x),\ h_1(x) \in \mathbb{Z}[x]$$

꼴로 쓸 수 있고, $g_1(x)$, $h_1(x) \in \mathbb{Z}[x]$이므로, 각각의 계수의 최대공약수를 d_1, d_2라고 하면

$$g_1(x) = d_1 g_2(x),\ h_1(x) = d_2 h_2(x)$$

이며 $g_2(x)$, $h_2(x) \in \mathbb{Z}[x]$는 원시다항식이다. 결국 $f(x)$는

$$f(x) = \frac{d_1 d_2}{bc} g_2(x)h_2(x),\ g_2(x),\ h_2(x) \in \mathbb{Z}[x]$$

는 원시다항식의 곱으로 표시할 수 있다. 물론

$$\deg g_2(x) = \deg g_1(x) = \deg g(x),\ \deg h_2(x) = \deg h_1(x) = \deg h(x)$$

이므로 $g_2(x)$, $h_2(x)$는 상수는 아니다. 식

$$bcf(x) = d_1 d_2 g_2(x)h_2(x)$$

와 앞 정리 22.15에서 $g_2(x)$, $h_2(x)$는 모두 원시다항식이므로 곱 $g_2(x)h_2(x)$도 원시다항식이고 따라서 $bc = d_1 d_2$이다. 그러므로

$$f(x) = g_2(x)h_2(x),\ g_2(x),\ h_2(x) \in \mathbb{Z}[x],\ \deg g_2(x) \geq 1,\ \deg h_2(x) \geq 1$$

로 표시된다. 이 사실로부터 $f(x)$는 $\mathbb{Z}[x]$에서 가약임을 알 수 있다. □

따름정리 22.18 $f(x) \in \mathbb{Z}[x]$이다. 만일 $f(x)$가 $\mathbb{Q}[x]$에서 상수가 아닌 두 다항식의 곱으로 표시되면 $f(x)$는 $\mathbb{Z}[x]$에서도 상수가 아닌 두 다항식의 곱으로 표시할 수 있다. 즉 $f(x)$가 $\mathbb{Q}[x]$에서 가약이면 $f(x)$는 $\mathbb{Z}[x]$에서 가약이다.

증명 $f(x)=g(x)h(x)$ (단, $g(x)$, $h(x) \in \mathbb{Q}[x]$이고 상수가 아님)이라고 하자. 앞 정리 22.16에서와 같이 하여 계수의 분모를 통분하여 묶어내면 $f(x)=\frac{1}{b}g_1(x)h_1(x)$ 꼴이 되고 $g_1(x)$, $h_1(x) \in \mathbb{Z}[x]$이다. 따라서 이 식은 각각 원시다항식인 세 식 $f_1(x)$, $g_2(x)$, $h_2(x)$의 곱의 모양인

$$cf_1(x)=\frac{a}{b}g_2(x)h_2(x),\ g_2(x),\ h_2(x) \in \mathbb{Z}[x]$$

의 꼴로 쓸 수 있다. 물론,

$$\deg f_1(x)=\deg f(x),\ \deg g_2(x)=\deg g(x),\ \deg h_2(x)=\deg h(x)$$

임은 당연하다. 따라서 $a=bc$이므로

$$f(x)=cf_1(x)=(cg_2(x))h_2(x),\ cg_2(x),\ h_2(x) \in \mathbb{Z}[x]$$

이다. □

위의 정리는 정수에서 인수분해가 안되면 유리수까지 확장하더라도 인수분해를 할 수 없다는 뜻이다. 즉, 다항식을 인수분해할 때는 정수계수나 유리수계수나 마찬가지이다. 그러나 정수와 실수에서는 그렇지 못하다. x^2-2는 $\mathbb{Q}[x]$에서는 기약이나 $\mathbb{R}[x]$에서는 $(x+\sqrt{2})(x-\sqrt{2})$로 인수분해되어 가약이 된다. 다음 정리는 Gauss의 정리를 이용한 정리인데 다항식의 인수분해에 많이 응용된다.

정리 22.19 (Eisenstein) $f(x)=a_0+a_1x+\cdots+a_nx^n \in \mathbb{Z}[x]$이다.

$$p \mid a_0,\ p \mid a_1,\ \cdots,\ p \mid a_{n-1},\ p \nmid a_n,\ p^2 \nmid a_0$$

인 소수 p가 존재하면 $f(x)$는 $\mathbb{Q}[x]$에서 기약이다.

증명 만일 $f(x)$가 $\mathbb{Q}[x]$에서 가약이면 앞의 따름정리 22.18에 의해서 $f(x)$는 $\mathbb{Z}[x]$에서도 가약이다. 따라서

$$f(x)=g(x)h(x),\ g(x),\ h(x)\in Z[x]$$

인 상수가 아닌 $g(x)$, $h(x)$가 존재한다.

$$g(x)=b_0+b_1x+\cdots+b_mx^m,\ h(x)=c_0+c_1x+\cdots+c_lx^l$$

이라고 하자$(0<m,\ l<n)$. 다항식의 곱에 의해서 $a_0=b_0c_0$이고, $p\mid a_0$, $p^2\nmid a_0$이므로 p는 b_0, c_0 중 하나만 나누게 된다. 편의상 $p\mid b_0$, $p\nmid c_0$라고 하자. 모든 b_i가 p로 나누어지면 결국 $f(x)$도 p의 배수이므로 $p\nmid a_n$에 모순이다. 따라서 p로 나누어지지 않는 b_i 중 최초로 나오는 것을 b_k라고 하자$(1\le k\le m)$. 그러면

$$p\mid b_0,\ p\mid b_1,\ \cdots,\ p\mid b_{k-1}$$

이다.

$$a_k=b_kc_0+(b_{k-1}c_1+\cdots+b_0c_k)$$

에서 $k<n$이므로

$$p\mid a_k,\ p\mid b_{k-1}c_1,\ \cdots,\ p\mid b_0c_k$$

이다. 따라서 $p\mid b_kc_0$가 되어 $p\mid b_k$ 또는 $p\mid c_0$이다. 어떤 경우도 모순이 되므로 결국 $f(x)$는 $\mathbb{Q}[x]$에서 기약이다. □

【예제 9】 $2x^5+9x^4+3x^2+15x+12$는 $\mathbb{Z}[x]$에서 기약이다. 즉, 인수분해가 되지 않는다. 왜냐하면 3은 12, 15, 3, 9를 나누나 $3\nmid 2$, $3^2\nmid 12$이기 때문이다.

【예제 10】 $x^2-2\in\mathbb{Q}[x]$는 기약이다. 왜냐하면 $2\mid(-2)$, $2^2\nmid(-2)$이다. 따라서 이 사실로부터 x^2-2의 근 $\sqrt{2}$는 유리수가 아니라는 것도 증명된다.

【예제 11】 $a(x)=x^3+2x^2+4x+2$는 $p=2$로 두면 기약이다. $b(x)=x^{17}+6x^{13}-15x^4+3x^2-9x+12$는 $p=3$으로 생각하면 기약이다. 특히 선두계수가 1인 다항식은 어떤 소수 p에서도 $p\nmid 1$이므로 나머지 계수만 살펴보면 된다.

Eisenstein의 정리는 어떤 다항식이 기약이 될 충분조건만을 보여주

기 때문에 $a(x)=x^4+1$은 $\mathbb{Q}[x]$에서 기약인지 가약인지를 Eisenstein의 정리를 써서 알 수는 없다. 실제로 x^4+1은 $\mathbb{Q}$상에서 기약이다. 이 경우 조금 기교를 부려서 응용해 보자.

$$x^4+1=f(x)g(x),\ f(x),\ g(x)\in\mathbb{Q}[x]$$

꼴로 표시되었다고 하면 x 대신 $x+1$을 대입하면 $(x+1)^4+1=f(x+1)g(x+1)$이다. 그런데

$$(x+1)^4+1=x^4+4x^3+6x^2+4x+2$$

이므로 $p=2$로 두면 기약이다. 따라서 $f(x+1)$이 상수 또는 $g(x+1)$이 상수이다. $\deg f(x+1)=\deg f(x)$란 사실에서 $f(x)$ 또는 $g(x)$도 역시 상수가 되어 $a(x)$는 $\mathbb{Q}[x]$에서 기약이다. 그러나

$$x^4+1=(x^2-\sqrt{2}x+1)(x^2+\sqrt{2}x+1)$$

로 $\mathbb{R}[x]$에서는 인수분해되므로 $\mathbb{R}$상에서는 가약이다.

다음 정리도 다항식의 인수분해에 많이 사용되므로 알고 있으면 편리하다. 증명은 생략한다.

정리 22.20 $h:\mathbb{Z}[x]\to\mathbb{Z}_n[x],\ h(a_0+a_1x+\cdots+a_nx^n)=\overline{a_0}+\overline{a_1}x+\cdots+\overline{a_n}x^n$은 준동형사상이다.

$a_n\neq0$이지만 $\overline{a_n}\in\mathbb{Z}_n$은 $\overline{0}$가 될 수 있으므로 일반적으로 위의 정리 22.20에서 $\deg(a(x))\geq\deg h(a(x))$이다.

정리 22.21 $a(x)\in\mathbb{Z}[x]$의 최고차 계수가 1이고 위의 정리 22.20의 함수 h에서 $h(a(x))$가 $\mathbb{Z}_n[x]$에서 기약이면 $a(x)$는 $\mathbb{Q}[x]$에서 기약이다.

증명

$$a(x)=f(x)g(x),\ f(x),\ g(x)\in\mathbb{Z}[x]$$

라고 하면

$$h(a(x))=h(f(x)g(x))=h(f(x))h(g(x))$$

이고

$$\deg h(f(x))=\deg f(x),\ \deg h(g(x))=\deg g(x)$$

이다. 그런데 $h(a(x))$가 기약이므로 $\deg h(f(x))=1$이거나 $\deg h(g(x))=1$, 즉 $\deg f(x)=1$이거나 $\deg g(x)=1$이다. 그러므로 $a(x)$는 $\mathbb{Z}[x]$에서 기약이 되어, Gauss정리에 의해 $a(x)$는 $\mathbb{Q}[x]$에서 기약이다. □

위의 정리 22.21에서 $a(x)$의 최고차 계수가 1이라는 뜻은

$$\deg a(x)=\deg h(a(x))$$

가 됨을 의미한다. 따라서 최고차 계수가 1이 아니라도 차수만 같아지면 이 정리를 적용할 수 있다. 최고차 계수가 1인 정수계수 다항식은 항상 원시다항식이다.

【예제 12】 $a(x)=x^4+10x^3+7$이라고 하면 $h:\mathbb{Z}[x]\to\mathbb{Z}_5[x]$에서 $h(a(x))=x^4+\bar{2}$이고 이 다항식은 $\mathbb{Z}_5[x]$에서 기약임을 쉽게 알 수 있다. 따라서 x^4+10x^3+7은 $\mathbb{Q}[x]$에서 기약이다.

【예제 13】 $a(x)=x^4+7x^3+14x^2+3$도 $\mathbb{Z}_7[x]$로의 준동형사상 h를 생각하면 $h(a(x))=x^4+\bar{3}$는 $\mathbb{Z}_7[x]$에서 기약이므로 $\mathbb{Q}[x]$에서 기약이고 마찬가지로 x^4-10x^2+1, x^5+1도 적당한 $\mathbb{Z}_n$을 구하면 모두 $\mathbb{Q}[x]$에서 기약이다.

【예제 14】 $a(x)=x^3+2x+20$을 $\mathbb{Z}_3[x]$로 보내면 $h(a(x))=x^3+\bar{2}x+\bar{2}$인데 이것은 $\mathbb{Z}_3[x]$에서 기약이므로 따라서 $\mathbb{Q}$에서 기약이다. 그러나 $\mathbb{Z}_2[x]$로 보내면 $h(a(x))=x^3\in\mathbb{Z}_2[x]$는 가약이다. 이 경우는 $a(x)$가 $\mathbb{Q}$에서 가약이라고 하면 안된다. $\mathbb{Z}_n[x]$에서 가약일 경우는 $\mathbb{Q}$에서 가약일 때도 있고 아닐 때도 있으므로 정할 수 없다.

$a(x) \in \mathbb{Z}[x]$가 $\mathbb{Z}_n[x]$에서 $\overline{a(x)} = \overline{f(g)}\,\overline{g(x)}$로 인수분해된다고 해서 $\overline{f(x)}$, $\overline{g(x)}$에 해당하는 $\mathbb{Z}[x]$의 원소 $f(x), g(x)$가 존재하지는 않는다. 즉 $\mathbb{Z}_n[x]$에서 가약이라고 하여 $\mathbb{Z}[x]$에서도 가약이라고는 말할 수 없다.

가우스(Carl Friedrich Gauss, 1777~1855)

가우스는 아르키메데스, 뉴턴과 더불어 3대 수학자로 불린다. 19C 가장 위대한 수학자인 그는 1777년 독일의 브룬스빅에서 태어났다. 아버지는 무식한 육체노동자였다. 그는 어렸을 때부터 신동으로 세 살 때 아버지의 부기장부의 실수를 지적했다고 한다. 유명한 일화로 10살 때 선생님이 학생들을 조용히 시키려고 1에서 100까지 더하도록 했는데 몇 분 만에 답을 제출하여 선생을 놀라게 했다. 말년에 그는 자신은 말보다 계산을 먼저 배웠다고 농담을 하곤 했다. 언어학자와 수학자 중 망설인 끝에 결국 19세 때인 1796년 3월 3일 수학을 택하기로 했다. 바로 그날 그는 정17각형의 작도법을 발견하였다.

그날부터 그는 수학 일기를 쓰기 시작했는데 1814년 7월 9일까지 기록되어 있다. 이 일기에는 많은 수학이론이 수록되어 있는데 타원함수의 이중주기, 삼각수 등에 관한 이론은 그때 발표했다면 발견 자체만으로 대단한 수학적 명성을 얻을 수 있었는데 그는 결코 이것을 발표하지 않았다. 그는 뉴턴처럼 그의 발견을 발표하기를 주저하였기 때문에 이 일기는 1898년에 가서야 비로소 빛을 보게 되어 이론 발견의 선후 문제에 관한 논쟁에 지침이 되었다. 그는 수학뿐만 아니라 천문학, 전기학 등에서도 많은 공헌을 하였다. 1801년에는 소행성의 궤도를 계산하였고 1833년에는 베버와 공동으로 전신기를 고안하였다.

"수학은 과학의 여왕이고 정수론은 수학의 여왕이다"라는 유명한 말을 하기도 했다. 1807년 그는 종신 괴팅겐대학 수학 교수와 천문대장에 임명되었다. 그는 1855년 2월 23일 세상을 떠났는데 하노버 왕은 그를 기념하여 메달을 만들었는데 그 메달에는 '수학의 왕에게 조지 5세가 드림'이란 말이 새겨져 있다. 이후부터 사람들은 그를 '수학의 왕'으로 부른다.

연습문제(22)

1. 다음 중 $\mathbb{Q}[x]$에서 기약인 다항식을 골라라.

(1) x^3+x+36

(2) $2x^3-8x^2-6x+20$

(3) $2x^4+3x^3+5x+6$

(4) $x^4+2x^3+x^2+x+1$

(5) x^5+14x^2+4x+2

(6) $x^4+x^3+x^2+x+1$

(7) x^3+14x^2+3x+1

(8) $8x^5+6x^4+15x^3-3x-30$

2. 다음을 기약다항식의 곱으로 써라.

(1) $\overline{2}x^3+x^2+\overline{2}\in\mathbb{Z}_3[x]$

(2) $x^3+\overline{3}x^2+x+\overline{4}\in\mathbb{Z}_5[x]$

(3) $x^2+\overline{5}\in\mathbb{Z}_7[x]$

(4) $x^4+x^3+\overline{2}x^2+x+\overline{2}\in\mathbb{Z}_3[x]$

3. p는 소수이다. x^n-p는 유리수상에서 기약임을 보여라.

4. $1+x+x^2+\cdots+x^{p-1}$(p는 소수)는 유리수상에서 기약임을 보여라. (**힌트** 다항식 $1+(x+1)+\cdots+(x+1)^{p-1}$을 이용)

5. $f(x)=ax^2+bx+c\in\mathbb{R}[x]$, $(a\neq 0)$이다. $f(x)$는 $\mathbb{R}[x]$에서 기약일 필요충분조건은 $D=b^2-4ac<0$임을 보여라.

6. $a\in\mathbb{Z}$, $a>0$일 때 x^4+a가 $\mathbb{Q}$상에서 가약일 필요충분조건은 $a=4b^4$인 정수 b가 존재함을 보여라.

7. $f(x), g(x)\in\mathbb{Z}[x]$이다. $f(x)\neq 0$, $g(x)\neq 0$이면 ($f(x)g(x)$의 계수의 gcd)$=$($f(x)$의 계수의 gcd)$\times$($g(x)$의 계수의 gcd)임을 보여라.

8. R, S는 환, $\phi : R\to S$는 환준동형사상이다. $f(x)\in R[x]$일 때, $\overline{f(x)}$는 $f(x)$의 계수 a_i 대신 $\phi(a_i)$를 대입한 $S[x]$의 원소라고 하자. 즉 $f(x)=a_0+a_1x+a_2x^2+\cdots+a_nx^n\in R[x]$이라면 $\overline{f(x)}=\phi(a_0)+\phi(a_1)x+\phi(a_2)x^2+\cdots+\phi(a_n)x^n\in S[x]$이다. $\overline{\phi} : R[x]\to S[x]$

는 $\overline{\phi}(f(x))=\overline{f(x)}$라고 하면 $\overline{\phi}$는 환준동형사상임을 보여라.

9. 문제 8번과 ϕ : $\mathbb{Z}[x] \to \mathbb{Z}_p[x]$를 써서 Eisenstein의 정리를 증명하여라.

10. $x^4+\overline{4} \in \mathbb{Z}_5[x]$을 기약다항식의 곱으로 써라.

11. x^3+3x^2-8와 x^4-22x^2+1은 모두 $\mathbb{Q}$상에서 기약임을 보여라.

12. $x^p+\overline{a} \in \mathbb{Z}_p[x]$는 가약임을 보여라. ($p$는 소수)

13. $f(x) \in \mathbb{Z}_p[x]$, p는 소수, $\deg f(x)=n$, $f(x)$는 기약이면 $|\mathbb{Z}_p[x]/\langle f(x)\rangle|=p^n$임을 보여라.

14. $a_0+a_1x+\cdots+a_nx^n \in F[x]$가 기약일 필요충분조건은 $a_n+a_{n-1}x+\cdots+a_0x^n \in F[x]$가 기약임을 보여라. (단 $a_0 \neq 0$, $a_n \neq 0$)

15. R이 PID이면 모든 0이 아닌 소아이디얼은 극대아이디얼이 됨을 보여라.

16. $\mathbb{Z}_3[x]$에서 차수가 3인 모든 기약다항식을 구하여라.

17. D는 정역이다. $f(x) \in D[x]$가 단원이면 $f(x)$는 D의 단원임을 보여라.

18. p는 소수이다. $x^p-x \in \mathbb{Z}_p[x]$는 p개의 근을 가짐을 보여라.

19. ϕ_3 : $\mathbb{Z}_5[x] \to \mathbb{Z}_5$는 대입함수이다. Fermat의 정리를 사용하여 $\phi_3(x^{231}+\overline{3}x^{117}-\overline{2}x^{53}+\overline{1})$을 구하여라.

20. $\overline{2}x^{219}+\overline{3}x^{74}+\overline{2}x^{57}+\overline{3x}^{44} \in \mathbb{Z}_5[x]$의 근을 $\mathbb{Z}_5$에서 구하여라.

21. $\mathbb{Q}[x]/\langle (x-1)^2 \rangle$은 정역이 되는가?

22. p는 소수이다. $x^p - c \in F[x]$가 기약일 필요충분조건은 $x^p - c$가 F내에서 근을 가지지 않는 것임을 보여라.

참고문헌

1. 김응태, 박성안, 현대대수학, 이우출판사, 1984.
2. 김주필, 알기쉬운 대수학, 대선, 2002.
3. 김주필, 알기쉬운 집합론, 북스힐, 2007.
4. 천장호, 현대대수학, 대영사, 1988.
5. B. Baumslag and B. Chandler, Group theory, Schaum's Outline Series McGraw-Hill Book Co., 1968.
6. Chalres C. Pinter, A book of Abstract Algebra, McGraw-Hill Publishing Company, 1990.
7. Chalres C. Pinter, Set theory, McGraw-Hill. Inc., New York, 1969.
8. Dan Saracino, Abstract Algebra : A First Course, Addison-wesley Publishing Company, 1980.
9. David M. Burton, Elementary Number Theory, Wm. C. Brown Publishers, 1997.
10. Gödel, über formal unentscheidbare sät3eder-38, 173-198, 1931.
11. Homer Bechtell, The Theory of Groups, Addison-wesley Publishing Company, 1971.
12. I. N. Herstein, Topics in Algebra, John Wiley & Sons, Inc. 1975.
13. John B. Fraleigh, A first Course in Abstract Algebra, Addison-wesley Publishing Company, 1982.
14. John D. Dixon, Problems in Group Theory, Dover Publications, Ins. New York, 1973.
15. Kaplansky, Fields and Rings, 2-nd edition, The Univ of Chicago Press, 1972.
16. Larry Smith, Linear Algebra, Springer-Verlag, 1978.
17. Lisl, Gaal, Classical Galois theory, Chelsea Publishing Company, New York, N. Y. 1979.
18. Ludolf Lidl & Gunter Pilz, Applied Abstract Algebra, Springer, 1998.

19. Maurice Auslander & David A. Buchsbaum, Groups, Rings, Modules, Happer & Row, publishers, 1974.

20. P. M. Cohn, F. R. S., Universal Algebra, D. Reidel Publishing Company, 1981.

21. Thomas W. Hungerford, Algebra, Holt, Rinehart and Winston, 1974.

찾아보기

[ㄷ]

[ㄹ]

[ㅁ]

[ㅂ]

[ㅈ]

[ㅊ]

[ㅋ]

[ㅍ]

김주필

경북대학교 문리대 수학과 이학사
경북대학교 대학원 이학석사, 이학박사
한남대학교 이과대학 수학과 교수
한남대학교 이과대학장, 수리과학연구소장
미시간 주립대학교 연구교수

〈저서〉
기초 현대대수학, 한남대학교 출판부, 1996
알기쉬운 대수학 , 대선, 2003
알기쉬운 집합론, 북스힐, 2007

〈논문〉
군에서의 퍼지합동
클리포드 반군상의 단사포락
반군에서의 소아이디얼 외 30여 편

최은미

이화여자대학교 수학과 이학사
이화여자대학교 수학과 대학원 이학석사
Tufts University 수학과 대학원 이학박사
Oregon State University 연구교수
Indiana University 연구교수

〈저서〉
즐거운 대학수학, 경문사, 2007
정수론, 청문각, 2009
수학을 빛낸 여성들, 경문사, 2007
행복한교과서 수학자를 만나다, 경문사, 2006

〈논문〉
사영표현과 중심확대체
Brauer와 Schur 대수외 다수의 순수 대수학 논문
미적분 개혁운동과 미적분 강좌의 방향연구
학습중심과 능력중심성향이 수학적 신념과
지식에 미치는 영향 외 다수의 수학교육학 논문

즐거운 현대대수 I

2010년 3월 15일 1판 1쇄 발행
2023년 7월 15일 1판 3쇄 발행

저 자 / 김주필 · 최은미
발행자 / 오판근
발행처 / 교우사

주 소 / 서울특별시 동대문구 약령시로 8 교우빌딩 2층
전 화 / 925-2861(代), 편집부 / 925-2825
팩 스 / 070-7966-8610

E-mail / kyowoo@kyowoo.co.kr
http://www.kyowoo.co.kr

등록 / 1994. 3. 24 제6-0256호

ISBN 978-89-8172-849-6 (94410)
978-89-8172-848-9 (세트)

값 32,000 원